燃气工程系列便携手册

燃气检测技术便携手册

主　编：王　启
副主编：王　艳

中国建筑工业出版社

图书在版编目（CIP）数据

燃气检测技术便携手册/王启主编；王艳副主编．北京：中国建筑工业出版社，2024.8.--（燃气工程系列便携手册）.--ISBN 978-7-112-30168-3

Ⅰ.TU996-62

中国国家版本馆CIP数据核字第20244PW271号

燃气工程系列便携手册

燃气检测技术便携手册

主　编：王　启

副主编：王　艳

*

中国建筑工业出版社出版、发行（北京海淀三里河路9号）

各地新华书店、建筑书店经销

北京龙达新润科技有限公司制版

北京同文印刷有限责任公司印刷

*

开本：850毫米×1168毫米　1/32　印张：15⅞　字数：454千字

2024年8月第一版　　2024年8月第一次印刷

定价：**62.00**元

ISBN 978-7-112-30168-3

（43166）

内容提要

燃气检测技术是衡量城市燃气质量、评价燃气具产品功能、保证燃气具产品安全、促进燃气事业节能减排技术发展的关键性科学技术。本书包括燃气检测基本理论、检测方法、仪器仪表性能、故障评估、误差分析、检测数字化、燃气具合格产品简易判断方法等内容，是一部集理论、实践、标准于一体的工具书。全书共 16 章，其中以热工测量为基础，介绍了检测燃气温度、湿度、压力、流速、流量、热值、密度、成分及火焰传播速度的测量基本原理和方法。在燃气具产品方面，包括了各种民用、商用及输配用燃气具产品的技术特性、安全性、可靠性、实用性、节能减排及环保性等方面的检测技术和方法，强调了燃气具的适应性、燃气互换性，以及试验用燃气配气方法与系统。在新技术应用方面，介绍了检测技术数字化和燃气具产品寿命评估，并梳理了当前燃气具产品的检验检测形式和相应的质量工作，总结了燃气具产品的简易判断方法。

本书是燃气检测单位的基本工具书和检测人员的培训教材。可供燃气行业从事专业设计、科研的技术人员和管理人员以及大专院校有关专业师生使用。

责任编辑：胡明安

责任校对：张　颖

前言

我国城市燃气事业经过几十年的高速发展，已成为国民经济的重要组成部分，给人民生活水平带来了质的提高，燃气具产品也已成为人民生活不可缺少的重要日常用品。为了保障燃气具产品的安全、可靠和高效运行，预防潜在的危险和事故，燃气检测至关重要。燃气检测是燃气产业链的重要环节，也是保障燃气具产品安全的重要手段；通过检测和评估，能够及时发现安全隐患，防止不符合质量安全标准的燃气具产品流入市场，从源头上防范和化解安全风险，切实保障人民群众生命财产安全；也能够帮助企业提高生产和管理水平，维护企业合法权益和市场地位，提升市场竞争的公平性和透明度；同时还能够推动燃气具产品的技术进步和创新，提高燃气使用的安全性和效率。总之，燃气检测技术是监督、检测机构控制燃气具产品质量的试金石，是制定燃气规范和标准的重要支撑，是生产厂家提高燃气具产品质量的最好帮手，也是教学部门培养学生实践的必要内容。

燃气检测具有技术密集、专业性强、安全风险高等特点，需要具备专业的技术、设备和人员来进行检测和评估。本手册作为燃气具产品检测行业的便携手册，基于将检测原理、仪表性能、检测方法、标准规范等融于一体的原则，涵盖了基本参数、热工性能、燃气性质、烟气分析、性能检测、数据分析、寿命评估、简易判断等内容。在燃气基本检测方面，以热工测量为基础，介绍了燃气热值、密度、火焰传播速度及烟气分析等检测的基本原理和试验方法；分析了燃具适应性和燃气互换性，解读了基于燃气分类要求的配气技术；在燃气具产品方面，涵盖了家用、商用及输配产品的检测技术，同时对控制器故障评估、检测技术数字化和产品寿命评估也进行了介绍；并梳理了当前燃气具产品的检验检测形式和相应的质量工作内容及要求，总结了适合燃气具产品的简易判断方法。

本手册突出便携性，是一部重视理论、更关注实践、执行标准的工具书。本手册也是面向城市燃气具产品生产设计、检测认证、质量管理、技术监督的工具书和培训教材，无论是对检验检测及认证机构、生产企业的技术和管理人员，还是对市场监管部门、科研机构、高校院所的专业人士，都具有极高的参考价值和操作实用性，同时还为终端消费者提供了简易质量判断方法。相信本手册的出版，将有助于保障燃气具产品质量和安全性，提高企业信誉，维护消费者权益，促进市场健康发展，提升燃气具产品的市场竞争力，为推动经济社会持续健康发展作出积极贡献。

本手册共 16 章，由王启牵头编写。参加编写人员如下：第 1 章 基本参数测量（张杨竣、杨文量、陈浩）；第 2 章 燃气热值与密度测量（吕昕宇、李文硕、张金环、陈岚）；第 3 章 火焰传播速度测量（张杨竣、李昊民）；第 4 章 城镇燃气互换性、分类及配气（高文学、户英杰）；第 5 章 烟气分析（张华、潘翠景）；第 6 章 家用燃气燃烧器具检测（周伟业、吕昕宇、张华）；第 7 章 商用燃气燃烧器具检测（张建海、王启）；第 8 章 燃气辐射式取暖器检测（龙飞、王启）；第 9 章 燃气输配设备检测（岳明、李昊民、郭宏伟、杨文量、翟军）；第 10 章 户内燃气输配器具检测（李军、胡敬、杨文量、郭宏伟、张文、吕昕宇、翟军）；第 11 章 燃气具电子控制器内部故障评估（杨丽杰）；第 12 章 数字化检测技术（王艳、杨超、徐英）；第 13 章 测试数据处理与误差分析（王洪林、张梦婷、王启）；第 14 章 燃气具产品寿命评估（严荣松）；第 15 章 燃气具产品检验检测与管理（周伟业、王启）；第 16 章 燃气具合格产品简易判断方法（杨文量、吕昕宇、张华、周伟业、李军、翟军、王启）。全书由王启主编，王艳副主编；高文学主审。

本手册在编写过程中得到了国家燃气用具质量检验检测中心、中山市铧禧电子科技有限公司的大力协助与支持，为本手册的编写提供了宝贵资料和意见，特此感谢。

目录

第1章 基本参数测量

1.1 温度测量

在燃气的燃烧与输配中，温度测量是非常重要的。例如当液化石油气储罐的温度高于设计值时，就可能破坏储罐，造成事故；当燃气燃烧设备的烟气温度过高时，会降低热效率而浪费燃气；如果测量不准燃气温度也就无法确定燃气的真实流量，因此，必须重视并掌握温度测量技术。

1.1.1 概述

温度是物体热力状态参数之一。它表示物体的冷热程度，也可以说是表示受热程度。物体受热程度由分子热运动过程中所呈现的内部动能决定，构成物体的分子时刻都处于运动状态。分子运动越快，温度越高；分子运动越慢，温度越低。

常用的温标包括：摄氏温标、华氏温标、热力学温标、国际温标等（表1-1）。

国际温标固定点　　表1-1

平衡状态	国际实用温度指示值	
	T(K)	t(℃)
水三相点	273.160	0.010

续表

平衡状态	国际实用温度指示值	
	T(K)	*t*(℃)
水沸点	373.150	100.000
平衡氢三相点	13.810	−259.340
平衡氢液态,气态在 33330.6Pa 压力下平衡态	17.402	−256.108
平衡氢沸点	20.280	−252.870
氧三相点	54.361	−218.789
氖沸点	27.102	−246.048
锌凝固点	692.730	419.580
银凝固点	1235.080	961.930
金凝固点	1337.580	1064.430

1.1.2 温度测量方法

温度测量方法很多，并且随着科学技术发展而日新月异，下面介绍在燃气测试技术中常用的测温方法。

1. 膨胀测温法

利用物质的体积或长度随温度变化的性质来测量温度称为膨胀测温法。用此法制成的测量仪表称为膨胀温度计。根据测量温度的范围不同，采用不同的测温物质。测温物质有液体与固体两种。膨胀温度计是比较常用的温度计。尤其是玻璃液体温度计应用范围更是广泛，但是不能测量高温与表面温度。

(1) 玻璃液体温度计

玻璃液体温度计的构造简单，使用非常方便，是测量气体与液体一般温度的最普遍的仪表。常用的有：棒式温度计、内标式温度计、外标式温度计、工业用温度计、特种温度计等，如图 1-1 所示。

玻璃液体温度计由一个盛有液体的“温包”和与“温包”相连的毛细管组成（图 1-1）。毛细管旁带有温度刻度。当温度变化时，液体体积变化较大，而玻璃制成的温包的内部容积变化不大，这样毛细管内液柱就会随温度变化而升降，故可根据液面的位置确定相应的温度。

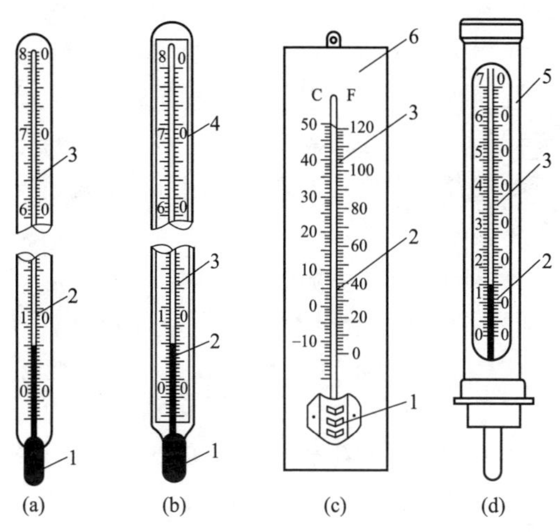

图 1-1 玻璃液体温度计构造

(a) 棒式温度计；(b) 内标式温度计；(c) 外标式温度计；(d) 工业用温度计

1—温包；2—毛细管；3—温度标尺；4—套管；5—金属外壳；6—木板

玻璃液体温度计中，采用的液体多数为水银与酒精，有时也用其他有机液体。不同的液体的使用温度测量范围不同，如：

水银　　－30～500℃

甲苯　　－90～100℃

酒精　　－100～75℃

戊烷　　－190～20℃

有机液体（如甲苯与酒精）的体积膨胀系数比较大，所以随温度变化而升降的性能比较灵敏。但是，有机液体容易附着在玻璃上。另外，长期使用后部分有机液体会发生聚合，可能带来比较大的误差。

水银虽然体积膨胀系数较小，但受温度影响不大，另外由于它不会黏附玻璃，并能制取非常纯的水银，所以水银温度计的精度较高，应用较广泛。

玻璃液体温度计按精度一般可分为三类：即标准温度计、高精密温度计及普通温度计（或工作温度计）。标准温度计多为水银玻璃温度计，主要用来校正其他温度计，也可以用作精密温度测量。普通温度计的级别较低，它可以是有机液体玻璃温度计，也可以是水银玻璃温度计。无论是在实验室使用还是在现场测定，都要根据测试工作对温度值误差限度的要求，选用合适的温度计。

（2）双金属温度计

将两块具有不同线膨胀系数的金属片合并在一起，利用其受热后膨胀长度不同而制成的温度计称为双金属温度计。双金属温度计常用来测量物体表面温度和室内空气温度，并且带有自动记录的设备。

已知固体长度随温度变化的关系可用式(1-1）表示：

$$L_t = L_0(1+at) \tag{1-1}$$

式中 L_t、L_0——固体在温度 t（℃）及 0℃时的长度（m）；

t——温度（℃）；

a——固体由 0℃至 t（℃）范围内平均线膨胀系数。

图 1-2(a）是双金属温度自记仪的原理图。两片线膨胀系数 a 值相差很大的金属弹性片焊（或铆）接在一起作为温度敏感元件。双金属片一端被固定，而另一端与指示设备相连。双金属片 1 的膨胀系数 a 值大于金属片 1′，当温度升高时，双金属片会向膨胀系数 a 值小的金属片 1′一方弯曲，并且在指示设备的刻度盘上读出温度。

双金属温度自记仪构造简单，操作方便，不耗电能，但它的精度不高，再加上双金属片体积大，热惰性也大，滞后现象严重。所以它只宜测量随时间变化不大的空气温度。在选用这种仪表时，除了考虑测温范围与精度级别外，尚应根据测试工作要求决定选用日记还是周记。

在平时使用仪器时，不要轻易转动调节螺母 7，当发现温度变化 1℃而笔尖在记录纸上变动不是 1℃时，则应用调节螺母 7 来校

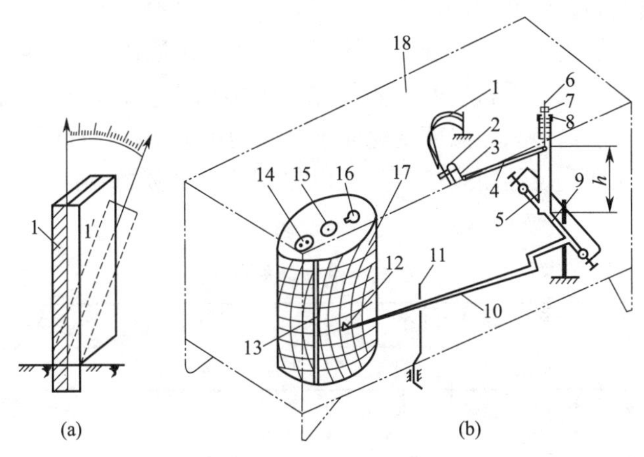

图 1-2　双金属温度自记仪

(a) 原理图；(b) 仪表构造简图

1—双金属片；2—定位旋钮；3—簧片；4—水平杆；5—立柱；6—螺杆；7—调节螺母；8—帽盖；9—连杆；10—笔杆；11—搬动杆；12—笔尖；13—卡子；14—钥匙；15—连接螺母；16—盖片；17—转筒；18—外壳

正。每次在使用仪器前，应用标准温度计校对，发现误差时，可用定位旋钮 2 调节（必要时还需调整调节螺母 7)。转筒 17 的转速也要校正，一般要求一周内误差不超过半小时。

这类仪器要求每两年擦一次油泥，每年点一次油，以保证其正常工作。

2. 热电偶测温法

利用两种金属丝焊接在一起，在受热不同时产生热电势的特性测量温度的方法称为热电偶测温法，用此法制成的温度计称为热电偶温度计。

热电偶的测量范围广，精度较高，容易实现远距离传送读数与自动记录，并且热电偶尺寸小，构造简单，易于自制。在决定测试系统后，可以根据现场条件，采用不同的金属线材料与长度自制热电偶温度计。

热电偶温度计制造简单，使用方便，测量温度范围广，既能测低温，也能测高温；既能测流体温度，也能测固体表面温度。

在选择热电偶材料时，要优先考虑能产生较高热电势的材料，并且要求热电势只随温度变化而不受其他因素干扰，同时还要求具有抗腐蚀和一定的耐热能力。可以根据待测介质的温度参考表 1-2 选取。

常用热电偶材料表 **表 1-2**

热电偶名称	测温限度(℃)		当 $t=100$℃及 $t_0=0$℃时的热电势(mV)	正负极识别	
	长期受热	短期受热		+	−
铂铑-铂	−20～1300	1600	0.64	较硬	较软
低镍铬-镍硅	−20～900	1300	4.10	无磁性	稍有磁性
低镍铬-考铜	−50～600	800	6.95	色较暗	银灰色
铜-考铜	−50～350	500	4.75	纯铜色	银灰色
铜-康铜	−50～350	500	4.15	纯铜色	银灰色
铁-考铜	−50～600	800	5.75	强磁性	无磁性
铁-康铜	−50～600	800	5.15	强磁性	无磁性

如表 1-2 所示，测高温需要采用贵重金属。例如，采用双铂铑（铂铑 30-铂铑 6）高温热电偶最高测量温度能达 1800℃。对于一般温度测量，采用低镍铬-考铜与铜-康铜就可满足要求。热电偶的端点可采用熔接的方法接上，当待测温度低于 200℃时，也可以简单地用锡焊接。热电偶丝的直径一般取 1.5～3mm，对于贵重金属，直径可以小到 0.5mm。

当待测温度不高，并且介质没有腐蚀性时，只要把热电极焊接起来，一端控制为零点，另一端放在待测温度处，利用毫伏计（或电位差计）即可测得热电势，从而求得温度。一般实验室中自制热电偶就这样使用。当被测介质有腐蚀性时，应加保护套管。

工厂生产的定型的热电偶温度计多数带有保护套，并配有二次仪表（毫伏计等）。陶瓷保护套的形式如图 1-3 所示，其他双金属分度表见有关资料。

图 1-3 也是普通工业热电偶温度计的结构，两个热电极需用绝缘套管或磁环隔开。当待测温度上限低于 350℃时可用铜合金保护套管；当待测温度上限低于 600℃时可用无缝钢保护套管，为了防止气体渗入套内，需要镀一层镍或铬；当待测温度上限高于 1000℃时，多数采用陶瓷保护套管。

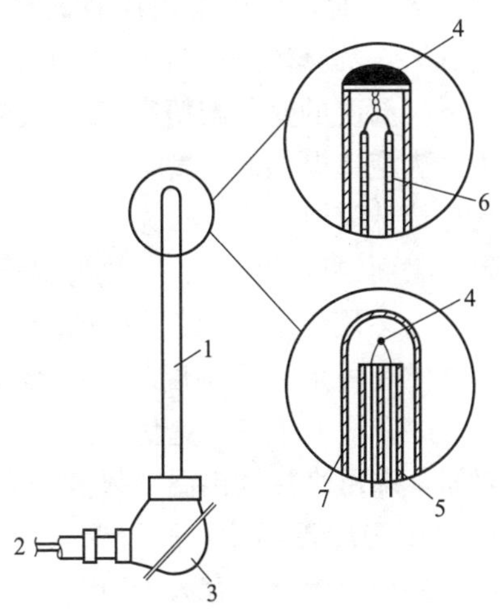

图 1-3 普通工业热电偶温度计的结构

1—保护套；2—接毫伏计；3—接线盒；4—热端；5—绝缘套管；6—绝缘瓷环；7—陶瓷保护套

一般热电偶测温需要和二次仪表配合使用，通常采用下列仪表：

（1）便携式测温毫伏计，其精度有 0.5 级及 1.0 级两种。它是一个毫伏计，但表盘上已经根据固定的热电偶材料直接标出温度，所以使用时可直接读出温度（采用的热电偶材料必须符合刻度盘刻度的要求）。但是使用这种仪器时，要求测量回路有固定的电阻，读数需要修正，具体修正方法可查有关热工测量专著。

（2）便携式实验室电位差计。Ⅲ级便携式电位差计的读数范围是 0～7mV，其误差为±0.1mV，所以精度较高，并且回路电阻对测量没有影响。但是，用便携式电位差计读出的值为毫伏数，根据毫伏数，再查有关表或图表后才能求得温度，所以比较麻烦。

（3）电子自动电位差计。在测点较多并需自动记录温度变化时，可以采用电子自动电位差计，它具有以上两种仪表的特点，并且能多点记录，使用方便。但是，电子自动电位差计的使用和维护要求专门技术知识，应严格按照仪表说明书规定操作。

在选用热电偶温度计时，可以采用现有的定型的热电偶温度计，也可以根据测试工作的具体条件与要求，自行选取热电偶材料及二次仪表，这样不仅温度的量程与精度能满足测试要求，还可以根据测试现场的条件决定热电偶的长度，甚至可以做成多头热端的热电偶温度计以满足特殊需要。

专门用来测固体表面温度的仪表称为热电偶表面温度计，它可以根据测试要求自制（多用于固定位置的测量），也可以采用已经生产的定型产品。具体有弓形表面温度计与凸形表面温度计两种。前者把热电偶的热端放在弓的中央，毫伏计安放在手柄处。把热端紧贴待测温度的表面，即可直接读出温度数值，使用比较方便。此表面温度计以室内温度为冷端温度，所以要求测量时周围温度在10～35℃范围内，另外相对湿度不宜大于80％。

3. 热电阻测温法

利用导体或半导体的电阻随温度变化的性质测量温度的方法称为热电阻测温法，将这一特性做成温度敏感元件，并配以必要外壳部件及二次仪表，即组成热电阻温度计。当采用半导体时，多称其为半导体温度计。

热电阻温度计的精确度较高，很容易实现远距离传送读数与自动记录。半导体点温度计可以测很小空间气体温度及表面温度，有利于测量温度场，是实验室中常备的温度计。采用热电偶测低温时，由于热电势小而影响精度，这时可以采用热电阻温度计。

在实际工作中，在－200～500℃的温度范围内广泛采用热电阻温度计来测量温度。一般－260～630℃的标准仪器多采用铂电阻温度计。碳电阻温度计可以测1K的超低温，高温铂热电阻温度计测温上限可达1000℃。

用于测量温度的热电阻应满足下列要求：

（1）在测温范围内物理化学性能稳定；

（2）电阻温度系数大，以得到高的灵敏度；

（3）电阻率大，可以得到体积小的敏感元件；

（4）电阻与温度的特性曲线接近线性；

（5）复现性好且价格便宜。

金属热电阻的敏感元件的体积比热电偶大得多，因此不适合测量点温度和动态温度。在测燃气设备表面温度时，时常采用半导体热敏电阻温度计。但是这种温度计的稳定与复现性较差，不过用于测表面温度可以满足要求。

热电阻温度计与热电偶温度计相似，是由很细的金属电阻丝绕在石英或云母骨架上的电阻体、保护外套及二次仪表组成，较常见的有铂热电阻温度计和铜热电阻温度计。

铂热电阻温度计采用高纯度的铂丝，绕制成铂电阻，具有精度高、性能稳定、复现性好以及抗氧化性能等优点，故适合用于基准、标准及实验室中的温度测量。在高温下，铂金容易被还原性气氛污染，使铂丝变脆，改变了电阻与温度的特性关系，所以要求用保护套。

铂丝的纯度越高，性能越好。纯度常用 R_{100}/R_0 表示。R_{100} 及 R_0 分别表示在 100℃及 0℃下的电阻值。对于标准铂电阻温度计要求 R_{100}/R_0 不小于 1.3925，工业用铂电阻温度计 R_{100}/R_0 为 1.391，较常用的铂电阻有三种，铂电阻温度计技术指标参考表 1-3。

铂电阻温度计技术指标　　　　**表 1-3**

分度号	R_0(Ω)	R_{100}/R_0	R_0 允许误差(%)	精度等级	最大允许误差(℃)
Pt50	50.00	1.3910±0.0007	±0.05	Ⅰ	Ⅰ级： −200～0℃±(0.15+4.5×$10^{-3}t$) 0～500℃±(0.15+3.0×$10^{-3}t$) Ⅱ级： −200～0℃±(0.3+6.0×$10^{-3}t$) 0～500℃±(0.3+4.5×$10^{-3}t$)
		1.3910±0.0010	±0.10	Ⅱ	
Pt100	100.00	1.3910±0.0007	±0.05	Ⅰ	
		1.3910±0.0010	±0.10	Ⅱ	
Pt300	300.00	1.3910±0.0010	±0.10	Ⅱ	

铜电阻的电阻值与温度的关系曲线几乎呈线性，电阻温度系数较大，并且价格便宜。所以在精度要求不太高的测温场合，常采用铜电阻。但在高温气氛下，铜容易氧化，故测量范围为－50～150℃。较常用的铜电阻有两种，铜电阻温度计技术指标参考表1-4。

铜电阻温度计技术指标 **表1-4**

分度号	R_0(Ω)	精度等级	R_0的允许误差(%)	R_{100}/R_0	最大允许误差(℃)
Cu50	50	Ⅰ Ⅱ	±0.1	Ⅰ级 1.425±0.001 Ⅱ级 1.425±0.002	Ⅰ级$(0.3+3.5\times10^{-3}t)$ Ⅱ级$(0.3+6.0\times10^{-3}t)$
Cu100	100	Ⅰ Ⅱ			

半导体温度计的半导体热敏电阻材料通常为镍、锰、钼、钛、镁、铜的氧化物，也可以是它们的碳酸盐、硝酸盐等。测温范围为－100～300℃。由于元件互换比较差，每支半导体温度计需要单独分度。此类温度计较少应用在燃气测量领域。

热电阻温度计一般需要搭配二次仪表使用，习惯采用不平衡电桥和自动平衡电桥。自动平衡电桥和自动电位差计的记录仪表的规格、尺寸也很多，有面板式、台式或便携式。被测点的数量有单点、多点（3点、6点、12点）记录仪。记录笔的数目可分单笔、双笔、四笔。指针全量程运动速度有快行程（1.0s）及慢行程（2.5s）两种。另外还有带自动调节装置和报警系统。使用者可以根据各生产厂家的样本选取。

热电阻温度计的准确度比热电偶温度计高，实验条件下精度可达0.001℃。在选用时，要根据实际需要决定精度的等级；在使用时要注意热电阻温度计测温系统的误差及热电阻的校验。

热电阻温度计测温系统的误差包括：

（1）热电阻分度误差，标准化热电阻分度表是以同一型号热电阻的电阻与温度变化特性进行统计的分析结果。而对具体采用的热电阻往往因材料纯度、制造工艺而有差异，这就形成热电阻分度误差。误差值不能超过表1-3及表1-4的规定值。

（2）自热误差，由于电流流过电阻回路，使电阻体产生温升而引起的误差。误差大小与电流量值和传热介质有关。自热误差一般不超过0.1℃。

（3）显示仪表基本误差，当温度指示仪精度为Ⅰ级，一般基本误差为量程范围的1%。

（4）线路电阻变化误差，如果温度指示仪有二线制与三线制两种接线方式。当环境温度变化10℃时，导线电阻为5Ω，则二线制误差为2℃，三线制为0.1℃，可见应采用三线制。

对于标准铂电阻温度计需要做三定点（即水三相点、水沸点和锌凝固点）分度。工业用铂或铜电阻温度计校验可用Ⅰ级温度计与标准仪表比较的方法测出 R_0 和 R_{100}/R_0 值。要注意的是测 R_{100} 时，要修正当地大气压力对水沸点影响。

4. 辐射测温法

利用物理辐射能量随温度变化的特性测量温度的方法称为辐射测温法，用此法制成的温度计称为辐射温度计，常用的有红外热像仪和光学温度计等。

辐射温度计的特点是不与被测介质相接触，因此也不会被高温介质烧坏，既可测3000℃的高温，也可测0℃以下的低温。但是这种温度计不适合测量高温气体的温度，精确度相对较差。

（1）红外线温度测量

当物体的温度高于绝对温度时，都会由于分子的热运动而发射出红外热射线，并且发出的热射线能量与物体的温度有一定关系，红外热像仪就是根据此物理现象设计的。红外热像仪可以测物体表面上各点的温度分布，形成温度场，为热工分析提供更全面的实测数据。

图1-4为热像仪工作原理图。热像仪是由光学会聚系统、扫描系统、红外探测器、视频信号处理器及视频显示器等几个主要部分组成。被测物体发出的红外热射线经过光学系统的会聚与滤光，聚集在一个平面上，在此平面设红外探测器。红外探测器与光学会聚

系统巡视间有一套光学-机械扫描装置。此装置由两个扫描反射镜组成：一个用来垂直扫描；另一个用来水平扫描。由被测物入射到红外探测器上的红外热射线随着扫描系统转动而移动，按顺序扫过被测物的整个视场。在扫描过程中，红外探测器将物体表面温度分布转化为一维的模拟电压序列。此电压信号经过放大、处理后，由视频监控系统实现一幅反映温度分布的热像显示图。

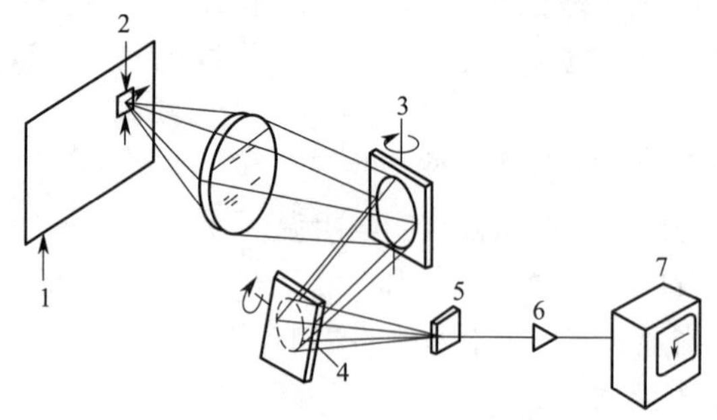

图 1-4　热像仪工作原理图

1—被测物的视场；2—探测器在视场的投影；3—水平扫描；4—垂直扫描；5—红外探测器；6—视频信号处理器；7—视频显示器

根据斯蒂芬-玻尔兹曼辐射定律可知，热像仪接收的红外热射线与温度呈非线性关系，同时受到被测物黑度（ε）值、大气衰减及被测物环境反射等因素影响。因此，通过热像仪测得物体的定量温度值，必须采用基准黑体温度相比较的方法来标定绝对温度值。

用热像仪接收并检测到的热射线能量的数值量度被称为热度值。它可用一个等温单位来表示，等温单位是一个任选的计量单位。热像图上某点的测量热度值是由等温标尺上标记读数和预先确定的温度范围以及等温标尺零点所对应的热度值决定的。此热度值与接收的辐射能量成正比。但是，热度值与温度之间的关系却是非线性的，此非线性关系即为标定函数，用曲线表示即为标定曲线。进行定量分析时，必须利用标定函数求得绝对温度。一般有直接标定法和间接标定法。

在实际的定量分析中，被测物的 ε 值小于 1，并且在测试过程中总会存在一些外界因素干扰，因此，在根据热度值在标定曲线查被测物温度时，必须首先考虑被测物的非黑体性质与实际情况的干扰因素，并进行修正。

干扰因素有以下几方面：

1）被测物透明度影响。被测物如有一定透明度时，从被测物接收的红外热射线将包括来自被测物背后无关热射线。

2）被测物周围环境影响。对非黑体的被测物，来自周围环境的干扰热射线，会因被测物反射进入热像仪的扫描器，影响程度与周围环境温度有关。

3）大气传输影响。大气中某些成分对红外热射线有吸收作用，这样就会减弱被测物到热像仪的辐射能量，另外，大气本身的发射率也将对测量产生影响，需加以修正。大气修正系数可以测定也可以采用某种大气模型计算。

从以上影响因素可见，在进行定量分析时，要经过严格的标定及比较复杂的校正，也可以根据不同型号热像仪的要求及有关资料进行计算。

（2）光学温度测量

光学高温计便于携带，操作简易，但是精度较低，并且不能用于测量不发光的物质。

根据辐射传热的机理，黑体辐射强度受波长与温度两个因素的影响。这样只要在可见光辐射波段内选取某一固定波长，辐射强度就仅与黑体温度有关。由于辐射体射出光线的高亮度与辐射强度成正比，故辐射黑体的温度可用该波长的光线亮度来表示。如果用一个标准辐射体亮度与其比较，就可以用标准辐射体的已知的亮度与温度关系曲线求得被测辐射黑体的温度，一般采用红光的波长为固定波长，$\lambda=0.65\mu m$。

图 1-5 是隐丝式光学高温计，由望远镜与电测系统组成。在测量时，先将物镜对准被测物体（辐射体），调好物镜与目镜后，将红色滤光片移入视场。慢慢转动滑线电阻的电刷以接通灯泡电路，

并逐步加大电流使灯丝亮度增加。通过红色滤光片可以直接比较灯丝与被测物体发光亮度，直到两者相等时为准。当灯丝的弧线影像隐灭在辐射的背景里时，毫伏计指示的温度即为被测物体的温度值。光学高温计在不使用时，应切断电源，并使滑线电阻 10 的电刷脱离电阻线以断开灯泡线路，同时电刷将短路触点 11 接通，以便在仪器摆动时，起阻尼作用。

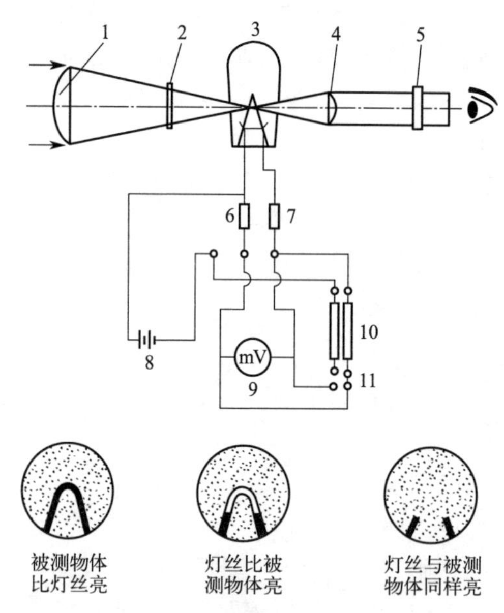

图 1-5　隐丝式光学高温计

1—物镜；2—吸收玻璃；3—高温灯泡；4—目镜；5—红色滤光片；6、7—附加电阻；8—电源；9—毫伏计；10—滑线电阻；11—短路触点

隐丝式光学高温计可用于测量高温固体表面温度，例如测量红外线燃烧器的高温陶瓷表面温度、燃烧室高温内壁温度以及燃烧室内的不透明发光火焰的局部温度。由于周围火焰层的温度与其相差不大，可以认为该局部辐射源是趋近于黑体，但是此时测出的温度只能认为是沿着被测方向某一深度的火焰平均温度。这是因为在被测方向上，火焰的最高温度区与看火孔都有一定距离，其辐射线通

过这一距离内的较低温度的火焰层和烟气层时，都会部分被吸收而降低亮度。这种高温计精度欠高的原因也在于此。

对于不发光的火焰，因为它缺乏可见光波段的辐射，所以不能用此种温度计测量。也就是说，当由看火孔可以看到对面炉壁时，就不能用光学高温计测火焰或烟气温度。

此外在使用隐丝式光学高温计时，应注意以下事项：

1）隐丝式光学高温计的环境温度应为20℃±5℃，环境温度的变化给测量数值带来很大误差，所以隐丝式光学高温计不能离热源太近。一般保持仪器与看火孔的距离稍大于1m。

2）仪器周围不应有磁场和铁磁性物质存在。

3）仪器应保持规定工作位置，倾斜度不允许超过45°。

4）仪器应保持充足的电源。

5）因为灯丝亮度变化滞后于电流，所以应慢慢转动滑线电阻。

6）在测1400℃以上的温度时，应使用高温量程（利用吸收玻璃减弱亮度），以延长灯泡寿命。

7）要保证看火孔与仪器物镜面的清洁度，有灰尘将会加大测量误差。要用专门擦镜头的纸，擦仪器物镜。

8）为防止烧伤事故，应适当加大燃烧室的负压，对于正压燃烧室内，应在看火孔上安置耐热并且透明的玻璃。

5. 其他测量方法

（1）压力测温法

将物质装入密闭的系统中，利用受热后压力变化的特点测量温度的方法称为压力测温法。用此法制成的温度计称为压力温度计。封入密闭系统中的物质有气态与液态两种。

当装入密闭系统的物质是水银、二甲苯或甲醇等液体时，称为液体压力温度计。

当装入密闭系统的物质是氮气等化学性质稳定而且又接近理想气体性质的气体时，称为气体压力温度计。

有时将低沸点的液体装入密闭系统，如氯甲烷或氯乙烷等易蒸发的物质，称为蒸气压力温度计。压力温度计常用来测量－50～

550℃的非腐蚀性的气体或液体温度。多采用于固定的工业设备中，一般在实验室中很少使用。

（2）谱线转换测温法

谱线转换测温法最常用的元素是钠，故称其为钠谱线转换测温法。将钠置于火焰中，能发射出波长为 0.5896μm 及 0.5890μm 的两条黄色线。如果在火焰之后置一个明亮的背景光源，并使其射出的光线通过钠蒸气火焰。当光源温度不等于火焰温度时，钠谱线将以明线或暗线出现在光谱中；当光源温度等于火焰温度时，钠谱线的亮度与背景相同而消失。这样改变背景的亮度直到钠谱线消失，然后用光学高温计测量背景温度，就可以测出火焰温度。

钠谱线转换测温法常用于火焰温度的测量。由于这种方法不会破坏火焰结构，所以更适于测量小型火焰的温度。要指出的是，此法测得的温度，实际上是所用元素（钠）的有效电子激发温度，因此在整理数据时，要予以足够的重视。这种测量方法，需要较精密的光学仪器，一般用于火焰的理论研究。

（3）气力式高温计

利用气体节流后压力降与温度的关系，用间接测量的方法来求高温半导体温度的仪器，称为气力式高温计，可以测得 2500℃以下高温气体的温度。

实际使用的气力式高温计，多采用文丘里管为节流装置元件，故名文丘里高温计。热端文丘里管要采用耐热材料制成；冷端文丘里管也应采用不锈钢为材质，以防锈蚀。冷端的测量装置应采用具有高热电势的热电偶温度计，以提高测量精度，同时应采用遮热罩。

气力式高温计灵敏度较高，如果配上自动测量及电子计算装置，能记录出温度随时间的变化曲线。

在选用气力式高温计时，一般取热端文丘里喷嘴流速为 150m/s 左右。冷端文丘里喷嘴的流速应在 20m/s 以上，烟气抽出量约为 5～12kg/h，此时冷却水量在 2～3t/h 范围内；流经冷端文丘里喷嘴气流的温度不应低于气体的露点温度，一般应维持在120～200℃。测定时可以调节高温气流抽气量与中心管插入深度以防止产生冷凝水。

（4）光纤温度传感器

光导纤维的发展为辐射测温解决不少难题。光纤传感技术在温度测量中的应用，已取得不少成就。光纤温度传感器的种类很多。在燃气涡轮发动机温度检测和电厂锅炉的火焰检测等方面得到利用。

6. 高温测量方法

在测量火焰温度或高温烟气或燃烧室的温度场时，需用高温测量仪表。

在工业燃气窑炉的燃烧室中，火焰有不同形式。对于不透明的发光火焰可以用简单光学高温计测其温度；对于高温烟气或透明的火焰就不能采用光学高温计。如果把普通的热电偶温度计的热端直接插到燃烧室中来测量温度，会发生较大的误差，因为它没有消除燃烧室壁对热电偶温度计热端的影响。

用于测量高温的常有组合热电偶温度计、抽气热电偶温度计、光学高温计、气力式高温计等。

（1）组合热电偶温度计

将几支具有不同直径热端的热电偶组合起来使用，称为组合热电偶温度计。由于各热电偶的热端直径不同，测得的结果也不相同，可以利用传热学的知识求出真正被测介质的温度（高温烟气火焰的温度），这种测量方法简单，可以消除热端向四周的冷壁辐射的影响，在精度要求不高的情况下使用。

组合热电偶温度计的构造要注意以下几点：

1）组合热电偶温度计的热端应该伸出保护管，伸出的长度应保持热端直径的25倍。

2）组合热电偶温度计裸露部分最好呈∩形布置，热端在中央，各支热电偶的∩形线应互相平行。

3）组合热电偶温度计的热端应保持球形且表面光洁，需要精确地测出其直径。

组合热电偶温度计的优点是简单方便，不需要特殊设备。但是，几个热电偶的热端彼此有辐射传热的干扰，另外裸露的热端也易被污染、损坏，再加上每个热电偶本身都有一定的误差，都使这种测量方法的误差加大，所以它不宜用于精密测量。

（2）抽气热电偶温度计

在高温热电偶温度计的基础上，附加一些防止热端四周冷壁辐射影响的措施，即组成抽气热电偶温度计。

为了防止热电偶温度计热端向四周冷壁辐射，可以在热端处附加单层或多层的“遮热罩”，并且用抽烟气的方法提高烟气冲刷遮热罩及热端的速度，以提高其对流传热系数，从而测量值接近真实的烟气温度。

图 1-6 是抽气热电偶温度计构造示意图。温度计的最外边是水冷却管 5，多用三层同心钢管焊接制成。长度应根据需要而定，最长可达 4～5m；水套管直径根据抽气截面和水冷截面决定，其外径一般为 45～57mm。冷却水的阻力损失不应超过 0.5MPa，冷却水的回路最好由外到内。而被测量介质温度低于 600℃时，也可以用空气冷却。

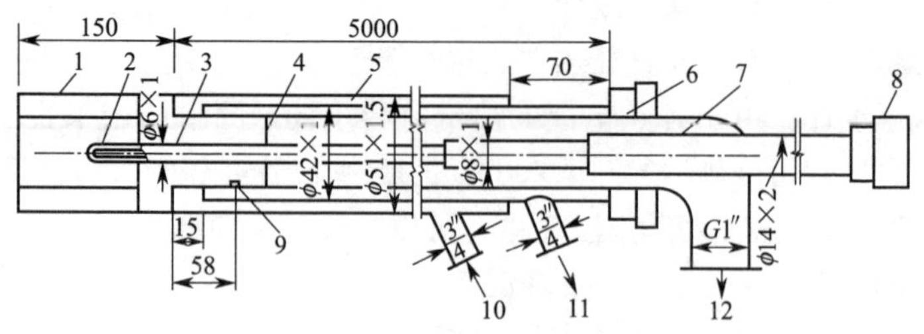

图 1-6　抽气热电偶温度计构造示意图

1—遮热罩；2—ϕ0.5mm 热电偶配 ϕ3.2mm×2.6mm×50mm 双孔陶瓷管；3—刚玉保护管；4—罩座；5—水冷却管；6—膨胀密封接头；7—耐热钢保护管；8—接线盒；9—榫销（装遮热罩用）；10—冷却水入口；11—冷却水出口；12—抽气出口

测高温的热电极线直径通常为 0.5mm，但应有充足余量，以备热端损坏时，剪去其损坏段后仍能重新焊接热端来使用。多余的线可以绕在接线盒内的绕线滚轴上。遮热罩可以用耐火材料制造，也可以用耐热钢制造。当所测温度低于1100℃时，采用耐热钢遮热罩。当所测温度高于1100℃时，应采用耐火材料的遮热罩。

在选用抽气热电偶温度计时，首先要考虑选用遮热罩的层数。在理论上，遮热层数越多越好，但是层数多，构造复杂，占空间大，实际上超过4～5层效益也就不再增加，所以一般只做成2～3层。层与层间隔不宜过小，否则增加抽气阻力，容易阻塞。

热电偶的热端在遮热罩内的位置，对测量的准确度有很大影响，一般热端与热介质（烟气等）入口端的距离要保持在内层直径的2～3倍，有条件时，可以通过实验决定。

使用抽气热电偶温度计时，需注意以下事项：抽气时，烟气出口温度应高于烟气的露点温度，否则会在抽气管中结露。为了提高出口烟气温度，宜采用带有空气夹层的抽气管结构。冷却水出口温度不宜高于70℃，并且保证冷却水不能中断，保证抽气速度稳定。当烟气中有灰尘时，需要定期吹扫，抽气热电偶温度计有较好的遮热罩，并且保证足够的抽气速度。这样能使介质与热电偶热端充分热交换。所以它是一种比较可靠的测高温气体的温度测量仪表。

1.1.3 温度校正及温度变送器

在理论上，温度的基准应是国际单位制的热力学温标，但在实际应用技术中，可以采用国际实用温标作为参考温标。

1. 温度的校正

（1）点温度值的确定

热力学温标所定义的水的三相点为273.16K，比水点高0.01℃。三相点可以利用三相点管子和水罐获得。在三相点管中注入一部分纯水，然后抽空，使其压力达到三相点处的压力（611.2Pa），并将其密封。将制备好的三相点管子插入存水的罐中，如果该管被水包裹得很好时，平衡温度可以维持一个星期或者更长。把不同类型需要校正的温度计放在该管中央的套管内进行校准，准确度可达±0.0001℃。

（2）温度计的对比

国际温标固定点（表 1-1）及标准温度计适用于对所有温度仪表进行点校准。固定点温度范围的中间温度对比法，是把标准温度计和被校准的温度计同时浸入一个加热或冷却并被搅拌恒温液体槽中进行对比标定，不同液体沸点不同。所以根据以下温度决定采用液体的种类：

0～100℃——水；

80～300℃——油；

－150～0℃——甲基乙烷；

200～600℃——钠与硝酸钾的混合液体。

当温度在 600～1850℃之间时，对比法需要在管状加热炉中进行。

2. 温度计的检定规程

各监测站使用的各种温度计，必须定期交上级检测机构按照检定规程进行检定。不同的仪表有不同的检定规程，检定规程中有具体的检定方法和检定结果处理的要求。

3. 温度变送器

温度变送器分电动、气动及电气混合三种。

为了统一检测和自动控制信号，工业生产中常把各个热工参数转换成统一信号。目前最常使用的是“电动单元组合仪表”。

我国电动单元组合仪表主要分为晶体管型和集成电路型。晶体管型代号为 DDZ-Ⅱ，统一标准信号 0～10mA（DC）；集成电路型代号为 DDZ-Ⅲ，统一标准信号为 4～20mA。

随着科技的发展与生产自动化的要求，各种类型的温度变送器在各领域得到广泛应用，并且向多功能方向发展。以 SMAR 系统的 TT301 智能温度、毫伏欧姆多功能变送器为例，其技术性能指标列于表 1-5。

多功能变送器的技术性能指标 表 1-5

适用输入信号		量程	相对误差或允许误差
毫伏		−6～22mV −10～100mV	0.02%或 2μV 0.02%或 10μV
热电偶	B 分度	+100～1800℃	0.50℃
	E 分度	−100～1000℃	0.20℃
	J 分度	−150～750℃	0.30℃
	K 分度	−200～1350℃	0.60℃
	N 分度	−100～1300℃	0.50℃
	R 分度	0～1750℃	0.40℃
	S 分度	0～1750℃	0.40℃
	T 分度	−200～400℃	0.15℃
热电阻	Cu10	−20～250℃	1.00℃
	Ni120	−50～270℃	0.10℃
	Pt50	−200～850℃	0.25℃
	Pt100	−200～850℃	0.20℃
	Pt500	−200～450℃	0.25℃

1.2 湿度测量

在燃气行业中，常以干燃气体积作为计量单位以免去湿度的影响。在实践中遇到的多是湿燃气和湿空气。燃气、空气的湿度都会影响测量结果（例如燃气热值测量），为此测量燃气湿度有实际意义。此外，在生活、工作及检测过程中需要控制环境空气的湿度，所以掌握空气湿度测量也非常必要。

1.2.1 概述

水蒸气是一种无色无味的透明体。一般情况下，在空气、燃气及烟气中都含有一定量的水蒸气。表示气体中水蒸气含量的多少，称为气体湿度，分为绝对湿度、相对湿度及气体中水分的体积百分数三种表示方式。

测量气体湿度的常用方法有以下几种：

1. 干、湿球温度法

用两支相同的温度计，一支温度计直接测气体温度，称为干球温度；另一支温度计的温包处包有被水润湿的纱布，可测水蒸发时的温度，称为湿球温度。气体湿度越大，干、湿球温度相差越小，利用这种关系测量气体湿度的方法称为干、湿球温度法。

常用的仪表有简单干湿表与通风干湿表。

2. 毛发测湿法

脱脂的人发，在周围空气湿度变化时，本身长度会发生变化，利用这种性质测量空气的湿度的方法称为毛发测湿法，用此法制成的仪表称为毛发湿度计。这种方法主要用来测量空气湿度，有的毛发湿度计还带有自动记录装置。毛发湿度计构造简单，但是准确度较低。

3. 称量测湿法

利用化学吸收剂或其他干燥剂，吸收湿气体中的水蒸气直到其完全干燥，然后测出水分的量即可直接求得气体的绝对湿度。

这种方法可用来测量空气、燃气与烟气的湿度。对于高温烟气还要附加冷却装置来帮助分离水分。称量测湿法的原理简单，但要求把气体中的水分全部吸收，并且准确测量水分的质量。

4. 露点测湿法

将湿气体在定压下冷却，当达到露点温度时，则会有凝结水出现。气体的湿度越大，则其露点温度高，利用露点的方法测量气体湿度称为露点测湿法。

这种方法也可以用来测燃气、空气及烟气的湿度，但主要用来测燃气湿度。近年来采用自动控制装置，用此法可较准确地测出燃气的湿度。

5. 电气测湿法

很多物质吸收湿气体中水蒸气后，随着含湿量的增加，导电能力也相应提高。利用这种关系。只要测出置于气体中某物质（常用氯化锂）的导电能力，即可求出气体的湿度。这种方法常用于测量空气的湿度。为了防止氯化锂产生电解现象，应使用交流电。

1.2.2　空气湿度测量

为了保证人们有适宜的生活与工作的条件，要求室内空气的温度与湿度保持在一定范围内。在测试带有电器的燃气用具时，对周围环境湿度也有具体要求。因此，准确地测量空气湿度是测试技术中不可少的内容之一。

1. 简易干湿球湿度表

用两支相同的玻璃体温度计，安置在同一个盘面上，其中一支温度计的温包缠有一块纱布，纱布一端浸入装有蒸馏水的小杯中（图 1-7），中间有一个相对湿度换算尺从干、湿球温度计上可以读出干球温度 t_g 与湿球温度 t_s，其温差 $\Delta t = t_g - t_s$。根据 t_g 与 Δt 可在换算尺上查得相对湿度 φ。湿球温度计的温包不能浸入水中，如浸入水中测量的是水的温度，它不等于湿球温度。另外，温包距水杯上沿应有 20～30mm 的距离，以防止水杯上沿妨碍空气的对流。要保持纱布的清洁与湿润，防止污物渗入水杯中。

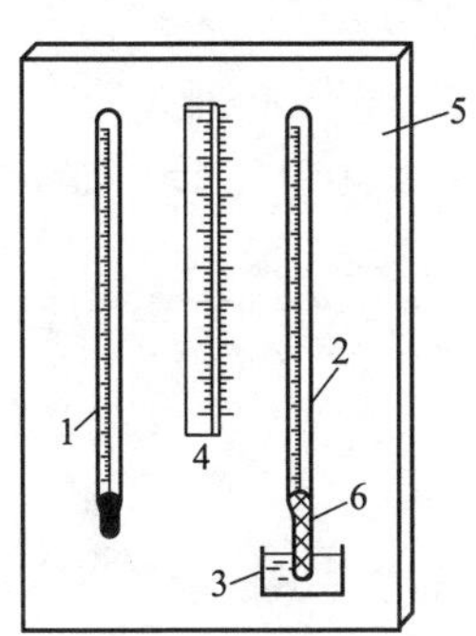

图 1-7　简易干湿球湿度表

1—干球温度计；2—湿球温度计；3—水杯；4—换算尺；5—木板；6—纱布

2. 通风干湿表

通风干湿表是一种容易携带并且比较准确的湿度测量仪表。它由两支具有 1/5℃刻度的水银温度计组成（图 1-8）。在仪器的上方有一个通风器 8，内有转动的叶轮将空气自下方吸进，并通过通道 6 自空气口 7 流出。它能保证在湿球温度计的温包处，空气流速为 2m/s。由于控制了气流速度不变，所以排除了气流速度对湿球温度的影响，有一定的相对准确性。钥匙 9 可以拧紧发条，使叶轮旋转而吸进空气。通风干湿表的温度计外面有内、外套管两个，可以防止四周辐射热的影响，所以它能露天安置，而不受太阳辐射的影响。

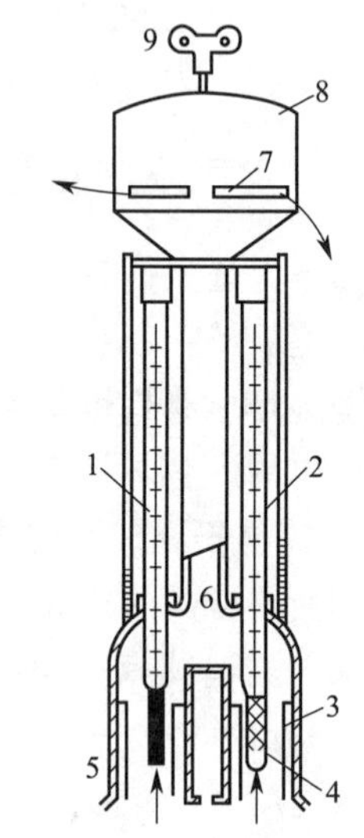

图 1-8　通风干湿表

1—干球温度计；2—湿球温度计；3—内管；4—纱布；5—外管；6—通道；7—空气口；8—通风器；9—钥匙

在使用通风干湿表时，要注意以下事项：

（1）提前将仪器安置在现场；冬季提前半小时（因为室内外温差大），夏季提前 15min。

（2）湿润纱布时，不要让水流入其他部分。测量时要把发条上紧，使叶轮全速工作，这样才能保证湿度计的温包处风速为 2m/s。

（3）读温度计时看小数后看整数，并且尽量做到同时读出干球与湿球温度值。

3. 氯化锂电阻式湿度计

氯化锂在空气中不分解、不挥发、不会变质，是一种稳定的离子型结构的无机盐。它的饱和水蒸气压很低。在相同温度下为水的饱和蒸气压的 1/10 左右。当空气相对湿度低于 12%时，氯化锂呈固相，电阻率很高，相当于绝缘体。当空气相对湿度大于 12%时，氯化锂会吸收空气中的水分而潮解，只有当吸水后的氯化锂的水蒸气压力与周围空气水蒸气分压力相等时，才处于平衡状态。由此可见，空气的相对湿度增加时，氯化锂的吸湿量也随之加大，并导致氯化锂的电阻减小，反之，电阻加大。这样就可以根据氯化锂的电阻值随空气相对湿度变化的特性制成氯化锂电阻式湿度计。

氯化锂电阻式湿度计的敏感元件是把梳状的箔或镀金的箔固定在绝缘板上［图 1-9(a)］。利用聚乙烯醇作为胶粘剂，把氯化锂溶液均匀地附在绝缘板的表面，保证水蒸气和氯化锂溶液之间有良好的接触。两个平行的金属箔本身不接触，但可依靠氯化锂盐溶液层使它们导电，构成回路，其电阻的变化可显示空气温度的变化。将此电阻接入不平衡交流电桥作为一个桥臂，于是不平衡电桥的电位差输出也就反映了空气的温度值。

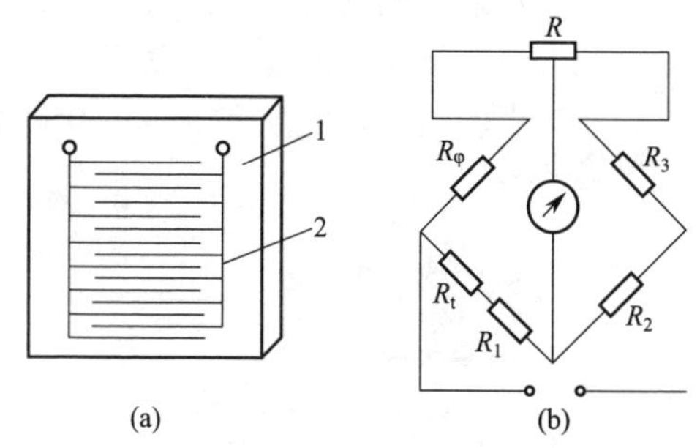

图 1-9　氯化锂电阻式湿度计

（a）敏感元件；（b）测量线路

1—绝缘板；2—金属箔；R_φ—湿度测头；R_t—温度补偿线路

由于氯化锂的电阻值不仅与空气相对湿度有关，同时还与空气的温度有关。为此，氯化锂电阻湿度计的敏感元件要做成不同规格以满足温度的变化范围。此外为减少空气温度变化对湿度测量的影响，可选择适当的补偿电阻（R_t）接入测量线路中，以补偿温度的影响。

这种湿度计的优点是体积小、反应快、灵敏度高。其缺点为每个敏感元件（测头）的量程比较窄，互换性差，易老化，使用寿命短。

氯化锂的单片测头，感湿范围小（15%～20%），如果把多片测头并联在一起，就可以组合成一个宽量程的氯化锂电阻式湿度计。可以根据实际需要，选择不同片数的感湿测头，得到不同湿度范围的氯化锂电阻式湿度计。

4. 氯化锂露点式湿度计

氯化锂露点式湿度计的测头与氯化锂电阻式湿度计相似，测头上绕有两根平行的金属丝并涂有氯化锂溶液，此外测头上还有一个铂电阻温度计。氯化锂露点式湿度计不测两根金属丝之间的氯化锂电阻，而是在两根平行金属丝间外加 24V 交流电源加热测头，如图 1-10 所示。当空气的相对湿度超过 12%时，氯化锂吸湿后，电阻变小，金属丝间在外加电源的作用下产生电流，使测头温度升高。随着测头温度升高，氯化锂的饱和水蒸气压也逐渐提高，吸湿量随之减小，电阻加大。当氯化锂的饱和水蒸气压与空气水汽分压达到平衡时，称为测头平衡温度，此温度由测头上的铂电阻温度计测得。

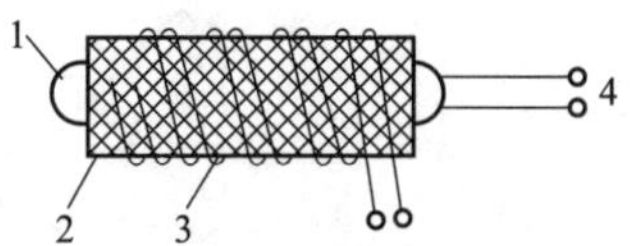

图 1-10　氯化锂露点式湿度计

1—铂电阻；2—玻璃丝布套；3—铂丝；4—接显示仪表

水与氯化锂的饱和水蒸气压力与温度之间关系是固定不变的，所以测头的平衡温度与空气的露点温度也保持对应的关系，即测得测头平衡温度值后，通过露点温度与测量头平衡温度及铂电阻值关系表，查得空气露点温度，然后根据空气的焓湿图求得空气的相对湿度。

在使用氯化锂露点式湿度计时，要注意空气温度的范围、平衡温度的范围、电源电压波动及气流速度等因素的影响。

空气温度范围：空气温度必须在空气的饱和温度（露点温度）与平衡温度之间适合使用此种湿度计。当空气温度超出此范围，则仪表指示不代表露点温度。

平衡点温度范围：由于测头温度上升到 120℃时，两极间性能变差，故平衡温度应控制在−40～120℃之间。

其他因素影响：氯化锂露点式湿度计出厂时，露点温度测头误差小于±0.6℃，空气温度测头小于±0.3℃。在使用时，电源电压波动±20%时，会引起露点温度±0.4℃变化。当气流速度由 0.1m/s 增加到 0.3m/s 时，露点温度指示值降低 0.3℃左右。

随着技术发展，电子式露点湿度计已逐渐在日常检测和实验测量中应用，感湿传感器分为电阻式和电容式两种。当感湿传感器吸湿或放湿时，导致电阻值或电容值变化，进而导致电桥的不平衡。通过测量电桥电路的输出电压变化，可以获得湿度的信息。电子式露点湿度计以其高精度、实时性和可靠性，成为湿度检测和控制领域的重要工具，如图 1-11 所示。

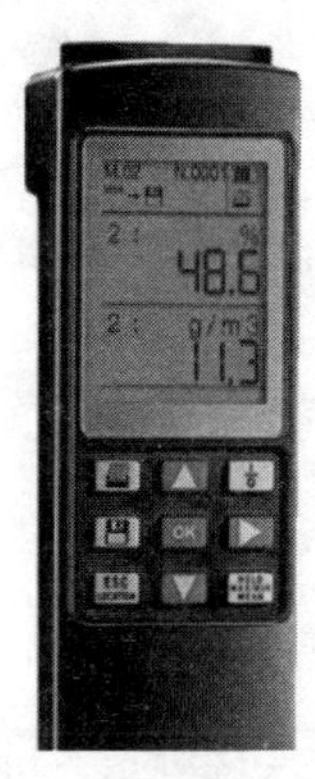

图 1-11　电子式露点湿度计

1.2.3　燃气与烟气湿度测量

燃气中的水分对燃气的性质及计量有一定影响。在实际工作中常发生生产与销售燃气单位之间计量方面的纠纷，有时需要用测量燃气含湿量的方法仲裁。本节主要介绍测量燃气及烟气含湿量的方法及其仪表、设备。

1. 燃气称量测湿计

如果燃气湿度较大，可以采用图 1-12 所示称量测湿计。含有水分的燃气经过 2～3 个干燥管进入气体流量计，经过计量后排至大气或烧掉，如果燃气中含有灰尘，则应在干燥前加除尘器。

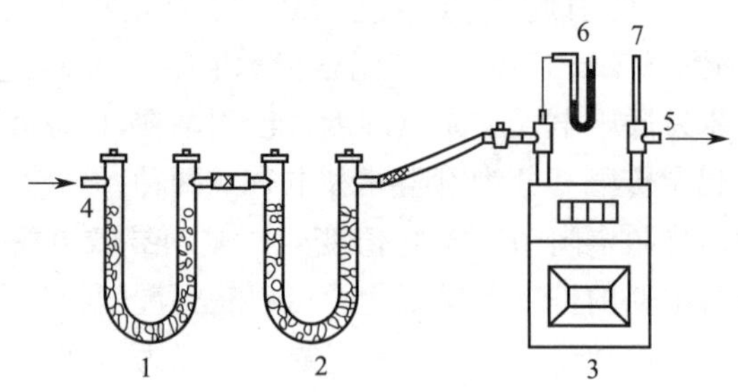

图 1-12　称量测湿计

1、2—干燥管；3—气体流量计；4—燃气入口；5—排至大气或烧掉；6—压力计；7—温度计

干燥管可以采用质量比较小的 U 形管，内装不吸收燃气成分的干燥剂。干燥后的燃气用气体流量计计量。当测出干燥管吸收水分前后的质量与流过的燃气体积后，就可用式(1-2) 计算出燃气绝对湿度 d：

$$d=\frac{m_2-m_1}{V}\left(\frac{273+t}{273}\right)\left(\frac{101.3}{p_{atm}+p_g}\right) \tag{1-2}$$

式中　d——燃气绝对湿度（含湿量）[g/m^3(干)]；

m_1、m_2——干燥管吸收水分前、后的质量（g）；

t——燃气温度（℃）；

p_g——燃气表压力（kPa）；

p_{atm}——大气压力（kPa）；

V——燃气流过体积（m^3）。

在测定时，首先要选用不吸收燃气成分的干燥剂（一般情况下，可用 Cl_2 或 P_2O_5 等）。气流流量控制在 1L/min 左右，并且保证燃气完全被干燥。最后仔细称量干燥管质量，使（m_2-m_1）值具有一定精度。

当燃气中水分较少，燃气通过量不大时，会产生较大误差。再者没有一种简单而又准确的方法判断气体流量计前的燃气是否完全干燥。由于这些缺点，这种方法虽然简单，只有在精度要求不高的情况下采用。

2. 干湿球燃气湿度测量计（燃气干湿表）

图 1-13 为低压燃气干湿表。燃气经过入口 10 进入联箱 8，从出口 11 流出。玻璃杯 7 内存蒸馏水，可以通过铜管 5 将纱布 3 湿润。压力表 9 可测得燃气压力。测量时，在出口 11 处接流量计，控制湿球温度计处燃气流速在 2～2.5m/s 之间。如果燃气中含有灰尘，应在入口前加除尘器。在使用时，先用燃气吹扫，把联箱中原有气体赶走，然后润湿纱布，过 3～4min 即可测量干、湿球温度。对于低压燃气可以通过干、湿球温度查“相对湿度”表得到燃气相对湿度。应该注意，两支温度计的精度、灵敏度应一致，刻度可取 1/10℃或 1/5℃。

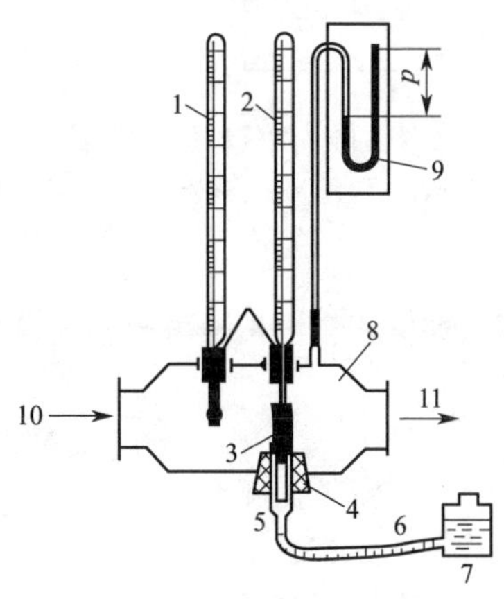

图 1-13　低压燃气干湿表

1—干球温度计；2—湿球温度计；3—纱布；4—胶塞；5—铜管；6—胶管；7—玻璃杯；8—联箱；9—压力表；10—入口；11—出口

3. 烟气称量测湿计

烟气称量测湿计基本上与燃气称量测湿计相似，但是因为烟气湿度高，故有特殊之处。与测燃气湿度方法相同，参照图 1-14 即可安装成烟气称量测湿计。因为大多数烟气没有压力，所以需要一个抽气泵 8。测量流量不宜采用湿式流量计；当湿度较高时，可以采用孔板流量计 10；当烟气湿度不高时，可采用干式燃气表。抽气流量控制在 1L/min 左右。在烟道出口处要加保温层 3，可以防止烟气因冷却而产生凝结水所造成的误差。在干燥管 4 和 5 周围加冷却器 11，是为了降低烟气湿度，加强分离烟气中的水分。

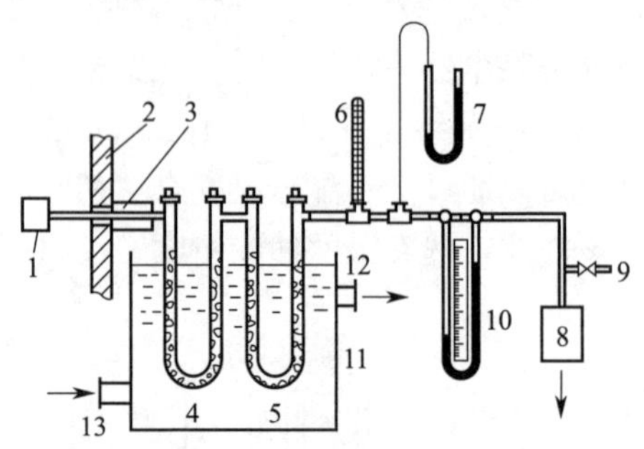

图 1-14 烟气称量测湿计

1—过滤器；2—烟道墙；3—保温层；4、5—干燥管；6—温度计；7—压力计；8—抽气泵；9—气阀；10—孔板流量计；11—冷却器；12—冷却器出口；13—冷却器入口

烟气绝对湿度（即体积含湿量）可通过式(1-3）求得：

$$d=\frac{g}{Vf}+833\times\frac{p_{\mathrm{vb}}}{p_{\mathrm{atm}}+p_{\mathrm{g}}+p_{\mathrm{vb}}} \tag{1-3}$$

$$f=\frac{p_{\mathrm{atm}}+p_{\mathrm{g}}+p_{\mathrm{vb}}}{101.3}\times\frac{273}{273+t} \tag{1-4}$$

式中 d——烟气绝对湿度（含湿量）(g/m^3)；

f——折算系数；

g——凝结水量（g)；

V——烟气流过量（m^3)；

t——冷却后烟气温度（℃)；

p_{vb}——根据温度 t 查得的饱和水蒸气分压力（kPa）；

p_g——烟气表压力（kPa）；

p_{atm}——大气压力（kPa）。

如果换算成水分体积百分数时，可用式(1-5) 计算：

$$r=\frac{d}{833+d}\times 100 \tag{1-5}$$

式中　r——水分体积百分数（%）。

4. 烟气冷凝测湿计

把高温烟气冷却，使其中部分水蒸气凝结，这时被冷却后的烟气的绝对湿度相当于饱和含湿量，它可以根据冷却后的烟气温度来决定。饱和含湿量与凝结水量相加，即可得到烟气中总的含湿量(绝对湿度)。烟气冷凝器可采用图 1-15 所示设备，用它代替图 1-14 中的干燥管 5 与 4 和冷却器 11。抽气流量可以提高到 2～20L/min，所抽取烟气总量应保证冷凝器中水量超过 20mL。测量时，测出同一时间内烟气流过量及凝结水量以及烟气温度，即可用式(1-3) 计

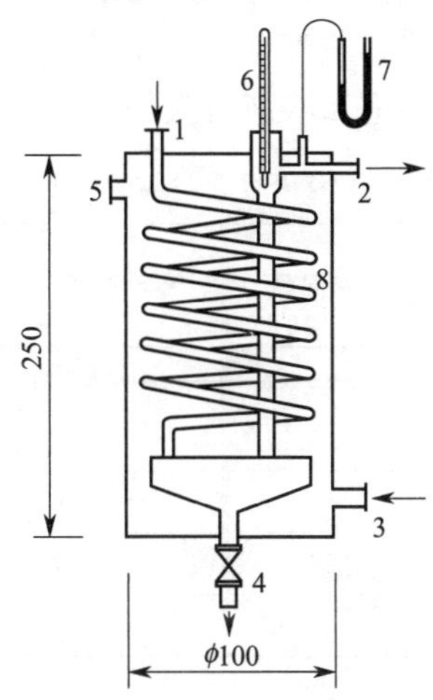

图 1-15　烟气冷凝器

1—烟气入口；2—烟气出口；3—冷却水入口；4—冷凝水出口；5—冷却水出口；6—温度计；7—压力计；8—冷凝盘管

算烟气绝对湿度。

5. 其他方法

除上述测试方法外，还有干湿球烟气测湿计和气体微量水分仪等测试仪器可用于测量燃气与烟气的湿度，具体要求可参见相关资料。

1.2.4 湿度校正及湿度变送器

1. 湿度计标定方法

湿度计标定与校正需要一个恒定湿度的空间，并且用一种可作为基准的方法去测量其中的湿度，再将被校正的湿度计放入此空间进行标定。

水的饱和蒸气压决定于空气温度。空气温度高则水的饱和蒸气压大。当在水中加入盐类后，溶液中水分蒸发受限制，而使其饱和蒸气压降低。降低的程度与盐类的浓度有关。当溶液达到饱和时，蒸气压就不再降低，此值即为饱和盐溶液的饱和蒸气压。在相同温度条件下，各种盐类饱和蒸气压是不相等的。表 1-6 给出了温度在 26.7℃左右下不同盐类饱和溶液对应的相对湿度。

不同盐类饱和溶液对应的相对湿度　　表 1-6

盐类	相对湿度 φ(%)	室温(℃)	盐类	相对湿度 φ(%)	室温(℃)
$LiCl \cdot H_2O$	11.7	26.68	$NaBr \cdot 2H_2O$	57.0	26.67
$KC_2H_3O_2$	22.5	26.57	$NaNO_3$	72.6	26.67
$MgCl_2 \cdot 6H_2O$	33.2	26.68	$NaCl$	75.3	26.68
$K_2CO_3 \cdot 2H_2O$	43.6	26.67	$(NH_4)_2SO_4$	79.5	26.67
$Na_2Cr_2O_7 \cdot 2H_2O$	52.9	26.67	$KNO_3 \cdot H_2O$	92.1	26.68

由表 1-6 可知，氯化锂（$LiCl \cdot H_2O$）的 $\varphi=11.7\%$，硝酸钾（$KNO_3 \cdot H_2O$）的 $\varphi=92.1\%$。两者之间几乎每隔 10%有一档，可满足标定要求。

用盐溶液法标定湿度计比较简单，盐溶液价格低，容易控制，只要有两相存在，看得见盐固体就是饱和溶液，所以不必测其饱和度。在一定温度下，每种盐溶液决定一个固定的相对湿度。这样也可免去饱和溶液浓度的测量工作。具体的标定装置可自行设计。但要注意以下几个问题：

（1）用纯净蒸馏水与纯净的盐类来制备溶液；

（2）要从低相对湿度开始；

（3）利用风机的在标定空间与盐溶液表面空间之间进行再循环，保证标定空间为饱和相对湿度；

（4）用一支符合精度要求的湿度计来标定或校正被标定的湿度计；

（5）要保证装置在稳定的温度下工作。

2. 湿度变送器

湿度变送器利用氯化锂在吸收水分后其电阻发生变化之特性，将0～100％的湿度转换成0～10mA的统一信号供显示的记录，并与调节器和执行机构配合实现对气体湿度的自动调节。对于能与氯化锂起化学反应的有机物蒸气、氨蒸气、酸蒸气，以及带有离子的蒸气不适合此种方法。

1.3 压力及流速测量

燃气测试中压力及流速测量是对流体的静压与动压的测量。在实际工作中测量燃气压力是经常的。测试燃气燃烧设备时，也需要测量周围的风速。可见压力与流速的测量是燃气测试技术中不可缺少的一部分。

1.3.1 概述

1. 流体压力计量单位

流体压力是用垂直作用在单位面积上的力来度量的，有两种表示方法：一为绝对压力；一为相对压力（指示压力或表压力）。

绝对压力是指包括大气压力在内的全部作用于流体上的压力；

相对压力，即表压力，是指把大气压力除外的作用于流体上的压力。

国际上从 1978 年开始施行新单位制。国际单位制规定流体的压力单位是帕（Pa），是牛顿每平方米的专用名称，即 $1Pa=1N/m^2$。

我国国家标准规定采用帕为压力单位。在实际工作中使用的仪表还经常遇到毫米水柱、工程大气压（公斤力每平方厘米）、毫米汞柱及毫巴等单位，压力单位换算如表 1-7 所示。

压力单位换算 **表 1-7**

毫米水柱 (mmH_2O)	工程大气压 (kgf/cm^2)	标准大气压	毫米水银柱(mmHg)	磅力/英寸^2 (lb/in^2)	毫巴 (mbar)	帕 (Pa)
10000.0	1.0	0.9678	735.53	14.224	981.0	98100
10332.0	1.0332	1.0	760.00	14.696	1013.25	101325
13.6	0.00136	0.00131	1.0	1.934×10^{-2}	1.3332	133.322
7.0307×10^2	7.0307×10^{-2}	6.8949×10^{-2}	51.745	1.0	68.949	6.8949×10^3
10.2	0.00102	0.000981	0.749	1.450442×10^{-2}	1.0	100.0
0.102	0.0000102	0.00000981	0.0075	1.450442×10^{-4}	0.01	1.0

2. 流体速度及计量单位

流体速度是液体中质点的流动速度，与流体的动压力有一定的关系，并且有方向性。

流体速度的计量单位比较简单，国际单位制与我们过去的习惯相同，以米每秒（m/s）计。燃气测试中大多数测量气体流速。气体的体积又受温度及压力的影响，有时以在标准状态下的气流速度为准，这时单位以 m/s（标准状态）计。在燃气工程中的标准状态，应以国际单位为依据，即 101.3kPa 大气压力及 0℃气温的条件。另外使用基准状态时，大气压力不变，温度可采取 15℃、20℃等。

1.3.2　压力测量

1. 大气压力计

大气压力计是通过仪表来测量大气压力的。原理很简单，把1m 长左右盛满水银的玻璃管倒放在水银槽内，玻璃管的上端处于真空状态，这时水银柱的高度 H 即为大气压力，如图 1-16(a) 所示。图 1-16(b) 表示的是通常使用的“福廷式水银大气压力计”。盛有水银的皮囊 1，转动下旋钮 2 使水银面正好与牙尖 3 接触，然后即可调整游标 7 使标尺的高度与管中水银柱的凸面相切，这时即可自刻度尺上读出大气压力的刻度值 H。

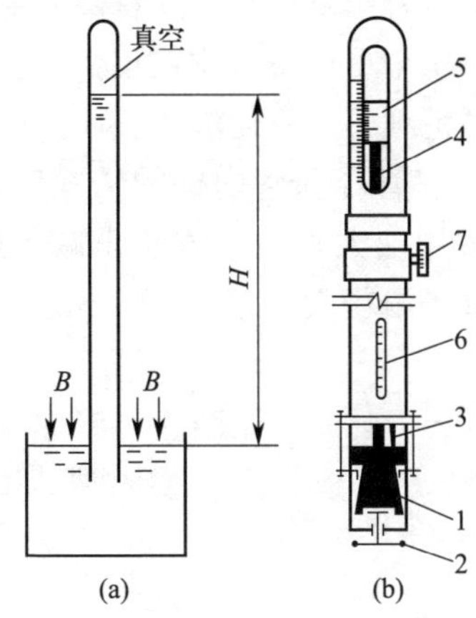

图 1-16　大气压力计

(a) 原理图；(b) 构造示意图

1—皮囊；2—下旋钮；3—牙尖；4—水银柱；5—游标尺；6—温度计；7—游标

H 代表水银柱的高度。如采用毫米水银柱为大气压的单位时，H 的毫米读数即为大气压的读数。当采用国际单位帕斯卡时，还应用式(1-6) 换算：

$$p_{atm}=H\rho g \tag{1-6}$$

式中　p_{atm}——大气压力（Pa）；

ρ——水银密度（kg/m^3）；

g——重力加速度，9.81m/s^2。

大气压力是经常变化的，它不仅随海拔的增加而稍有减少，并且还随当地气候变化。例如大气中水蒸气增多时，大气压力将会减小，这也就是晴天大气压力比阴雨天高的原因。通常规定温度为0℃时，在纬度为45°的海平面上的大气压力为标准大气压力，相当于101.3kPa，760mmHg柱。

为了提高精度，对读出的大气压力值应进行温度和重力加速度校正。对于水银大气压力计，温度校正需要综合考虑了水银体积膨胀系数与黄铜标尺的线膨胀系数。重力加速度校正需要综合考虑使用地点海拔和纬度。

在实际应用中，这种影响很小，除特殊精度要求的大气压力测量外，一般在工程测量中可以不考虑校正。

此外，还要注意毛细管现象使液体表面形成弯月面的影响。此影响与液体表面张力、管径和管内壁的洁净度有关，难以精确计算。在实际工作中，用加大管径的方法来减少此种影响。根据经验：采用水银时，管子内径大于或等于8mm；采用酒精时，内径大于或等于3mm。

在读此种液柱式压力计时，眼睛应与液体弯月面的最高点或最低点持平，并沿切线方向读数。安装时要求垂直，否则会造成误差。

2. 液柱压力计

根据流体静力学的原理，当液柱与所测流体压力相平衡时，这样液柱高度即为流体的压力。液柱压力计构造简单，使用方便，可以测正压，也可以测负压；可以测压力降，也可以测动压力，所以无论在工厂车间还是在实验室中都广泛使用这种压力计。

常用U形管压力计测量液柱高度为10～1000mm的范围内的流体压力。

U形的玻璃管内注入一半的工作液体，玻璃U形管安装在一块木板上，两个直管中间装有刻度标尺（图1-17）。

U形管压力计应装在垂直位置上，测量时管子一端与被测气

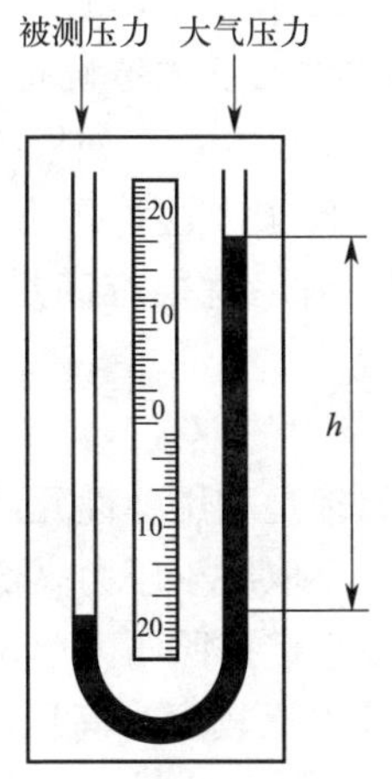

图 1-17　U 形管压力计

体压力空间相连通，而另一端与大气相通。当管内液柱高差形成的压力与被测压力平衡时，则有下列关系式：

$$p=p_{\mathrm{atm}}+p_{\mathrm{c}}=p_{\mathrm{atm}}+h\rho g \tag{1-7}$$

式中　p_{atm}——大气压力（Pa）；

p——被测气体绝对压力（Pa）；

p_{c}——被测气体表压力（Pa）；

h——实测液体高（m）；

ρ——工作液体密度（$\mathrm{kg/m^3}$）；

g——重力加速度，$9.81\mathrm{m/s^2}$。

通常 U 形管压力的工作液体为水，其密度为 $1000\mathrm{kg/m^3}$，1m 水柱高度相当 9810Pa，也就是 1mm 水柱等于 9.81Pa。可见如果采用帕（Pa）单位时，标尺不能用米尺，需要将其换算成“帕”的刻度。

当所测压力为负值时，液柱向相反方向升起。如果 U 形管两端同时与两个压力不等的空间相接通时，$h\rho g$ 即为此两个空间的压力差。

U 形管内的工作液体采用水银时，这样只要读出高度 h 的毫米值，此时表压力即为 mm 水银柱，也可换算成 Pa。

根据被测压力可能达到的最大值确定 U 形管的高度和工作液体。测压上限一般为 0.1MPa 左右。如果压力再大，则需要很长的 U 形管，工作起来就不方便了。这种压力计的误差为 1～2mm 液柱。所以压力小于 100Pa 时，就很难满足测量精度，这时需要采用微压计。

3. 弹性压力计

弹性压力计的工作原理是利用弹性元件在被测介质压力作用下产生弹性变形，其变形大小取决于压力高低，并传递到指示设备或记录设备上，刻度尺可以直接按照压力单位标定。

弹性压力计的测量范围比较宽。高压时，可用弹簧管压力计；压力较低时，可以用薄膜弹性压力计。

利用弹性管或弹性膜压缩后的变化特性也可以制成测压仪表，常见的有弹簧压力计和薄膜弹性压力计。

弹簧管压力计常用来测量 100kPa 以上的气体压力；薄膜弹性压力计一般用来测量较低的气体压力。

（1）弹簧管压力计

弹簧管压力计是把被测介质的压力变为弹簧管自由端的角位移的压力测量仪表。其压力敏感元件可以采用单圈弹簧管或螺旋弹簧管等。图 1-18 为单圈弹簧管压力计。图中 1 是具有扁圆或椭圆截面的单圈簧管，通常用磷铜、黄铜或钢制成。椭圆的长轴应和指针 2 轴心的轴线相平行。单圈簧管一端固定在与仪表壳连接牢固的支座 6 上，另一端是封闭的自由端，并与拉杆 3 与扇形齿轮 4 相连接。扇形齿轮 4 与轴心上安装指针的小齿轮 7 连接，小齿轮 7 的转轴上装有游丝 5。在被测压力作用下，单圈簧管伸长，同时可以带动指针 2 转动，从而在刻度盘 8 上读出压力值。因为单圈簧管的自由端伸长量的大小，能代表指针旋转角度的大小，并且与被测压力成正比，所以刻度盘上的刻度是均匀的。

这种压力计测量范围很大（0.03～250MPa），并且可制成测真空度的仪表。另外，其构造简单、价格便宜，所以在工业上广泛采

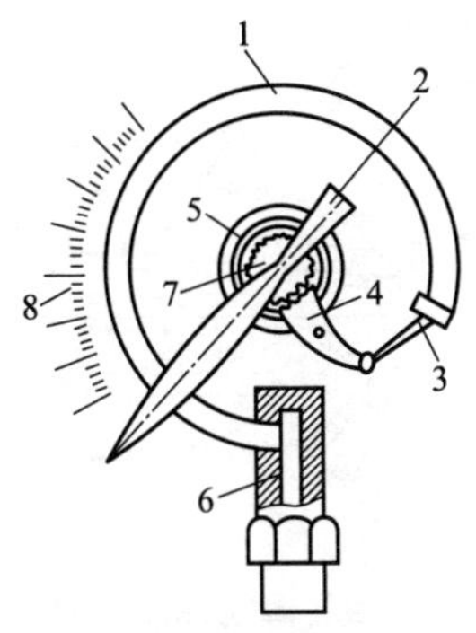

图 1-18　单圈弹簧管压力计

1—单圈簧管；2—指针；3—拉杆；4—扇形齿轮；
5—游丝；6—支座；7—小齿轮；8—刻度盘

用。在实验室中测高压时，也经常采用这种仪表。

(2) 薄膜弹性压力计

当所测压力比较低时，可以采用薄膜弹性压力计。它通过薄膜把压力传递到杠杆，从而使指针转动，在刻度盘上即可读出压力值。图 1-19 所示为薄膜弹性压力计。被测压力经过测压入口 3 进入皮膜室 2，皮膜 5 被两片金属圆片 4 夹紧，它将压力传递给销钉 8 而推动板形弹簧 7，再经过杠杆作用使指针 9 转动。刻度盘 6 上标定的是压力值，可以直接读数。其压力测量范围为 160～25000Pa。它还可以做成触点式仪表或自动记录式仪表。

4. 其他测量方法

(1) 半导体压力传感式压力计

半导体压力传感式压力计是针对燃气具等行业微压测试的需求，采用高精度半导体压力传感器而开发的压力计量装置，适用于实验室、生产线等对微压测试有较高要求的场合，如图 1-20 所示。该压力计测量范围可在 0～200Pa、0～20kPa 等量程选择，精度±1%。

(2) 活塞压力计

利用被测流体的压力与活塞上力的平衡方法也可以测量流体压

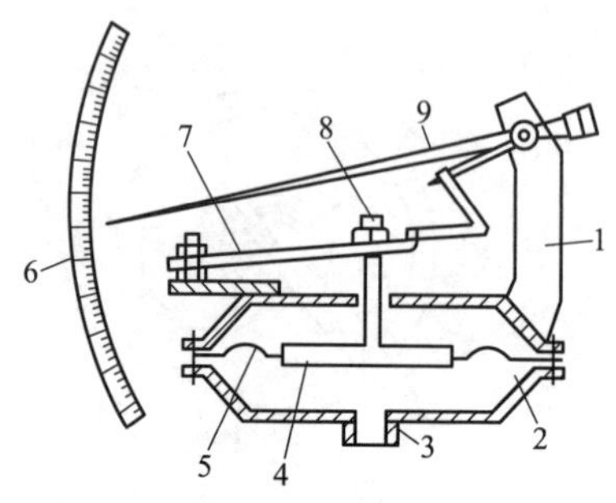

图 1-19 薄膜弹性压力计

1—支架；2—皮膜室；3—测压入口；4—金属圆片；5—皮膜；6—刻度盘；7—板形弹簧；8—销钉；9—指针

图 1-20 半导体压力传感式压力计

力，利用这种方法制成的测压仪表称为活塞压力计。

活塞压力计所测压力值可以砝码表示，也可以根据活塞的位移来判断。活塞压力计的灵敏度与精确度都很高，因此可作标准压力计对其他压力计进行校验；此外还可作自动控制和调节系统中的指挥器。在一般测试工作中使用较少。

（3）电气测压法

用电气测压法制成的压力计有低压电容式压力计、压电式压力计和电阻式压力计等。

低压电容式压力计是利用流体压力增大后，使金属膜移向电极从而减小电容量的方法测量低压流体的压力，一般可用来测低压。

压电式压力计是利用晶体发生的压电效应来测量高压流体的压力，它可以测量 98MPa 以上的压力。

5. 压力测量一般技术

（1）压力计的选择

当气体压力在 100Pa～10kPa 范围内，多采用装水的 U 形管压力计；当气体压力在 10～100kPa 时，则采用装水银的 U 形管压力计；当压力计在 0～100Pa 范围内时，应采用半导体压力传感式压力计、斜管微压计或补偿式微压计。压力大于 0.1MPa 时，一般采用弹簧压力计。当需要把压力变成电信号或要求自动记录时，就要考虑采用薄膜及螺旋弹簧管压力计或其他电气测压法。

在选用弹簧压力计时，最好使被测压力值接近选用仪表测量上限的 2/3 读数，因为这样可以得到较高的精度。不要用压力上限高的压力表去测压力上限较低的压力，例如用压力上限为 5MPa 的压力表去测 0.1～1.0MPa 的压力时，误差肯定是很大的。

（2）压力计的安装

在安装压力计时，要注意以下几点：

1）在选择测压孔时，需要考虑管道上局部阻力造成涡流的影响。为此测压孔应远离局部阻力（如阀门、三通、孔板等）的地方，最小距离为管道直径 D 的 5～10 倍。测压孔的直径不宜过大，但一般不小于 3mm。

2）在使用 U 形管压力计时，要保持压力计的垂直位置，防止倾斜；在使用斜管微压计与补偿微压计时，要首先利用水准仪调平。另外还要注意，管中不允许有气泡产生。

3）在测高温、高压气体时，应加一个环形管，起缓冲作用。当被测气体温度比较高时（如水蒸气），在环形管中应充满冷凝水，这样可以防止高温气体与压力计直接接触。

4）有条件时，在环形管下应安装三通与阀门。安装阀门有利于压力计的检修与更换，安装三通便于后期校正压力、维修更换、管路清洗等。

1.3.3 流速测量

测量气流速度的方法很多，现简介几种常用的测速方法。

1. 动压测定管

气流速度与动压力有一定的比例关系，利用压力计测出气流的动压力就可求出气流速度。

这种测量流速方法所用设备简单，只需一个动压测定管（或称毕托管）与一个压力计，仪器的精度主要由压力计决定。管道内的流速测量主要采用此法。需要测量空间气流速度时应采用特制的五孔或四孔动压测定管。

最简单的动压力测定管是一根特制的直角弯管，通常称为毕托管。如图 1-21 所示是一个标准毕托管，它是一个有 90°弯头的双层同心管，外套管 3 的端部有一圈静压测孔 5，它们与静压接头 2 相连通。“全压测孔”开在半球探头 4 的顶端，它与全压接头 1 相连

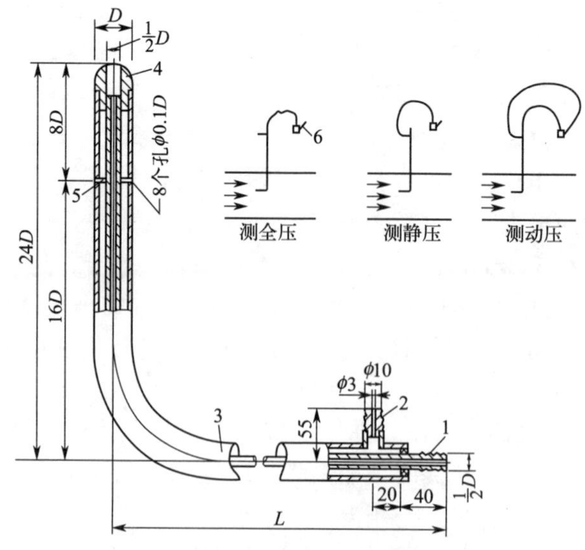

图 1-21 标准动压力测定管（毕托管）

1—全压接头；2—静压接头；3—外套管；4—半球探头；5—静压测孔；6—毕托管

通。毕托管通常与微压计配合工作（测高速气流时，需用其他形式压力计）。

在选用动压测定管时，其长度 L（图 1-21）决定于被测管径，其直径 D 应小于被测管径的 4%，因为 D 值过大会干扰流体的速度场。

在测量时，使动压测定管管身垂直于气流方向，并使半球探头迎向气流，这时如把全压接头 1 与压力计相接，则可测出全压，把静压接头 2 与压力计相接，则可测出静压；把静压接头与全压接头同时与压力计的两端相接，则可测出动压。

在测管内流速时，要在动压测定管的管身上标上长度标尺，根据它可以确定半球探头在管道截面上的位置。

在被测管道截面的尺寸非常小时，一般动压测定管的直径，不能满足小于 4%被测管径要求，也可以自己制造小型简易毕托管。

在燃烧器性能研究工作中，需要测燃烧器某部分的流量或流速，这时需要更小的测压管，可以采用两根兽医针头，参照图 1-22(a) 自制微型动压测定管（简易型）。

当被测气流中含有灰尘时，一般的动压测定管中容易发生堵塞现象。这时可以采用图 1-22(b)、图 1-22(c) 所示的 BS-1 型或弯管型的测压管。它们由两根直管组成，一根的开口迎向气流，是全压感应管；另一根的开口背向气流，是静压感应管。但是由于后者背向气流，故所测静压低于实际值。因此采用这种测定管时，应逐个校验，标定出每根校正系数值。这种测压管没有较大的弯管，所以安装方便。

在测高温燃烧器的气流速度时，需要采用带有冷却装置的动压测定管，以防被火烧坏。

2. 热电测速法

热电测速法是利用热电效应来测量气流速度的方法，测量范围比较大，精度也比较高。目前经常使用的有热球式电风速仪、热敏电阻风速仪、热线风速仪等，它们是比较先进的测速仪表。热线风速仪通过不同方位的测量，还能测出三维空间流速。在科研工作中需要使用这类仪表。

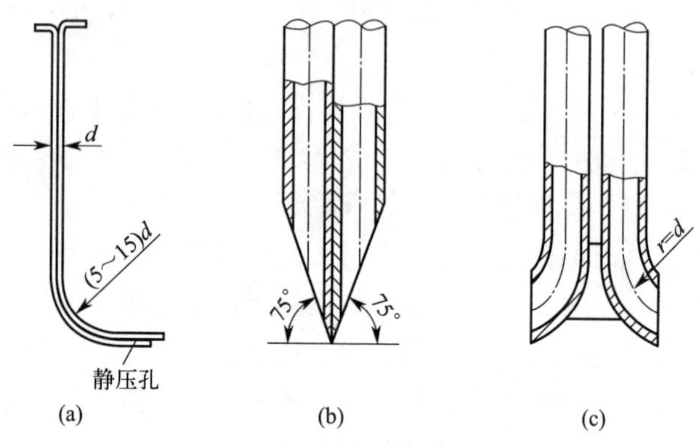

图 1-22　特殊型动压测定管

(a) 简易型；(b) BS-1 型；(c) 弯管型

(1) 热球式电风速仪

热球式电风速仪是利用热、电效应的最简单的测气流速度的仪器。其原理如图 1-23(a) 所示。图中 1 是一个玻璃热球，内有加热线圈 2 和热电偶热端 4。用加热电源 3 将球体加热，使温度升到某一定值。当有气流流过球体时，会使温度下降，热电偶的热电压（毫伏数）也随之下降，其下降程度与气流速度有关。流速的大小直接可以在热电偶的二次仪表上表示出来。

典型热球式电风速仪的电路简图如图 1-23(b) 所示。当校正开关 7 指满刻度 M 时（此时加热线圈不通电，热球 1 的温度最低），二次仪表 5 指针读数被认为是风速达到无限大的情况。当校正开关指向零位时，加热线圈通电，如果这时球体被封闭，周围气流速度为零时，热电偶的二次仪表上的风速读数应为零。当把球体处于气流中后，可以从二次仪表中直接读出风速值。

使用时的具体步骤如下，参见图 1-23(c)：

首先，观察二次仪表的指针是否指零，如有偏差，可调表上的机械调零螺钉 6，使指针回到零点（这时校正开关应在断的位置）。

接着，将测杆 12 取出，并把测杆插头 11 插在插座上，测杆垂直向上放置。把探头 13 塞进测杆 12，这时探头上的球体被封闭。

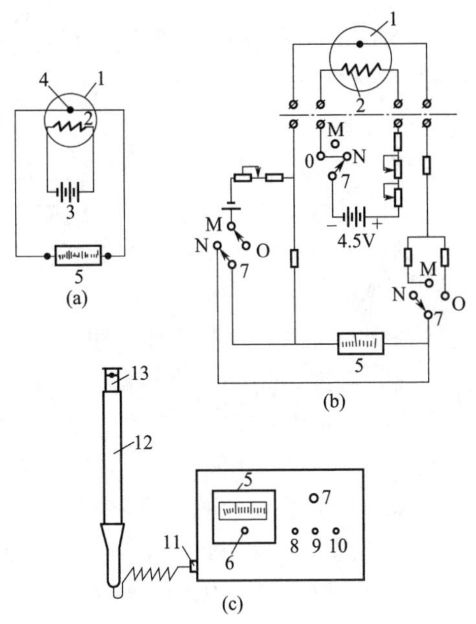

图 1-23　热球式电风速仪

(a) 原理图；(b) 电路简图；(c) 外形图

1—热球；2—加热线圈；3—加热电源；4—热电偶热端；5—二次仪表；6—调零螺钉；7—校正开关；8—满刻度旋钮；9—粗调旋钮；10—细调旋钮；11—测杆插头；12—测杆；13—探头；M—满度位；N—断位；O—零度位

再将校正开关指向满刻度位置，并调节满刻度旋钮 8，使指针指在满刻度位置。

然后，将校正开关指向零位置，调整粗调与细调（9 及 10）旋钮，使指针指零。此时，将探头 13 轻轻拉出，使红点迎向风速，根据指针所指风速，再查仪器附带图表即可得到实际风速。

热球式电风速仪主要优点是能测较低风速。它可以测室内空气流速，也可以测管道内气流速度。

通过改变测点相位的方法用热球式电风速仪可以测三维空间流速，所以应用范围比较广泛。

(2) 热线风速仪

热线风速仪的探头是一根很细的金属丝，通电后会产生一定的热量。通电的热线在流场中受到气流的冲刷会产生热损失，此热损失直接受气流流速的影响。

热线风速仪的探头尺寸小、惰性小、响应快，能满足动态测量要求。热线风速仪由热线探头和伺服控制系统组成，如果配上微机数据处理系统，可简化数据整理工作，对燃气事业的研究工作有现实意义。

热线探头有热线探头与热膜探头两种（图 1-24）。热线探头通常用铂丝或钨丝，直径可细到 3μm，典型直径为 3.8～5μm，长度为 1～2mm。为了减小气流绕流支杆带来的干扰，热线探头两端镀有合金，起敏感元件作用的只有中间部分。热膜探头是用铂或铬制成的金属薄膜，用熔焊的方法将它固定在楔形或圆柱形石英骨架上。热线探头的体积比热膜探头小，响应频率高，但其机械强度低，不适用于液体或带颗粒的气流中工作，而热膜探头的优缺点正好与热线探头相反。

热线探头还可分为一元、二元及三元热线探头。一元热线探头用来测量平面（单向）气流速度；二元热线探头用来测量平面气流速度；三元热线探头用来测量空间气流速度。由图 1-24 可见一元热线探头只有一根热线，而三元热线探头是由三根互相垂直的热线组成。

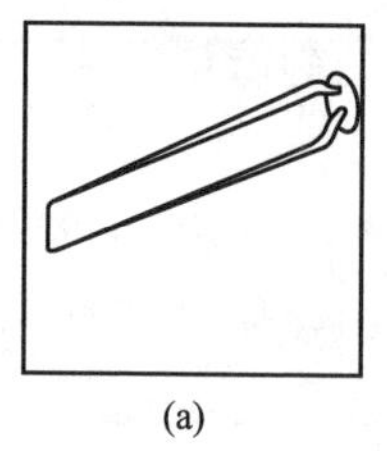
(a)

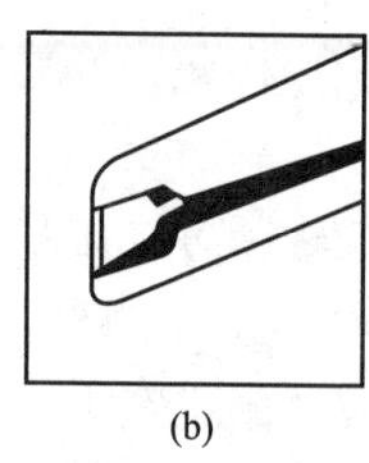
(b)

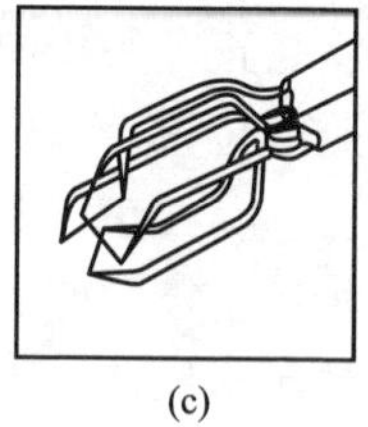
(c)

图 1-24　热线探头

(a) 一元热线探头；(b) 热膜探头；(c) 三元热线探头

热线风速仪广泛地用于测量平均流速、空间流速及脉动气流速度的测量。

3. 叶轮风速仪

利用气流推动叶轮旋转，气流速度越高，叶轮转速越快，根据叶轮的转速即可求出气流速度，利用这种方法制成的测速仪表称为叶轮风速仪。叶轮风速仪适用于测量室内、外气流速度，有时也可测量管口处气流速度。

典型的叶轮风速仪如图 1-25 所示。其中风向指针 1、方向盘 2 和套管 3 是测风向的，而转杯 4 与刻度盘 6 是测风速的。

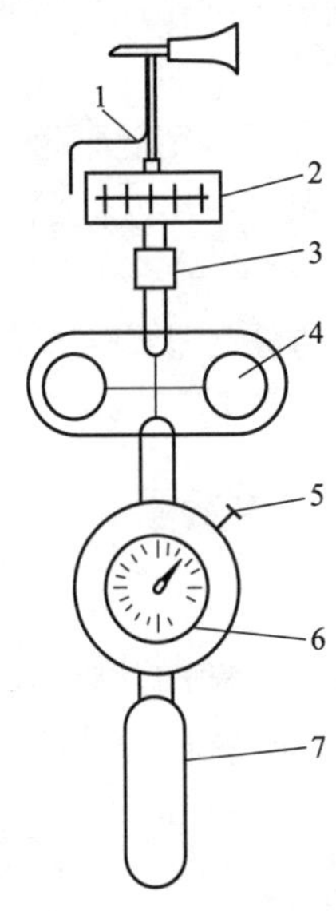

图 1-25 叶轮风速仪

1—风向指针；2—方向盘；3—套管；4—转杯；5—启动杆；6—刻度盘；7—手柄

在使用时，将套管 3 拉下后再向右转一个角度，此时方向盘 2 就可按地球磁子午线的方向稳定下来。当风吹过时，风向指针由于受风力作用就能指示方向，指针对准方向盘的读数即为具体的风力和方向。

当风速大时，转杯 4 的转速就高，并带动齿轮及蜗杆等传动机构，使刻度盘 6 上的大指针指出相应的转速。使用时用手指压下启动杆 5，此时刻度盘大指针回到零位。放开启动杆后刻度盘上红色小针就启动，这说明内部机构开始工作，同时刻度盘上大指针也开始走动，经过 1min 后大指针自动停止转动，根据大指针所示读数查仪器附带的校正曲线图即得实际风速。

叶轮风速仪有许多种。有的采用风翼片代替转动杯，可以提高精度，但是容易损坏。在测量时还要注意仪表在气流中的方位，防止叶轮倒转，另外不允许气流的实际流速超过仪表测量上限。

这种风速仪的使用方法简单，携带方便，最适合测量室内、室外空气流速，另外也可测量风管排风口或吸风口处的气流速度。

4. 其他方法

除上述测试方法外，在某些情况下，如在研究燃烧室及燃烧器出口气流速度场时，需要测量三维空间的气流速度，既要测出流速的大小，还要确定流速的方向。会采用五孔球形测速管、四孔斜头测速管、激光测速技术等方法。这些方法较少应用，在此不做过多描述，相关内容可参考有关资料。

1.3.4 压力校验及压力传感器

1. 压力校验

除了 U 形管压力计外，一般的测压仪表都需要定期校验，防止在测量时产生较大误差。校验压力计的项目有零点校验、工作点校验及标尺全面校验等。国家标准计量局对各种压力表都规定有具体的校验规程及标准的压力校验器。在日常的测试工作中，通常用精度较高的压力计做校验器。工作点与零点校验应定期进行，具体校验方法应按照具体仪表的检定规程的规定执行。

校验微压计时，环境温度有很大影响，并且被校验的微压计精度越高，要求环境温度波动值越小。

一般的压力计可以用标准的活塞式压力计进行校验。

活塞式压力计如图 1-26 所示。作为中高低范围的压力标准器，可对各种计量表的压力仪器进行校准或标定。

活塞式压力计主要由活塞、活塞筒和砝码组成（图 1-26）。通过工作液体对活塞下端与被检仪器同时加压，设活塞受压的有效面积为 A（m^2），活塞及砝码的合计重量为 Z（N），则压力（Pa）可由 $p=Z/A$ 决定。

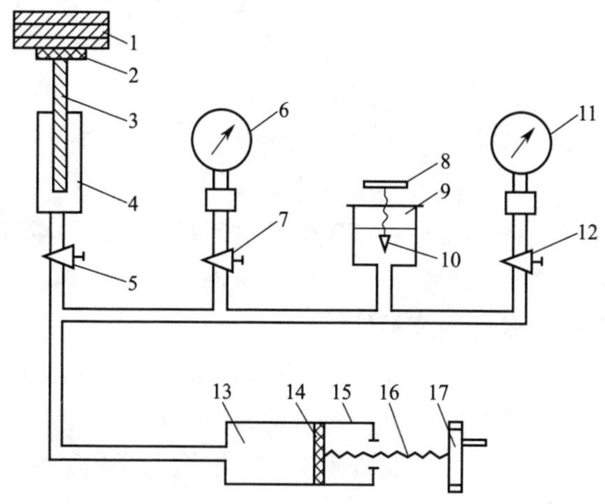

图 1-26　活塞式压力计

1—砝码；2—砝码托盘；3—测量活塞；4—活塞筒；5，7，12—切断阀；6—标准压力表；8—进油阀手轮；9—油杯；10—进油阀；11—被校压力表；13—工作液；14—工作活塞；15—手摇泵；16—丝杆；17—加压手轮

试验时，首先打开油杯阀门，用手动泵，使管路内充满油之后，关闭阀门。接着推动手动泵，在活塞与被检仪器处产生同样的压力，决定产生的压力 p，然后把这个压力值与被检仪器指示值进行比较。

活塞压力计所用的工作液体如表 1-8 所示。

活塞压力计所用的工作液体　　　　**表 1-8**

最高压力(MPa)	工作液体	最高压力(MPa)	工作液体
＜2	润滑油	60～200	汽轮机油
2～5	润滑油 70%＋机油 30%	200～400	蓖麻油
5～60	机油	＞400	特殊高压油

2. 压力传感器

燃气输配管网中各级管网与压力调节装置上各点压力的遥测是管网监检系统非常重要的部分。为了把压力信号传送到中心调度室就需要把当地压力仪表弹性元件的位移转变为电信号，这就是压力传感器。一般来说压力传感器发出的电信号比较微弱，需要将其放大到需要的强度，这就称为压力传感器。

常用的压力传感器有压阻式压力传感器、电容式压力传感器、电感式压力传感器、霍尔式压力传感器

压阻式压力传感器是利用压阻效应测量压力的传感器。半导体晶体的压阻效应非常明显，常用硅或锗作为压阻材料。压阻式压力传感器需要采取各种温度补偿措施。

电容式压力传感器具有结构简单，所需输入能量小，没有摩擦，灵敏度高，动态响应好，过载能力强，自热影响极小，能在恶劣环境下工作等优点。线路寄生电容、电缆电容和温度湿度等外界干扰影响电容式压力传感器测量精度。

电感式压力传感器的特点是灵敏度高、输出功率大、结构简单、工作可靠。但不适合测量高频脉动压力，且较笨重。外界工作条件的变化和内部结构特性的影响，如环境温度变化，电源电压和频率的波动，线圈的电气参数、几何参数不对称，导磁的不对称和不均质等，都是电感式压力传感器产生测量误差的主要原因。

常用的霍尔式压力传感器的输出电势为 20--30mV，可直接用毫伏计作指示仪表，测量精度 1.5 级。它的优点是灵敏度较高，测量仪表简单，但测量精度温度影响较大。在实际应用中应对霍尔元件采取恒温或其他温度补偿措施。

1.4　流量测量

流量测量在燃气测试中非常重要，正确的流量测量不仅可以避免生产与销售的矛盾，同时对提高燃气事业管理水平有重要意义。

1.4.1 概述

气体的流量是单位时间通过的气体体积，也称体积流量。因为体积受温度压力影响。所以有标准体积与基准体积之分。

标准状态与基准状态：《气体分析 词汇》GB/T 14850—2020/ISO 7504：2015 规定 273.15K 和 101.325kPa 为标准状态（Standard Condition），还推荐压力为 101.325kPa 和温度为 15℃、20℃、23℃、25℃、27℃为基准状态（Normal Condition）。我国燃气行业标准《城镇燃气分类和基本特性》GB/T 13611—2018 中采用（101.325kPa 与 15℃）为基准状态。

标准状态（101.325kPa，0℃）下的体积（m^3）为标准体积，非标准状态的体积要注明状态，比如 m^3（20℃）代表（101.325kPa，20℃）状态的体积。

气体流量还分瞬时流量与累积流量。瞬时流量的读数只代表测量瞬时的流量，而累积流量的读数表示在一定时间范围内流过的总体积。

1.4.2 气体流量测量

气体流量测量仪表的种类很多，流量测量范围也很宽，有的流量每小时高达数百万立方米，有的流量每分钟仅几毫升。本节重点介绍中、小型气体流量测量仪表。

1. 容积式测流量方法

容积式流量计相当于一个具有固定容积的容器，连续对气流进行度量，单位时间内度量的次数越多，流量越大。

这种流量计多数可以读出累积流量值。用这种方法制成的流量计很多，主要有湿式气体流量计、干式气体流量计及罗茨式流量计三种。此外，还有一种“皂膜流量计”，也属于容积式测流量方法，多用于实验室中测量微小的流量。

（1）湿式气体流量计

湿式气体流量计一般用于小于 $10m^3/h$ 气体流量的计量，多在实验室中使用。

图 1-27 所示为湿式气体流量计。该流量计外部有一个圆筒形外壳 2，内部是一个分成四室的叶轮转子 10，气体由后面的入口 1 进入流量计。气体进入后，推动叶轮转子 10 转动，转子转动一周，气体流过体积等于 5L。叶轮转子 10 还带动指针 6 在刻度盘 5 上转动，同时还通过齿轮 7 带动一套计数机构，在累计数字窗口 11 上直接给出气体流过的累积体积数。通过累计气体体积量与累计测试时间，即可算出气体的平均流量。

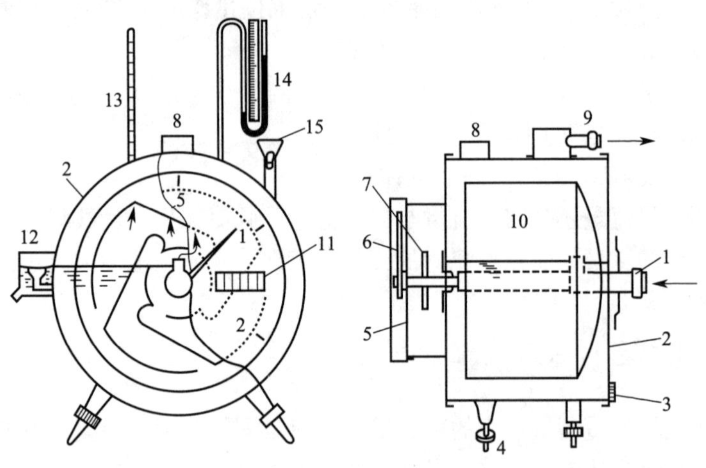

图 1-27 湿式气体流量计

1—入口；2—外壳；3—放水旋塞；4—调平螺钉；5—刻度盘；6—指针；7—齿轮；8—水准泡；9—出口；10—叶轮转子；11—累计数字窗口；12—水位检查器；13—温度计；14—压力表；15—注水口

流量计内应放入一定量的水，由水位检查器控制水位，当水量过多，水位稍高时，从此可以放出一部分多余的水。调平螺钉 4 与水准泡 8 是用来调整流量计呈水平状态。当流量计长时间不使用时，可以打开放水旋塞 3，将水全部放出。在气体出口 9 处，安置温度计 13 与压力表 14，是用来测量被测气体的温度与压力。另外，可以由注水口 15 向流量计内注水。

当压力小于 5000Pa、流量小于 0.75m^3/h 时，使用湿式气体流量计是比较方便与准确的。在流量计上读数时，要根据累积窗口数字与指针所指示的数字共同读出。

在使用时，首先把流量计气路接通，注意不要把进口与出口接头接错。然后用调平螺钉 4，根据水准泡 8 的指示将流量计调成水平。打开温度计或压力表的胶塞，由注水口 15 向流量计内注入清洁的水，水位高低对流量计的准确度有很大影响，所以必须用水位检查器 12 检查水位。用一块白的硬纸放在水位检查器上 1mm 处，当发现水杯水面凹下或凸出时，则表示水位过低或过高（图 1-28），只有当水面平行纸片底边时，才表示水位适当。

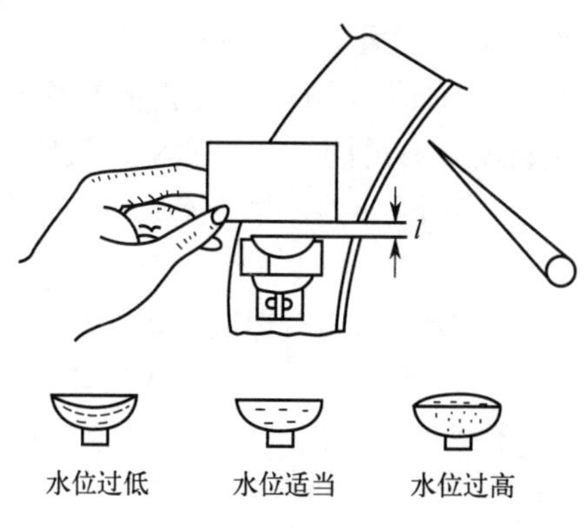

图 1-28　水位检查

水位对准后，装紧温度计与压力表的胶塞，并关紧水位检查器下的旋塞及注水口外旋塞。检查流量计的入口与出口橡胶管是否接紧，防止漏气。

接通气源后，让流量计指针转一周，即可进行漏气检查。一般是把流量计出口关闭，压力控制为正常工作时的压力，这时流量计的指针略动一个位置后就自动停止，并且经过 10min 后，指针不动或者移动不超过一圈的 1/100 即表示不漏。如果不能达到此要求，应检查各个接口，排除漏气故障。

(2) 干式气体流量计

当需要测量大流量时，一般的湿式气体流量计已经不能胜任，这时可采用干式气体流量计。这种流量计在城市燃气事业中使用非常广泛，所以通常称其为干式燃气表（或称燃气表）。

图 1-29 为干式气体流量计原理图。它的外壳是用薄铁板焊成，分上下两层。上层有滑阀 4、连通管 6、连杆传动机构以及齿轮记数机构等；下层主要由皮膜 5 及皮膜板 3 组成的皮囊室（共分 A、B、C、D 四室）。气体自入口进入表内，经过连通管 6 及出口 2 流出，其动作共分 4 个步骤：

位置如图 1-29(a) 所示，右滑阀把 C、D 两室封闭，左滑阀打开 A 室引入气体，气体推动左边皮膜板右移，压缩 B 室并把 B 室内气体通过左滑阀挤入连通管 6，然后从出口 2 流出。

位置如图 1-29(b) 所示，当左边皮膜板右移到尽头，这时左滑阀把 A、B 两室封闭，右滑阀打开 D 室引入气体，气体推动右边皮膜板左移，压缩 C 室并把 C 室内气体通过右滑阀挤入连通管，然后从出口 2 流出。

位置如图 1-29(c) 所示，当右边皮膜板左移到尽头，这时右滑阀把 C、D 两室封闭，左滑阀打开 B 室引入气体，气体推动左边皮膜板左移，压缩 A 室并把 A 室内气体通过左滑阀挤入出口连通管，然后从出口 2 流出。

位置如图 1-29(d) 所示，当左边皮膜板左移到尽头，这时左滑阀把 A、B 两室封闭，右滑阀打开 C 室引入气体，气体推动右边皮膜板右移，压缩 D 室并把 D 室内气体通过右滑阀挤入连通管，然后从出口 2 流出。当右边皮膜板右移至尽头时，又达到如图 1-29 (a) 位置，这样循环往复不止。

利用皮膜的往复运动，带动连杆使滑阀按上述步骤动作，并且带动齿轮记数机构记录流过的气体体积。

干式燃气表结构简单，使用方便，并且不容易出现大的差错。但是，大流量表的体积过于庞大，此外它还不适合高压气体，这些缺点限制了它的应用范围。

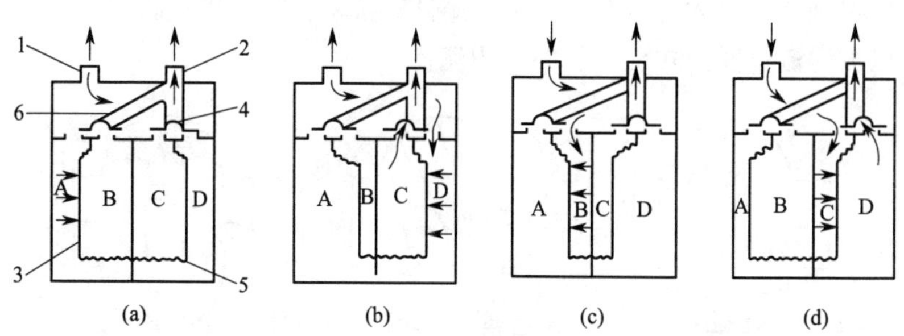

图 1-29　干式气体流量计原理图

1—入口；2—出口；3—皮膜板；4—滑阀；5—皮膜；6—连通管

小型干式燃气表主要用于家庭燃气计量，随着通信技术的发展，一些带有智能远传和控制功能的家用燃气表开始在城市燃气用户中使用，在检测到漏气、流量过大以及有地震等情况下能自动停气，用户的用气量可以实时收集、储存，供燃气公司查抄、统计，也方便用户线上购气，无须插卡。

（3）罗茨式流量计

在压力高、流量大的条件下，多采用罗茨式流量计，习惯称其为罗茨式燃气表。

图 1-30 所示是罗茨式燃气表原理图。它由一个外壳 2 与两个 8 字轮 1 组成。两个 8 字轮互相啮合，并且在前后压差（p_1-p_2）的作用下，分别在两个轴上作相对旋转，从而不断交替地把阴影线所包括的流体排向出口，设阴影线所包括的体积为 qL，则 8 字轮转一周流过的流量为 4qL。设 8 字轮的转速为 n（r/min），则流量可用式(1-8) 算出：

$$V=4qn \tag{1-8}$$

式中　V——气体流量（L/min）；

q——8 字轮扫过的体积（L/r）；

n——8 字轮的转速（r/min）。

因为 $4q$ 是一个常数，所以由式(1-8) 可知，气体流量 V 与 8 字轮的转速 n 成正比，这样只要测得瞬时的 8 字轮的转速 n 就可以得到瞬时气体流量 V。如果采用计数机构将转数累积起来，就可以测得流过罗茨式燃气表的累积流量。

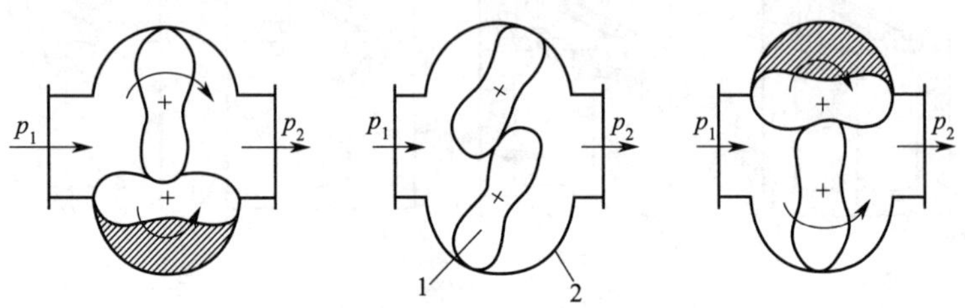

图 1-30　罗茨式燃气表原理图

1—8 字轮；2—外壳

由于 8 字轮与外壳之间有很小的间隙，在 p_1 与 p_2 的压差下，有少量的泄流量通过。因此实际流量要比 $4qn$ 的值略大些。当流量达到一定数值后，此泄流量经常维持在一个稳定的数量，采用特殊的装置后，能使指针读数与实际流量相同。

有的仪表在 8 字轮的转轴上装置一套齿轮传动机构，可用指针指示瞬时流量，同时带动计数机构，可读出累积流量；有的只带累积流量读数而没有瞬时流量指示机构。

为了防止转动轴与外壳间隙漏气，可以采用“磁性密封联轴装置”将 8 字轮的转动传到流量指示机构，从而提高密封性能。

罗茨式燃气表体积比较小，与干式燃气表相比，所测流量比较大，能适应较高燃气压力，既可用于工业生产系统，也可用于城市燃气计量装置中。20 世纪我国生产的罗茨式燃气表有 $300m^3/h$、$600m^3/h$ 及 $3000m^3/h$ 三种规格。目前国内外生产的罗茨式流量计的规格很多，最大流量可达 $30000m^3/h$。

另外，用罗茨式燃气表也可以发出远距离传送信号。在 8 字轮上装一块磁铁，该磁铁与 8 字轮一起转动，然后在壳体盖上，对着磁铁再装一个干簧继电器，磁铁转一周使干簧继电器吸合两次。这个与流量成正比的脉冲电信号可在二次仪表上直接显示，这样就能达到遥测的目的。

(4) 皂膜流量计

在实验室中需要测每分钟数十毫升的小流量时，用湿式燃气表已经不能满足要求，用微型孔口流量计又难以标定，这时可以采用皂膜流量计（图 1-31）。

皂膜流量计由带刻度的滴定管及装有肥皂水的胶皮囊组成。气体从下端的三通引入，利用胶皮囊鼓入一些肥皂膜，此肥皂膜可以随气流上升，利用秒表与滴定管上的刻度可测量出流量。

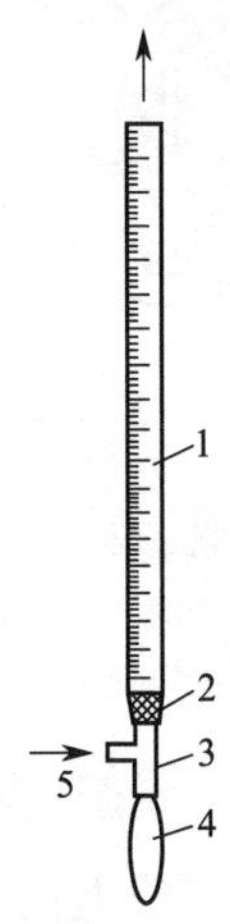

图 1-31　皂膜流量计

1—滴定管；2—胶皮管；3—三通；4—带肥皂水的胶囊；5—气流入口

2. 转子流量计

转子流量计（浮子流量计），是利用流量与转子在带锥度的玻璃管中的高度的关系制成的流量计。这种流量计前后的压力差不变，所以又称为固定压降式流量计，它既可用于工业设备上，也可用于实验室中。

图 1-32 所示是转子流量计。流体自锥形玻璃管 5 下方进入，自上方流出。锥形玻璃管 5 中有一浮子 4，由于流体作用于浮子的力与其本身重量平衡，所以当流量恒定时，浮子可以停在某一高度不动。流量越大，浮子上升越高，因此，浮子的高度能代表流量的

大小。锥形玻璃管上刻有刻度，一般是以浮子直径最大处的锐边为读数边。

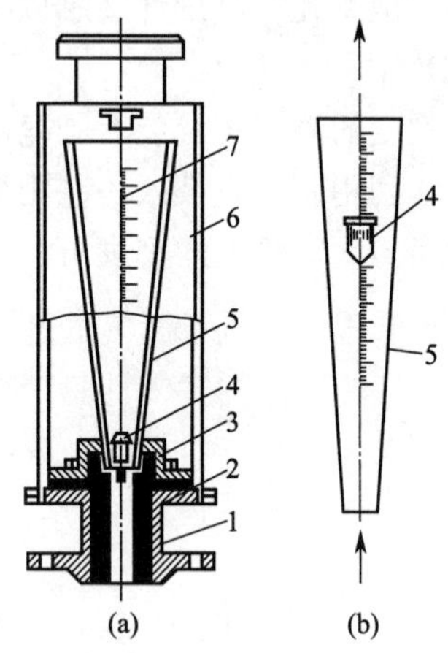

图 1-32 转子流量计

(a) 构造图；(b) 原理图

1—基座；2—密封垫；3—压盖；4—浮子；5—锥形玻璃管；6—罩壳；7—刻度

转子流量计可以做得很小，例如在气相色谱仪器上的转子流量计小到 30～100mL/min；而工业上使用的转子流量计可达数百到数千立方米每小时。另外，同一根锥形玻璃管，用不同重量的浮子就可以得到不同流量量程。

转子流量计的正式产品都附带有浮子高度刻度与流量的关系曲线，如果没有此曲线则必须自己重新标定，并需要计量标定时流体密度与测定时流体密度的校正值。

在安装转子流量计时，要注意以下事项：转子流量计要垂直地安装在没有振动的地方，不允许有倾斜现象，转子由下升到顶时，不允许有碰壁现象；安装高度应以测试人员平视为准；为了保证测量精度，防止局部阻力影响气流，要求仪表上游位置应有 5 倍管径长的直线管段；如果发现浮子上下窜动激烈时，可以稍稍关闭下游的控制阀门，当此法不能排除故障时，应检查管路系统是否有其他故障。

3. 超声波流量计

超声波流量计是利用声波在流体内的传播速度与流体的速度有关的原理制成的一种无节流的新型流量计，其测量范围大，适合天然气输配管道的供销计量。

城市燃气计量采用的超声波流量计区别于工业用高压大流量超声波流量计，城市燃气考虑成本，一般选用性价比比较高的单声道超声波流量计，适用于低压、小流量燃气的计量。配合相应的算法程序完全可以满足燃气检测所需的气体计量精度的要求。超声波流量计具有性价比高、流量量程比大、压损小、无机械部件磨损等优点。

超声波流量计常用的测量方法为传播速度差法、多普勒法等。传播速度差法又包括直接时差法、相差法和频差法，其基本原理都是测量超声波脉冲顺流和逆流时速度之差来反映流体的流速，从而测出流量；多普勒法的基本原理则是应用声波中的多普勒效应测得顺流和逆流的频差来反映流体的流速从而得出流量。

以直接时差法为例，超声波流量计测量流体流量的原理如图 1-33 所示。设静止流体中声速为 c，流体流动速度为 v，把一组换能器 P_1、P_2 与管渠轴线安装呈 θ 度角，换能器的距离为 L。从 P_1 到 P_2 顺流发射时，声波传播时间 t_1 为：

$$t_1=\frac{L}{c+v\cos\theta} \tag{1-9}$$

从 P_2 到 P_1 逆流发射时，声波的传播时间 t_2 为：

$$t_2=\frac{L}{c-v\cos\theta} \tag{1-10}$$

一般 $c\gg v$，则时差为：

$$\Delta t=t_2-t_1=\frac{2Lv\cos\theta}{c^2} \tag{1-11}$$

根据式(1-9) 和式(1-10) 可求出流体速度：

$$v=\frac{L^2}{2d}\times\frac{t_2-t_1}{t_1\cdot t_2} \tag{1-12}$$

根据通道截面积即可求得流体流量。

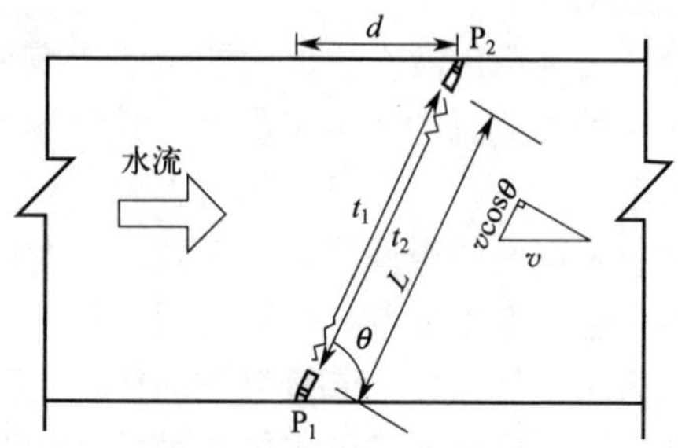

图 1-33　超声波流量计测量流体流量的原理

4. 质量流量计

质量流量计可分为间接式测量方法和直接式测量方法两类。间接式测量方法通过测量体积流量和流体密度经计算得出质量流量，这种方式又称为推导式。直接式测量方法则由检测元件直接检测出流体的质量流量。本书重点介绍直接式质量流量计。

直接式质量流量计的输出信号直接反映质量流量，其测量不受流体的温度、压力、密度变化的影响。直接式质量流量计有许多种形式，包括热式质量流量计、差压式质量流量计、科里奥利质量流量计等，下面以热式质量流量计为例加以说明。

热式质量流量计的基本原理是利用外部热源对管道内的被测流体加热，热能随流体一起流动，通过测量因流体流动而造成的热量（温度）变化来反映出流体的质量流量。

如图 1-34 所示，在管道中安装一个加热器对流体加热，并在加热器前后的对称点上检测温度。设 c_p 为流体的定压比热，ΔT 为测得的两点温度差，则根据传热规律，对流体的加热功率 P 与两点间温差 ΔT 的关系可表示为：

$$P=q_m c_p \Delta T \tag{1-13}$$

即质量流量 q_m 计算为：

$$q_m=\frac{P}{c_p \Delta T} \tag{1-14}$$

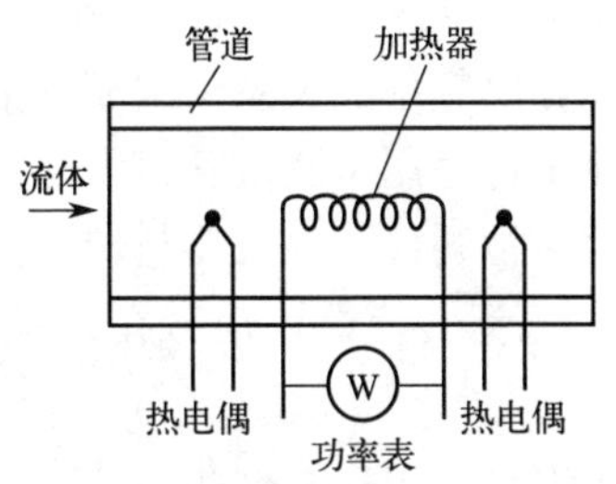

图 1-34　热式质量流量计结构示意图

当流体成分确定时，流体的定压比热为已知常数。因此由式（1-14）可知，若保持加热功率恒定，则测出温差便可求出质量流量；若采用恒定温差法，即保持两点温差不变，则通过测量加热的功率也可以求出质量流量。由于恒定温差法较为简单、易实现，所以实际应用较多。这种流量计多用于较大气体流量的测量。

为避免测温和加热元件因与被测流体直接接触而被流体玷污和腐蚀，可采用非接触式测量方法，即将加热器和测温元件安装在薄壁管外部，而流体由薄壁管内部通过。非接触式测量方法，适用于小口径管道的微小流量测量。当用于大流量测量时，可采用分流的方法，即仅测量分流部分流量，再求得总流量，以扩大量程范围。

质量流量计由于其不受环境温度和大气压力等因素影响，可以直接计量流体质量流量，已在燃气领域得到广泛应用，在实验室和检测机构用于高精度、自动监测燃气流量。

5. 其他测量方法

（1）孔板流量计

孔板流量计是利用流量与孔板前后压差的特性关系制成的流量计，孔板流量计是一种用途很广泛的流量测量仪表，既可以制成大流量计用于工业上，也可以制成小流量计用于实验室中。这种流量计直接读数为瞬时流量，附加计量装置（二次仪表）后也可记录累积流量。

（2）涡街流量计

在流动的流体中，插入一个非流线形截面的柱体，这时柱体两侧将会形成两列旋涡，此两列旋涡顺流向平行排列，故称其为涡街。根据流速与产生旋涡频率的关系可制成测量流量的仪表，称为涡街流量计。涡街流量计适用于测量管径大于 50mm 的流体流量。

涡街流量计主要由检测棒、放大器与转换器组成，放大器将检测棒传来的信号放大送到转换器，信号在此被处理后就可以显示读数。

涡街流量计的压力损失小，除检测棒外没有活动部件，维护比较方便，适合于高压大流量的计量。

（3）动压测定管测流量

在实际的测试工作中，有时没有条件安装流量测量仪表。这时可以利用动压测定管测出管道截面上各点流速，然后根据截面尺寸算出流量。这种方法比较麻烦一些，但是只要选点正确与细心测速，还是能够满足一定精度要求。

在选择测量截面时，应优先选择那些流速比较均匀的截面，为此希望测速截面前有 4～7 倍管径的直管段长度，测速截面后应有 1～2 倍管径的直管段长度。对于矩形管道还需要适当加大。矩形管道可以用当量直径计其管径。

因为管道截面处流速不相等，所以需要将管道截面分为面积相等的若干等分，并且认为每等分的小截面上速度是均匀的，在其中选择适当的点用动压管测出流速，然后求得整个截面的平均流速。有了平均流速，乘以截面积可得流体流量。

（4）笛形动压流量计

笛形动压流量计的优点是装置简单，安装要求的条件不高，在多数场合下都可应用，但是，这种方法比较麻烦，在管道截面上需要测若干个点的动压，消耗很多人力与时间。笛形动压测定管是把截面上需要测的若干个测点综合在一根管上，从而简化测量手续。

笛形动压测定管是由一根横跨测量截面的铜管（也可用不锈钢管）来传递截面上各点的气压，而静压是由同一截面侧壁上的小孔传递。横跨截面的铜管在迎气流方向开有若干小孔，孔的位置是按等面积圆环的概念决定的。这样可以认为笛形动压测定管测出的动压 H_d

即为该截面的平均动压，从而通过动压与流量的关系得出流量值。

（5）吸风喇叭管流量计

当需要测量吸风口处，例如鼓风机吸入口或管道吸风口处的流量时，用吸风喇叭管流量计还是比较方便的。吸风喇叭管流量计是文丘里管的一种特殊形式，通过流量与压降的关系，即可测量流量。

吸风喇叭管流量计管口安装在鼓风机吸入口或管道吸风口处。在测量时，要求对已制成的吸风喇叭管内径进行实测，并且取 4 处以上的内径值的平均值。

1.4.3　流量校正及流量变送器

1. 流量计的校正

任何一种流量计经过一段时间后，都要进行校正，自制的流量计在使用前更需要进行标定。

对湿式流量计，通常利用一个标准的量瓶来校正。使流量计指针转一整圈，校正得到流量计偏差值。如果发现流量计读数总是低于标准量瓶的体积，这说明湿式流量计内水位比较低，可稍加水量调整过来。如果流量计读数有时低有时高于标准瓶体积，则表示叶轮不均匀，此时应画出校正曲线备用。

对于速度流量计，例如微型孔板流量计，需要标定流量 V 与压差 Δp 之间的关系曲线。在保持 Δp 不变情况下，测出流量；调节控制不同大小的 Δp 值，相应测出对应流量后，就可绘出 $V=f(\Delta p)$ 曲线，以备测量时使用。

城市家用燃气表主要采用皮膜式流量计的形式。在《膜式燃气表》GB/T 6968—2019 中对这种流量计的基本性能及试验方法有详细的规定，在此不再赘述。

用钟罩标定气体流量计的方法（见《膜式燃气表》GB/T 6968—2019）是目前较常用的校正计量方法。

对于一般检测站的各种流量仪表都需要根据规定的检定方法定期检定。例如《标准表法流量标准装置检定规程》JJG 643—2024、《钟罩式气体流量标准装置检定规程》JJG 165—2005 等。

2. 流量变送器

流量变送器与其他变送器一样，首先将流量信号变成电信号，然后将电信号放大到满足要求的数据。例如流量通过压差来表示的，则可用压差变送器。但是，由于流量已受温度与压力影响，为此还需要温度与压力的信号，最后通过计算求得标准的体积流量。流量变送的方式很多。

孔板流量计是用压差来表示流量的大小的，故用压差变送器可直接将流量信号送出。

电远传式转子流量计，根据流量变化引起的转子流量计中转子的位移，带动了发送差动变压器中的铁心上下运动，从而引起电压改变，实现流量信号转换为电信号。

涡轮流量计的核心计量元件是涡轮，其作用是将流体的动能转换成机械能。在涡轮流量计外壳上加一个电磁转换器。当涡轮旋转时，会改变电磁转换器中的磁阻值，使电磁转换器线圈中的磁通发生变化，因而在线圈中就感应出交变的电势，从而完成电信号的转换。

超声波在流动的流体中的传播速度与流体的速度有关。所以通过测出超声波向上、下游传播速度之差值，可以求得流体的流速，最后算出流量。

本章参考文献

[1] 张华，赵文柱．热工测量仪表［M］．北京：冶金工业出版社，2006.

[2] 吕崇德．热工参数测量与处理［M］．2 版．北京：清华大学出版社，2001.

[3] 金志刚．燃气测试技术手册［M］．天津：天津大学出版社，1994.

[4] 刘常满．热工检测技术［M］．北京：中国计量出版社，2005.

[5] 西安冶金学院．热工测量与自动调节［M］．北京：中国建筑工业出版社，1983.

[6] 金志刚，王启．燃气检测技术手册［M］．北京：中国建筑工业出版社，2011.

[7] 金志刚．燃气燃烧与输配测试技术［M］．北京：中国建筑工业出版社，1981.

第2章

燃气热值与密度测量

热值与密度是燃气的重要特性参数。热值是衡量燃气燃烧后产生热量的参数。密度是衡量燃气单位体积的质量参数。这两个参数都直接影响燃气管道输送能力及燃烧设备的热负荷，因此，正确地测量燃气的热值与密度是燃气生产、供应中的一个重要环节。

2.1 概述

2.1.1 燃气热值

燃气热值是指单位体积的燃气完全燃烧所释放出的热量，单位为“MJ/m^3”。

热值可分为高（位）热值和低（位）热值。高热值是指 $1m^3$ 的燃气完全燃烧后其烟气被冷却至原始温度，而其中的水蒸气以凝结水状态排出时所放出的热量。低热值是指 $1m^3$ 的燃气完全燃烧后其烟气被冷却至原始温度，烟气中的水蒸气仍为蒸汽状态时所放出的热量。高热值与低热值的差值为燃烧产物中水的汽化潜热。在我国燃气应用检测领域，一般常用低热值，但有些地方和国家常用高热值，在做分析比较时应注意区别。

燃气热值的确定方法有根据成分计算法和实测法。实测法主要有水流吸热法、烟气吸热法和金属膨胀法等。

1. 根据成分计算法

燃气热值可通过燃气可燃组分的体积分数和各个可燃组分的热值得出，按式(2-1) 计算，常见单一气体热值如表 2-1 所示。在天然气交易和精度有要求的场合，应按照《天然气 发热量、密度、相对密度和沃泊指数的计算方法》GB/T 11062—2020 的要求计算。

$$H=\frac{1}{100}\sum_{r=1}^{n}H_{r}f_{r} \tag{2-1}$$

式中 H——燃气热值（分高热值 H_s 和低热值 H_i）（MJ/m^3）；

H_r——燃气中 r 可燃组分的热值（MJ/m^3）；

f_r——燃气中 r 可燃组分的体积分数（%）。

常见单一气体特性值 **表 2-1**

成分	相对密度 d	热值(MJ/m^3)		理论干烟气中 CO_2 体积分数(%)
		H_i	H_s	
空气(Air)	1.0000	—	—	—
氧(O_2)	1.1053	—	—	—
氮(N_2)	0.9671	—	—	—
二氧化碳(CO_2)	1.5275	—	—	—
一氧化碳(CO)	0.9672	11.9660	11.9660	34.72
氢(H_2)	0.0695	10.2169	12.0947	—
甲烷(CH_4)	0.5548	34.0160	37.7816	11.73
乙烯(C_2H_4)	0.9745	56.3205	60.1047	15.06
乙烷(C_2H_6)	1.0467	60.9481	66.6364	13.19
丙烯(C_3H_6)	1.4759	82.7846	88.5163	15.06
丙烷(C_3H_8)	1.5496	87.9951	95.6522	13.76
1-丁烯(C_4H_8)	1.9963	110.7871	118.5362	15.06
异丁烷(i-C_4H_{10})	2.0723	115.7105	125.4168	14.06
正丁烷(n-C_4H_{10})	2.0787	116.4726	126.2090	14.06

续表

成分	相对密度 d	热值(MJ/m^3)		理论干烟气中 CO_2 体积分数(%)
		H_i	H_s	
丁烷(C_4H_{10})	2.0755	116.0897	125.8110	14.06
戊烷(C_5H_{12})	2.6575	147.6845	159.7178	14.25

注：1. 气体的 d、H_i、H_s 为按《天然气 发热量、密度、相对密度和沃泊指数的计算方法》GB/T 11062 中的理想气体值除以压缩因子计算所得。

2. C_4H_{10} 的体积分数：i-C_4H_{10}=50%，n-C_4H_{10}=50%。

3. 干空气的真实气体密度：ρ_{air}（288.15K，101.325kPa）=1.2254kg/m^3。

4. 干空气的体积分数：O_2=21%，N_2=79%。

5. 燃烧和计量的参比条件均为 15℃，101.325kPa。

2. 水流吸热法

水流吸热法是利用水流将燃气燃烧产生的热量完全吸收，根据水量与水的温升即可以求出燃气的热值。这种方法准确可靠，受外界因素干扰比较小，是最通用的测量燃气热值的方法。

3. 烟气吸热法

烟气吸热法是利用烟气将燃气燃烧产生的热量完全吸收，根据烟气的温升就可以推算出燃气热值。此方法也能准确地测出燃气热值，但是需要用水流吸热法来标定。这种方法的优点是反应快，滞后时间比较短。

4. 金属膨胀法

金属膨胀法是利用燃气燃烧产生的热量加热两个同心金属制成的膨胀管，两管的相互位置随温度变化而改变，温度受燃气热值的影响，将两管的相互位置变化量放大并记录，即可测量燃气热值。用此法制成的热量计称为“西格马”记录式热量计。

2.1.2 密度和相对密度

在工程中衡量燃气体积质量的参数有两个：一个是密度；另一个是相对密度。

燃气密度是指燃气单位体积的质量，单位为“kg/m^3”。燃气相对密度是指一定体积干燃气的质量与同温度同压力下等体积的干空气质量的比值，相对密度为无量纲量。相对密度的确定方法有根据成分计算法、称重法和本生-希林法等。

1. 根据成分计算法

燃气的相对密度可通过燃气组分的体积分数和各个组分的相对密度得出，按式(2-2) 计算，常见的单一气体的相对密度见表 2-1。

$$d=\frac{1}{100}\sum_{v=1}^{n}d_{\mathrm{v}}f_{\mathrm{v}} \tag{2-2}$$

式中 d——燃气的相对密度（空气相对密度为 1）；

d_{v}——燃气中 v 组分的相对密度；

f_{v}——燃气中 v 组分的体积分数（%）。

2. 称重法

利用天平称出同温度同压力下等体积干燃气与干空气的质量，两者的比值即为燃气的相对密度。这种方法直接，但是由于燃气很轻，不易测量准确，且测量仪器操作复杂。

3. 本生-希林法

两种气体在同一压力下从同一孔口流出时，密度大的气体的流速小于密度小的气体，因而通过气体流过孔口所需时间可得出气体的相对密度。利用这种方法可以较准确地测出燃气的相对密度。

2.2 气相色谱分析法

燃气是由多种单一气体组成的混合气体，包括氢气、甲烷、丙烷、丁烷等可燃气体和氮气、二氧化碳等非可燃气体。根据成分计算法得到燃气热值和相对密度的基本条件是要进行燃气成分分析，明确燃气中各成分的体积分数。燃气成分分析方法有很多，可分为化学分析方法、物理分析方法、气相色谱分析方法、质谱分析方法、燃烧爆炸法、荧光分析法等。化学分析方法包括吸收法、滴定法、电导法、比色法、热化学法和发光法等。物理分析方法包括热导法、导磁法、红外线法、紫外线法和光干涉法等。其中，气相色谱分析方法是目前采用较普遍的燃气成分分析法，该方法既可以进行常量组分分析，也可以进行微量组分分析，既能定性，也能定量。

2.2.1　气相色谱分析原理

气相色谱分析方法是色谱法的一种。色谱法中有两个相，一个是流动相，另一个是固定相。用液体作流动相为液相色谱，用气体作流动相为气相色谱。在气相色谱中固定相指填充在色谱柱中的固体吸附剂，或在惰性固体颗粒（载体）表面涂有一层高沸点有机化合物（固定液）。流动相，即载气，是不与被测成分和固定液起化学反应，也不能被固定相吸附或溶解的气体，它在色谱柱中与固定相作相对运动。

1. 气相色谱的分离原理

当燃气气样被注入色谱仪并被载气携带流经色谱柱时，色谱柱中的固定相对气样中不同组分有不同的吸附和溶解能力，即气样中各组分在固定相和载气中有不同的分配系数。当气样被载气带入色谱柱中并不断向前移动时，分配系数较小的组分移动速度快，分配系数较大的组分移动速度慢。分配系数较小的组分先流出色谱柱，分配系数较大的组分后流出色谱柱，从而达到分离的目的。

2. 燃气组分分析原理

燃气组分流出色谱柱后进入色谱仪检测器，检测器输出与组分浓度成正比的电信号给色谱仪控制器或记录仪，以从色谱柱末端流出各组分的浓度与流经色谱柱的时间作图，得到的图称为色谱图。通过积分仪或计算机软件等处理计算，得到色谱图中色谱峰峰面积数值。在同样操作条件下，分析已知组分含量的标准气体，采用外标法，把测得的试样色谱峰峰面积数值与标准气色谱峰峰面积数值相比较，计算出各组分的含量。当试样中全部组分都显示出色谱峰时，也可采用校正面积归一法计算各组分的含量，但应验证其结果的准确性。

2.2.2 气相色谱仪

1. 工作流程

气相色谱系统主要由五部分组成：载气系统、进样系统、分离系统、检测系统以及数据记录和处理系统（色谱工作站）。气相色谱仪主要完成进样、分离和检测工作，气相色谱仪主要由柱箱、检测器、进样口、载气供给接口和操作面板等组成。色谱柱位于温度控制柱箱内部，通常色谱柱的一端连接进样口，另一端连接检测器。

气相色谱工作流程图如图 2-1 所示，载气由高压气瓶流出，由减压阀和调节阀控制压力与流量，再经净化干燥管净化脱水，由压力表指示压力，流量计指示流量，流经进气口时，将进气口的燃气气样携带进入气相色谱仪，通过色谱柱和检测器完成气样的分离和分析，最后通过数据记录和处理系统获得色谱图，并完成色谱峰峰面积的计算。

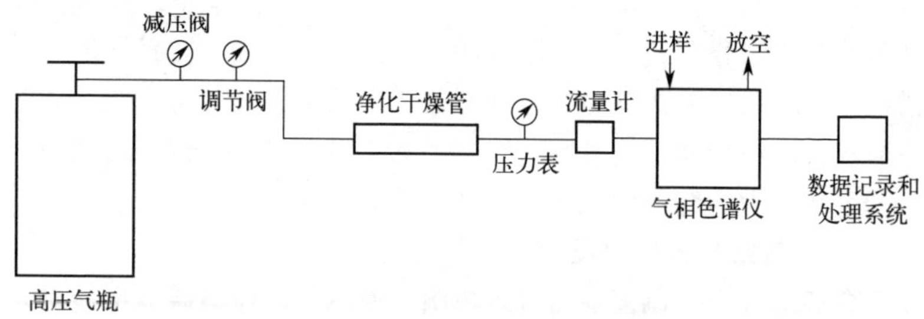

图 2-1 气相色谱工作流程图

2. 色谱柱的选择

色谱柱是实现分离的核心部件。根据所使用的色谱柱粗细不同，色谱柱可分为填充柱和毛细管柱。填充柱是填充了色谱填料的内部抛光不锈钢柱管或塑料柱管，其内径通常为 4～8mm，柱长通常为 1～10m。毛细管柱的内径一般小于 1mm，柱内有一层均匀涂层，长度为 10～15m，具有更高的分析效能，通常用于高灵敏的微量成分分离，毛细管柱可以很好地分离燃气组分中 C_1～C_6。

根据色谱柱固定相不同，可以分为气固色谱和气液色谱。用固体吸附剂作固定相的叫气固色谱，用涂有固定液的载体作固定相的叫气液色谱。因为气相色谱的载气种类少，分离选择性主要依靠选择的固定相。

一台气相色谱仪上可以安装多根色谱柱，用于分离分析不同组分。

（1）固体吸附剂固定相

气固色谱适合于分析永久气体和低沸点烃类，其热稳定性好，柱温上限高，但吸附等温线不呈线性，色谱峰不对称，由于固定相表面结构不均匀，所以重现性不好。

在气固色谱中固定相一般为活性炭、石墨化炭黑、碳多孔小球、硅胶、活性氧化铝、分子筛等。固定相的性能与其制备、活化条件等有很大关系，所以，不同来源的同种固定相，甚至于同一来源的非同批固定相，其色谱分离效能可能都不相同。

1）活性炭

非极性，有较大的比表面积，吸附性较强。可用于惰性气体、永久气体、气态烃等分析。由于活性炭表面活性大而不均匀，会造成色谱峰拖尾，现在已很少使用。

2）石墨化炭黑（Cabopack 系列）

非极性，表面均匀，活性点少，所以在很大程度上改善了色谱峰形，提高了分析重现性。

3）碳分子筛（碳多孔小球；TDX 系列）

非极性，碳多孔小球的国外商品名为 Carbosieve，国内叫 TDX，具体牌号有 TDX-01、TDX-02。碳多孔小球特点是非极性很强，表面活性点少，疏水性强，可使水分在甲烷前或后洗脱出；柱效高；耐腐蚀、耐辐射；寿命长。TDX 可用于分析 H_2、O_2、N_2、CO、CO_2、CH_4、C_2H_2、C_2H_4、C_2H_6 及 C_3 的烃类和 SO_2 等气体的分析以及氮肥厂的半水煤气分析、低碳烃中水分的分析等。

4）活性氧化铝

有较大的极性，热稳定性好，机械强度高，适用于常温下 O_2、

N_2、CO、CH_4、C_2H_4、C_2H_6 等气体的分离。CO_2 能被活性氧化铝强烈吸附，因此不能用这种固定相进行分析。

5）硅胶（Porasil 系列等）

强极性，分离能力决定于孔径大小及含水量，一般用来分离 C_2～C_4 烃类及 H_2S、CO_2、N_2O、NO、NO_2、SO_2，分离性能与活性氧化铝大致相同，且能够分离臭氧。

6）分子筛

有特殊吸附活性，是碱及碱土金属的硅铝酸盐（沸石），多孔性。分子筛的种类很多，分析用的有 4A、5A、13X 等，其中前面的数字代表孔径，A、X 表示类型。分子筛分析气样中 N_2 和 O_2 有特效，也可用来分离永久气体、H_2、H_2S、O_2、CH_4、CO、气态烃等。特点是能在高温下使用，但重复性好的分子筛很难制备。

分子筛遇到硫化合物、二氧化碳时，因这些成分被吸附后很难再析出，会导致色谱柱失去活性，故在分析含有这些成分的样品时必须在进样阀后、色谱柱前加一段碱石棉管来吸收，除去样品中的这些成分。水分是影响分子筛柱寿命的主要因素，测量含水分高的气样时，可在进样阀前加脱水装置。常用脱水剂有硅胶、P_2O_5、无水高氯酸镁等。在色谱柱前使用碱石棉管或脱水剂时，要注意其不能吸收样品中的成分。

当分子筛柱失效时，一般表现为色谱图上氧、氮色谱峰分不开，CO 保留时间缩短甚至在甲烷的色谱峰前出峰等现象。此时应对分子筛柱作活化处理。可把分子筛从柱内取出，将其在 500～550℃高温下灼烧 2h 以使其活化，或在 350℃下真空化 2h 后立即装柱。

7）高分子多孔微球（Porapak，Chropmosorb 等）

高分子多孔微球是有机合成固定相，是用苯乙烯与二乙烯苯共聚所得到的交联多孔共聚物。美国研究的 Porapak 高分子多孔微球是一种色谱分离性能很好的气—固色谱固定相。我国的 GDX 系列与其相当，型号有 GDX-101、GDX-102、GDX-103、GDX-104、GDX-105、GDX-201、GDX-301、GDX-501 等，适用于水、气体及低级醇的分析。

高分子多孔微球的特点是：表面积大，机械强度好；疏水性很强，可快速测定有机物中的微量水分；耐腐性好，可分析 HCl、NH_3、HCN、Cl_2、SO_2 等活性气体；不存在固定液流失问题。

（2）固定液-载体固定相

这种固定相是指固定液均匀地涂在载体上。载体是一种化学惰性、多孔性的固体微粒，它的作用是提供一个大的惰性表面，用以承载固定液，使固定液以薄膜状态分布在其表面上。固定液大多数是高沸点的有机化合物，在气相色谱工作条件下呈液态，所以叫固定液。在色谱柱内，被测物质中各组分的分离是基于各组分在固定液中溶解度的不同。当载气携带被测物质进入色谱柱和固定液接触时，被测组分溶解到固定液中，载气连续进入色谱柱，溶解在固定液中的被测组分会从固定液中挥发到气相中。随着载气的流动，挥发到气相中的被测组分分子又会溶解到固定液中，被测组分反复多次溶解、挥发。溶解度大的组分较难挥发，停留在柱中的时间长，往前移动得慢，溶解度小的组分，往前移动快，停留在柱中的时间短。经过一定时间后，各组分就彼此分离。

1）载体

对载体的要求：

①表面应是化学惰性的，即表面没有吸附性或吸附性很弱，不能与被测物质发生化学反应。

②具有足够大的表面积，使固定液与试样的接触面较大。

③热稳定性好，有一定的机械强度，不易破碎。

④要求粒度形状规则，大小均匀、细小，这样有利于提高柱效。

载体可分为硅藻土类载体和非硅藻土载体等。硅藻土类载体由天然硅藻土煅烧而成的。根据制造工艺和助剂不同，可分为红色载体和白色载体。非硅藻土载体包括玻璃微球、聚四氟乙烯、高分子多孔微球 GDX 等。

根据载体特点、固定液和气样的性能，载体的选择如下：

①红色硅藻土载体用于烷烃、芳烃等非极性、弱极性物的分析。

②白色硅藻土载体用于醇、胺、酮等极性物的分析。

③固定液含量大于5%，一般选用红色、白色载体。

④固定液含量小于5%，一般选用处理过的载体。

⑤高沸点化合物的分析选玻璃微球。

⑥强腐蚀性物质的分析选氟载体。

2）固定液

气液色谱固定液的特点是可得较对称的色谱峰，谱图重现性好，并可在一定范围内调节液膜厚度。

对固定液的要求：

①选择性好；

②化学稳定性和热稳定性好，固定液的蒸气压要低，固定液流失要少；

③对成分要有一定的溶解度，即对成分有一定的滞留性；

④凝固点低，黏度适当。

固定液可分为烃类、聚硅氧烷类、醇、醚类和酯类等。

固定液一般根据“相似相溶”原则进行选择。在气相色谱中，常用“极性”来说明固定液和被测成分的性质。被测成分在固定液中溶解度或分配系数的大小与被测成分和固定液两种分子之间极性有关，被测成分与固定液分子性质（极性）相似，在固定液中的溶解度或分配系数就大。固定液的选择如下：

①分离非极性物质，一般选用非极性固定液，这时试样中各成分按沸点次序先后流出色谱柱，沸点低的成分先出峰，沸点高的成分后出峰。

②分离极性物质，选用极性固定液，试样中各成分主要按极性顺序分离，极性小的先流出色谱柱，极性大的后流出色谱柱。

③分离非极性和极性混合物时，一般选用极性固定液，非极性成分先出峰，极性成分或易被极化的成分后出峰。

④对于能形成氢键的试样，如醇、酚、胺和水等的分离，一般

选择极性或是氢键型的固定液。这时试样中各成分按与固定液分子形成氢键的能力大小先后流出，不易形成氢键的先流出，易形成氢键的后流出。

⑤如果主要差别是沸点的差别，选非极性固定液。

⑥特殊试样选特殊固定液：例如分离醇、水可选 GDX；分离 N_2、O_2 可选分子筛。

⑦对于复杂样品的分离，单一固定液分不开，可选混合固定液。

3. 检测器的选择

用于燃气分析的检测器很多，最常用的有热导检测器（TCD）和火焰离子化检测器（FID）。气相色谱仪上可以同时配置多个不同类型的检测器，例如可以配置一个 FID 和两个 TCD，配合 5～7 根色谱柱，允许三个通路同时检测，一次性完成对燃气中多种组分的分析。

（1）热导检测器（TCD）

热导检测器结构比较简单，灵敏度和稳定性较好，线性范围广，适用于常量无机气体和有机物的分析。

热导检测器的金属池体中有两个腔体，分别称为测量臂和参考臂，其中各固定一根相同的、电阻温度系数较大的金属丝。金属丝温度的变化会造成电阻的变化，通过惠斯特电桥可测量出来。腔体有气体的进出口，参考臂只流过载气，测量臂流过载气与气样的混合气体。

不同组分气体具有和载气不同的导热系数。当测量臂没有气样成分通过时，测量臂与参考臂通过的都是相同的载气，其导热性能相同，测量臂和参考臂之间不存在因导热不同而产生的电阻差，所测量的电信号为零。当测量臂通过载气与气样成分的混合气体时，由于混合气体与纯载气不同的导热性能，在测量臂和参考臂之间会因导热性能不同而产生电阻差，从而产生可测量的电信号。电信号的强弱直接反映了气样组分含量的多少。

（2）火焰离子化检测器（FID）

火焰离子化检测器对绝大多数有机物有较高灵敏度，而且构造简单，响应快，稳定性好，所以也是一种常用的检测器。已经分离了的气样成分由载气携带与纯氢气混合进入检测器的喷嘴，同时由检测器侧面引入空气。当点火电热丝通电后，载有气样的氢气在喷嘴出口点燃。气样中有机物在燃烧时被电离，这些离子在发射极和收集极电场的作用下作定向运动，形成电流。利用电子放大系统测定离子流的强度，即可得到气样组分含量信号。

4. 载气的选择

常见的载气有氢气、氮气、氦气、氩气，载气的选择主要取决于气相色谱仪中所用的检测器。氢气具有相对分子质量小、热导系数大、黏度小等特点，是热导检测器常用的载气，是火焰离子化检测器中必用的燃气，但氢气易燃、易爆，使用时要特别注意安全。氮气相对分子质量较大、扩散系数小、柱效相对较高、安全、价格便宜，是最为常用的载气，在火焰离子化检测器中常用，但由于其热导系数低、灵敏度差、定量线性范围较窄，因此在热导检测器中少用。氦气相对分子量小、热导系数大、黏度小、使用时线速度大，与氢气相比，更安全，但成本高。氩气相对分子量大、热导系数小，但由于成本高，因而应用较少。

载气中的杂质例如氧气、水分等容易和色谱柱的固定相发生作用，导致固定相变性流失，柱效降低。对于检测器而言，载气中如果有大量的杂质，特别是检测器能够响应的杂质，会导致仪器的基线噪声增大，灵敏度降低。因此，载气的纯度越高越好，一般要求不低于99.99％。

5. 气相色谱仪的操作

（1）启动

1）检查气源压力。

2）打开载气和检测器气源并打开本地关闭阀。

3）打开气相色谱仪电源。等待显示开机正常。

4）检查色谱柱接头无泄漏。

5）调用分析方法。

6）获取数据前必须等待检测器稳定。

（2）关闭

1）等待当前运行结束。

2）关闭载气之外所有气体的气源（打开载气可保护色谱柱不受大气污染）。

3）将检测器、进样口和色谱柱的温度降低到 150～200℃之间。如果需要，可以关闭检测器。

4）如果要长期关闭，则关闭主电源开关，关闭所有气体处的气体阀，遮盖进样口、检测器色谱柱接头和所有气相色谱仪外部接头。

2.2.3　测试方法

1. 标准气

分析需要的标准气可采用国家二级标准物质，或按《气体分析 校准用混合气体的制备 第 1 部分：称量法制备一级混合气体》GB/T 5274.1—2018 制备。

在氧和氮组分分析中，稀释的干空气是一种适用的标准物。

标准气的所有组分应处于均匀的气态。对于试样中浓度不大于 5%的组分，标准气组分的浓度应不大于 10%，也不低于试样中相应组分浓度的 50%。对于试样中浓度大于 5%的组分，标准气组分的浓度应不低于试样中组分浓度的 50%，也不大于该组分浓度的 2 倍。

2. 取样

（1）从高压气源处取样

当需要从压力很高的制气厂出气口或高压点取样时，应按《天然气取样导则》GB/T 13609—2017 中的规定执行。

（2）从低压管道取样

1）直接采取试样

根据实际情况，如果气源离分析装置距离较近时，可以直接采取气样，使气样通过取样管或导管直接进入气相色谱仪。应使用对所取燃气不产生吸附作用的不锈钢等材质的导管。

2）使用试样容器采取试样

一般使用对所取燃气不产生吸附作用的铝箔取样袋取样。取样前应用所取样气体反复洗涤以排除袋中残留的其他气体。使用试样容器取样时，为防止气样成分发生变化，应尽快进行分析。

（3）液化石油气取气

将液化石油气取样器的进样口与罐体或钢瓶连接，依次打开取样器的放空阀、进样阀和罐体或钢瓶的截止阀，使气样充分冲洗取样器并将取样器中的空气全部置换掉。然后依次关闭取样器的放空阀、进样阀和罐体或钢瓶的截止阀，断开取样器与罐体或钢瓶的连接。

将取样器按照图 2-2 所示连接，恒温水浴温度为 50～70℃。打开阀门 A、C，缓慢打开流量调节阀 B，控制气化速度为 5～50mL/min，使管路中的空气全部置换出来。排出冲洗管路的气体应引出室外。冲洗、置换完全后，关闭阀门 C，立即转动六通阀至进样位置，将采集的试样引入色谱分析仪。

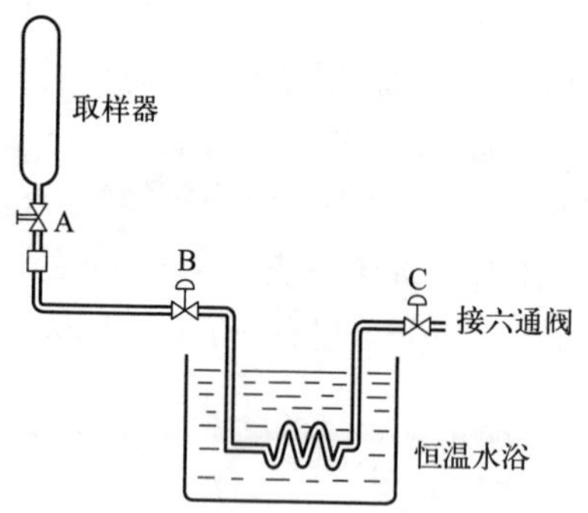

图 2-2　气化试样系统连接图

A—截止阀；B、C—针形阀

3. 典型色谱工作条件

（1）人工煤气

人工煤气中主要有氢气、氧气、氮气、一氧化碳、二氧化碳、甲烷、乙烯、乙烷、丙烯、丙烷等常量成分。表 2-2 给出了分析人工煤气的典型色谱工作条件。

分析人工煤气的典型色谱工作条件 表 2-2

工作条件	A	B	C
检测器类型	热导检测器(TCD)		
载气	氮气,纯度不低于 99.99%	氦气,纯度不低于 99.99%	
色谱柱类型	分子筛填充柱,5A 或 13X,0.23～0.18mm (60～80 目)	分子筛填充柱,5A 或 13X,0.23～0.18mm (60～80 目)	GDX-104 或 GDX-407 等有机载体填充柱,0.23～0.18mm (60～80 目)
柱长/内径	1～2m/3～5mm	1～2m/3～5mm	2～4m/3～5mm
气体六通阀进样量	进样量:1mL		
气化室温度	100℃		
柱箱温度	室温:～40℃		
检测器温度	100℃		
载气流量	30～60mL/min		
分析成分	H_2	O_2,N_2,CH_4,CO	C_2H_4,C_2H_6,CO_2,C_3H_6,C_3H_8

注:也可采用能达到同等或更高分析效果的其他色谱工作条件。

人工煤气试样中各成分的出峰次序分别如图 2-3、图 2-4 所示。

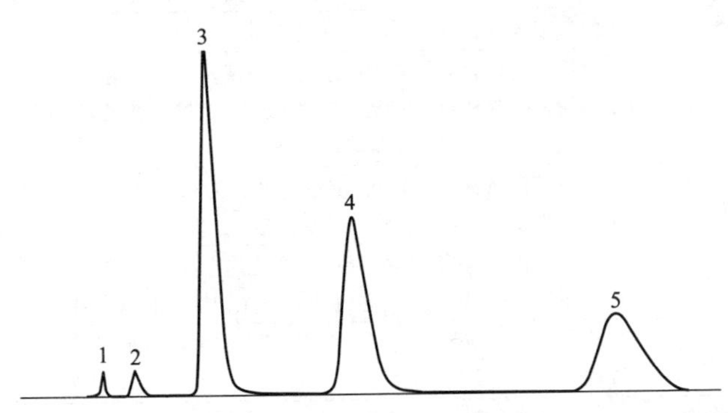

图 2-3 5A 分子筛柱色谱图(色谱工作条件见表 2-2 中的 B)

1—氢气色谱峰;2—氧气色谱峰;3—氮气色谱峰;4—甲烷色谱峰;5—一氧化碳色谱峰

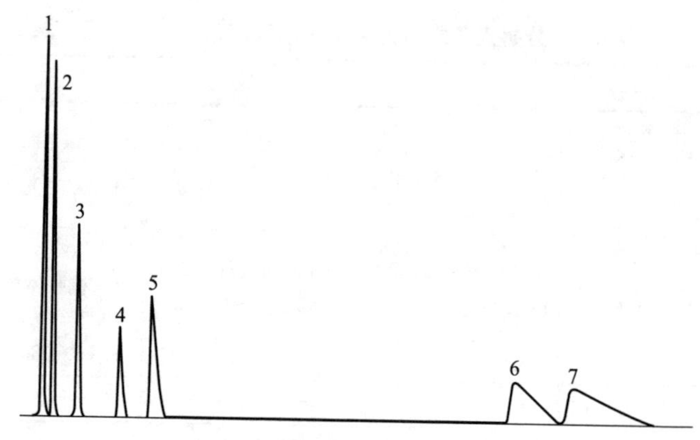

图 2-4 GDX-104 柱色谱图（色谱工作条件见表 2-2 中的 C）

1—氧气、氮气和一氧化碳混合色谱峰；2—甲烷色谱峰；3—二氧化碳色谱峰；4—乙烯色谱峰；5—乙烷色谱峰；6—丙烯色谱峰；7—丙烷色谱峰

（2）天然气

天然气中主要有氮气、甲烷、乙烷、二氧化碳、丙烷、异丁烷、正丁烷、异戊烷、正戊烷等常量成分。表 2-3 给出了分析天然气中的典型色谱工作条件。

分析天然气的典型色谱工作条件 **表 2-3**

检测器类型	热导检测器(TCD)或在灵敏度和稳定性方面与之相当的检测器
载气	氢气或氦气,氮气或氩气,纯度不低于 99.99%
色谱柱	色谱柱的材料对气样中的组分应呈惰性和无吸附性,应优先选用不锈钢管。吸附柱应能完全分离氧、氮、甲烷和一氧化碳,分配柱应能分离二氧化碳和乙烷到戊烷之间的各组分
进样阀	配备带定量管的进样阀,定量管体积为 0.25～2mL,内径 2mm;如果内径小于 2mm,定量管应带加热器
柱温控制	恒温操作时,柱温保持恒定,其变化应在 0.3℃以内。 程序升温时,柱温不应超过柱中填充物推荐的温度限额
检测器温度控制	检测器温度应等于或高于最高柱温,并保持恒定,其变化应在 0.3℃以内
载气流量	载气流量保持恒定,变化应在 1%以内

天然气试样中各成分的出峰次序分别如图 2-5～图 2-8 所示。

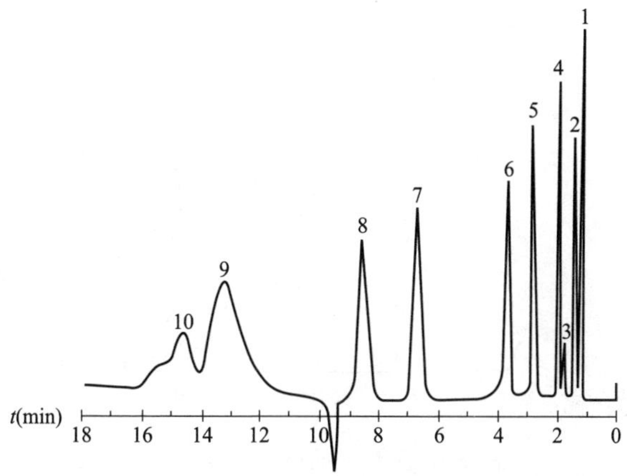

图 2-5　天然气的典型色谱图（1）

1—甲烷和空气；2—乙烷；3—二氧化碳；4—丙烷；5—异丁烷；6—正丁烷；7—异戊烷；8—正戊烷；9—庚烷及更重组分；10—己烷

色谱条件：色谱柱：25%BMEE Chromosorb P；柱长：7m；柱温：25℃；载气：氦气，40mL/min；进样量：0.25mL

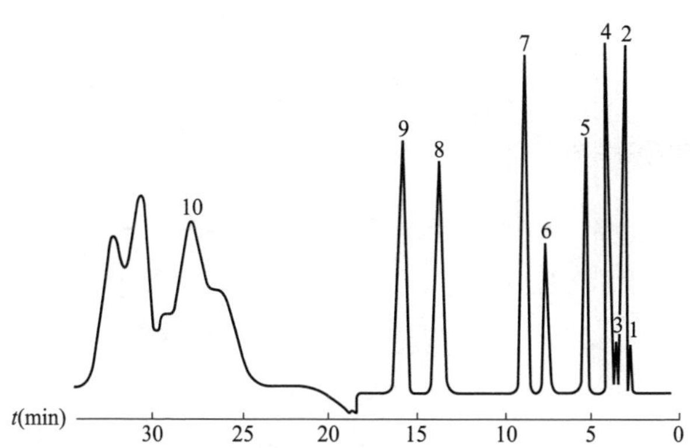

图 2-6　天然气的典型色谱图（2）

1—空气；2—甲烷；3—二氧化碳；4—乙烷；5—丙烷；6—异丁烷；7—正丁烷；8—异戊烷；9—正戊烷；10—己烷及更重组分

色谱条件：色谱柱：Silicone 200/500 Chromosorb P AW；柱长：10m；载气：氦气，40mL/min；进样量：0.25mL

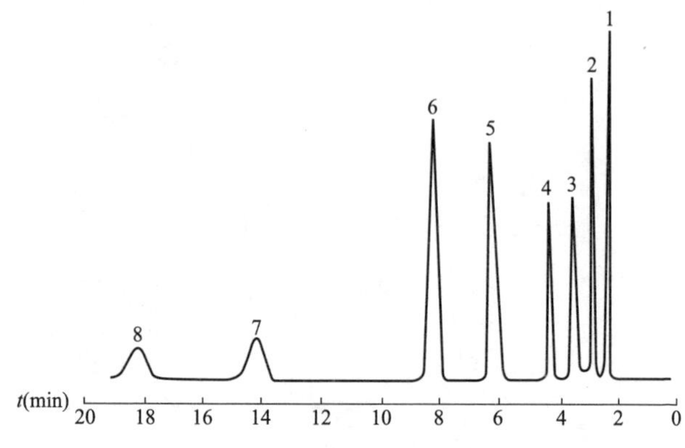

图 2-7 天然气的典型色谱图（3）

1—甲烷和空气；2—乙烷；3—二氧化碳；4—丙烷；5—异丁烷；6—正丁烷；7—异戊烷；8—正戊烷

色谱条件：色谱柱：3m DIDP＋6m DMS；载气：氦气，75mL/min；进样量：0.50mL

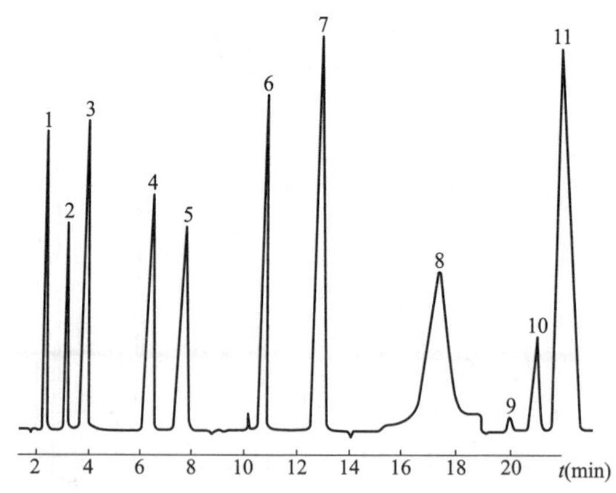

图 2-8 天然气的典型色谱图（多柱应用）

1—丙烷；2—异丁烷；3—正丁烷；4—异戊烷；5—正戊烷；6—二氧化碳；7—乙烷；8—己烷及更重组分；9—氧；10—氮；11—甲烷

色谱条件：色谱柱 1：Squalance，Chromosorb P AW，0.18～0.15mm（80～100 目），柱长 3m；

色谱柱 2：Porapak N，0.18～0.15mm（80～100 目），柱长 2m；

色谱柱 3：5A 分子筛，0.18～0.15mm（80～100 目），柱长 2m

（3）液化石油气

液化石油气中主要有乙烷、乙烯、丙烷、丙烯、正丁烷、异丁烷、正异丁烯、反丁烯、顺丁烯、正戊烷和异戊烷等常量成分。表 2-4 给出了分析液化石油气的典型色谱工作条件。

分析液化石油气的典型色谱工作条件　　表 2-4

工作条件	A	B
检测器类型	热导检测器(TCD)	
载气	氦气，纯度不低于 99.99%	
色谱柱类型	DNBM-ODPN 填充柱	DBP-ODPN 填充柱
混合固定液	95%顺丁烯二酸二丁酯 +5%一氧二丙腈	95%邻苯二甲酸二丁酯 +5%一氧二丙腈
液相载荷量(质量分数，%)	26	
载体	6201 红色担体，0.23～0.18mm(60～80 目)	
柱长/内径	8～10m/3mm	
气体六通阀进样量	进样量：1mL	
气化室温度	100℃	
柱箱温度	室温：～40℃	
检测器温度	100℃	
载气流量	30～60mL/min	

注：也可采用能达到同等或更高分析效果的其他色谱工作条件。

液化石油气试样中各成分的出峰次序分别如图 2-9、图 2-10 所示。

（4）城镇燃气用二甲醚

表 2-5 给出了分析城镇燃气用二甲醚成分的色谱工作条件。

（5）液化石油气中二甲醚

所选择的色谱工作条件应保证试样中的二甲醚与液化石油气成分能被有效分离。表 2-6 给出了分析液化石油气中二甲醚的典型色谱工作条件。

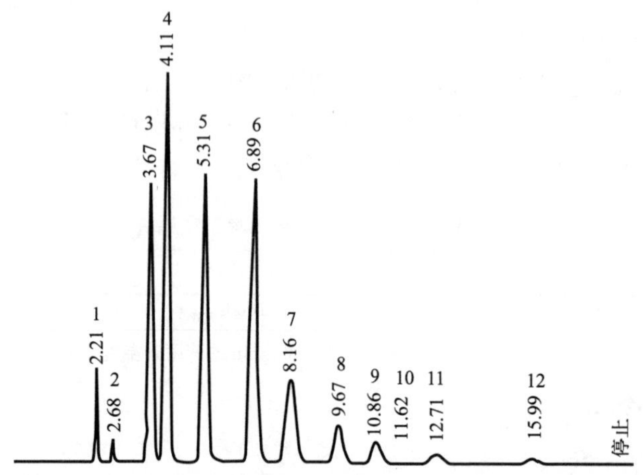

图 2-9　DNBM-ODPN 混合固定液柱色谱图（色谱工作条件见表 2-4 中 A）

1—空气、甲烷混合色谱峰；2—乙烷、乙烯混合色谱峰；3—丙烷色谱峰；
4—丙烯色谱峰；5—异丁烷色谱峰；6—正丁烷色谱峰；7—正异丁烯色谱峰；
8—反丁烯色谱峰；9—顺丁烯色谱峰；10—1，3 丁二烯色谱峰；
11—异戊烷色谱峰；12—正戊烷色谱峰

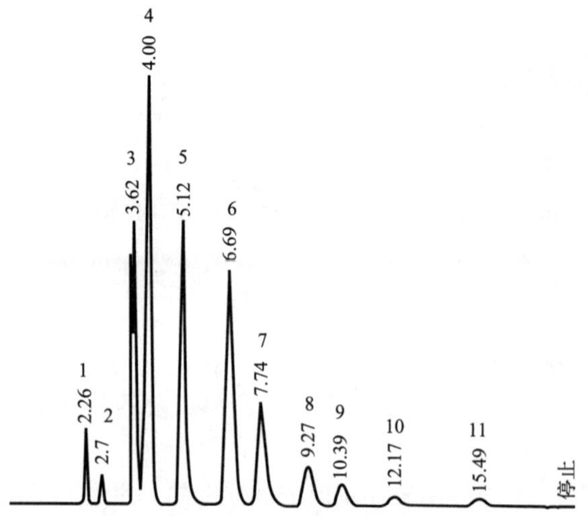

图 2-10　DBP-ODPN 混合固定液柱色谱图（色谱工作条件见表 2-4 中 B）

1—空气、甲烷混合色谱峰；2—乙烷、乙烯混合色谱峰；3—丙烷色谱峰；
4—丙烯色谱峰；5—异丁烷色谱峰；6—正丁烷色谱峰；7—正异丁烯色谱峰；
8—反丁烯色谱峰；9—顺丁烯色谱峰；10—异戊烷色谱峰；11—正戊烷色谱峰

分析城镇燃气用二甲醚成分的色谱工作条件　　表 2-5

检测器类型	热导检测器(TCD)
载气	氦气或氢气,纯度不低于 99.99%
色谱柱类型	GDX-105 填充柱
柱长/内径	3m/3mm
气体六通阀进样器	定量管容积:1mL
进样温度	100℃
程序升温	初温:50℃,保持 8min,以 10℃/min 的速度升温到 120℃,保持 10min
气化室温度	150℃
检测器温度	360℃
载气流量	30mL/min

注：也可采用能达到同等或更高分析效果的其他色谱工作条件。

分析液化石油气中二甲醚的典型色谱工作条件　　表 2-6

<table>
<tr><th>工作条件</th><th>A</th><th>B</th><th>C</th></tr>
<tr><td>载气类型</td><td colspan="3">氦气或氢气,纯度不低于 99.99%</td></tr>
<tr><td>载气流量</td><td>30mL/min</td><td colspan="2">20mL/min</td></tr>
<tr><td>色谱柱类型</td><td>聚苯乙烯-二乙烯基苯
(PLOT-Q)填充柱</td><td colspan="2">角鲨烷填充柱(20%角鲨烷涂于
198～245μm(60～80)目
6201 红色担体上)</td></tr>
<tr><td>柱长/内径</td><td>4m/3mm</td><td>6m/3mm</td><td>12m/3mm</td></tr>
<tr><td>柱箱温度</td><td>140℃</td><td colspan="2">40℃</td></tr>
<tr><td>气化室温度</td><td>220℃</td><td colspan="2">120℃</td></tr>
<tr><td>检测器温度</td><td>250℃</td><td colspan="2">120℃</td></tr>
<tr><td>检测器</td><td>FID</td><td colspan="2">TCD</td></tr>
<tr><td>氢气流量</td><td>30mL/min</td><td colspan="2">—</td></tr>
<tr><td>空气流量</td><td>300mL/min</td><td colspan="2">—</td></tr>
<tr><td>进样量</td><td>0.25mL</td><td colspan="2">0.5mL</td></tr>
</table>

注：也可采用能达到同等或更高分析效果的其他色谱工作条件。

液化石油气中二甲醚试样中各成分的出峰次序分别如图 2-11～

图 2-13 所示。

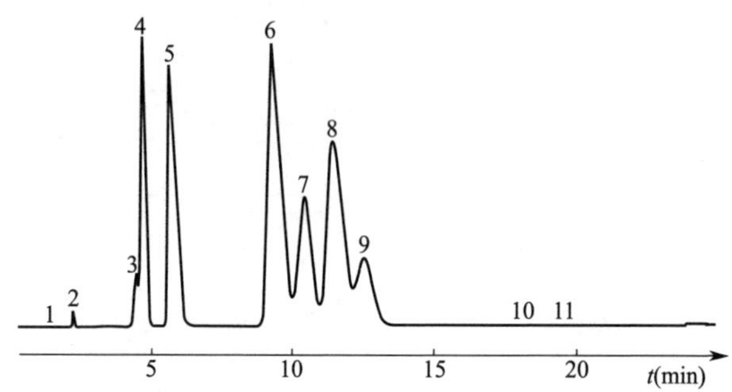

图 2-11　聚苯乙烯-二乙烯基苯（PLOT-Q）填充柱色谱图
（色谱工作条件见表 2-6 中 A）

1—甲烷；2—乙烷；3—丙烯；4—丙烷；5—二甲醚；6—异丁烷；
7，8，9—碳四烃类；10—异戊烷；11—正戊烷

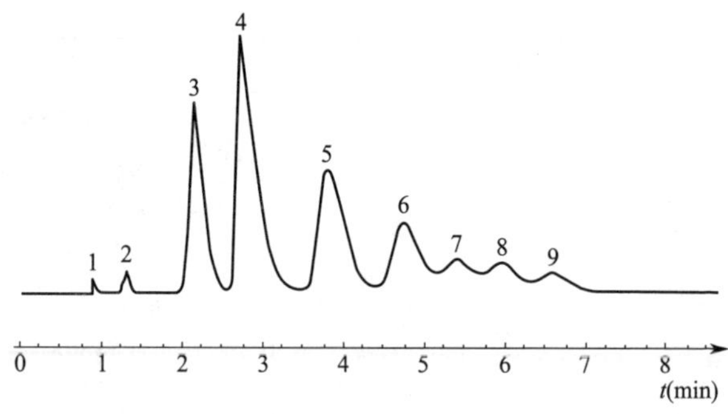

图 2-12　角鲨烷填充柱色谱图（6m）（色谱工作条件见表 2-6 中 B）

1—空气和甲烷；2—乙烷和乙烯；3—丙烷和丙烯；4—二甲醚；5—异丁烷；
6—正异丁烯；7—正丁烷；8—反丁烯-2；9—顺丁烯-2

4. 分析方法

（1）标准气的导入

在进样定量管采取标准气体，切换进样装置使之导入色谱柱，使记录器记录下色谱图，或使积分仪、微处理机等数据处理装置记

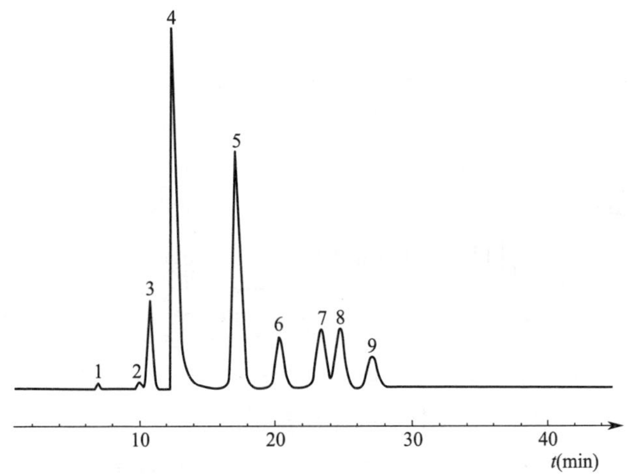

图 2-13　角鲨烷填充柱色谱图（12m）（色谱工作条件见表 2-6 中 C）
1—乙烷和乙烯；2—丙烯；3—丙烷；4—二甲醚；5—异丁烷；
6—正异丁烯；7—正丁烷；8—反丁烯-2；9—顺丁烯-2

录下色谱峰数据。重复操作两次，两次峰高或峰面积的相对偏差不能大于 1%，取两次重复性合格的数值的平均值作为标准值。

（2）试样的导入

将气样容器或导管接到进样装置，把气样通入进样定量管反复吹洗，然后切换进样装置使气样导入色谱柱，使记录器记录下色谱图，或使积分仪、微处理机等数据处理装置记录下色谱峰数据。重复操作两次，两次峰高或峰面积的相对偏差不能大于 1%，取两次重复性合格的数值的平均值作为分析值。

（3）成分的定性

把气样的色谱图同已知组分气样的色谱峰的保留时间相比较来进行各色谱峰的成分定性。

（4）成分的定量

采用标准气外标法分析样气中各成分的含量，用式(2-3）计算。

$$X_i' = E_i \times \frac{A_i}{A_E} \tag{2-3}$$

式中 X_i'——样气中成分 i 的计算含量的数值（%）；

A_i——样气中成分 i 的色谱峰峰面积的数值；

A_E——标准气成分 i 的色谱峰峰面积的数值；

E_i——标准气成分 i 的含量的数值（%）。

计算出试样中各成分的计算含量后，再计算各成分的计算含量之和，以检查其是否为 100%。当试样中各成分计算含量之和达到 98%～102%时，可通过式(2-4) 计算出各成分含量的归一化值：

$$X_i=\frac{X_i'}{\sum X_i'}\times 100 \tag{2-4}$$

式中 X_i——样气中成分 i 的归一化计算含量的数值（%）；

X_i'——样气中成分 i 的计算含量的数值（%）；

$\sum X_i'$——样气中各成分的计算含量之和的数值（%）。

如果试样中各成分计算含量之和在 98%～102%之外，则应检查仪器装置和分析操作是否存在问题，或者检查有无分析成分以外的其他成分被遗漏。

也可采用修正法，使用表 2-7 中的校正因子分析试样中各成分的含量，通过式(2-5) 计算：

$$X_i'=\frac{A_i\times f_i}{\sum A_i\times f_i}\times 100 \tag{2-5}$$

式中 X_i'——样气中成分 i 的计算含量的数值（%）；

A_i——样气中成分 i 的色谱峰峰面积的数值；

f_i——样气中成分 i 的校正因子。

各成分体积校正因子 **表 2-7**

成分名称	氧	氮	一氧化碳	二氧化碳	甲烷	乙烷
校正因子	2.50	2.38	2.38	2.08	2.80	1.96
成分名称	乙烯	丙烷	丙烯	异丁烷	正丁烷	正丁烯
校正因子	2.08	1.55	1.54	1.22	1.18	1.23
成分名称	异丁烯	反丁烯	顺丁烯	异戊烷	正戊烷	1,3 丁二烯
校正因子	1.22	1.18	1.15	0.98	0.95	1.25

2.2.4　在线检测

随着技术的发展，除现场取样到实验室进行色谱分析外，还可以使用在线气相色谱仪进行现场分析。在线气相色谱仪是安装在工作现场，通过气路管道与被测量对象直接连接，经自动采集、自动进样进行相应气体组分含量的自动测量，并可将测量结果进行储存及远程传输的仪器，主要用于实时连续检测天然气或大气环境中的气体组分含量。在线气相色谱分析仪应具备自动校准、数据存储、资料数据管理权限分级、分级查询、超限报警和故障报警等功能。

在线气相色谱分析仪主要由气体供给系统、取样系统、预处理系统、在线气相色谱分析仪等组成，其工作流程如图 2-14 所示。气体供给系统提供运行所需的符合分析仪要求的载气及标气。取样系统通过采样探头和样品传输管线，进行取样、样气减压、过滤及传输，连续把管道内样气以足够的压力和流量不失真地送入预处理系统。预处理系统对样气的压力、温度、固体微粒粉尘、有害组分等进行处理，处理成符合要求的样气，再送入在线气相色谱分析仪。在线气相色谱分析仪主要由进样系统、色谱柱、检测器、检测和记录系统等组成，完成对样气的组分分析及计算。

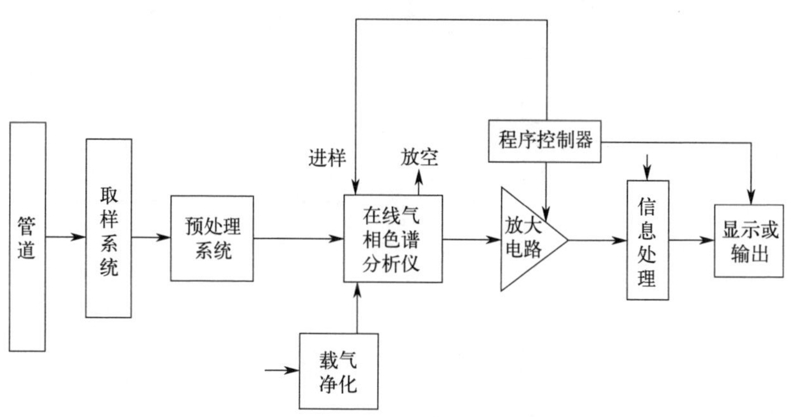

图 2-14　在线气相色谱分析仪工作流程图

在线气相色谱分析系统与普通气相色谱分析系统的工作原理基本相同，主要区别在于取样系统、进样方式以及程序控制。在线气相色谱具有取样系统，可自动完成从燃气管道中的实时取样。取得的样气通过预处理系统，由自动进气阀送入在线气相色谱仪。程序控制主要进行温度控制、气体的大气平衡、采样结束后的反吹、样气的进样、柱切系统等的程序控制、将检测器所检测的电信号放大传输、定性、定量分析的浓度计算等。从计量检定角度分析，在线气相色谱分析仪与普通台式气相色谱分析仪在载气系统、柱箱温度、检测器性能方面的要求相类似，但在线气相色谱分析仪增加了色谱柱分离度、整机性能与数据传输的要求，整机性能要求指定性测量重复性、定量测量重复性、稳定性、分析周期、线性等方面，具体的计量性能要求如表 2-8 所示。在线气相色谱分析仪是现场测量设备，对分析周期以及数据传输有较高要求。

在线气相色谱仪的计量性能要求　　表 2-8

序号	计量性能		性能指标
1	载气系统	载气流速稳定性	≤1.0%
2	柱箱温度	柱箱温度稳定性	≤0.5℃
3	色谱柱	分离度	R≥1.0 天然气型;正丁烷和异丁烷 环境空气型:间二甲苯和邻二甲苯
4	检测器性能	基线噪声	TCD:≤0.2mV,PID:≤0.2mV
		基线漂移	TCD:≤0.4mV/30min,PID:≤0.6mV/30min
		灵敏度	TCD:≥1000mV·mL/mg(正丁烷)
		检测限	PID:≤5×10^{-12}g/mL(苯,S/N=2)
5	整机性能	定性测量重复性	RSD_7≤1.0%
		定量测量重复性	RSD_7≤2.0%
		稳定性	≤3.0%(4h)
		分析周期	≤6min(天然气型仪器)
		线型	r≥0.99(环境空气,苯)
6	数据传输	数据捕获率	≥99%

注：TCD——热导检测器，PID——光离子化检测器。

2.3　水流吸热法

水流吸热法测量燃气热值受外界因素干扰也比较小，所以是最通用的测量燃气热值的方法，我国及多数工业发达国家均采用此法作为测量燃气热值的国家标准。

2.3.1　基本原理

水流吸热法测量燃气热值的方法亦称为容克式热值测量方法。它是由热量计本体、燃气表与湿式燃气调压器等部件组成的量热系统。燃气经过调压、计量后进入热量计本体内的本生灯燃烧器进行完全燃烧。燃烧产生的热量被热量计中的水流吸收，称量水的重量。每次测得的热量，可按照式(2-6)计算：

$$H=\frac{c\times W\times \Delta t}{V\times F} \tag{2-6}$$

式中　H——每次测得的热值的数值（MJ/m^3）；

V——燃气在一定时间内流过的体积（m^3）；

F——由实测 V 折算为标准状态干燃气体积的折算系数；

W——与 V 相对应的时间内流过的水量（kg）；

c——水的比热容［MJ/(kg·K)］；

Δt——被加热水的温升（℃）。

进入热量计本体的空气相对湿度未进行控制时，热量计测得的热值既非高热值，也非低热值。当进入热量计的空气相对湿度为80％±5％时，式(2-6) 计算的热值为高热值，燃气低热值可按照式(2-7) 进行计算。

$$H_i=H_s-\frac{l_Q\times W'\times \rho_{水}}{V'\times f_1\times 1000} \tag{2-7}$$

式中　H_i——燃气低热值的数值（MJ/m^3）；

H_s——燃气高热值的数值（MJ/m^3）；

W'——燃烧 V'（L）燃气生成的冷凝水量的数值（mL）；

V'——与W'对应的燃气耗量的数值（L）；

l_Q——冷凝水的凝结潜热的数值（2.5MJ/kg）；

f_1——计量参比条件下干燃气的体积换算系数；

$\rho_水$——冷凝水的密度（1000kg/m^3）。

2.3.2 测试方法

1. 测定装置

测定装置由热量计、空气加湿器、湿式燃气表、湿式燃气调压器、燃气加湿器、温度计、电子秤、大气压力计、水温调节器等组成，热值测定装置配置如图 2-15 所示。

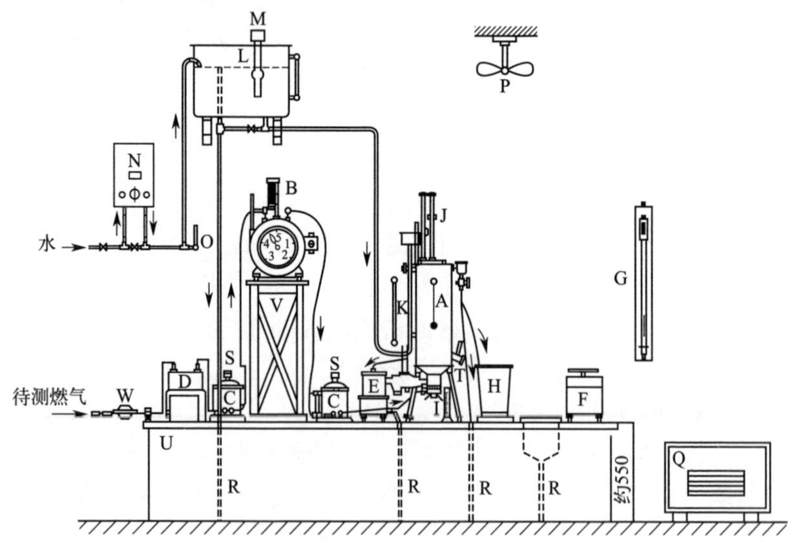

图 2-15 热值测定装置配置

A—热量计；B—湿式燃气表；C—湿式燃气调压器；D—燃气加湿器；E—空气加湿器；F—电子秤；G—大气压力计；H—水桶；I—量筒；J—测水流温度用温度计；K—测室温用温度计；L—水箱；M—搅拌机；N—水温调节器；O—水温调节用温度计；P—风扇；Q—室温调节器；R—排水口；S—砝码；T—排烟口；U—测试台；V—燃气表支架；W—一次压力调节器

湿式燃气调压器的作用是保证进入热量计中的燃气压力稳定，从而使燃气流量恒定。用砝码调节出口燃气压力，调节范围为0.20～0.60kPa。

热量计本体是一个具有足够换热面积的热水器。燃气通过本生灯燃烧器完全燃烧，水经过恒水位水箱 L 进入热量计本体，水流稳定不变。流入热量计本体中的水吸收了燃气燃烧产生的热量后，温度升高，用两支温度计 J 分别测量进、出口水温，计算出水的温升。通过转向阀，把水注入水桶，通过电子秤测定得水量。

燃烧器喷嘴出口直径应根据高位热值、燃气流量确定，可按表2-9 选择。

燃烧器喷嘴的选择表　　　　**表 2-9**

高位热值(kJ/m^3)	燃气流量(L/h)	喷嘴出口直径(mm)
62800	65	1.0
54400	75	1.0
46000	90	1.0
37700	110	1.5
29300	140	2.0
21900	200	2.0
16700	250	2.0
12600	330	2.5
8400	500	4.0

2. 测定条件

（1）控制燃气热量计的热流量为 3800～4200kJ/h。

（2）测定系统中各个仪表（如湿式燃气表等）内的水温与室温相差在±0.5℃范围内。

（3）供给热量计的水温比室温低 2℃±0.5℃，并且每次测定时的温度变化保持在 0.05℃以下。

（4）调节进入热量计的水量，使热量计的进出口温差在 10～12℃范围内。

（5）调节进入热量计的空气的湿度在80%±5%的范围内。

（6）控制读10次热量计进出口温度时所用的燃气量应：高位热值小于31400kJ/m^3时，所用燃气量大于10L，并且是燃气表的整圈数的燃气量；高位热值大于31400kJ/m^3时，所用燃气量大于5L，并且是燃气表的整圈数的燃气量。

（7）调节排烟口开度，使排烟温度比室温低0～0.5℃。

3. 操作步骤

（1）系统运行约10min后，各种参数均应达到测定条件，并且热量计出口水温度变化范围应小于0.2℃。当冷凝水均匀滴下时，可开始测定。当燃气表的指针指到某整数时，将冷凝水量桶放在热量计冷凝水出口的下面，并记录燃气表读数。

（2）当燃气表指针指到某整数刻度的瞬时，迅速拨动热量计的水流切换阀，并确认水流向水桶的一侧。应在拨动切换阀的同时，读出热量计的进出口水温。温度值应估读到小数点后第二位。

（3）根据测定条件中要求的燃气量，分10次读出热量计的进出口水的温度，并按《城镇燃气热值和相对密度测定方法》GB/T 12206—2006附录A填写热值测定表。

（4）当燃气表累计读数达到测定条件中要求时，拨动切换阀，并确认水流向排水的一侧。

（5）当水流出口无水滴下时，称量水桶内的水的质量，并记录。第1次测定结束。

（6）按以上方法重复2次。共记录3次结果。

（7）当燃气表指针经过某整数时，拿开凝结水量桶，读取冷凝水量，并记录接冷凝水期间的燃气量。

（8）记录热值测定表中其他数据：湿式燃气表上的燃气温度计的读数，室内空气温度及大气压力，热量计上的烟气温度。

（9）通过式(2-6）计算高热值，同一个人连续进行测定3回，如果满足，测定热值中的最大值与最小值之差除以三次测量值的平均数不大于0.01，则三次的平均值为燃气的高位热值，如果不满足，则需要重新测量。

4. 注意事项

（1）燃烧器在热量计本体内应连续不断地燃烧，不应熄灭。当发现熄灭时，应马上关闭燃气阀门。可以通过反光镜观察或根据热水温度是否下降判断燃烧器是否熄灭。

（2）当发现燃烧器熄灭时应立即把燃气阀门关闭，并把燃烧器取出，重新点燃后不要马上装进热量计中。因为燃烧器灭火后，热量计内存有未燃烧的燃气，如不排出而立即放入点燃的燃烧器，有可能发生爆鸣。为排出热量计内的燃气，可用空气吹扫。

（3）必须保证先向热量计内注水，然后再装进点燃的燃烧器。

（4）要防止燃气被测量系统中的水及橡胶管吸收或吸附而影响测量精度，在正式测定前，应使燃气与胶管充分接触（有 5～6h 即可），并让 60L 以上燃气通过燃气表后再正式测定。

（5）《城镇燃气热值和相对密度测定方法》GB/T 12206—2006 中规定计量参比条件为 0℃，101.325kPa，若想获 15℃，101.325kPa 计量参比条件下的热值，应将燃气体积修正系数公式按照式(2-8)～式(2-10) 计算。

$$f_1=\frac{288.15}{288.15+t_g}\times\frac{B_0+P-S}{101.325}\times f \tag{2-8}$$

$$B_0=B-\alpha \tag{2-9}$$

$$F=f_1\times f_2 \tag{2-10}$$

以上 3 式中 f_1——计量参比条件下干燃气的体积换算系数；

t_g——燃气温度（℃）；

B_0——换算到 15℃时的大气压力（kPa）；

α——大气压力温度修正值（kPa）；

B——实验室内大气压力（kPa）；

P——燃气压力（kPa）；

S——在燃气温度 t_g 条件下的水蒸气饱和蒸汽压（kPa）；

f——湿式燃气表的校正系数，根据标准计量瓶对燃气表读数的校正，标准值与测得值的比值；

f_2——燃气热量计的修正系数。

2.4 相对密度计法

本生-希林式气体相对密度计的操作简单，所用的仪器也不复杂，是目前通用的测量燃气密度的方法。

2.4.1 基本原理

在相同的温度与压力下，等体积的不同种类的气体流过某固定直径的锐孔所需要的时间的平方与气体的密度成正比，如式(2-11)所示：

$$d_g=\frac{\rho_g}{\rho_a}=\left(\frac{\tau_g}{\tau_a}\right)^2 \tag{2-11}$$

式中 d_g——燃气相对密度；

ρ_g——燃气密度（kg/m^3）；

ρ_a——空气密度（kg/m^3）；

τ_g——燃气流过 V 体积需要的时间（s）；

τ_a——空气流过 V 体积需要的时间（s）。

2.4.2 测定装置

测定装置由燃气相对密度计、温度计、秒表、大气压力计组成。燃气相对密度计的结构如图 2-16 所示。

2.4.3 测试方法

以燃气相对密度计为例，测试方法如下。

（1）将密度计摆正调平，并装满温度与室温相同的水。测试时燃气与空气的温度应等于室温。

（2）向密度计的内筒中注入空气，使内筒中水位降至最低。维持 5min 后水位位置目测无变化表示达到气密性要求。

（3）打开放气孔阀，放出湿空气后，再注入湿空气。直到确认

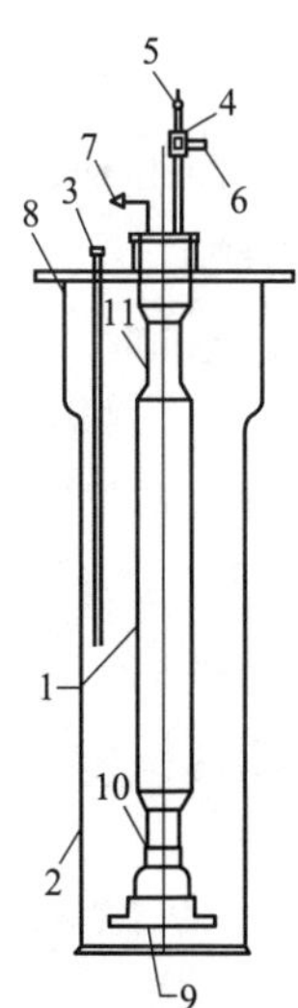

图 2-16 燃气相对密度计的结构

1—玻璃内筒；2—玻璃外筒；3—温度计；4—三向阀（空气及燃气出口）；5—测试孔；6—放气孔；7—气体入口；8—上部支架；9—下部支架；10，11—标线

密度计的内筒中充满纯的湿空气为止。

（4）打开测试孔阀，使湿空气自测试孔流出，用秒表记录水位由下部刻线到上部刻线所需的时间，要求读到 0.05s。

（5）再次注入湿空气。按步骤（4）重复两次。当 3 次记录值相对偏差 $\Delta\tau$ 值超过 1%时，应重测。相对偏差按式(2-12）和式(2-13）计算。

（6）向密度计的内筒中，注入湿燃气。打开三通放气孔阀，放出湿燃气后，再注入湿燃气。直到确认密度计内筒中充满湿燃气为止。

（7）按步骤（4）与步骤（5）求出湿燃气通过测试孔的平均时间。

$$\Delta\tau=\frac{\tau_{\max}-\tau_{\min}}{\tau}\times100\% \tag{2-12}$$

$$\bar{\tau}=\frac{\tau_1+\tau_2+\tau_3}{3} \tag{2-13}$$

式中　τ_1、τ_2、τ_3——3次记录的时间（s）；

$\bar{\tau}$——平均时间（s）；

τ_{max}、τ_{min}——3次记录的时间中的最大值与最小值（s）。

湿燃气相对密度按照式(2-11）进行计算。

当测定时燃气与空气都被水蒸气饱和时，干燃气的相对密度按式(2-14)～式(2-16）计算。

$$d=d_w+a \tag{2-14}$$

$$a=\frac{d_s^t S}{B+p_p-S}\times(d_w-1) \tag{2-15}$$

$$p_p=\frac{9.81\times h}{2} \tag{2-16}$$

以上3式中　d——干燃气真实气体的相对密度；

d_w——湿燃气的相对密度；

d_s^t——在温度 t（℃）下水蒸气真实气体的相对密度（根据GB/T 11062计算）；

B——测定环境大气压力（Pa）；

p_p——测定过程中气体的平均压力（Pa）；

h——密度计的水位差（mm）；

S——测定环境温度下饱和水蒸气压（Pa）；

a——换算为干燃气相对密度的修正值。

（8）注意：相对密度计气体容量小，流过孔口时间短，过短的时间会引起较大的误差，因而燃气相对密度计应用纯度不低于99.99%的氮气进行校验，测出的数据与氮气的相对密度值0.967的相对误差不应超过±2%。

本章参考文献

[1]　同济大学等．燃气燃烧与应用［M］．4版．北京：中国建筑工业出版

社，2014.

[2] 中华人民共和国国家质量监督检验检疫总局，中国国家标准化管理委员会．城镇燃气分类和基本特性：GB/T 13611—2018 [S]. 北京：中国标准出版社，2018.

[3] 国家市场监督管理总局，国家标准化管理委员会．天然气 发热量、密度、相对密度和沃泊指数的计算方法：GB/T 11062—2020 [S]. 北京：中国标准出版社，2020.

[4] 金志刚，王启．燃气检测技术手册 [M]. 北京：中国建筑工业出版社，2011.

[5] 中华人民共和国国家质量监督检验检疫总局，中国国家标准化管理委员会．人工煤气和液化石油气常量组分气相色谱分析法：GB/T 10410—2008 [S]. 北京：中国标准出版社，2009.

[6] 国家市场监督管理总局，国家标准化管理委员会．天然气的组成分析 气相色谱法：GB/T 13610—2020 [S]. 北京：中国标准出版社，2020.

[7] 中华人民共和国国家质量监督检验检疫总局，中国国家标准化管理委员会．城镇燃气用二甲醚：GB/T 25035—2010 [S]. 北京：中国标准出版社，2010.

[8] 中华人民共和国国家质量监督检验检疫总局，中国国家标准化管理委员会．液化石油气中二甲醚含量 气相色谱分析法：GB/T 32492—2016 [S]. 北京：中国标准出版社，2016.

[9] 国家质量监督检验检疫总局．在线气相色谱仪：JJG 1055—2009 [S]. 北京：中国计量出版社，2010.

[10] 冯红年，徐虎，任焱，等．天然气在线气相色谱仪的研制 [J]. 石油与天然气化工，2014，(2)：192-195+199.

[11] 祁磊．基于 PLC 在线气相色谱分析仪恒温箱温控系统设计 [D]. 兰州：兰州理工大学，2016.

[12] 中华人民共和国国家质量监督检验检疫总局，中国国家标准化管理委员会．城镇燃气热值和相对密度测定方法：GB/T 12206—2006 [S]. 北京：中国标准出版社，2007.

第3章

火焰传播速度测量

火焰传播速度亦称燃烧速度，是衡量燃气燃烧快慢的参数。它与燃烧工况有很大的关系，是稳定火焰的重要影响因素，是设计燃气燃烧器及燃烧设备的主要依据，也是判定燃气互换性的基本参数之一。

测量火焰传播速度有很多方法，随着科学技术的发展也在不断更新。这里主要介绍测量火焰传播速度的基本原理及方法。

3.1 概述

火焰是指燃气与空气混合物（简称可燃混合气体）燃烧时的燃烧反应带。

火焰传播速度是指火焰前沿面沿着其法线方向朝邻近未燃气体移动的速度。在绝热与层流条件下，它是可燃混合气体的一个基本的物理化学参数。

火焰能在静止的可燃混合气流中移动，并具有一定速度。当气流流动的速度等于火焰移动速度时，火焰面就能静止在某一个固定位置上。可燃混合气体流速越高，火焰的面积也越大。当测得流量与火焰面积后，即可算出火焰传播速度。

当可燃混合气体处于层流运动时，火焰主要是靠热传导来传递热量的，此时火焰传播速度称为层流火焰传播速度。在紊流条件下，由于有横向扰动，增加了热、质交换，所以使火焰传播速度大幅度提高，称为紊流火焰传播速度，影响因素更加复杂。

火焰传播速度的量纲是单位时间传递的距离，其物理意义为单位时间单位火焰面积燃烧的可燃气体积。

3.2　火焰面积法

由于火焰传播速度与火焰锥的面积有一定关系，所以测出火焰面积及可燃混合气流量就可以算出火焰传播速度。

本生火焰由内焰与外焰两部分组成。当燃烧稳定时，内焰是一个静止的火焰面，火焰面上任一点的火焰传播速度 S_n 必然与气流速度的法向分量 W_u 相等（图 3-1）。假定整个火焰面上 S_n 值不变时，可以写出式(3-1)：

$$S_n F = W \pi R^2 \tag{3-1}$$

式中　S_n——火焰传播速度（cm/s）；

F——内焰面积（cm^2）；

W——管口处气流平均流速（cm/s）；

R——燃烧管口半径（cm）。

内焰面积值不易测得，但可以近似地认为它等于高度为火焰内锥高 h、半径 R 的圆锥表面积（图 3-1）。这样式(3-1) 可写成：

$$S_n \cdot \frac{\pi R^2}{\sin\theta} = W \pi R^2 \tag{3-2}$$

又因：

$$W = \frac{V_m}{\pi R^2} \tag{3-3}$$

$$\sin\theta = \frac{R}{\sqrt{h^2 + R^2}} \tag{3-4}$$

代入式(3-2) 后：

$$S_n = \frac{V_m}{\pi R \sqrt{h^2 + R^2}} = W \sin\theta \tag{3-5}$$

以上 4 式中 S_n——火焰传播速度（cm/s）；
θ——圆锥顶半角（rad）；
h——火焰内锥高度（cm）；
R——燃烧管口半径（cm）；
V_m——可燃气混合气体流量（cm^3/s）。

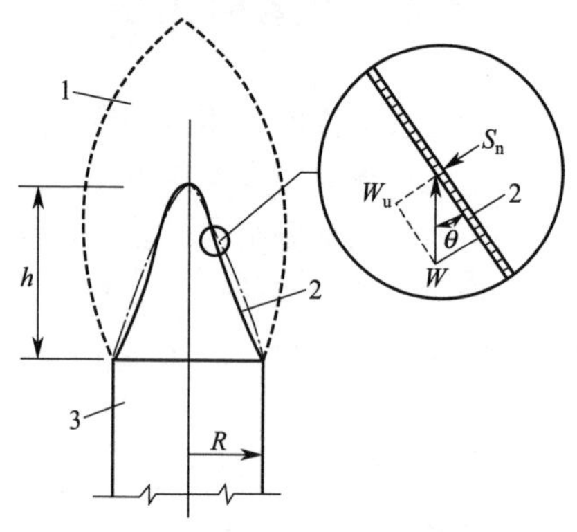

图 3-1　火焰面积法示意图

1—外焰面；2—内焰面；3—燃烧管；h—内锥高；θ—圆锥顶半径

因此，通过测量火焰内锥高度或火焰内锥角度求得内焰表面积，根据混合气体流量和管口尺寸，即可算出火焰传播速度。

3.2.1　火焰高度法

本生火焰的内锥结构受气流影响，比较复杂。为了计算简单，可以近似地被认为是一个规则的几何锥体，测出其高度就可以算出火焰面积。这种方法简单但误差较大。

火焰高度法测量系统如图 3-2 所示，燃气与空气分别经过计量设备（流量计）进入燃烧管 3，根据燃气与空气的流量以及燃气理论空气需要量可以算出一次空气系数 α'，并可利用空气阀 4 与燃气阀 1 调节出任意的 α'值。

为了保证达到层流状态，要求燃烧管应有足够的长度 L，有时要大于几十倍的管径 d。当 $Re=1000$ 时，则 $L\approx35d$。

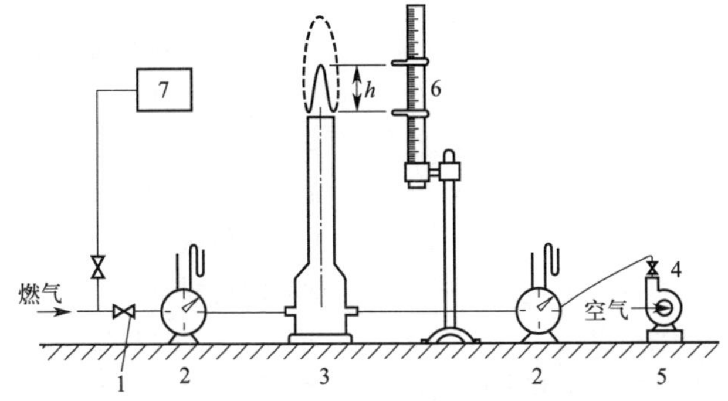

图 3-2 火焰高度法测量系统

1—燃气阀；2—湿式流量计；3—燃烧管；4—空气阀；5—空气泵；6—游标卡尺

测量方法：

1. 准备工作

（1）校正燃气与空气的流量计。

（2）进行气密性试验，打开气源阀门，关燃烧管阀，5min 流量计指针不动。

2. 测试步骤（图 3-2）

（1）用卡尺测量燃烧管的管口内半径 R，单位以厘米计。

（2）先打开燃气阀，点燃火焰，这时呈扩散式燃烧。

（3）慢慢开启空气泵调节阀，送入空气。当开始呈现火焰内锥时，即可测量燃气空气的流量，同时记录空气与燃气流量计上的压力与温度。

（4）用卡尺测得火焰内锥的高度 h 值，单位以厘米计。

（5）同时测量燃气的成分或低位热值 H_i。如果测试燃气的成分是稳定值时，可不进行此项测定。

（6）多次增加适当的空气量，测出相应的火焰内锥高度。

火焰传播速度，可以根据可燃混合气体流量 V_m 及火焰内锥高 h 等测量值，用式(3-5) 计算。根据测试结果，以横坐标为 α'，纵坐标为 S_n，可绘出 S_n-α'曲线。由此可以得出最大火焰传播速度

S_{max} 和相应的一次空气系数值。

为了研究一次空气系数 α' 对火焰传播速度的影响，希望随着燃气与空气混合比例的改变，连续测量火焰传播速度。

图 3-3 是一种火焰高度连续测量装置示意图。图中 a 空间充满待测燃气，b 空间中充满空气。燃气与空气被上升水面从燃烧管 8 排出，点燃后即得一本生火焰。因为左边水箱水位很高，并且水位基本不变，所以可以近似地认为通过燃烧管 8 的可燃混合气体流量稳定。火焰的内锥高度可以用记录笔 6 对准，并画在记录纸 5 上。由于随着水面上升空间 a 和 b 的截面在变化，所以燃气与空气的比例也随之变化，又因为浮子 4 处的水面与 a、b 空间内水面永远在同一水平面上，这样在记录纸上就能画出火焰内锥高度随混合比例变化而变化的曲线。根据式(3-5) 即可换算为火焰传播速度随燃气与空气混合比例而变化的曲线。

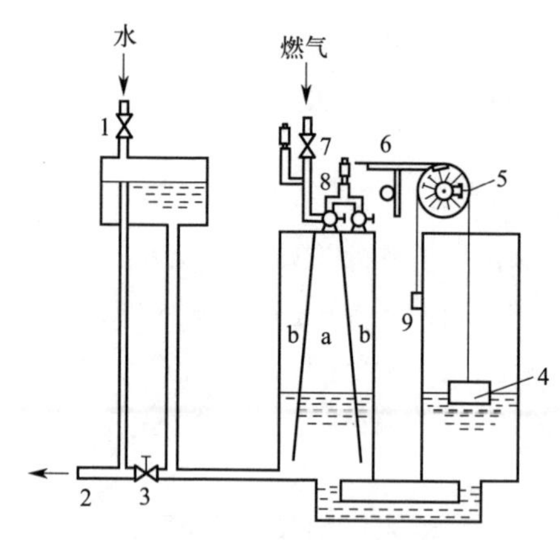

图 3-3　火焰高度连续测量装置

1—进水阀；2—排水口；3—放水阀；4—浮子；5—记录纸；6—记录笔；7—燃气阀；8—燃烧管；9—平衡锤

利用火焰高度法测量火焰传播速度的结果是不精确的。因为，该法假定火焰面积等于高度为 h 的圆锥体表面积，此外还假设火焰面上各处的传播速度相等，而忽略孔口边缘冷却作用的影响。这些假设虽然使测试工作简化，但是误差较大。

3.2.2 火焰摄影法

实际上火焰是一个不规则的锥体。通过摄影的方法，根据火焰锥的照片，可较精确地算出火焰面积。摄影方法分直接摄影法与施利尔摄影（纹影成像）法两种。直接摄影法拍出的是火焰发光区的锥体影片。施利尔摄影法拍出的是在发光区的内侧、气流温度开始变化、因折射关系而得到的锥体（称为施利尔火焰锥）的照片。此法比火焰高度法精确，但计算面积时很烦琐。

1. 直接摄影法

直接摄影法的测量流程与火焰高度法测试步骤基本一致，不同的是第（4）步，改用照相机拍摄自然光线下的火焰照片，通过读取火焰内锥高度或者角度来计算火焰内锥表面积（图 3-4），并根据式(3-5）计算火焰传播速度。

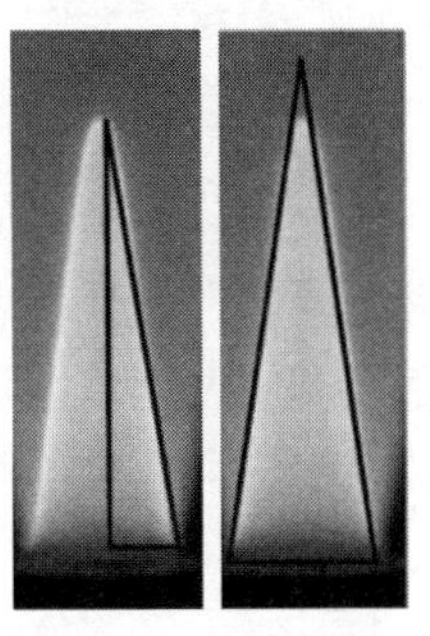

图 3-4 直接摄影法火焰内锥结构

但是通过火焰内锥照片直接读取高度或者火焰内锥角度，存在一定的误差。为了提高数据处理精度，得到更准确的火焰内锥表面积，可通过 Matlab 对拍摄得到的锥形火焰边缘点进行识别。首先通过高斯滤波器滤波消除图像噪声影响，随后使用一阶导数等数学方法计算变化梯度的大小和方向，最终选取梯度变化值最大的数据点确定边缘位置。完成识别后，将边缘点的集合通过曲线拟合重新构成火焰面。选取拟合效果最佳的二阶拟合线，利用拟合曲线定积分叠加得到旋转曲面表面积。其中定积分范围为锥形火焰的底端到火焰尖端。通过 Matlab 处理得到的火焰内锥表面积 F 相对更精确，如图 3-5 所示，通过式(3-1）即可求得火焰传播速度。

2. 施利尔摄影法

施利尔摄影法又称纹影成像法，是一种经典的光学显示技术。

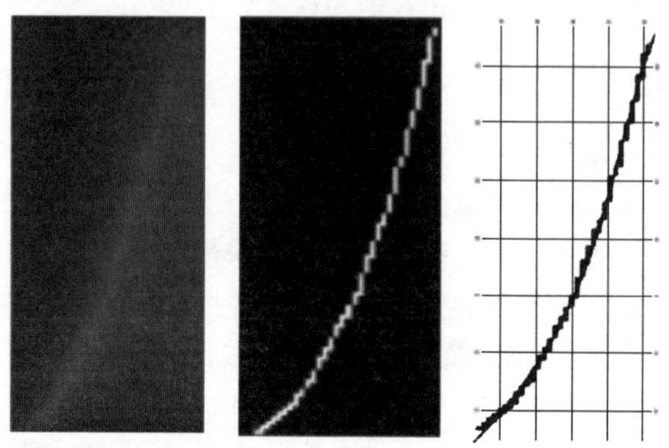

图 3-5 直接摄影法火焰内锥图像 Matlab 处理数学模型

其基本原理是利用光在被测流场中的折射率梯度正比于流场的气流密度原理，将流场中密度梯度的变化转变为记录平面上相对光强的变化，使可压缩流场中的激波、压缩波等密度变化剧烈的区域成为可观察、可分辨的图像，从而记录下来。

施利尔摄影装置有多种，现介绍其中典型的一种说明基本原理。

如图 3-6 所示是一种施利尔摄影系统。将强度很大的点光源 1 聚集到一个狭缝 2 上。狭缝位于透镜 3 的焦平面中。透镜 3′与 3 之间为平行光。需要研究的火焰位于透镜 3′与 3 的平行光中。在透镜 3′的焦平面中，安置刀口 5，刀口的平面与狭缝的像平行。沿着 K 方向移动刀口。由于衍射等现象的关系，当刀口穿过光焦点（弥散圆）时，光线不是一瞬间就消失，而是沿着整个图形逐渐地并且均匀地变暗，最后消失。当火焰存在不均匀性时，光线的一部分会偏斜，在刀口上面通过，并在屏幕 7 上形成一个不均匀的像。用这种方法看到的是沿着刀口边缘方向走的光线，为了把整个不均匀区的情况都记录下来，需要将刀口转 90°角。

施利尔摄影法的测量流程与火焰高度法测试步骤基本一致，不同的是第（4）步，利用纹影成像拍摄下火焰内锥轮廓更清晰的照片，如图 3-7 所示。继而，能够更准确地读取火焰内锥高度

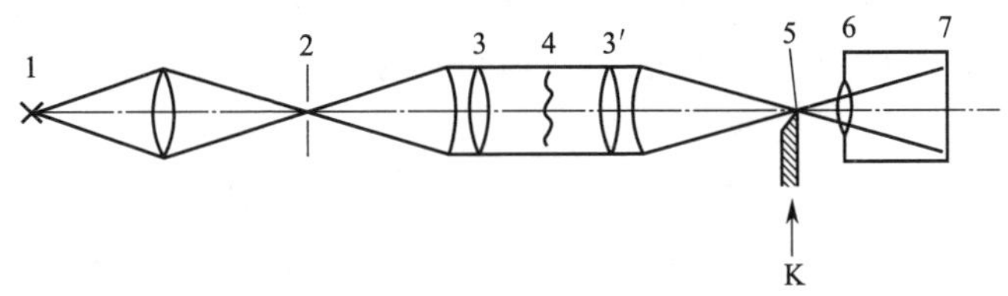

图 3-6　施利尔摄影系统

1—点光源；2—狭缝；3、3′—透镜；4—火焰；5—刀口；6—透镜；7—屏幕

或者角度，根据式(3-5) 计算火焰传播速度；或者通过 Matlab 数学模型准确计算火焰内锥表面积，根据式(3-1) 计算火焰传播速度。

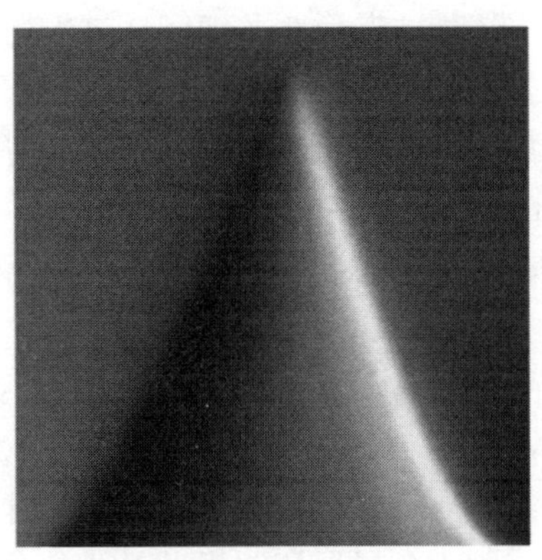

图 3-7　施利尔摄影法拍摄的火焰内锥图像

3.3　颗粒示踪法

为了进一步精确地测量火焰传播速度，提出了颗粒示踪法，用它可以测出火焰面上各点的火焰传播速度。

3.3.1　单纯颗粒示踪法

测量火焰传播速度的关键在于准确地测量可燃混合气体流速与

火焰的形状。此法颗粒示踪只用来测流速，而不必去求管口处各点的流线，所以这法稍为简单，但仍需要有比较复杂的闪频摄影装置。

在可燃混合气流中，混入一些直径很小的颗粒，这些颗粒与气流一起同速前进，故颗粒速度可以代表气流的流速。利用光学系统测出这些颗粒的轨迹，并算出它们的流速和它们的转折的情况。根据流速 W 与火焰传播速度 S_n 之间的关系，就可以求得管口截面上各处的火焰传播速度。

图 3-8 是单纯颗粒示踪法测量系统。

图 3-8(a) 是气路系统，天然气与空气分别由入口 1、2 经过流量计 3 进入混合室 4 进行混合，然后分成两路：一路经过支管 5 进入燃烧管 10；另一路通过支管 6 及细管 9 进入燃烧管 10。把颗粒很细的氧化镁通过颗粒管 8 送到支管 6 的气流中，氧化镁颗粒跟随气流一起同速流动。支管 6 的气流可用调节阀 7 调节。燃烧管的截面尺寸取 21.9mm×7.75mm。燃烧管长取 1m，以保证气流处于层流状态。可燃混合气体自燃烧管 10 流出后，经过点火即得本生火焰。

光学摄影系统见图 3-8(b)，闪光源 11 的光通量最高能达 4.5×10^6 (lm)（流明），并在 1/100s 内不小于 2.5×10^6lm。电机 16 带动闪频观测盘 15 以 1740r/min 的速度旋转，并用速度计 17 监测转速。闪频观测盘上开 24 个扇形孔，相当于隔 1.436×10^{-3}s 内遮挡一次。光源发出的光经过辐射板 12 反射后平行射出，通过两块带有宽为 2mm，高为 10mm 缝隙的遮板 13 射向反光镜 14，这样火焰与气流中的颗粒被两个方向光源照射。为了防止观测盘转动而带动气流流动影响火焰，将观测盘密封在一个壳体中。壳体内充有氦气，可减小摩擦阻力。摄影机构放在垂直于光线的位置。快门尺寸取 10cm，在 0.05s 内开闭一次，最大开度占此时间的 40%，快门动作与光源之间有电气联锁装置。摄影机构的透镜 19 的直径为 5.7cm，相对孔径 1∶2.5，底片采用高速感光底片。

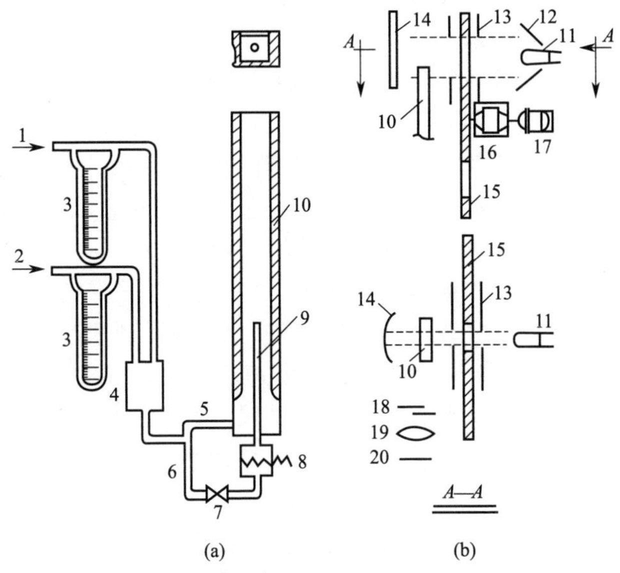

图3-8　单纯颗粒示踪法测量系统

(a) 气路系统；(b) 光学摄影系统

1—天然气入口；2—空气入口；3—流量计；4—混合室；5、6—支管；7—调节阀；8—颗粒管；9—细管；10—燃烧管；11—闪光源；12—辐射板；13—遮板；14—反光镜；15—闪频观测盘；16—电机；17—速度计；18—快门；19—透镜；20—底片

最终，根据轨迹的长度与闪光之间的时间可以算出可燃混合气体流速。

颗粒示踪法是比较准确的方法，但测试设备复杂是其主要缺点。

3.3.2　颗粒示踪法与施利尔摄影法

在可燃混合气流中，人为地加入一些微小细颗粒，它们与气流同步流动。通过摄影方法测出颗粒的轨迹，此轨迹可以代表气流流线，这样就可以测出火焰传播速度。这是一种比较可靠的测量方法，但是它没有定型设备，需要比较复杂的摄影与闪频摄影装置，并且计算方法也很麻烦。

试验测试气路系统仍采用图 3-8(a)，施利尔摄影系统采用水银蒸气灯为点光源，再用两块直径为 13.97cm、焦距为 91.44cm 的高质量透镜组成平行光，照射火焰内锥。施利尔影像显示在 10.16cm×12.70cm 的平面底片上，得到施利尔火焰内锥的照片后，可以用光学测角器测量施利尔火焰内锥角度。

光源采用高压水银蒸气电弧灯，并用组合透镜聚焦，照射火焰及气流中的颗粒。光线用可变速的闪频观测盘间断地遮挡，并用光电管及数字转速计，记录观测盘的转速。用光圈 2.8、焦距 50mm 的透镜摄影机拍照火焰的颗粒。底片尺寸为 10.16cm×12.70cm。颗粒轨迹在放大的底片上用可移动显微镜测量，精度保持在 2μm 以内。

由于大部分火焰面各点火焰传播速度等于常数，所以只要确定不受干扰处的 θ 角与气流速度 W，根据式(3-5) 即可算出火焰传播速度。这样测试工作就简化了。

试验过程中应注意的事项如下：

(1) 颗粒示踪测速系统要经过校准。通常有两种校准措施。一种是以颗粒示踪法测量从长直圆管（长度应比直径大 50 倍以上）流出的层流冷气流的速度场，用理论计算值与测量值对比。因为流量是可以准确地测出的，同时层流速度场可以从理论上计算出来。当测量值与计算值相符合时，表示颗粒示踪测速系统可以使用。

(2) 要采取措施防止回火，预先估算出在试验条件下可能发生回火的气流速度，并且在测量时，控制气流速度永远不小于该速度值。另外，在头部与燃烧管之间加一个防止回火的网格。

(3) 在测量时，要保证燃气与空气的比例不变，并且要使气流处于层流状态，这样就可以得到光滑的层流火焰。

(4) 氧化镁颗粒的浓度要控制得很低，以防止对火焰的干扰。对颗粒轨迹的拍照要进行若干次，这样可以排除有干扰的情况，并且能提高测量的精度。

（5）火焰锥顶半角 θ 值，也可以根据颗粒轨迹求得，此测量结果应与施利尔火焰锥顶半角值相符。

（6）求得 θ 与 W 后，即可算出火焰传播速度 S_n。适当地改变燃气与空气的比例，就可以测出在不同燃气与空气比例下的 S_n 值，同时可以求得最大的 S_n 值及其相应的燃气与空气的比例。

3.3.3　粒子图像测速技术

1. 原理

粒子图像测速技术（PIV）作为一种全新的无扰、瞬态、全场速度测量方法，在流体力学及空气动力学研究领域具有极高的学术意义和实用价值。

粒子图像测速技术（PIV）是一种用多次摄像以记录流场中粒子的位置，并分析摄得的图像，从而测出流动速度的方法。PIV 是流场显示技术的新发展，它是在传统流动显示技术基础上，利用图形图像处理技术发展起来的一种新的流动测量技术，它综合了单点测量技术和显示测量技术的优点，克服了两种测量技术的弱点而成的，既具备单点测量技术的精度和分辨率，又能获得平面流场显示的整体结构和瞬态图像。

PIV 原理是在流场中撒入示踪粒子，以粒子速度代表其所在流场内相应位置处流体的运动速度。应用强光（片形光束）照射流场中的一个测试平面，用成像的方法（照相或摄像）记录下 2 次或多次曝光的粒子位置，用图像分析技术得到各点粒子的位移，由此位移和曝光的时间间隔便可得到流场中各点的流速矢量，并计算出其他运动参量（包括流场速度矢量图、速度分量图、流线图、旋度图等）。因采用的记录设备不同，又分别称 FPIV（用胶片作记录）和数字式图像测速 DPIV（用 CCD 相机作记录）。

图 3-9 为粒子图像测速技术（PIV）测量系统。

2. 测试系统和方法

PIV 系统通常由三部分组成，分别是示踪粒子、成像系统、图

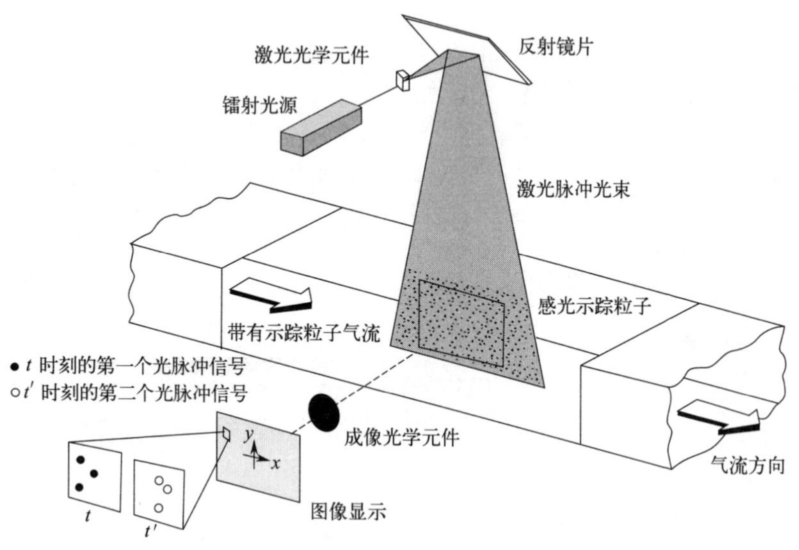

图 3-9 粒子图像测速技术（PIV）测量系统

像处理系统，每一部分的要求都相当严格。

（1）示踪粒子

示踪粒子是直接反映流场流动的重要物质，除要满足一般要求（无毒、无腐蚀、无磨蚀、化学性质稳定、清洁等）外，还要满足流动跟随性和散光性等要求。要使粒子的流动跟随性好，就需要粒子的直径较小，但这会使粒子的散光性降低，不易成像。因此在选取粒子时需综合考虑各个因素。总之，粒子选取的原则为：粒子的密度尽量等于流体的密度，粒子的直径要在保证散射光强的条件下尽可能的小。常用的示踪粒子有聚苯乙烯、铝、镁、二氧化钦、玻璃球等。

在试验研究中，还必须考虑粒子浓度问题。当浓度很大时，粒子像会重叠在一起，由于激光为干涉光，所以在底片上会形成激光散斑而不是独立的粒子像。虽然用激光散斑同样可以测取散斑场的位移，但对于流场而言，由于散斑场的稳定性较差，提取散斑场的位移相对比较困难。当粒子浓度太低时，粒子对的数目可能太少，结果将得不到足够多点的流速，也就得不到足够准确的流速分布。PIV 中粒子浓度一般为 10 左右（在查询区域内），这样使每个查询区中都有足够的粒子对，能够得到有效的速度结果。

（2）成像系统

双脉冲激光片光源、透镜和照相机构成 PIV 的成像系统。用于照射动态微粒场的片光源由脉冲激光通过透镜形成，拍摄粒子场照片的相机垂直于片光。曝光脉冲要尽可能地短，曝光间隔能够随流场速度及其分辨率的不同而进行调节（一般为微秒至毫秒量级）。片光要尽可能地薄（1mm 以下），片光的厚度控制对于二维的 PIV 来说非常重要，太厚就把三维的速度压入二维，也就不能如实反映流场的二维分布。曝光时间和曝光能量是一对矛盾。为了把有限的光能量都用于曝光，PIV 系统一般采用双脉冲激光器作为光源。一般水中曝光脉冲能量在几十毫焦耳就可以得到理想的曝光图像，在空气中则要求更高。

（3）图像处理系统

图像处理系统用于完成从两次曝光的粒子图像中提取速度场。将粒子图像分成若干查询区（同一小区内的粒子假定有相同的移动速度，并且做直线运动；此外，查询区内的最大粒子位移不能超过查询区的 1/4；在片光厚度方向的位移不能超过片光厚度的 1/4；平面位移要大于两倍粒子图像直径），在查询光束的作用下，利用杨氏条纹法或自相关法逐个处理查询区，得到粒子的移动速度，进而得到速度场分布。在早期的 PIV 中，由于两次曝光图像被记录在同一幅胶片上，所以速度的流向存在 180°的方向不确定性（方向二义性），为得到速度方向，需要一套复杂的系统。可使用粒子图像预偏置方法或双色 PIV 技术来处理方向二义性问题。由于 PIV 查询系统及其图像处理系统较为复杂，仪器调节、胶片处理以及数据处理等往往要花费较多的时间，所以随着数字成像系统及其数字图像处理技术的发展，FPIV 正在被 DPIV 所代替。

3. 优缺点

粒子图像测速技术（PIV）突破了空间单点测量（如 LDV）

的局限性，实现了全流场瞬态测量；实现了对流场无扰测量；容易求得流场的其他物理量，由于得到的是全场的速度信息，可方便地运用流体运动方程求解诸如压力场、涡量场等物理信息。因此，该技术在流体测量中占有重要的地位。但该测试系统价格昂贵，一般实验测试很少使用。

3.4 激光测速法

自从激光技术问世以来，各个科学领域都迅速引进并广泛应用。激光测速仪能很快地测量火焰内部的气流速度。激光测流速这是一种比较先进的方法，只要有定型的激光测速仪，使用起来还是方便的。由于用激光测速仪测流体速度场可以丝毫不破坏流体的组织，所以对测量与研究火焰传播速度提供了有力的依据。本节主要介绍双光束激光多普勒测速方法的基本原理及其在动力法测量层流火焰传播速度中的应用实例。因为激光测速还是一门较新的科学技术，所以本节还简单介绍了有关激光方面的基本概念。

3.4.1 激光多普勒效应测速法

激光多普勒效应测速法的基本原理是：当激光照射到跟随流体一起运动的微粒上时，激光被运动的微粒所散射，散射光的频率和入射光的频率相比较就会产生一个与微粒速度成正比的频率偏移。如果把这个散射光的频率偏移测量出来，就可以得到微粒的速度。因为微粒速度与流体速度相同，即可得到流体速度。

激光测速仪器的光学系统有许多种，下面介绍一种信噪比比较好的双光束激光系统。

图 3-10 是双光束激光系统的原理图。激光射向半反介质膜镜 2 时，一部分光透过去，而另一部分经全反介质膜镜 3 反射。这样就把单光束变为双光束。双光束激光经过聚焦透镜 4，交于测量点 0。由于激光的特性是两支频率相同、振动方向相同、周期相同（或周相差恒定）的波的叠加。因而产生某些地方振动加强和某些地方振

动减弱的现象，即干涉条纹。颗粒在此干涉条纹区经过时，当通过亮区的时候，散射光加强；通过暗区的时候，散射光减弱。设 W_n 是颗粒速度 W 在干涉条纹垂直方向的分量，根据激光变化频率即可求得颗粒速度 W_n。

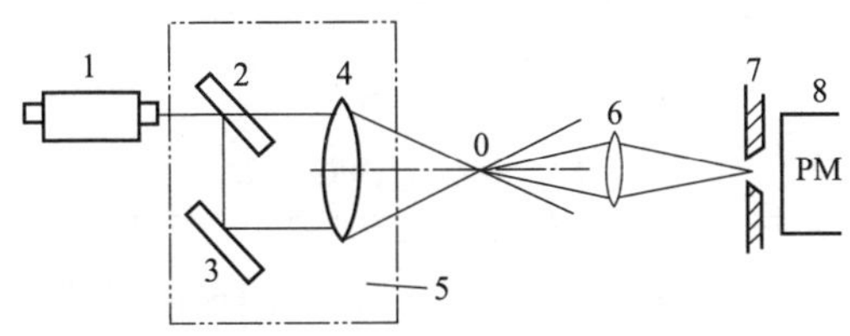

图 3-10　双光束激光系统原理

1—氦氖激光器；2—半反介质膜镜；3—全反介质膜镜；4、6—聚焦透镜；5—分光器；7—光阑；8—光电倍增管；0—测量点

激光测速的优点：

（1）因为是用一个光点（光斑）射入气流之中，所以不会干扰气流组织，测得数据比较切合实际情况。

（2）能迅速测出瞬时流速，惰性小，能随时反映气流速度变化，具有很高的时间分辨率。

（3）可用聚焦方法使测量点的几何尺寸缩得比较小，故其空间分辨能力很高。

（4）激光测速属于绝对测量，故不需要任何校正。

激光测速的缺点：

（1）需要在气流中加入一定数量的颗粒。颗粒的直径与密度要适当，使其能跟随流体运动，并且与气流速度相等。

（2）测高速时，需要提高激光输出功率。由于信号频率高，使信号处理困难。

（3）需要使光点（光斑）射入气流之中，所以要求有透光条件，例如测管道内流速时，需要有一段透光管。

（4）设备比较复杂、庞大，价格也比较高。

3.4.2 激光测速与直接摄影法

因为激光流速仪已经有定型的仪器，用它来代替颗粒示踪法求气流速度，不但能保持一定的精度，而且操作与计算都比较方便。下面就介绍一种激光测速与直接摄影测火焰锥顶半角的方法测量火焰传播速度。

1. 测量装置

图 3-11 是激光测火焰传播速度系统图。系统中采用氦-氖激光器 1。发出的激光经过分光器 2 后，变成两束激光并相交于火焰前沿面的待测气流速度处，形成明暗相间的干涉条纹。当气流中的固体颗粒经过干涉条纹区后，产生多普勒信号。此信号经过光电倍增管 4 并送入窄带滤波器 5，最后由频率跟踪器 6 测出频率。示波器 7 主要在各装置调整时使用。它在窄带滤波器 5 的前面可以测得光电倍增管输出的交流信号及直流信号，其中交流为多普勒信号，直流信号是无关的信号。示波器在滤波器后面则可测得经过滤波后的多普勒信号，这时应该只有交流信号，并且已经滤去了以外的各个频率。用示波器直接测得准确的信号频率是比较困难的，但是用它能够很快地知道频率的概况有利于装置的调整。

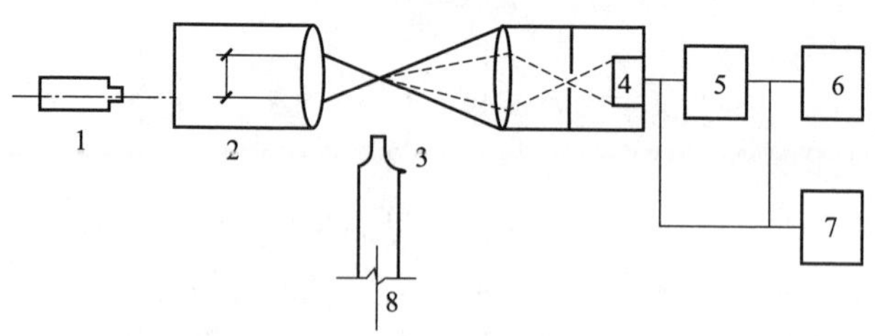

图 3-11　激光测火焰传播速度系统图

1—氦-氖激光器；2—分光器；3—燃烧喷管；4—光电倍增管；5—窄带滤波器；6—频率跟踪器；7—示波器；8—燃气-空气气流

2. 气流系统

燃气和空气通过各自的管道在一定压力下互相混合，最后通过燃烧喷管 3 流出。由于激光测速的要求，需要在气流中加入一定量的固体颗粒。根据国外有关资料介绍，可以采用二氧化钛作为固体颗粒，直径控制在 1μm 左右时。采用这种固体颗粒的原因主要是：二氧化钛没有毒性；不会升华并且直径在 1μm 左右时，它可以随气流一起流动，并且与气流速度相等。但是，由于有颗粒存在，穿过火焰时，多少会吸收一些热量，所以能使火焰传播速度稍有下降。为此应尽量少加颗粒。向气流中添加颗粒可参考相关文献。

3. 直接影响测火焰顶夹角

在燃烧喷管的出口处，采取渐缩措施，从而得到了均匀出口气流速度场。因此可以用直接摄影法拍摄得到火焰照片，再利用光学测角器或者带测角目镜的显微镜即可量出火焰锥顶的夹角 2θ。

4. 数据整理

采用激光流速仪测得气流速度 W(cm/s)，再用直接摄影法求得火焰锥顶半角 θ（度），最后用式(3-5) 算出火焰传播速度 S_n (cm/s)。同样，改变燃气与空气的比例后，可以得到不同比例下的火焰传播速度。

激光流速仪的精度不低于颗粒示踪法，并且测量方法简单。在具有激光流速仪的条件下，利用以上方法测量火焰传播速度还是比较可靠的。

3.5 其他测量方法

除上述方法外，在适当的条件下，还可用其他方法求得火焰传播速度。

3.5.1 平板火焰法

当气流速度场非常均匀，而且正好等于火焰传播速度时，就可以得到一个平板形的火焰，火焰锥的高度等于零，气流速度在此条件下非常接近火焰传播速度，所以测得的气流速度即为火焰传播速度。为了提高精度，可以测出平板火焰的总面积（因为它不一定完全等于出口截面积)。

平板火焰法的缺点：

(1) 为得到真正的平板火焰，蜂窝状的整流网必须装在离火焰很近的地方，距火焰只有 8～15mm，整流网可以达到 200℃，并且把气流也加热，因此造成一定的误差。

(2) 从稳定的平板火焰的施利尔摄影照片上可以看出，烧嘴的出口处流线有轻微的偏斜，如不加以校正，也会引起误差。

(3) 只适于测量 5～9cm/s 范围内的火焰传播速度，可用来测量和研究接近着火浓度极限的可燃混合物的火焰传播速度。如果用此法测量较高的火焰传播速度，还需要再加一个多孔板来稳定火焰。这会使测试条件复杂化，并引入一系列误差。

3.5.2 肥皂泡法

把可燃混合气体吹到肥皂泡中，在其中央点火。可燃混合气体燃烧时，肥皂泡表面自由膨胀，而压力保持不变，可以直接测出火焰传播速度。将火焰的空间速度除以肥皂泡的膨胀率，即得到火焰传播速度。

这种方法的优点是受外界因素影响较小。但在燃烧过程中，肥皂泡中水分要蒸发，将可燃混合气体弄湿，从而影响火焰传播速度，尤其是对 CO 影响较大。另外肥皂泡法的开始与终了时的直径也很难测准。

3.5.3 压力瓶测量法

在整个球形压力瓶中，充满可燃混合气体。点燃后，瓶内压力提高，测出压力瓶半径及压力随时间变化后，可以推算出火焰传播速度。

由于存在热损失的影响，这种方法测量的结果偏低。

3.5.4 反压力法

当可燃混合气体通过燃烧反应区时，由于气体的加速引起反压力与火焰传播速度有关，故可用测量反压力的方法求得火焰传播速度。但是，对于火焰传播速度很低的燃气，反压力很低，不宜采用此法。此外，采用此法时，必须知道燃烧前后气体的密度，这也是比较困难的。

3.5.5　根据成分计算法

在没有条件直接测量燃气的火焰传播速度时，也可以通过燃气成分分析，先测出燃气中各成分的体积分数，然后根据各单一成分的火焰传播速度 S_n，再利用组分比例计算出混合燃气的火焰传播速度。

本章参考文献

[1] 金志刚．预混空气燃烧方法特征之-预混空气燃烧火焰结构［J］．家用燃气具，2003（3）：43-47.

[2] D. H. France. Laminar burning velocity measurement using a Laser-Doppler anemometer ［J］. Journal of the institute of Fuel. 1976（6）：82-90.

[3] 金志刚，王启．燃气检测技术手册［M］．北京：中国建筑工业出版社，2011.

[4] 金志刚，李文田．用激光多普勒流速仪燃烧速度研究［J］．天津大学学报，1981（2）：82-93.

[5] 同济大学等．燃气燃烧及应用［M］．北京：中国建筑工业出版社，2000.

第 4 章

城镇燃气互换性、分类及配气

城镇燃气分类和燃气用具的燃烧稳定性与燃气具的适应性和燃气互换性有密切关系，是一个理论性较强的实践性课题。正确地执行燃气分类标准，对燃气应用、生产以及输配都有较好的经济效益与社会效益。根据分类要求提出的配气技术也是燃气用具检测单位与生产单位非常重视的问题。

4.1　燃气具适应性与燃气互换性

4.1.1　燃气具的适应性和适应域

1. 燃气具适应性

当燃气性质（成分）发生变化时，燃气具工作状态必然改变。如果燃气成分变化在某一界限范围内，它仍能保持正常工作。这就是燃气具对燃气成分变化的适应能力，称其为燃气具的适应性。所谓正常工作即“当燃气性质有某些改变时燃气具不做任何调整，其热负荷、一次空气系数和火焰特性的改变必须不超过某一极限，以保证燃气具仍能保持令人满意的工作状态。”

2. 燃气具适应域

每个燃气具都有一定的适应能力。量化这个适应能力，可以用燃气具适应燃气成分变化的范围来表示。适应燃气成分变化的范围称其为燃气具适应域。适应域的范围越宽，表示燃气具的适应能力越强。

城镇中占绝对多数的民用燃气具是大气式燃气用具。衡量大气式燃气用具正常工作的重要的指标是：不发生离焰、回火、黄焰，烟气中 CO 不超标和不结碳等。影响这些现象的燃气性质是影响燃气具热负荷的华白数 W 和代表燃烧快慢的燃烧速度 S，以及燃气具的构造等。为了更具体显示燃气具适应域，最初是取华白数 W 为纵坐标，燃烧速度 S 为横坐标的坐标图。图上的每一个坐标点，都代表具有 W_i 与 S_i 性质的燃气。各种单一的气体（如 CH_4、H_2、CO、N_2）都可以在图上找到位置，基准气也有一个坐标点 O，如图 4-1 所示。用一个燃气具在不做任何调整的条件下，分别用基准气和 CH_4、H_2 及 CO 单一气体混合配气进行试验，可以求得 CO 超标曲线 1、离焰曲线 3 及回火曲线 2。图 4-1 中曲线 1、2 所示。

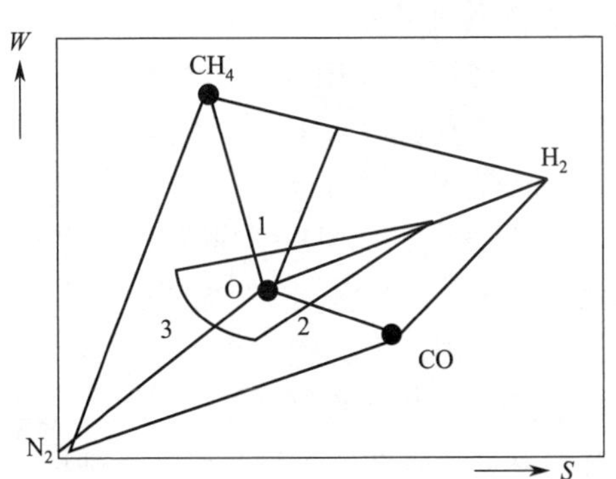

图 4-1　以 W-S 为坐标的燃气具适应域图

3. 曲线围成的范围就是该燃气具的适应域

燃气具的适应域是代表燃气具性能的重要指标。严格地说燃气具正常工作还包括不发生黄焰、结碳等要求，需要用相应的指标来验证。但是一般来说，对于大气式燃气具，只要 CO 过关，就很少产生黄焰和结碳的现象。不过天然气中烷烃较多时，需要关注析碳。液化石油气混空气要注意黄焰现象。特别要指出的是各种燃气具结构不一样，其适应域也有所不同。

4.1.2 城市燃气互换性与互换域

1. 城市燃气互换性

城市供应的主要气源是城市基准气。实际供给的燃气的成分不可能一成不变，当城市燃气负荷达到高峰时，需要补充一些与基准气的性质不同的燃气。这种代替基准气的燃气被称为置换气。当置换气代替基准气时，如果城市内的各种燃气具（基本上属于大气式燃烧用具）不加任何调整而能保证城市各种燃气具正常工作，则表示置换气对基准气而言有互换性。所谓正常工作条件基本内容与上述相同，当置换气是暂时性的，可适当降低正常工作的要求，称为非正常工作界限。

2. 城市燃气互换域

一个城市有多种不同用途的燃气具，每种燃气具都有自己的燃气具适应域。将这些适应域集中在一个坐标图上（图 4-2），就可以得到中间斜线的燃气互换域（图 4-2 所示的燃气具适应域，其横坐标参数选用的燃气燃烧速度指数 CP，其等同于《城镇燃气分类和基本特性》GB/T 13611—2018 中附录 B 的燃烧速度指数 S_F；纵坐标参数选用的是燃气华白数 W）。城市供应的燃气必须在这些燃气具的适应域的范围内。可见燃气互换域是受燃气具适应域制约的。其实互换性和适应性的目的都是保证燃气具正常工作，是一个事物的两个方面。互换性是对城市燃气说的；适应性是对燃气具说的，在讨论时不要混淆。

3. 传统互换性规定的燃气具范围

一个城镇使用的燃气具不止一种，应该规定几种有代表性的燃气具，根据这些燃气具的适应域，确定燃气互换域。传统确定互换域的做法，是只考虑大气式燃烧的燃气具。因为城市中绝大部分燃气具属于大气式燃气具。工业中有其他类型燃气具不宜考虑。因为工厂企业有技术力量，可以采取措施解决互换性。另一方面它们在

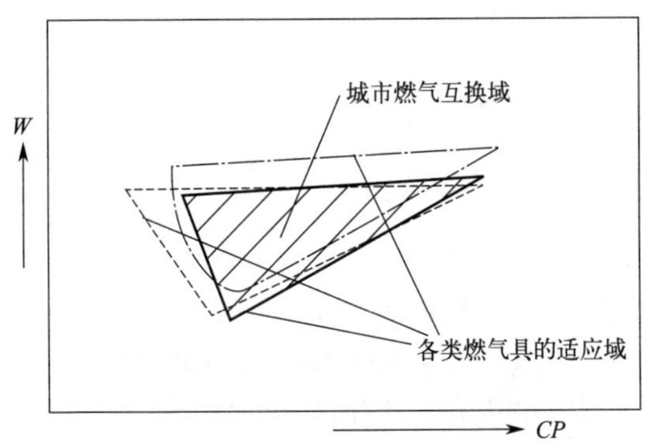

图 4-2 燃气具的适应域与城市燃气互换域的关系

城市中是少数，考虑工业燃气具可能会缩小互换域，使供气操作困难并且不经济。例如法国的互换域，就是用 9 个热水器、9 个灶具、8 个供暖器和一个洗涤器进行试验得到的。这些燃气具属于大气式燃烧用具。

每个国家使用的燃气具是不一样的；每个国家，甚至于每个城市都应有自己的燃气互换域。

当城市燃气种类增加时，单纯用 *W*-*S* 坐标难以做出 CO 超标曲线。在客观上提出改换坐标的要求。

4.1.3 燃气具适应域和燃气互换域的关系

对于城镇燃气互换性和燃气具气质适应性，国内外学者进行了一系列研究，得到很多相关技术成果。燃气具适应域和燃气互换域的目的相同，都是为了使燃气具工况稳定，正常工作。彼此之间有密切的不可分割的关系：

(1) 燃气互换域是根据燃气具适应域决定的，互换域中的燃气应可以满足供气范围内各种燃气具要求。任何一种燃气具适应域必须覆盖城市燃气互换域，否则燃气具就不能进入该燃气互换域的市场。

(2) 燃气供应单位应掌握本地区的燃气互换域。拒绝使用不符合互换性要求的燃气具。应该用互换域的边界检验燃气具，合格后才允许进入市场。

（3）在设计与调试燃气具时，生产厂家有很多技术措施拓宽燃气具的适应域。适应域宽的燃气具不仅可以扩大销路，还有利于城市供气的调节。

（4）假设一个小城镇（或某区）使用单一的燃气源和单一类型的燃气具，这样就有可能使燃气互换性和燃气具适应性变得简单。

（5）生产燃气具的性能标准化（适应域标准化），有利于确定燃气互换域，两者配合好，将使整个燃气系统获得很大的经济效益与社会效益。

一个城市一旦确定主气源后，燃气具的适应性应该符合主气源的要求。另外，一个城市一旦选定了燃气具后，供应的燃气对于现有的典型燃气具应具有互换性。生产厂家在设计与调试的基础上可以拓宽燃气具的适应域，从而加宽燃气互换性的范围。

4.2 城镇燃气分类

4.2.1 燃气分类概述

全世界的城镇燃气基本上可分为人工煤气、天然气与液化石油气三大门类。人工煤气种类繁多，一般有煤制气、油制气之分。煤制气中又有焦炉气、高压发生炉气等种。油制气从制气工艺来讲，有催化裂解与非催化裂解制气之分，从原料来讲还有重油制气与轻油制气之分。天然气中有石油伴生气与干天然气两大类。干天然气中绝大部分都是甲烷，成分比较单一。石油伴生气中主要成分也是甲烷，但含较多的重碳氢化合物，故其热值高于干天然气。液化石油气中有以 C_3H_8 为主的商品丙烷气和以 C_4H_{10} 为主的商品丁烷气。我国目前的液化石油气成分不太稳定，主要以丙、丁烷为主。此外，还有煤层气、生物质气等不同形式的燃气。

世界上各国燃气分类主要按燃气的特性进行分类。

用华白数分类为首选，因为它表征燃气对燃气具热负荷的影响。华白数是单纯表示燃气性质的参数，并且与燃气具结构关系不大。因此用华白数划分燃气类别是最合适的，是各国都能接受的分类参数。但是只靠 W 不能代表燃烧特性，因为相同 W 的燃气，其燃烧速度与火焰高度可能不一样。为此法国德尔布博士首先提出用华白数和燃烧速度指数两个参数来分类。

国际燃气联盟（IGU）是各国联合的组织，不能偏重某个国家的评价方法，另外各个国家使用的方法只适合本国的燃气具，并且各有其优点和缺点。于是提出除了用华白数外，再用“界限试验气”作为燃气分类的方法，即以基准气为中心，周围以各种不利于燃烧的界限试验气为边界的燃气群作为同一类（种或组）燃气的类别标准。也就是在该类（组）燃气，其中心为基准气，外围是最容易离焰、回火等不利燃烧情况的界限试验气的燃气群体。

利用界限试验气（包括压力）来检验燃气具适合使用哪类燃气。如果某燃气具通过某类燃气的各项界限气检验合格，就可以认为该燃气具可以使用此种燃气，并且可以贴上使用此种燃气的标签。这实际上是为各类燃气配备了适应本类燃气的燃气具。也可以说按照燃气分类的要求对燃气具进行分类。

供气单位按分类标准的要求供气。使用适合本种类燃气的燃气具，有利于制定燃气互换性的条件，可以有根据地扩大供气成分的范围。并能保持在供气区域内的燃气具处在比较正常的燃烧状态。保证发挥燃气的节能、减排和降低污染的功效。

4.2.2　我国燃气分类标准

1. 我国燃气气源

我国城镇燃气种类很多，有煤制气、重油制气、天然气、液化天然气、液化石油气、煤层气及矿井气等。

2. 我国燃气分类标准

我国城镇燃气的类别划分，1989 年我国首次制定标准。燃气燃烧性质的关键参数是燃气热值与华白数，后者更有代表性，因此将华白数作为燃气分类第一个参数。当时我国人工燃气种类最多，需要划分得细一些。IGU 的分类中人工气的内容少，当时我国的燃气具基本与日本灶和热水器类似。基于以上原因我国分类标准基本上是参考日本标准，又不与 IGU 标准矛盾。燃气分类的第二个参数是燃烧速度指数，其计算采用了日本简化的德尔布公式。

为燃气安全有效地在交易、运营、输配、应用等环节提供最基本的标准技术支持，需制定适应行业发展的燃气分类基础性标准。2006 年，我国对《城市燃气分类》GB/T 13611—1992 进行了修订，发布了《城镇燃气分类和基本特性》GB/T 13611—2006。2016 年，我国启动对 2006 年版的《城镇燃气分类和基本特性》标准的再次修订，发布了《城镇燃气分类和基本特性》GB/T 13611—2018。GB/T 13611—2018 中的热值均采用高热值，这是因为国际上大部分先进国家都以高热值计算华白数。要注意的是，我国的各种燃气具的国家标准在计算热负荷及热效率时是以低热值为准。

3. 我国城镇燃气分类原则

《城镇燃气分类和基本特性》GB/T 13611—2018 规定："4 分类原则：城镇燃气应按燃气类别及其特性指标华白数 W 分类，并应控制华白数 W 和热值 H 的波动范围。"

该标准考虑了城镇燃气燃烧特性指标的两个核心指标——"热值"和"华白数"，作为城镇燃气分类原则的特性指标。按燃气的华白数分类，是考虑了目前的燃气应用情况及未来发展趋势而定的。国际上一般采用燃气的华白数进行燃气类别的划分，以热值作为市场销售、跨境交易的计量单位和指标。

4.2.3 燃气分类标准对燃气具适应域、燃气互换域的影响

1. 分类标准限定了各类燃气具的适应域

现在的燃气分类标准主要是根据华白数来分类，同时给出离焰、回火与 CO 超标等界限试验气。并且要求燃气具必须在规定的压力下，用某类燃气的各种界限气检验通过后，才能证明此燃气具

适用该类燃气。这实际上是对燃气用具的适应能力提出要求，限定了各类燃气具的适应域，引导燃气具走向标准化。我国燃气具标准和燃气用具的通用试验方法都要求根据界限气和相应的压力检验燃气具。

2. 界限气给出了互换性的外轮廓

分类标准中的界限试验气实际上也只是给了燃气互换域的外轮廓范围。某个地区或国家可以根据本身的条件与判定互换性的方法确定适合本地情况的燃气互换域。哈里斯和罗佛雷斯以及达顿（Dutton）做的二维与三维互换图，都是把界限气作为互换域的边界点做出的。

但是，燃气分类不能完全代替燃气的互换性。燃气分类的界限气主要是针对燃气具的，给出燃气具的适应域，同时只给出了燃气互换性的外轮廓。实际上燃气互换域，还受气源等其他因素影响。各个地区应该根据本地区具体情况和习惯用的互换性评判方法来考虑燃气互换性，确定燃气互换域。

总之，只要采用了用界限气检验合格的燃气具，燃气互换域就不能超过界限气的限制。从国外的各种互换图上看，界限试验气都在非正常互换范围的边缘。同时也可以认为，如果在燃气供应区内使用的燃气具适应域小于标准要求时，燃气互换域必将缩小，增加混输配气的困难。

在第 16 届世界燃气大会的燃气互换性分会报告中也报道了各国根据 IGU 分类考虑本国燃气互换域的情况。除美国、荷兰、英国外，大部分国家采用了 IGU 的界限气。由这些材料可以看出，IGU 只给出各类燃气边界的界限试验气，各地方可以根据各自的具体情况用自己的互换性判别方法确定燃气互换域。

4.3 配气计算方法及系统

在执行燃气分类标准时，必须根据标准中的基准气和试验气规定的成分进行检测。由于城镇燃气的种类很多。燃气具制造工厂与检测站不可能具备各种气源。为此，根据国家标准规定可以用几种单一气体配制与某城市气源性质相同的试验气。

配气成分计算的准确性，直接影响检测结果。对用来配制试验气的单一气体，其纯度不宜低于以下数值：N_2—99%；H_2—99%；CH_4—95%；C_3H_6—90%；C_3H_8—95%；C_4H_8—95%。

在 CH_4、C_3H_6、C_3H_8 及 C_4H_8 气源中 H_2、CO 和 O_2 的总含量应低于 2%；N_2 和 CO_2 的总含量应低于 2%。如果以上几种碳氢化合物供应有困难时，也可分别采用天然气或液化石油气代替。但是，由于我国液化石油气成分不稳定，并且在自然气化时，成分受温度影响，故会带来一定误差。尤其是在用液化石油气代替 CH_4 时需要校验黄焰指数，防止用液化石油气配制的试验气发生黄焰。

4.3.1 一般要求

人工煤气应采用原料气甲烷、氢气、氮气进行配制。

天然气，以甲烷组分为主，宜采用甲烷、氮气、丙烷或丁烷进行配制。

天然气回火界限气，宜采用甲烷、氢气、丙烷或丁烷等进行配制。

用于燃气具实验室抽样检验、型式检验时，不应使用液化石油气混空气作为天然气类燃气具的测试气源。

4.3.2 配气成分计算

最新的研究发现：城市燃气的互换性，与其燃气具的气质适应性息息相关。

1. 人工煤气

（1）核心计算公式

以甲烷、氢气及氮气为原料气配气时，可采用控制试验气和基准气的华白数、燃烧速度指数两个参数相等（同）以得到需要的试验气中各组分含量，按式(4-1)～式(4-3)进行计算：

试验气华白数：

$$W_s=\frac{H_{s,CH_4}f_{CH_4}+H_{s,H_2}f_{H_2}}{10g\sqrt{100\cdot d_{N_2}+(d_{CH_4}-d_{N_2})f_{CH_4}+(d_{H_2}-d_{N_2})f_{H_2}}}=W_{s,0} \tag{4-1}$$

试验气燃烧速度指数：

$$S_F=\frac{10g(f_{H_2}+0.3f_{CH_4})}{\sqrt{100\cdot d_{N_2}+(d_{CH_4}-d_{N_2})f_{CH_4}+(d_{H_2}-d_{N_2})f_{H_2}}}=S_{F,0} \tag{4-2}$$

其氮气组分：

$$f_{N_2}=100-(f_{CH_4}+f_{H_2}) \tag{4-3}$$

以上 3 式中　$W_{s,0}$——准备替代的基准气源的华白数（MJ/m^3）；

$S_{F,0}$——准备替代的基准气源的燃烧速度指数；

f_{CH_4}、f_{H_2}、f_{N_2}——试验气中甲烷、氢气及氮气成分的体积分数（%）；

H_{s,CH_4}、H_{s,H_2}——甲烷及氢气的高热值（MJ/m^3）；

d_{CH_4}、d_{H_2} 及 d_{N_2}——甲烷、氢气及氮气的相对密度。

（2）燃烧速度指数公式

燃烧速度指数 S_F 可按式(4-4）和式(4-5）计算：

$$S_F=k\times\frac{1.0f_{H_2}+0.6(f_{C_mH_n}+f_{CO})+0.3f_{CH_4}}{\sqrt{d}} \tag{4-4}$$

$$k=1+0.0054\times f_{O_2}^2 \tag{4-5}$$

以上两式中　S_F——燃烧速度指数；

f_{H_2}——燃气中氢气体积分数（%）；

$f_{C_mH_n}$——燃气中除甲烷以外碳氢化合物体积分数（%）；

f_{CO}——燃气中一氧化碳体积分数（%）；

f_{CH_4}——燃气中甲烷体积分数（%）；

d——燃气相对密度（空气的相对密度为 1）；

k——燃气中氧气含量修正系数；

f_{O_2}——燃气中氧气体积分数（%）。

2. 天然气

（1）原料气

天然气类试验气配制时，应采用甲烷、氢气、氮气、丙烷或丁烷作为配气原料气，其原料气中甲烷含量不宜低于80%，配制的试验气性质宜等同于原天然气基准气性质。

（2）计算方法

天然气试验气的燃烧特性参数宜选取燃气的华白数、热值，依据式(4-6)～式(4-8)进行计算，并应校核黄焰指数：

试验气华白数：

$$W_s=\frac{H_{s,CH_4}f_{CH_4}+H_{s,H_2}f_{H_2}+H_{s,C_3H_8}f_{C_3H_8}}{10\sqrt{100\cdot d_{N_2}+(d_{CH_4}-d_{N_2})f_{CH_4}+(d_{H_2}-d_{N_2})f_{H_2}+(d_{C_3H_8}-d_{N_2})f_{C_3H_8}}}=W_{s,0} \tag{4-6}$$

试验气热值：

$$H_s=\frac{1}{100}(H_{s,CH_4}f_{CH_4}+H_{s,H_2}f_{H_2}+H_{s,C_3H_8}f_{C_3H_8})=H_{s,0} \tag{4-7}$$

其氮气的体积分数：

$$f_{N_2}=100-(f_{CH_4}+f_{H_2}+f_{C_3H_8}) \tag{4-8}$$

以上3式中 f_{CH_4}、f_{H_2}、f_{N_2}、$f_{C_3H_8}$——试验气中甲烷、氢气、氮气及丙烷成分的体积分数（%）；

H_{s,CH_4}、H_{s,H_2}、H_{s,C_3H_8}——甲烷、氢气及丙烷的高热值（MJ/m^3）；

d_{CH_4}、d_{H_2}、$d_{C_3H_8}$及d_{N_2}——甲烷、氢气、丙烷及氮气的相对密度。

当配气原料气为甲烷、氢气、氮气、丁烷时，可将式(4-6)～

式(4-8)中的丙烷各参数更换为丁烷的对应值。

3. 黄焰指数 I_Y

人工煤气的黄焰指数可按式(4-9）计算，计算结果不应大于 80：

$$I_Y=\left(1-0.314\frac{f_{O_2}}{H_s}\right)\frac{\sum_{r=1}^{n}y_rf_r}{\sqrt{d}} \tag{4-9}$$

天然气的黄焰指数可按式(4-10）计算，计算结果不应大于 210：

$$I_Y=\left(1-0.4187\frac{f_{O_2}}{H_s}\right)\frac{\sum_{r=1}^{n}y_rf_r}{\sqrt{d}} \tag{4-10}$$

以上两式中　I_Y——燃气黄焰指数；

y_r——燃气中 r 碳氢化合物的黄焰系数，数值见表 4-1；

f_r——燃气中的 r 碳氢化合物的体积分数（%）；

d——燃气相对密度；

f_{O_2}——燃气中的氧气体积分数（%）；

H_s——燃气的高热值（MJ/m^3）。

各种碳氢化合物对应的黄焰系数　　表 4-1

碳氢化合物	CH_4	C_2H_6	C_2H_4	C_2H_2	C_3H_8	C_3H_6	C_4H_{10}	C_4H_8	C_5H_{12}	C_6H_6
黄焰系数	1.0	2.85	2.65	2.40	4.8	4.8	6.8	6.8	8.8	20

4. 液化石油气

液化石油气试验气配制时，配制方法可参照第 4.3.1 节及第 4.3.2 节，其黄焰指数可按式(4-11）计算：

$$I_Y=\frac{\sum y_rf_r}{\sqrt{d}} \tag{4-11}$$

式中符号意义同前。

除人工煤气、天然气、液化石油气之外类别的燃气试验气的配制，亦可参照上述方法进行。

4.3.3 配气系统及方法

根据具体情况，建立与本单位生产与检测规模相适应的配气系统，对控制产品质量具有重要意义。专业检测单位则更是如此。下面介绍几种行之有效的配气系统。

1. 低压湿式储罐配气

（1）低压湿式储罐配气系统流程

低压湿式储罐配气系统如图 4-3 所示。湿式储罐配气系统出口气体压力一般为 5000Pa 左右。另外，根据测试需要，利用罐体内所设重块数量也可对出口气压进行调节。配气用原料气为高压瓶装气体，一般为氢气、甲烷和氮气，其中甲烷可以用天然气、丙烷或液化石油气等代替。配气气源按照计算的百分比，按顺序依次从进

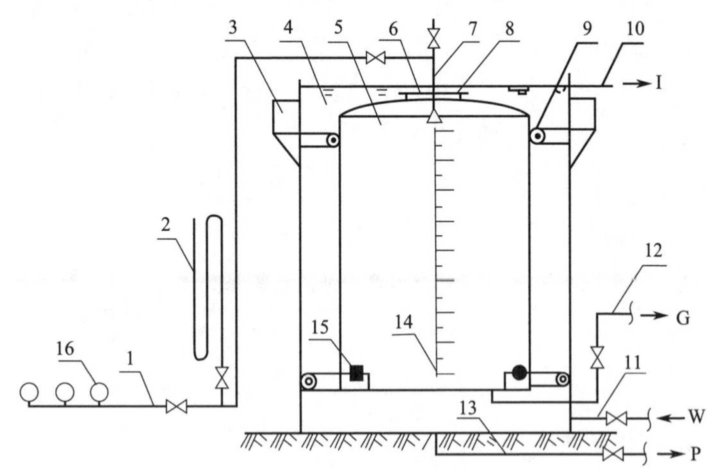

图 4-3 低压湿式储罐配气系统

1—进气管；2—U 形管压力计；3—平台；4—水池；5—钟罩；6—人孔；7—放散管；8—分配喷头；9—滑轮；10—溢流口；11—进水管；12—出气管；13—排水排污管；14—标尺；15—重块；16—配气用单一气体钢瓶；G—去检测室；W—进水；P—排污；I—溢流

气管1进入罐体的钟罩5，并在其中混合。随着配气的进行，钟罩浮出水面而上升。标尺14可反映进入的气体量。各配气用的单一气体的进气量是根据预先算出的百分比及配气总量决定的。标尺14可分别计量各单一配气的进气量。混合后的试验气通过出气管12去检测室。

根据燃气热值低、燃气具热负荷大的特点确定储罐容量。另外，可在进气管上直接接上与配气流量相匹配的流量计，以达到更准确计量的目的。

（2）操作步骤

1）水池冲水。打开放散管7的阀门，关闭排水排污管13的阀门，将进水管11阀门打开，向水池4内充水，直至人孔6上平面全部浸入水中。届时溢流口10会有水流出。最后关闭进水管11阀门。

2）氮气吹扫。关闭出气管12与放散管7的阀门，开启进气管1的阀门，接通氮气1～2min后，打开放散管7的阀门将气体排出，待罐降至最低位置时，关闭放散管阀门。

3）配气。在进气管1上接上配气用第一种气体钢瓶，高压气体出钢瓶后必须经过减压方可入罐。减压后压力值根据进气管及钟罩阻力确定，并要保持压力稳定，使钟罩5缓缓升起，同时计量第一种气体进气量。当达到计算所需量时．立即关闭进气管阀门。以后按上述方法向罐中分别加入第二种、第三种配气气源，即可完成配气过程。

（3）注意事项

1）准备工作。配气系统应检漏，使其不得产生漏气或漏水现象，否则将影响配气准确度；要有容量标尺，并设在钟罩上易观察的位置，标尺可通过流量计利用压缩空气对储罐容量进行标定。

2）进气顺序。为使所配气体在罐内较快混合均匀，配气时应先配入密度较小的气体，然后再配入密度较大的气体。其顺序一般为氢气、甲烷、氮气、丙烷、液化石油气。

3）压力控制。切换配气时，各种气体进罐前的压力保持相同。

4）混气时间。除液化石油气混合空气外，配制其他城镇燃气，在几小时后基本混合均匀。配制液化石油气混空气时，必须先使液化石油气进罐，空气后进。由于前者密度大、后者密度小，且两者相差悬殊，所以较难混合均匀，应在配制 24h 后再使用。混合均匀与否可用成分分析、热值及密度确定。

5）配气分析及调节：配制好的试验气能否交付使用应以实测数据为准。通过成分分析或热值、密度的测定，计算出配制气的华白数与所代替的基准燃气的华白数偏差应不超过±2%，燃烧速度指数偏差应不超过±5%。

（4）安全问题

要注意的安全问题如下：

1）燃气瓶库内严禁存放氧气瓶。可燃气瓶放在库内时，库内应通风良好。放在室外时应有防晒、防雨、防碰撞等措施。环境温度不得高于 45℃。

2）配气所用高压气瓶应按有关规定对不同气种采用不同颜色标志，不得混装，使用后在瓶上作好标记。

3）瓶库内应有消防措施及足够的泄爆面积。

4）严禁高压配气操作，必须用调压器将气瓶内高压降至要求的进罐压力。严禁配气量超过储罐的容量。

5）配制液化石油气和天然气混空气时必须使可燃气体先进罐，空气后进罐。不允许采用接近爆炸上限的配气成分。可燃气体的含量应大于爆炸上限的 1.5 倍。

6）在使用配制的试验气时，应将罐出口处至检测室一段管路内的非试验气排净后才能正式使用。配气完毕后，一定要关闭进气管及出气管所有阀门，待气体混合均匀后方可打开出气管阀门。测试完毕后立即关闭所有阀门。

7）罐的钟罩落至最低位置时应停止用气。打开进水阀门进水，同时打开钟罩上的放散管阀门，在有人看管的情况下将余气排到大气中去。当试验完毕而罐中尚有余气时，必须注意夜间气温变化，防止因气温下降罐内出现负压，此时一定要关闭所有进出气阀门，或者将余气排放干净。

8）冬季不配气时，尤其在北方地区，储罐水池内水应全部放净，以防止低温结冰将罐冻坏。冬季利用液化石油气配气时，气瓶必须放在室外操作。配气要考虑液化石油气的露点，严禁丁烷等高碳氢组分的冷凝液在罐的水池中出现。

9）配气工作人员应掌握有关安全技术知识，并应由专人负责配气系统及瓶库。

2. 橡皮袋配气

（1）橡皮袋配气系统流程

橡皮袋配气系统流程如图 4-4 所示。配气气源 1 中的气减压后按次序分别进入流量计 2 计量，最后进入橡皮袋 5 中。混合均匀后由抽气泵 6 抽出，增压后送至检测室。

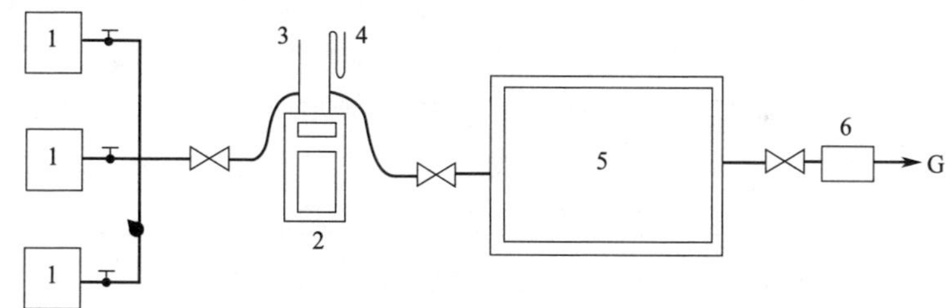

图 4-4　橡皮袋配气系统

1—配气气源；2—流量计；3—温度计；
4—U 形管压力计；5—橡皮袋；6—抽气泵；G—去检测室

（2）操作步骤

1）用抽气泵将橡皮袋中余气排净，确保袋内不含其他气体。

2）分别将配气各单一气体通入。将待配气的气瓶阀打开，通过 U 形管压力计 4 调整进气压力，记下流量计的初始读数。当进入气体体积达到计算配气所需体积时，马上停止进气，切换配气气源。将第二种配气按计算要求通入橡皮袋。如此重复操作至三种配气按计算量全部充入为止。关闭所有阀门，并在使用过的钢瓶上作好标记。

（3）注意事项

1）准备工作：整个配气系统应严格检漏，包括煤气表连接处、橡皮袋进气及出气口连接处和阀门等部位。橡皮袋可事先充空气用肥皂水做检漏试验。

2）进气顺序：先进量小且密度大的气体（空气除外），后进量大密度小的气体，以缩短混合时间。为减少配气误差，各单一配气进气前应确保进气管道和流量计中充满待进气体。当配气中有空气时，切记空气应最后通入。

3）压力控制：高压气体必须经过减压，并调节降低压力至需要的进气压力。确保各单一气体进气压力相同，从而保证配气的准确性。

4）配气时间：力求配气时间短，以减少外界环境因素（如气温）变化对配气结果造成的误差。必要时，应做温压校正。

5）混合措施：在配气时，经常翻动橡皮袋有利于其混合均匀。另外，配气完毕后，还可拍打橡皮袋以加速其混合。

6）配气分析及调节：在气袋中抽出样气分析其成分或直接测其热值和相对密度，其结果决定该气能否供检测使用。若华白数或燃烧速度指数超差，则应进行调节或重新进行配气。

（4）安全问题

1）用橡皮袋配气应选择通风良好的场所，且在整个配气过程中环境温度不能变化过大。

2）配制液化石油气，或天然气混空气时，必须使可燃气体先进袋，空气后进袋，不允许采用接近爆炸上限的配气成分。

3）配气量不得超过所用橡皮袋之容积。

4）配气袋所在之地面应光滑，周围不得有任何尖锐物体，确保不对橡皮袋产生损伤而漏气。挪动橡皮袋时应注意轻拿轻放，切忌硬拉。

5）所配气体不宜存放，最好当天用完。剩余气体及时排放到安全处。

6）应选择耐油的橡皮袋，防止橡皮袋与燃气发生化学变化。

3. 高压储罐配气

低压储罐配气系统，操作简单，换算方便，但体积庞大。高压罐配气体积小，造价低。经过正确的计算与合理的操作，用高压储罐配气也能达到配气精度要求。

（1）配气压力

高压罐的容积是固定的。按次序压入配气源的各单一气体。分别用各单一配气压入罐后的罐压数值来计量充气量的大小。

根据气体分压力的规律，混合气的绝对压力应等于各组分的绝对分压力的和，即：

$$p = y_1 p + y_2 p + y_3 p = p_1 + p_2 + p_3 \tag{4-12}$$

式中　p——混合后气体绝对压力（MPa）；

p_1、p_2 及 p_3——1、2 及 3 气体组分的绝对分压力（MPa）；

y_1、y_2、y_3——1、2 及 3 气体组分的体积分数。

由此可见，首先向罐内压入组分 1 时，应在压力达到 p_1 为止；再压组分 2，在压力达到 $p_1 + p_2$ 时为止；最后压入组分 3，使压力达到 p。要指出的是，式(4-12) 没有考虑气体的可压缩性。当 $p < 1$MPa 时，误差不大，否则应考虑压缩系数。

（2）高压配气系统流程

高压配气系统流程如图 4-5 所示。系统由高压储气罐、配气钢瓶及真空泵等部分组成。高压气罐的压力可取 0.8～1.0MPa。当罐容积为 10m^3 时。即有 80～100m^3 试验气储量，可利用试验气约 70～85m^3。

操作前要进行气密性试验，保证系统不漏气。操作时，首先要利用真空泵将高压储气罐及连接干管抽成真空。这时应关闭配气钢瓶前的各个阀门，打开高压储罐的进气阀，启动真空泵，直至真空压力计的读数不再变动，并且抽气泵出口氧含量接近零时为止。关闭真空泵及相应的阀门，按顺序将第一种配气由钢瓶压入高压罐，这时可读压力表 7。当达到计算要求时为止。这样依次再压入第二及第三种配气。在压入第二及第三种配气以前要把连接干管中的余压放掉。

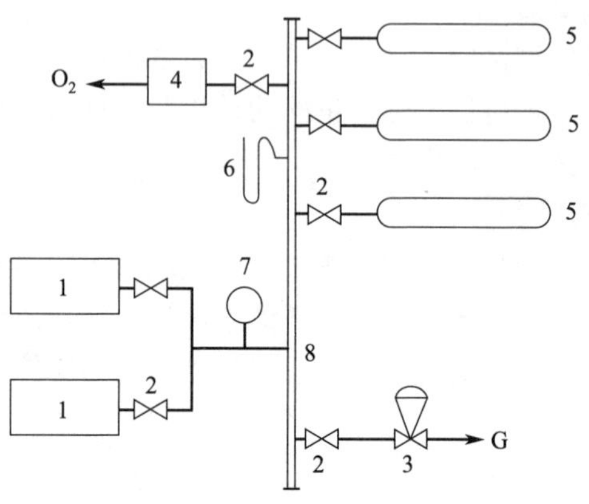

图 4-5　高压配气系统流程

1—高压储气罐；2—阀门；3—调压器；4—真空泵；5—配气钢瓶；6—真空压力计；7—压力表；8—连接干管；G—去检测室；O_2—去测氧仪

（3）注意事项

1）各单一配气钢瓶均应用硬管与干管连接。

2）p 值不能超过高压储罐的允许工作压力。

3）在配气时要求高压储罐与各配气钢瓶的环境温度保持一致，各配气钢瓶要通过降低压力再进入储气罐。

4）当使用液化石油气配气时，在冬季有时需要采用强制气化措施。简单的方法是使用热水（或蒸汽）喷淋。但此时要考虑液化石油气结露问题，要根据配气压力查有关文献得到露点温度，从而确定最低允许工作温度。

5）高压配气系统也可以采用流量计，直接计量进入高压储罐的各种单一配气量。但是，这会使系统复杂，增大投资。根据压力来计量配气量也可以达到需要的精度，这时要求选一个具有足够精度的压力计。

6）高压储罐具有一定高度时，应在高低两个不同位置装压力计，取其平均值为罐压。

4. 连续配气

当因生产需要连续使用试验气时，应考虑连续配气系统。以前所述的配气方法，都是向某一固定容器（高压或低压）分别注入各种单一配气，从而混合成符合要求的试验气，属间歇配气。当有两个容器时，也可以连续供应试验气，即第一容器供气，第二容器配气。当第一容器用尽后，切换成第二容器供气。这时要求配气系统与供气（试验气）系统分开，构成间歇配气—连续供气系统。这种配气方法的关键是要求每次配制的试验气的性质不允许相差过大，即 W 值偏差小于±2%及 S_F 值偏差小于±5%。

图4-6给出一个自动连续配气系统示意图。由配气钢瓶区Ⅰ送来的各单一气体，分别通过混气区Ⅱ的过滤器1、流量计2、调压器3、电磁阀4及控制阀5流入混合器6进行混合后，经过电磁总阀Ⅲ进入低压储罐Ⅳ。低压储罐出口以大约7000Pa的气压进入检测室。输出的试验气经过成分分析仪Ⅴ进行分析，并将信息送到控制中心的计算机主机。如果成分需要调整，由控制中心发出命令，通过控制装置Ⅶ，调节控制阀5，使成分得到应有调整。控制装置Ⅶ将配气钢瓶区Ⅰ、混气区Ⅱ及管道的各种参数送到控制中心Ⅵ。当罐的高度达到极限时，控制中心可令电磁总阀Ⅲ关闭或开放。

配气钢瓶区Ⅰ中有 H_2、CH_4、N_2、C_2H_4、C_3H_8、C_4H_{10} 及空气等钢瓶。每种气源分成两组并联供气。一组气用完后立即切换，使第二组投入使用。空气可不用钢瓶以压气机代替，保证供给干空气。H_2、CH_4、N_2 气瓶要求两次降压，将压力降至0.25～0.3MPa送入混气区Ⅱ，C_3H_8 及 C_4H_{10} 钢瓶压力比较低，可直接降低至0.15～0.2MPa进入混气区Ⅱ，而压缩空气可以0.5～0.7MPa的压力送入混气区Ⅱ。对于 CH_4 及 C_2H_4 降压时需要部分热量，可由加热装置Ⅷ供给。

整个系统应设有漏气报警、防止回火等安全装置。由计算机对各种参数、信号进行监控与调整。

5. 配气车间

当配气设备容量小于2MPa·m^3 时，可以在生产车间毗邻设附属的或单独的配气车间，并应满足下列要求：

(1) 通风良好，并设有直通室外的门；

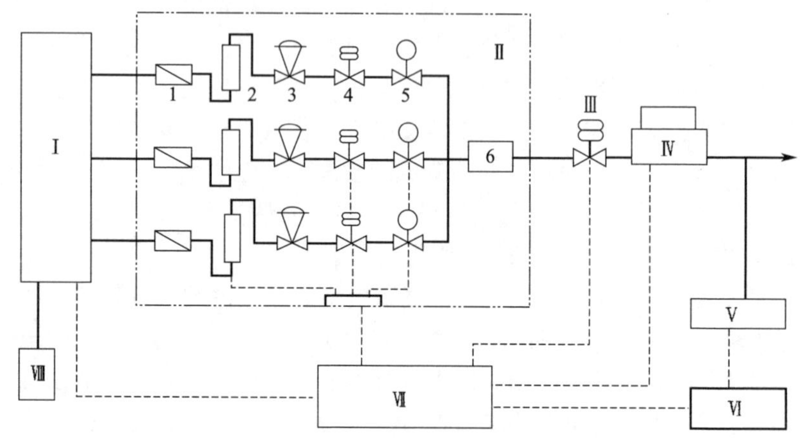

图 4-6　自动连续配气系统示意图

Ⅰ—配气钢瓶区；Ⅱ—混气区；Ⅲ—电磁总阀；Ⅳ—低压储罐；Ⅴ—成分分析仪；Ⅵ—控制中心；Ⅶ—控制装置；Ⅷ—加热装置；1—过滤器；2—流量计；3—调压器；4—电磁阀；5—控制阀；6—混合器

（2）与其他房间相邻的墙应采用防火墙（实体墙）；

（3）室温不能低于 0℃，不超过 35℃；

（4）应有水、电及消防设施；

（5）建筑物的耐火等级按三级设计；

（6）室内净高大于 3m，门窗外开并设防护栏；

（7）配气钢瓶的储瓶间应有防雨、防晒、通风良好的半敞开式结构；并应设护栏和石棉瓦罩棚；

（8）配气瓶的储瓶间和供气间内的可燃气体的总储量规定：液化石油气应小于 400kg（50kg 容量，8 瓶）；氢气应小于 120m^3（4m^3 容量，30 瓶）。

4.3.4　当前常用配气系统简介

根据燃气互换性原理，使用配气系统配制出和用户地区燃气相同华白数和燃烧速度指数的替代气源，可用于燃气用具的检测。配气系统是燃气用具生产企业和检验机构的必备设备。下面介绍几种常用的配气系统原理。

1. 三组分手动配气系统

三组分手动配气系统相对简单，一般由煤气表、储气罐、燃气管路组成，储气罐的容积应满足检验要求。原料气源为氢气、甲烷（或丙烷）、氮气。配气前需要计算出原料气源的比例。然后根据预先确定的配气量，计算出三种原料气源的需要量。配气时按照三种原料气源的需要量依次输入储气罐中，放置一段时间即可使用。

2. 三组分连续压力配气系统

现以某公司生产的配气装置为例，介绍三组分连续压力配气系统原理。图 4-7 为三组分连续低压配气原理图。该设备由控制电路、配气罐、储气罐等组成。

原料气源通常为氢气、甲烷（或丙烷）、氮气。进行配气时，只需将配制气的华白数和燃烧速度指数输入控制柜，装置自动计算出原料气源的比例。配气装置通过气动阀、精密压力传感器控制原料气源的比例，实现精密自动配气。原料气源在配气罐中混合后进入储气罐中储存，储气罐装有行程开关组件，通过行程开关组件的控制实现连续配气。

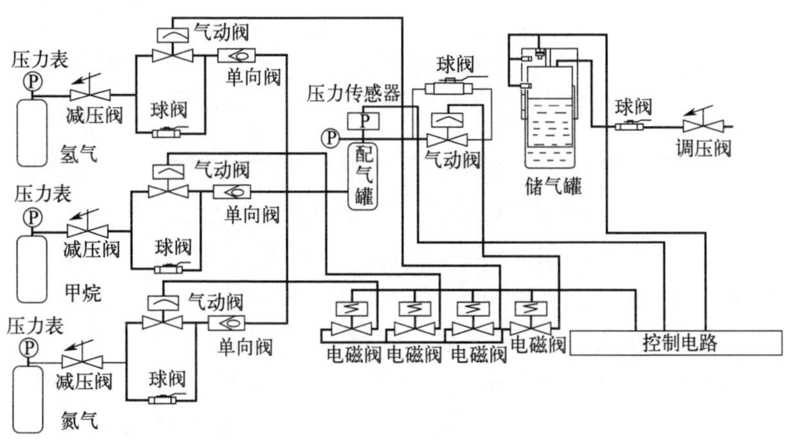

图 4-7　三组分连续低压配气原理图

3. 三（多）组分连续流量配气系统

现以位于天津的国家燃气用具质量检验检测中心研发的配气系统为例，介绍三（多）组分流量连续配气系统原理。图 4-8 为连续流量配气系统图。该配气系统分为两个柜体，一个柜体为电气控制柜即控制单元 12，其余为配气柜。两柜体之间通过电路、气路相连。

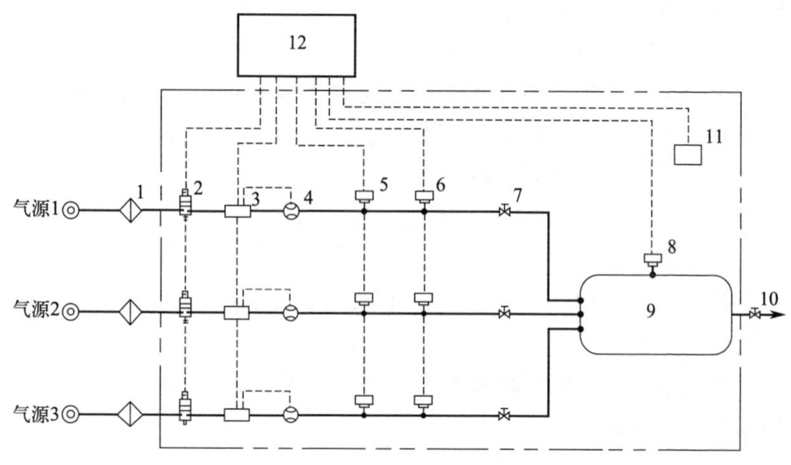

图 4-8　连续流量配气系统图

1—过滤器；2—电磁阀；3—流量控制器；4—流量传感器；5，8—压力传感器；6—温度传感器；7—球阀；9—混气罐；10—球阀；11—燃气报警器；12—控制单元

气源 1、气源 2、气源 3 为原料气源，一般常用 H_2、CH_4（C_3H_8）、N_2。原料气源经过过滤器 1、电磁阀 2、流量控制器 3、流量传感器 4、压力传感器 5、温度传感器 6、球阀 7 进入混气罐 9。电磁阀 2、流量控制器 3、压力传感器 5、温度传感器 6 分别与控制单元 12 电气相联。进行配气时，只需将配制气的华白数和燃烧速度指数等输入控制单元 12，控制单元 12 可自动计算 H_2、CH_4（C_3H_8）、N_2 等原料气的比例，然后通过流量控制器 3 按比例自动控制三（多）种原料气的流量输入到混气罐 9。混气罐 9 内部有自动混气装置，配制的气体可直接使用，不需要

静置。流量控制是由控制单元 12 发出指令给流量控制器 3，并与流量传感器 4 形成闭环反馈控制，因此可以精确地控制流量，保证配气精度。压力传感器 5 和温度传感器 6 用于对流量进行压力和温度补偿。燃气报警器 11 用于燃气泄漏报警。配气系统可通过球阀 10 连接湿式罐或干式罐储存配制的气体以供使用。另外配气系统还有加压检漏功能。在不进行配气时，可用此功能进行配气系统的泄漏检测。

本章参考文献

[1] 同济大学，重庆建筑大学，哈尔滨建筑大学，等．燃气燃烧与应用[M]．3 版．北京：中国建筑工业出版社，2000.

[2] 金志刚．燃气测试技术手册 [M]．天津：天津大学出版社，1994.

[3] 德尔布讲义，同济大学燃气教研室整理．燃气火焰的稳定与燃气互换性[J]．1982，(5)：52-60.

[4] 金志刚．燃气互换性、燃具适应性与燃气分类 [J]．家用燃气具，2009，(5)：29-36.

[5] Elmer R. Weaver. Formulas and Graphs for Representing the Interchangeability of Fuel Gases [J]. Journal of Research of the National Bureau of Standards，46 (3)，1951，213-245.

[6] 日本煤气协会编．煤气应用手册 [M]．李强霖，蔡玉琢 译．北京：中国建筑工业出版社，1989.

[7] 浦镕修．煤气互换性综述 [J]．城市煤气，1980 (6)：49～65.

[8] 高文学．城市燃气互换性理论及应用研究 [D]．天津：天津大学博士论文，2010.

[9] 李猷嘉．论液化天然气与管道天然气的互换性 [J]．城市燃气，2009 (6)：3-14.

[10] 高文学，王启，赵自军．燃气试验配气的实践与研究 [J]．煤气与热力，2008，28 (11)：B31-B35.

[11] 《煤气设计手册》编写组．煤气设计手册（下册）．北京：中国建筑工业出版社，1987.

[12] 中华人民共和国国家质量监督检验检疫总局，中国国家标准化管理委

员会．城镇燃气分类和基本特性：GB/T 13611—2006 [S]. 北京：中国标准出版社，2007.

[13] 中华人民共和国国家质量监督检验检疫总局，中国国家标准化管理委员会．城镇燃气分类和基本特性：GB/T 13611—2018 [S]. 北京：中国标准出版社，2018.

[14] 姜正侯．燃气工程技术手册 [M]. 上海：同济大学出版社，1993.

第5章

烟气分析

5.1 概述

5.1.1 烟气主要成分

燃气燃烧后产生的烟气中的主要成分包括二氧化碳（CO_2）、水蒸气（H_2O）、氮气（N_2）、氧气（O_2）、一氧化碳（CO）、氮氧化物（NO_X）、硫化物（SO_X）等。这些成分的体积分数会因燃气的成分与燃烧的条件不同而有所变化。

1. 理想情况下的烟气

假设燃气中不含杂质，并且与理论空气量混合完全燃烧，在这种情况下，烟气主要包含二氧化碳、水蒸气及氮气。因为没有过剩空气，所以烟气中不含有氧气，又由于燃烧完全，所以也不产生一氧化碳及未被完全燃烧的可燃气体。

2. 在有过剩空气条件下燃烧产生的烟气

这是生产实践中的主要情况。为了确保燃气与空气良好的混合燃烧，通常会有一定量的过剩空气，这样烟气中就会含有一些氧气，氧气含量越高，表示过剩空气越多，同时二氧化碳含量会相应降低。

5.1.2 干烟气和湿烟气

烟气中含有一定量的水蒸气，但随着烟气温度的降低，水蒸气会凝结出来，这会给烟气分析带来困难。因此，通常需要先除去水蒸气，对干烟气进行成分分析。水蒸气含量可以通过烟气温度测量确定，也可以通过计算求得。

5.1.3 烟气分析基本原理

1. 燃烧反应与烟气生成

在燃烧过程中，燃料与氧气发生化学反应，生成烟气及其他燃烧产物。燃料类型和燃烧条件直接影响烟气成分。

2. 烟气采集

烟气采集是将燃烧后的烟气通过特定设备（如烟气采样器、冷凝器等）收集，确保样品具有代表性。采集过程需考虑烟气的均匀性、采样时间和速率等因素。

3. 样品处理

采集到的烟气样品中含有水蒸气、颗粒物等杂质，需通过冷凝、过滤、干燥等方法处理，以便于后续分析。

4. 分析方法选择与实施

（1）光谱分析：包括红外光谱、紫外可见光谱等，通过分析样品吸收或发射的特定波长的光，确定各种成分的含量。

（2）色谱分析：包括气相色谱（GC）和液相色谱（LC），通过分离混合物中的组分，并检测它们的运动速度，确定其含量。

（3）质谱分析：利用质谱仪分离并分析样品中的组分，根据分子的质量和丰度确定其含量和结构。

（4）化学分析：如滴定、吸收光谱分析等，通过化学反应或样品与光的相互作用测定成分含量。

5. 数据处理与分析

对所得数据进行校正、定量分析、统计处理等，计算出各成分的含量。

5.2　烟气取样器

5.2.1　烟气取样器的要求

烟气取样器的设计、材料和安装位置对于准确测定燃气具的排放性能至关重要。烟气取样器通常应符合以下标准：

（1）材质：烟气取样器通常由不锈钢、铜等耐高温、耐腐蚀材料制成。针对氮氧化物的取样管，应使用聚四氟乙烯或其他不吸附氮氧化物的材料，以防止样本污染。

（2）形状和安装位置：烟气取样器的设计应能保证烟气流均匀取样，烟气取样器应安装在适当的位置以便采集代表性样本，如图 5-1～图 5-3 所示为常见的烟气取样器。

（3）设计原则：取样器的具体尺寸和结构应遵循相应的产品标准，确保取样器能在预期的温度和压力条件下稳定工作。

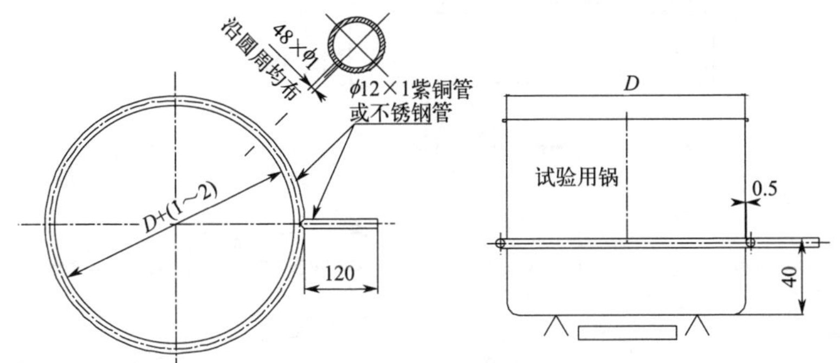

图 5-1　燃气灶烟气取样器

（a）燃气灶烟气取样器形状尺寸；（b）燃气灶烟气取样位置

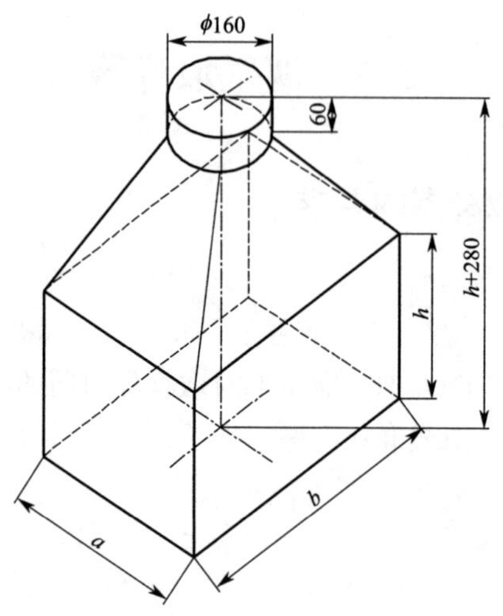

图 5-2　集烟罩

h—集烟罩的高，a—集烟罩的宽，b—集烟罩的长

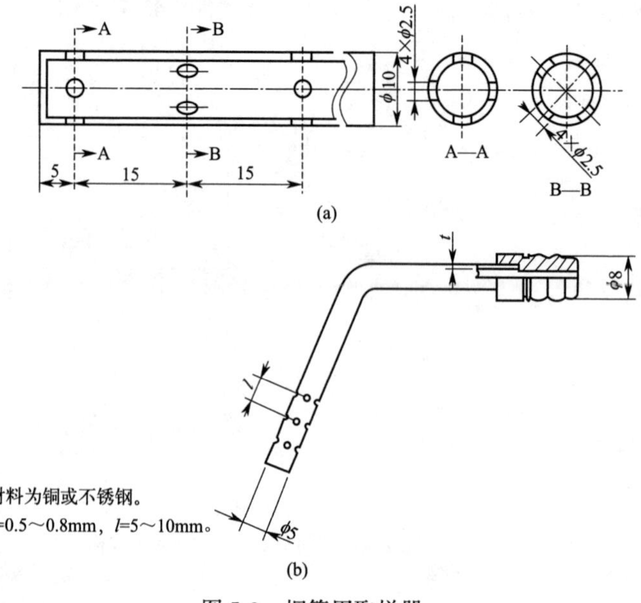

图 5-3　烟管用取样器

（a）取样器 1；（b）取样器 2

5.2.2　烟气取样中的关键点

（1）操作安全：在操作烟气取样器时，必须采取所有必要措施以防止产生火花或静电放电，尤其是在含有可燃气体的环境中。

（2）防止污染：为确保样本能准确反映燃烧效果，采样过程中应严防外部污染物质对烟气样本的污染。

（3）定期检查与维护：应定期对取样器进行检查和维护，以识别和修复磨损、堵塞或老化问题。

（4）取样位置：取样点的选择应确保能反映燃烧效率和排放性能。理想的取样位置应在排烟系统的稳定流动区，远离湍流和死区，以提高样本的代表性。取样过程不能影响燃气具正常燃烧。对于室内强制排气式燃气快速热水器，标准烟管和最长烟管的取样点应位于烟气出口处的直线距离 500mm 处。对于燃气采暖热水炉，标准烟管和最长烟管的取样点通常位于烟管的末端。对于其他燃气燃烧器具，取样点的选择应遵循相应的产品标准。

5.3　烟气成分分析

在进行烟气成分分析时，选择合适的分析技术是至关重要的，因为不同的方法适用于不同的应用场景，并且各有其特定的优缺点。本节将介绍多种烟气成分分析方法，包括红外线分析仪、化学发光法等，并通过比较这些技术的优势和局限性，提供一个全面的分析方法概览。

5.3.1　烟气成分分析方法对比

多种烟气成分分析方法优缺点比较如表 5-1 所示。

多种烟气成分分析方法优缺点比较　　表 5-1

分析方法	优点	缺点	分析对象
红外线分析仪	高灵敏度,可同时对多个气体成分进行分析	光谱干扰可能导致分析复杂,成本高	CO、CO_2、NO
热磁法	特异性强,简单稳定,适用于磁性气体,如氧气	只适用于具有磁性的气体,设备成本较高	O_2
化学发光法	高灵敏度,适用于 NO_X 的快速检测	需要稳定的环境条件,设备维护相对复杂	NO_X
化学比色法	成本相对低,操作简单	受限于化学试剂的选择性和反应条件的严格性	NO、NO_2
总碳氢化合物分析法	高灵敏度,快速响应,适合现场快速分析	对环境敏感,需要纯净的氢气作为燃料,运行成本较高	碳氢化合物
电化学分析法	体积小,灵敏度高,易于携带和集成	性能可能受环境条件影响,电极材料可能老化	CO、CO_2
锆氧分析法	高精度,特别适用于高温环境下的氧气浓度测量	需要高温环境以保证电解质的导电性,维护成本高	O_2
燃料电池法	快速响应,高灵敏度,便于现场使用	需要高纯度的氢气作为燃料,设备维护和运行成本较高	O_2、CO

在表 5-1 所述的烟气成分分析方法中，红外线分析仪和化学发光法由于其高灵敏度和实时监测能力，被广泛应用于燃气检测领域。热磁法也是一种在特定条件下广泛使用的方法，尤其适用于氧气的测量。而其他一些方法，如化学比色法、燃料电池法等，虽然在特定条件下仍有其应用价值，但由于技术或成本的限制，它们在燃气检测领域中的使用相对较少。

5.3.2 红外线分析仪

1. 基本原理

红外线分析仪的工作原理是基于分子对红外光的吸收。每种分子具有唯一的振动和转动模式，这些模式会在特定的红外波长处吸收光能。当分子吸收能量时，它们从较低的能级跃迁到较高的能级。这种能量吸收是量子化的，与分子内部振动和转动模式的能级差相对应。这些吸收特征在红外光谱中形成特定的吸收线或带，可以用来定性和定量分析气体。

2. 技术发展

红外线分析技术在过去几十年中有了显著进步。最新的红外线分析仪器，如 FTIR，利用干涉仪产生的干涉图来测量气体样本对所有可能波长的吸收，而不是依赖于单一或多个滤波器。这使得分析仪能够同时对多个气体进行定量分析，即使它们的吸收特性可能会重叠。现在，更先进的计算技术能够提供更快速和更准确的数据解析。

3. 仪器使用方法

在使用红外线分析仪时，通常包括以下步骤：首先，仪器需要被校准以确保精确性。然后，将气体样品引入分析仪的测量室。红外光源发出的光通过气体样品，并被探测器接收。探测器的输出随着气体对特定波长红外光的吸收而变化。这些变化的信号被放大并转换为数字读数，通过专门的软件进行分析以确定气体的种类和浓度。

4. 仪器的组成

（1）光源：产生稳定红外光的装置，通常为热电灯泡。

（2）反光镜：用于将红外光定向并聚焦到样本气体上。

（3）切光片：周期性割断红外光，形成脉冲信号，以提高信号的动态范围。

（4）气室：包含参比气室和测量气室，用于放置标准气体和样本气体进行比较。

（5）滤波器：允许特定波长的红外光通过，以分析特定气体成分。

（6）检测器：检测红外光强度的变化，并将光信号转换为电信号。

（7）放大器与信号处理器：用于放大和处理检测器的信号，以便读取和显示。

（8）显示与控制界面：提供用户界面，用于操作仪器和显示测量结果。

5. 优缺点

红外线分析技术具有一系列优点和缺点。其优点包括高灵敏度，能够检测到低浓度的气体成分，以及高选择性，能够针对性地分析特定的气体成分。此外，非侵入性测量使得气体样本在分析过程中不会被消耗，同时具备连续监测能力，适合在线实时监测。然而，这些技术也存在一些缺点，如光谱干扰可能导致多组分气体的光谱重叠，需要复杂的分析算法来解决。校准要求较高，需要定期使用标准气体进行校准，而光学部件的定期清洁也是必要的，以保持准确性。成本相对较高是一个不可忽视的因素，精密的仪器和维护需要相对较高的投入成本。

5.3.3 热磁法

1. 基本原理

热磁法（Thermomagnetic Method）是一种基于气体磁性随温度变化的物理现象来测量气体浓度的技术。它特别适用于测量氧气（O_2）和其他具有磁性的气体。这种方法利用了被测气体在不同温度下磁化率的变化，通过测量这种变化来确定气体的浓度。

2. 技术发展

随着材料科学和电子技术的发展，热磁法分析仪的灵敏度和稳定性得到了显著提高。现代仪器能够实现更精准的温度控制和磁场应用，从而提高测量的准确性和重复性。此外，集成的微处理器和高级算法使得数据处理更加快速和准确，允许实时监测和分析。

3. 仪器使用方法

（1）校准：使用已知浓度的气体对热磁法分析仪进行校准，确保测量精度。

（2）样本引入：将待测气体引入装有磁场的测量室，其中温度可被精确控制。

（3）测量：测量在不同温度下气体磁化率的变化。这些变化通过特定的探测器捕获，并转换为电信号。

(4) 数据分析：电信号被送入内置的微处理器进行分析，计算出气体的浓度，并通过显示界面呈现结果。

4. 仪器的组成

热磁法分析仪主要由以下部分组成：

(1) 磁场源：产生稳定磁场的装置，通常是永久磁铁或电磁铁。

(2) 温度控制系统：用于精确调节测量室温度的装置，确保温度的一致性和稳定性。

(3) 测量室：容纳待测气体的区域，能够在磁场和温度控制下进行磁化率的测量。

(4) 探测器：检测气体磁化率变化的传感器，通常基于磁感应原理。

(5) 信号处理与显示系统：将探测器的信号转化为数字信号，进行处理并显示测量结果的电子部件。

5. 优缺点

热磁法作为一种气体分析技术，具有一系列优点和缺点。其优点包括特异性强，特别适用于具有磁性的气体，如氧气，同时无须化学试剂，操作更为简便和经济，且仪器结构简单、稳定可靠。然而，热磁法也存在一些缺点，包括应用范围有限，只适用于具有磁性的气体，温度依赖性较高，测量结果受温度影响较大，同时设备成本相对较高，需要投入较大的成本用于高精度的温度控制系统和磁场源。热磁法因其对氧气等磁性气体的高灵敏度和良好的特异性而被广泛应用于烟气分析、工业过程控制、环境监测和安全检测等领域。尽管它对于非磁性气体的应用受限，但在其适用范围内，热磁法提供了一种有效、可靠的测量手段。

5.3.4　化学发光法

1. 基本原理

化学发光法依据的是特定化学反应在产生激发态分子时，随着这些分子回到基态过程中释放光子的现象。特别地，NO 与 O_2 的反应生成激发态的 NO_X，其在回到稳定态时，发射出特定波长（600～2500nm）的光。这个过程的发光强度与 NO 的浓度成正比，为 NO_X 含量的测量提供了一种高灵敏度的方法。

2. 技术发展

化学发光法自 20 世纪 70 年代以来不断进步，特别是在光电探测技术和自动化样品处理方面。现代化学发光分析仪采用更高效的光电倍增管和精确的电子控制系统，显著提高了测量的灵敏度和重复性。同时，集成的微处理器和先进的算法优化了数据处理流程，使得操作更加简便，反应时间更短，能够实现快速连续监测。

3. 仪器的组成

化学发光法分析仪的核心组成包括臭氧发生器、转换器、反应室、气路系统和电气系统。臭氧发生器通过紫外线照射或电离空气产生 O_2，转换器将 NO_X 转化为 NO 以便测量，反应室是 NO 与 O_2 反应发生的场所，光电倍增管用于探测发光信号。气路系统负责将样品气体准确导入反应室，而电气系统控制整个测量过程，包括光电信号的放大、处理和显示。

4. 仪器使用方法

使用化学发光法分析 NO_X 时，首先需要对仪器进行校准，确保测量精度。样品气体通过气路系统被导入反应室，在臭氧的作用下与 NO 反应产生发光信号。发光信号被光电倍增管捕获，并转化为电信号，由电气系统处理后显示 NO_X 浓度。整个过程需要精确控制反应室的温度、压力和臭氧浓度，以确保测量的准确性和重复性。

5. 优缺点

化学发光法在测量 NO_X 含量方面具有高灵敏度和良好的特异性，尤其适用于烟气中低浓度 NO_X 的快速检测。该方法能够提供即时的测量结果，适合于环境监测和排放控制。然而，该方法对设备的环境条件有较高要求，如需要稳定的温度和低湿度环境，且反应室和光电倍增管需要定期维护以保持最佳性能。此外，虽然化学发光法对 NO 浓度大时的线性偏离有所改善，但在高浓度范围内仍需注意可能的非线性响应。

5.4　烟气快速分析

对烟气进行快速分析时，选择一种简单、方便且具有一定精度的测试方法至关重要。为了帮助从事燃气检测领域的专业人员选择最合适的工具，本节将提供多种烟气快速分析技术的概览，包括各种方法的优缺点。

5.4.1　烟气快速分析方法对比

多种烟气快速分析方法优缺点比较如表 5-2 所示。

多种烟气快速分析方法优缺点比较　　表 5-2

分析方法	优点	缺点	分析对象
一氧化碳比色检测管	成本低，操作简单，适合快速现场检测	准确性受环境因素影响，对干扰气体敏感	CO
比长检测管	直观，操作简便，适用于现场快速分析	测量精度受环境条件和操作技巧影响	CO、CO_2、O_2
奥氏气体分析仪	可同时分析多种成分，成本相对较低	操作复杂，分析时间较长，适用于实验室	CO、CO_2、O_2
气相色谱仪	高灵敏度，分辨率高，可进行复杂混合物分析	设备成本高，操作和维护要求高	CO、CO_2、O_2、NO_X
质谱仪	极高的灵敏度和分辨率，提供详细的结构信息	成本高，技术要求高，对样品纯度要求高	CO、CO_2、O_2、NO_X
傅里叶变换红外光谱仪	非破坏性分析，快速，适用于固体、液体和气体样品	对复杂样品的分析可能需要专业知识，设备成本较高	CO、CO_2、O_2、NO_X

在表 5-2 所述的烟气快速分析方法中，一氧化碳比色检测管因其简便快速的特点而常用于现场一氧化碳（CO）浓度的即时监测。比长检测管在特定条件下被用于现场快速分析气体含量。而奥氏气体分析仪虽然在实验室环境中能提供准确的分析，但由于其操作复杂，

较少用于快速现场测试。气相色谱仪和质谱仪在燃气分析中也相当常见，尤其是在需要精确化学成分分析的场合。傅里叶变换红外光谱仪（FTIR）提供了一种高精度的分析方式，尽管成本较高，但其非破坏性和能够分析复杂样品的能力使其在某些应用中成为首选。

5.4.2 一氧化碳比色检测管

1. 基本原理

一氧化碳比色检测管利用化学反应原理来确定空气或其他气体混合物中 CO 的浓度。该方法涉及 CO 与特定化学指示剂的反应，该指示剂在与 CO 反应后颜色发生变化。主要反应包括 CO 与钯离子（Pd^{2+}）的还原反应，将 Pd^{2+} 还原为钯（Pd），以及新生成的 Pd 将硅钼酸铵还原为钼蓝，这导致指示剂从原来的黄色变为绿色甚至蓝色。这种颜色变化的程度与 CO 的浓度直接相关，通过与标准比色板比较，可以定量分析 CO 的浓度。

2. 技术发展

随着材料科学的发展，比色检测管的指示剂和吸附担体的性能得到了显著提升，使得检测更加灵敏和准确。现代比色检测管采用了更稳定、响应速度更快的化学指示剂，并利用纳米技术和高吸附性材料，如改性活性炭、沸石等优化了管内填充物的结构，以增强气体与指示剂的接触效率。这不仅提高了检测的灵敏度和准确度，还通过集成先进的传感器和微处理器实现了数字化读数，减少了人为判断的误差。更进一步，通过物联网技术的集成，比色检测管能够实现数据的即时传输和远程监控，便于用户管理和分析检测数据。

3. 仪器的组成

（1）玻璃管：通常直径为 6mm，内部填充有硅胶碎粒作为担体，吸附化学指示剂。

（2）指示剂：由硅钼酸铵和硫酸钯溶液吸附在硅胶担体上，通过减压干燥制备。

（3）气流方向指示：通过红色和黑色的胶体标记，指示气体流动的正确方向。

4. 仪器使用方法

（1）校正：使用已知浓度的标准 CO 气体校正检测管，以确保测量的准确性。

（2）样品采集：使用注射器采集气体样本，确保样本的准确性和纯度。

（3）测试步骤：按照指定的进气时间和量，将气体样本注入检测管，并等待指示剂颜色变化。

（4）读数：将检测管内的指示剂颜色与比色板进行比较，确定 CO 的浓度。

5. 优缺点

一氧化碳比色检测管是一种简便、快速且成本效益高的检测方法，适用于现场快速测量和紧急情况下的 CO 检测。该方法无须复杂的仪器设备，易于操作。然而，该技术的准确性可能受到测试条件（如温度、气体流速）的影响，且对于某些干扰气体（如 H_2、C_2H_2、NO_2）可能敏感，这可能会影响测量结果的准确性。因此，使用时需要仔细遵守操作指南，确保测试环境符合要求。

5.4.3　比长检测管

1. 基本原理

比长检测管是一种用于测量空气或气体混合物中特定成分含量的工具，其工作原理基于气体与指示剂的化学反应导致的颜色变化。以 CO 比长检测管为例，CO 气体与管内的指示剂反应，产生颜色变化，其变色长度与 CO 的浓度成正比。这种变色机制通常涉及多个步骤，如 CO 与碘酸钾反应产生棕色的变色圈，变色圈的长度直接关联于气体中 CO 的含量，提供了一种直观的测量手段。

2. 技术发展

随着检测技术的进步，比长检测管的设计和制造经历了显著的改进，从而提高了其灵敏度、准确性和用户便利性。现代比长检测管采用了更高效的吸附材料和更敏感的指示剂，改善了反应的特异性和颜色变化的可视性。此外，对比长检测管的构造进行了优化，比如改进了气体流动路径和增加了对干扰气体的过滤，以减少误差和提升测量的准确度。

3. 仪器的组成

（1）玻璃管：直径为 3.0～3.5mm，长度约 180mm，用于装载反应物质和指示剂。

（2）堵塞物：位于管子两端，通常由玻璃丝制成，用于固定管内的物质。

（3）活性炭和活化硅胶：用于去除气样中的 H_2S 和水分，保护指示剂不受污染。

（4）除乙烯试剂：用于吸收气样中的乙烯，防止其干扰 CO 的检测。

（5）指示剂：通常采用碘酸钾配制，能够与 CO 反应产生颜色变化。

（6）刻度：玻璃管外侧标有 CO 含量的刻度，便于直接读取 CO 的浓度。

4. 仪器使用方法

（1）校正：使用已知浓度的标准气体进行校正，确保检测准确性。

（2）样品采集：通过医用注射器吸取纯气样，确保样品的准确性。

（3）注入气样：将气样均匀地通过检测管，观察指示剂的颜色变化。

（4）读数：直接根据变色长度与管上的刻度比较，得出气样的含量。

5. 优缺点

比长检测管提供了一种快速、直观且便携的方式来测量气体中的特定成分，特别适用于现场快速检测和紧急情况下的分析。它简化了传统的气体分析方法，无须复杂的设备和专业技术知识即可操作。然而，比长检测管的测量精度可能受到环境条件（如温度和湿度）的影响，且对于变色环的解读需要一定的经验和技巧。此外，它可能对某些干扰气体敏感，需要在特定条件下使用以确保测量结果的准确性。

5.5　烟气连续监测技术

在当今的能源与环境领域，烟气的连续自动分析技术已成为提升燃烧效率、降低能源消耗及减少环境污染的关键手段。随着科技的发展，相关技术不断进步，为实现更精细的燃烧控制和环境监测提供了强有力的支持。

5.5.1　烟气单项成分连续分析的应用

1. 氧气（O_2）的连续自动分析

O_2 含量的连续监测在优化燃烧效率、降低能源消耗以及满足环保排放标准方面发挥着至关重要的作用。通过采用高精度的热磁式氧分析仪，可以实时精确地监控烟气中的 O_2 含量，为调节燃烧过程中的空气供给量提供了可靠的数据支持。这种技术不仅有助于确保燃烧过程的稳定性和高效性，还可以通过优化空气系数来显著提升能源利用效率，进而降低运营成本和减少环境污染。此外，精确控制一次空气系数，对于减少燃烧不完全产生的有害气体排放尤为关键，同时也是保障燃烧设备长期稳定运行的基础。

2. 一氧化碳（CO）的连续自动分析

作为评价燃烧完全程度的重要指标，CO 的连续分析对于燃烧设备的运行监控及环境保护具有重大意义。利用先进的红外线分析仪，可以实现烟气中 CO 含量的连续且精确测量，这对于及时调整燃烧参数、优化燃烧过程以及确保燃烧设备安全高效运行至关重要。红外线技术的应用，特别是非分散红外（NDIR）技术，因其高灵敏度和稳定性，已成为监测 CO 含量的首选方法。同时监测 CO 和 O_2 含量，可以全面评估燃烧效率和排放水平，为燃烧控制和环境保护提供强有力的技术支撑。

3. 二氧化碳（CO_2）的连续自动分析

CO_2 作为燃烧过程中的主要产物，其含量的连续监测对于评估燃烧效率和环境影响具有极其重要的作用。采用红外线分析技术，特别是先进的非分散红外（NDIR）分析仪，可以精确连续地监测烟气中的 CO_2 含量。这不仅有助于准确评估燃烧设备的能效和排放水平，还对于实现能源的可持续利用和降低温室气体排放具有积极意义。在某些情况下，通过测量 CO_2 含量来间接评估氧气水平，为燃烧过程提供了另一种调控手段，尤其在特定的研究和应用场景下，CO_2 的监测数据对于燃烧优化和环境评估提供了宝贵信息。

4. 氮氧化物（NO_X）的连续自动分析

NO_X 是燃烧过程中的一种主要污染物，对环境和人体健康均有较大影响。连续自动分析 NO_X 含量，对于控制和减少燃烧过程中的 NO_X 排放至关重要。采用化学发光法和红外线分析技术进行 NO_X 的连续监测，可以实现对烟气中 NO_X 含量的实时准确测量，为燃烧优化提供了重要的反馈信息。同时，通过综合监测 NO_X、CO_2 和 O_2 等多种关键参数，可以更全面地评估燃烧过程的环境影响，进而采取有效措施以达到环保要求，特别是在严格的环境监管政策下，NO_X 的连续自动分析技术对于保护环境、促进清洁生产具有不可替代的作用。

5.5.2 烟气多项成分连续分析的应用

在现代燃气具燃烧技术与环境监控领域，烟气多项成分连续分析技术显得尤为关键，它直接关联到提升燃烧效率、降低能源消耗以及减轻对环境的影响。通过实时监测烟气中的多种化学成分，如 CO、CO_2、NO_X 和 O_2 等，为精确控制燃气具的燃烧过程、优化能源利用和执行严格的排放监控提供了科学的数据基础。

1. 工作原理

烟气多项成分连续分析技术通常基于多种气体分析原理，如红外光谱（NDIR）、紫外光谱（UV）、化学发光、电化学传感器等，通过不同的传感器同时监测烟气中的多种成分，如 CO、CO_2、NO_X、SO_2、O_2 等。每种分析原理都有其特定的优势，例如，NDIR 技术适用于 CO_2 和 CO 的测量，而化学发光则被广泛应用于 NO_X 的检测。

2. 技术发展

在当今燃气具燃烧技术与环境监控领域，烟气多项成分连续监测技术迅速发展，这体现了技术创新与市场需求之间的紧密关联。这一进步主要表现在集成化设计、智能化操作以及远程监控与诊断技术的应用方面。首先，现代分析系统通过集成红外、紫外和化学发光等多种技术于一体，不仅提升了设备空间效率，也增强了系统整体稳定性和易用性，使得同时监测 CO、CO_2、NO_X、SO_2、O_2 等烟气多项成分成为可能，为燃烧优化和环境监测提供了全面解决方案。其次，通过融入先进的数据处理和人工智能算法，烟气分析系统能够自动优化分析参数和识别异常，提升数据准确性和处理效率，实现根据实际工况的自动调节，达到精细的控制目标。最后，应用远程监控与诊断技术，利用物联网实现实时状态监测和故障诊断，远程调整系统设置，显著降低维护成本，提高系统操作灵活性及应急响应能力，这些技术进步共同推动了烟气连续监测技术向更高效、可靠和智能化方向发展。

3. 仪器的组成

烟气多项成分连续分析技术通常由以下几个主要部分组成：

（1）采样系统：负责从烟道中抽取烟气样本，并通过过滤和冷凝处理去除颗粒物和水蒸气，确保样本对分析仪器的兼容性。

（2）分析单元：包括一系列的气体分析仪器，每个仪器专门针对一种或几种特定的气体成分。这些分析仪器根据不同的物理或化学原理进行工作，能够实时提供准确的测量结果。

（3）数据处理系统：负责收集分析仪器的输出数据，进行数据整合、处理和分析，并根据需要控制采样和分析过程。

4. 应用场景

烟气多项成分连续分析技术广泛应用于燃气、电力、化工、金属冶炼、垃圾焚烧等行业，特别是在大气污染物排放控制和能效管理方面发挥重要作用。通过实时监测烟气中的多种污染物，该技术不仅可以帮助企业满足日益严格的环保标准，还可以通过优化燃烧过程，提高能源利用效率，从而实现经济效益和环境效益的双重提升。

5.5.3 烟气分析注意事项

进行烟气分析时，应注意以下几个重要事项：

（1）仪器预热与校准：在使用前确保仪器充分预热，并进行准确校准，以保障测量结果的准确性。

（2）样本采集的正确性：采集烟气样本时需确保不受空气稀释或其他污染物的影响，以免测量结果出现偏差。

（3）样本预处理：根据需要对烟气样本进行适当的预处理，如冷凝去水、过滤去除颗粒物，避免传感器损坏或测量误差。

（4）交叉干扰：了解并减少其他气体对目标气体成分测量的交叉干扰，选择适合的传感器和测量技术以提高特异性。

（5）考虑环境条件：测量前应考虑环境温度、湿度等因素，因为这些环境条件可能影响某些气体成分的测量结果。

（6）传感器与样品通路的维护：定期检查和维护传感器及样品通路，清除可能的污染物，保证传感器响应灵敏和测量通路畅通。

（7）数据的准确解读：正确解读测量数据，考虑各种可能的干扰因素，以确保分析结果的准确性。

（8）安全操作：处理可能有害的烟气样本时，采取适当的安全措施，如穿戴适当的个人防护装备。

（9）操作结束与仪器关闭：测量结束后，应该让仪器运行一段时间以充分吸收新鲜空气，清除残留的样品气体，然后再关闭仪器或取样泵。

（10）持续监测与仪器维护：对于长期监测项目，定期检查仪器状态，及时进行调整或维护，确保仪器长期运行的准确性和稳定性。

5.6　烟气分析仪校准与维护

5.6.1　烟气分析仪校准的原理和步骤

1. 原理

烟气分析仪校准是将烟气分析仪的测量结果与已知浓度的标准气体进行比较和调整的过程。通过这种比较，仪器的测量系统被设置或调整，以便其读数准确反映实际气体浓度。校准过程确保了仪器在实际应用中能够提供准确可靠的数据。简而言之，校准是通过已知浓度的标准气体来调整仪器，使其测量值与标准值一致的过程。

2. 步骤

(1) 选择标准气体：根据仪器和测量范围选择适当的标准气体。这些气体应具有已知的浓度，用于校准仪器。

(2) 预热设备：在进行校准之前，确保烟气分析仪预热到正常工作温度，以保证校准过程的准确性。

(3) 进行零点校准：使用零气（通常是氮气或空气）进行零点校准，确保仪器在没有目标气体时显示为零。

(4) 施加标准气体：通过仪器的进气口引入标准气体，根据仪器指示调整校准参数，直到仪器读数与标准气体的已知浓度相匹配。

(5) 记录校准数据：详细记录校准过程和结果，包括使用的标准气体浓度、校准日期和任何调整或更换的部件信息。

(6) 周期性重复：根据制造商的推荐或测量的频率定期重复校准过程，确保分析仪的测量准确性。

5.6.2　日常维护和故障排除

为了确保烟气分析仪的准确性和长期可靠性，进行日常维护和故障排除是非常重要的。

1. 日常维护

（1）清洁：定期清洁仪器的外部和样品进气口，防止灰尘和颗粒物堵塞。

（2）检查连接：检查所有电气连接和气体管道是否安全，无泄漏。

（3）传感器校准：按照制造商的建议周期检查和校准传感器，确保测量的准确性。

（4）软件更新：定期检查并更新仪器的操作软件，以获得最新的功能和改进。

（5）定期更换滤芯：根据使用频率和制造商建议，定期更换进气系统的滤芯，以防堵塞。

（6）气体流量和压力检查：定期检查仪器内气体的流量和压力是否符合规定，确保测量的准确性。

（7）环境监测：监控分析仪周围的环境条件，如温度、湿度等，确保它们在允许的范围内。

（8）定期检查电源和电池：确保电源稳定且电池（如果有）性能良好，避免电力问题导致的仪器故障。

（9）记录和分析日志：定期查看仪器日志，分析可能的异常模式或频繁出现的问题，提前进行预防性维护。

（10）专业培训：确保操作人员和维护人员接受适当的培训，了解设备的正确操作和维护方法。

2. 故障排除

（1）测量数据异常：如果测量数据看起来不准确或异常，首先检查仪器是否已校准，然后检查样品管道是否有堵塞或泄漏。

（2）仪器无法启动：检查电源连接，确认电源插座和开关是否正常工作。

（3）响应缓慢：如果仪器响应变慢，可能是传感器老化或污染。根据制造商的指导进行清洁或更换。

（4）软件问题：遇到操作软件问题时，尝试重启仪器，并检查是否有可用的软件更新。

（5）记录和报告：详细记录所有维护和校准活动，以便于故障排查和性能评估。

（6）故障诊断：利用仪器自带的诊断功能进行初步故障判断，根据诊断结果采取相应措施。

（7）专业支持：面对复杂故障时，及时联系设备制造商或专业维修人员，避免自行拆解，导致更大损害。

第6章

家用燃气燃烧器具检测

燃气灶具、燃气热水器、燃气采暖热水炉等民用燃气燃烧器具是以燃气为燃料进行燃烧和热交换完成其特定功能的设备。燃气具的运行情况直接体现燃气燃料的优越性，对居民生活、城市环境、能源消耗等都有很大影响。科学的检验和试验工作是搞好燃气具的设计研发、产品质量认证和产品生产全面质量管理的基础，所以必须给予足够重视。

6.1 概述

6.1.1 民用燃气燃烧器具种类

1. 燃气灶具

燃气灶具是含有燃气燃烧器的烹调器具的总称，燃气灶具包括燃气灶、燃气烤箱、燃气烘烤器、燃气烤箱灶、燃气烘烤灶、燃气饭锅、气电两用灶、集成灶、燃气烤炉。

燃气灶是用本身带的支架支撑烹调器皿，并用火直接加热烹调器皿的燃气燃烧器具。

集成灶是将家用燃气灶和吸排油烟装置组合在一起的器具，或在此基础上增加食具消毒柜、烤箱、电磁灶、储藏柜等一种或一种以上功能的器具。

气电两用灶是将燃气灶具和电灶组合在一起，能单独或同时使用燃气和电能加热的两用灶具。

燃气烤箱是食品放在固定容积的箱内（加热室），以对流热和辐射热对食品进行加热的燃气燃烧器具。燃气烤炉是通过辐射和对流对食物进行烘烤的家用户外燃气燃烧器具。燃气烘烤器是用火直接烘烤食品的敞开式燃气燃烧器具。燃气烤箱灶、燃气烘烤灶是将烤箱、烘烤器与灶组合在一起的燃气燃烧器具。

2. 燃气热水器

燃气热水器是指用燃气作为燃料，通过燃烧加热方式，将热量传递到流经热交换器的冷水中，以达到制备生活热水目的的燃气器具。燃气热水器包括燃气快速热水器和燃气容积式热水器。

燃气快速热水器是通过水气联动装置控制燃烧燃气的开关，利用燃烧的热量快速加热通过热交换器内流动的水的器具。

燃气容积式热水器是指内部具有储热水的容器，利用燃烧的热量加热容器内的水，负荷容积比小于或等于 0.31kW/L 的器具。

3. 燃气采暖热水炉

燃气采暖热水炉是一种利用燃气燃烧产生的热量，直接加热热交换器内的水形成高温热水，并利用高温热水向室内供暖或提供生活热水的燃气器具。燃气采暖热水炉包括两用型和单采暖型，两用型是具有供暖和生活热水功能的采暖炉，单采暖型则是仅具有供暖功能的采暖炉。

4. 便携式丁烷气灶

便携式丁烷气灶是指便于携带且质量小于 18kg，使用燃料中丁烷百分含量不低于 95%的一次性燃料气瓶，且气瓶与燃气具连接并进行供气的燃气具。目前常见的气瓶与燃气具连接方式为卡入方式，俗称卡式炉。

5. 其他燃气具

除了上述常见的燃气具外，民用燃气具还包括燃气沸水器、燃气冰箱、燃气干衣机、燃气热泵、燃气空调、燃气冷热机组、燃气灯以及一些特殊工艺用途的燃气用具等。

6.1.2 燃气具质量评价标准

在各种燃气具产品标准中都规定各项度量质量的要求，归纳起来有以下几个方面：

1. 使用性

使用性是燃气具在规定条件下完成规定功能的能力，比如对于任何燃气具，首先要求燃气能正常燃烧并有稳定的火焰，在规定条件下不允许熄灭。优质燃气具还应具有简单易用的操作界面和合理的人体工学设计，以满足不同用户的需求。

2. 安全性

安全性是评价燃气具质量的重要指标，对于任何燃气具，首要的安全问题是燃气气密性，再者是各种安全保护如熄火保护装置、防过热保护装置等必须能有效地工作。此外，控制烟气中 CO 含量、NO_X 含量及噪声不超标对保护人身及环境免遭危害也是十分重要的。

3. 节能及环保性

燃气具的节能主要体现在热效率指标上，即消耗最少的燃料满足使用需求，燃气具的环保性体现在污染物排放指标，如烟气中的 CO 含量、NO_X 含量。燃气具的节能与环保应做到有机统一，避免出现热效率和污染物排放均高或均低的现象。目前我国燃气具产品标准均明确规定了燃气具热效率和烟气中的 CO 含量、NO_X 含量。

4. 耐用性及可靠性

耐用性指标是对燃气具预期寿命的考核，主要是对部件使用次数的要求；而可靠性是指燃气具在规定条件下和规定时间内完成规定功能的能力。目前我国燃气具产品标准都明文规定了各部件的耐用次数，但对可靠性没有统一规定。

5. 经济性

经济性是对燃气具的全寿命成本进行评价，包括燃气具制造的经济性和燃气具使用的经济性。制造的经济性是制造成本，使用的经济性包括购买成本、使用成本以及维护成本。燃气具制造经济性可以降低用户的购买成本，燃气具节能性、耐用性和可靠性也能够提高燃气具的使用经济性。

6. 美观协调性

美观、方便、实用是时代的要求，也是生活水平提高的具体表现。在满足可用性、安全性、耐用性及可靠性的前提下，美观的外形与包装将成为燃气具的主要竞争手段，同时，与周围家具格调协调、与厨房用具配套将是潜在质量要求。

6.1.3　试验用燃气

燃气具产品试验气应为《城镇燃气分类和基本特性》GB/T 13611—2018 标准所规定的试验用气，使用《城镇燃气分类和基本特性》GB/T 13611—2018 规定以外燃气的燃气具，试验用燃气可按产品设计时所依据的燃气，压力范围参考《城镇燃气分类和基本特性》GB/T 13611—2018 的有关规定执行。

燃气具产品常见的试验气条件如表 6-1 所示。

燃气具产品常见的试验气条件　　表 6-1

试验气种类		试验气压力(Pa)			
气种代号	气质	压力代号	人工煤气(3R、4R、5R、6R、7R)	天然气(10T、12T)	液化石油气(19Y、20Y、22Y)
0	基准气				
1	黄焰和不完全燃烧界限气	1(最高压力)	1500	3000	3300
2	回火界限气	2(额定压力)	1000	2000	2800
3	脱火界限气	3(最低压力)	500	1000	2000

表 6-1 中，0-2 气代表基准气-额定压力试验条件。

配制试验气的华白数波动应在±2%范围内。

6.2　通用性要求检测

燃气燃烧器具的检验要求包括安全性能、热工性能、结构等，不同燃气具类别之间有共性检验项目也有产品独特的检验项目，燃气燃烧器具的通用性要求包括燃气系统气密性、实测折算热负荷、干烟气中 $CO_{(\alpha=1)}$ 计算方法、温升、噪声、电气安全、燃气通路和燃气导管要求等。

6.2.1 燃气系统气密性

燃气系统气密性通常包括燃气阀门气密性、燃气入口至燃烧器喷嘴气密性、燃气入口至燃烧器火孔气密性，燃气系统密封性试验如表 6-2 所示。

燃气系统密封性试验　　表 6-2

序号	气密性	试验方法	试验压力	适用产品	试验要求
1	燃气阀门	使被测燃气阀门为关闭状态，其余阀门打开，隧道检测，在燃气入口连接检漏仪，通入规定试验压力的空气，检查其泄漏量	4.2kPa	灶具、热水器	灶具：燃气入口到燃气阀门≤0.07L/h； 自动控制阀：≤0.55L/h； 热水器：第一道阀：≤0.07L/h；其他阀门：≤0.55L/h
2	燃气入口至燃烧器火孔	0-1 气，点燃全部燃烧器，用检查火或检漏液检查燃气入口至燃烧器火孔前各部位是否有漏气现象	—	灶具、热水器	无漏气
3	燃气入口至燃烧器喷嘴	应打开起密封作用的所有阀门，并用制造商提供的适当零件代替喷嘴或限流器来堵塞燃气出口。燃气进口施加规定试验压力的环境温度下的空气，检查泄漏量	15kPa	采暖炉	≤0.14L/h

6.2.2 实测折算热负荷

实测折算热负荷可根据式(6-1) 进行计算。使用湿式流量计时，应用式(6-2) 对燃气密度进行修正，用 d_h 取代 d：

$$\Phi_{n}=\frac{1}{3.6}\times H_{ir}\times q_{vg}\times$$

$$\frac{p_{amb}+p_{m}}{p_{amb}+p_{g}}\times\sqrt{\frac{101.3+p_{g}}{101.3}\times\frac{p_{amb}+p_{g}}{101.3}\times\frac{288.15}{273.15+t_{g}}\times\frac{d}{d_{r}}} \tag{6-1}$$

$$d_{h}=\frac{d\times(p_{amb}+p_{m}-p_{s})+0.622\times p_{s}}{p_{amb}+p_{m}} \tag{6-2}$$

以上两式中　Φ_n——折算到基准状态下的热负荷（kW）；

H_{ir}——基准状态下基准气的低热值（MJ/m^3）；

q_{vg}——实测燃气流量（m^3/h）；

p_{amb}——试验时大气压力（kPa）；

p_m——试验时燃气流量计内的燃气压力（kPa）；

p_g——试验时器具前的燃气压力（kPa）；

t_g——试验时燃气流量计内的燃气温度（℃）；

d——干试验气的相对密度；

d_r——基准气的相对密度；

d_h——湿试验气的相对密度；

0.622——理想状态下水蒸气的相对密度；

p_s——在 t_g 时的饱和水蒸气压力（kPa）。

注：对于燃气灶具，式(6-1）中$\sqrt{101.3+p_g}$中的 p_g 应使用额定供气压力代替。

对于装有全预混燃烧器和燃气与空气比例控制系统的采暖炉应按式(6-3）计算热负荷：

$$\Phi_{n}=\frac{1}{3.6}\times H_{ir}\times q_{vg}\times\frac{101.3+p_{m}}{101.3}\times\sqrt{\frac{273.15+t_{air}}{293.15}\times\frac{288.15}{273.15+t_{g}}\times\frac{d}{d_{r}}} \tag{6-3}$$

式中　t_{air}——试验时进空气口的空气温度（℃）。

6.2.3　干烟气中 $CO_{(\alpha=1)}$ 计算方法

在主燃烧器点燃 15min 后，在排烟部位均匀采集烟气，采样的位置和方法按各燃气具标准规定。对于试验中能确定气体组分时，测定烟气中的 CO 和 CO_2 含量，按式(6-4) 计算：

$$CO_{(\alpha=1)}=CO_m\times\frac{(CO_2)_N}{(CO_2)_m} \tag{6-4}$$

式中 $CO_{(\alpha=1)}$——空气系数为 1 时，干烟气中一氧化碳含量（%）；

CO_m——测试的干烟气中 CO 含量（%）；

$(CO_2)_N$——干燥、空气系数 $\alpha=1$ 时烟气中 CO_2 的最大含量（%）；

$(CO_2)_m$——测试的干烟气中 CO_2 含量（%）。

注：$(CO_2)_N$ 的数值按实际燃气的理论烟气量计算或见《城镇燃气分类和基本特性》GB/T 13611—2018。

只能测定烟气中的 O_2 和 CO 含量时，可使用式(6-5) 进行计算。式(6-5) 的使用条件是烟气中的氧含量小于 14%。另外，当烟气中的 CO_2 含量小于 2%时，建议采用式(6-5)：

$$CO_{(\alpha=1)}=CO_m\times\frac{21}{21-(O_2)_m} \tag{6-5}$$

式中 $(O_2)_m$——测试的干烟气中 O_2 含量（%）。

6.2.4 温升

家用燃气灶具：使用 0-1 气，点燃所有燃烧器，燃烧器阀门开至最大，试验开始时，燃气灶置于最大负荷状态，水煮沸后立即调到能维持轻度沸腾的最小负荷状态并保持该状态直到试验结束。

热水器和采暖炉：使用 0-1 气，最大热负荷状态，热水器调节热水温度使其在额定水压下的最高出水温度 60～80℃，达不到 60℃时可调至最高使用温度，采暖炉调节供/回水温度为 80℃/60℃，连续运行 30min 后达到热平衡时进行试验。

便携式丁烷气灶：使用气瓶气点燃全部燃烧器，按说明书声明的额定负载运行，燃气具运行 30min，达到温度稳定状态后进行试验。

器具常见部位的最大表面温升见表 6-3。

器具常见部位的最大表面温升　　　表 6-3

<table>
<tr><th>序号</th><th colspan="2">部位</th><th>灶具</th><th>热水器</th><th>采暖炉</th><th>丁烷灶</th></tr>
<tr><td rowspan="4">1</td><td rowspan="4">操作时手必须接触的部位</td><td>金属材料和带涂覆层的金属材料</td><td>35K</td><td rowspan="4">30K</td><td>35K</td><td>35K</td></tr>
<tr><td>非金属材料</td><td>45K</td><td>—</td><td>45K</td></tr>
<tr><td>玻璃触摸屏</td><td>—</td><td>35K</td><td>—</td></tr>
<tr><td>塑料件</td><td>—</td><td>60K</td><td>—</td></tr>
<tr><td>2</td><td colspan="2">干电池外壳</td><td>20K</td><td>20K</td><td>—</td><td>—</td></tr>
<tr><td>3</td><td colspan="2">点火器外壳</td><td>50K</td><td>50K</td><td>—</td><td>50K</td></tr>
<tr><td>4</td><td colspan="2">软管接头</td><td>20K</td><td>20K</td><td>—</td><td>—</td></tr>
<tr><td>5</td><td colspan="2">燃气阀门管路</td><td>50K</td><td>50K</td><td>—</td><td>50K</td></tr>
<tr><td>6</td><td colspan="2">燃气稳压装置</td><td>35K</td><td>35K</td><td>—</td><td>50K</td></tr>
<tr><td>7</td><td colspan="2">采暖炉侧面、前面和顶部</td><td>—</td><td>—</td><td>80K</td><td>—</td></tr>
<tr><td>8</td><td colspan="2">丁烷灶气瓶底部</td><td>—</td><td>—</td><td>—</td><td>0K</td></tr>
<tr><td>9</td><td colspan="2">丁烷灶钢瓶本体温度</td><td>—</td><td>—</td><td>—</td><td>55℃</td></tr>
</table>

6.2.5　燃烧噪声

1. 燃气灶具、燃气热水器和便携式丁烷气灶噪声

试验状态：燃气灶具和燃气热水器使用 2-1 气，便携式丁烷气灶使用气瓶气，热水器在额定电压和最短烟管状态下，点燃全部燃烧器，最大热负荷状态下运行 15min 后。

测点位置：燃气灶具和燃气热水器分别在燃气具的左侧、右侧和正面各 1m，与灶具面板或热水器中心平齐位置进行试验。便携式丁烷气灶在燃气具正面 1m 与燃烧器等高处进行试验。

试验方法：使用声级计，按 A 计权，快速挡进行测定，环境本底噪声应小于 40dB（A）或比燃气具实测噪声低 10dB（A）以上，否则家用燃气灶具应按《声学 声压法测定噪声源声功率级

和声能量级 采用反射面上方包络测量面的简易法》GB/T 3768—2017 中附录 A 进行修正，燃气热水器和便携式丁烷气灶应按《家用燃气快速热水器》GB 6932—2015 中表 15 进行修正。

试验要求：燃气灶具和燃气热水器燃烧噪声应不大于 65dB（A），便携式丁烷气灶燃烧噪声应不大于 60dB（A）。

2. 燃气采暖热水炉噪声

使用 0-2 气，消声室或半消声室的本底噪声不应大于 32dB（A）。采暖系统与消声室或半消声室外散热系统相连，水流量调节装置应设置在消声室或半消声室外；通过适当的管路将烟气排放到消声室或半消声室外。按图 6-1 所示布置五个传声器，测试各传声器的声压级并按式(6-6) 计算声功率级。

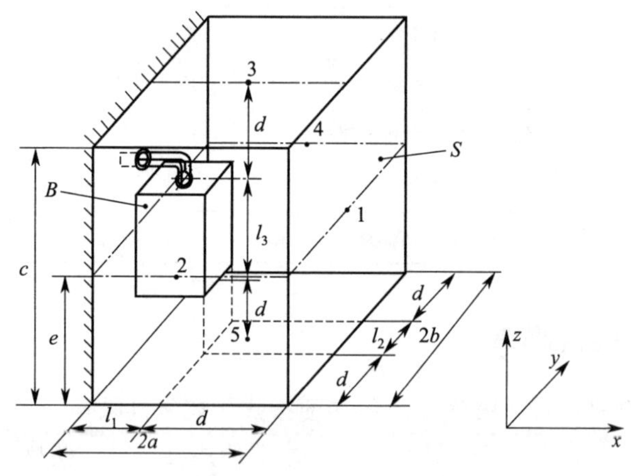

图 6-1　噪声试验示意图

1、2、3、4、5—传声器位置；B—试验样品；

$2a$—测量面长，$2a=l_1+d$（m）；$2b$—测量面宽，$2b=l_2+2d$（m）；

c—测量面高，$c=l_3+2d$（m）；d—测量距离，$d\geqslant 1$m（m）；

e—侧面传声器高度，$e=c/2$（m）；l_1—采暖炉长（m）；

l_2—采暖炉宽（m）；l_3—采暖炉高（m）；

S—测量面面积，$S=2(4ab+bc+2ac)$（m^2）

各测点声压级平均值由所测得的声压级数据按式(6-6)计算：

$$\overline{L}_{pm}=10\lg\left[\frac{1}{N}\sum_{i=1}^{N}10^{0.1L_{pi}}\right] \tag{6-6}$$

式中 $\overline{L}_{pm}$——各测点或测量表面的平均声压级［dB（A）］；

L_{pi}——从第 i 个测点测得的声压级［dB（A）］；

N——测点数。

燃气采暖炉的声功率级 L_w 是根据上式中测定的测量表面声压级，再由背景噪声修正值 K_1 和环境噪声修正值 K_2 修正，以及测量表面的面积计算得到，见式(6-7)：

$$L_w=L_{pmc}+10\lg\left(\frac{S}{S_0}\right) \tag{6-7}$$

式中 L_w——被测燃气采暖炉的声功率级噪声［dB（A）］；

L_{pmc}——根据计算的 A 计权，并由 K_1 和 K_2 修正，$L_{pmc}=\overline{L}_{pm}-K_1-K_2$［dB(A)］；

K_1、K_2——见《声学 声压法测定噪声源声功率级和声能量级 采用反射面上方包络测量面的简易法》GB/T 3768—2017 中第 8.3.4 条；

S——测量表面的面积（m^2）；

$S_0=1m^2$。

常见的室内型燃气采暖炉燃烧噪声（声功率级），额定热负荷 $\Phi_n\leqslant40kW$ 时，噪声不应大于 60dB（A）；$40kW<\Phi_n\leqslant70kW$，噪声不应大于 63dB（A）；$70kW<\Phi_n<100kW$，噪声不应大于 65dB（A）。

6.2.6　电气安全

燃气燃烧器具的电气安全主要包括泄漏电流、电气强度、接地措施和电气结构等。

1. 工作温度下的泄漏电流和电气强度

（1）泄漏电流

1）试验方法

燃气具工作的时间一直延续至正常使用时最不利条件产生所对应的时间。

在进行该试验前断开保护阻抗和无线电干扰滤波器。

电热器具以 1.15 倍的额定输入功率工作，电动器具和组合型器具以 1.06 倍的额定电压供电。

使用《接触电流和保护导体电流的测量方法》GB/T 12113—2023 中图 4 所示的电路装置测量泄漏电流。

测量在电源的任一极和下述部件之间进行：

①对Ⅰ类器具：打算与保护性接地连接的易触及金属部件；

②对Ⅱ类器具、Ⅱ类结构和Ⅲ类器具：与绝缘材料的易触及表面接触、面积不超过 20cm×10cm 的金属箔，以及不打算连接到保护性接地的金属部件。

在被测表面上，金属箔要有尽可能大的面积，但不超过规定的尺寸。如果金属箔面积小于被测表面，则应移动该金属箔以便测量该表面的所有部分。此金属不应影响器具的散热。

2）试验要求

采暖炉：Ⅰ类器具不应大于 3.5mA，Ⅱ类器具不应大于 0.25mA。

热水器：Ⅰ类器具不应大于 0.75mA，Ⅱ类器具不应大于 0.25mA。

灶具：Ⅰ类电动灶具不应大于 3.5mA；Ⅰ类电热灶具不应超过 1mA 或 1mA/kW，两者中取较大值，但最大小于或等于 10mA；Ⅱ类灶具不应超过 0.25mA；Ⅲ类灶具不应超过 0.5mA；电磁灶头不应超过 0.7mA（峰值）乘以以 kHz 为单位的工作频率或 70mA（峰值），两者中选最小值。

（2）电气强度

按照《低压电气设备的高电压试验技术 定义、试验和程序要求、试验设备》GB/T 17627—2019 的规定，断开器具电源后，燃气具绝缘立即经受频率为 50Hz 或 60Hz 的电压，历时 1min。试验电压施加在带电部件和易触及部件之间，非金属部件用金属箔覆盖。对在带电部件和易触及部件之间有中间金属件的Ⅱ类结构，要分别跨越基本绝缘和附加绝缘来施加电压。施加电压详见各产品标准。

在试验期间，不应出现闪络和击穿。

2. 泄漏电流和电气强度

（1）泄漏电流

1）试验方法

在进行该试验前断开保护阻抗和无线电干扰滤波器。

使燃气具处于室温，且不连接电源的情况下进行试验。

交流试验电压施加位置与工作温度下的泄漏电流相同。

单相燃气具的试验电压为额定电压的 1.06 倍。在施加试验电压后的 5s 内，测量泄漏电流。

2）试验要求

与工作温度下的泄漏电流试验要求相同。

（2）电气强度

试验方法：

泄漏电流试验结束后，燃气具绝缘立即经受频率为 50Hz 或 60Hz 的电压，历时 1min。试验电压施加位置与工作温度下的电气强度相同。

试验初始，施加的电压不超过规定电压值的一半，平缓地升高到规定值。施加电压详见各产品标准。

在试验期间，不应出现闪络和击穿。

3. 接地电阻

接地端子或接地触点与接地金属部件之间的连接，应具有低电阻值。

按下述步骤试验确定其是否合格：

从空载电压不大于12V（交流或直流）的电源取得电流，并且该电流等于燃气具额定电流的1.5倍或25A（两者中取较大者），让该电流轮流在接地端子或接地触点与每个易触及金属部件之间通过。

在燃气具的接地端子或输入插口的接地触点与易触及金属部件之间测量电压降。由电流和该电压降计算出电阻，该电阻值不应大于0.1Ω。

4. 结构安全

燃气具产品电源软线和接地端子应满足如下基本要求：

（1）带电源软线的采暖炉，其接线端子或软线固定装置与接线端子之间导线长度的设置，应使得如软线从软线固定装置中滑出，载流导线在接地导线之前先绷紧。

（2）万一绝缘失效可能带电的Ⅰ类器具的易触及金属部件，应永久并可靠地连接到器具内的一个接地端子，或器具输入插口的接地触点。接地端子和接地触点不应连接到中性接线端子。

（3）接地端子的夹紧装置应充分牢固，以防止意外松动，接地端子不应兼作它用。不借助工具应不能松动。器具应设有永久性接地标志。

6.2.7 燃气通路和燃气导管要求

1. 燃气通路阀门要求

器具燃气系统（不含室外使用产品，如：燃气烤炉）应设置不少于两道独立的燃气阀门。燃气通路示意图如图6-2所示，图6-2(a)为串联方式，阀门A和阀门B的功能是互为独立的，图6-2(b)为串联与并联结合方式，阀门A和阀门B的功能是互为独立的，阀门A和阀门C的功能也互为独立的。设置两道独立的阀门，是为保证在其中一道阀出现故障无法切断燃气通路时，另一道阀仍能正常工作，切断燃气通路，以确保燃气使用安全。

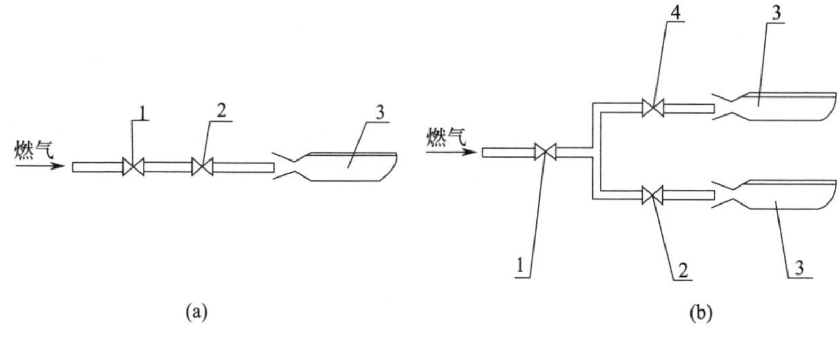

图 6-2　燃气通路示意图

(a) 串联方式；(b) 串联与并联结合方式

1—阀门 A；2—阀门 B；3—主燃烧器；4—阀门 C

2. 燃气导管

燃气导管的形式决定了器具与燃气管道的连接方式，若燃气导管不符合要求，容易引起胶管脱落、漏气等安全问题。燃气导管应符合以下要求：

(1) 硬管连接接头应使用管螺纹，管螺纹应符合《55°密封管螺纹 第 1 部分：圆柱内螺纹与圆锥外螺纹》GB/T 7306.1—2000、《55°密封管螺纹 第 2 部分：圆锥内螺纹与圆锥外螺纹》GB/T 7306.2—2000、《55°非密封管螺纹》GB/T 7307—2001 的规定。灶具的软管连接接头形式及尺寸如图 6-3 所示（ϕ9.5mm 或 ϕ13mm）。使用液化石油气且热负荷小于或等于 20kW 的热水器，也可采用图 6-3 所示的结构（ϕ9mm 或 ϕ13mm）的过渡燃气入口接头与燃气专用软管直接连接。

(2) 对于燃气灶具，管道燃气宜使用硬管（或金属软管）连接。当使用非金属软管连接时，燃气导管不得因装拆软管而松动和漏气。软管和软管接头应设在易于观察和检修的位置。对于燃气热水器，管道燃气应使用硬管（或金属软管）连接。

(3) 软管和软管接头的连接应使用紧固措施固定。

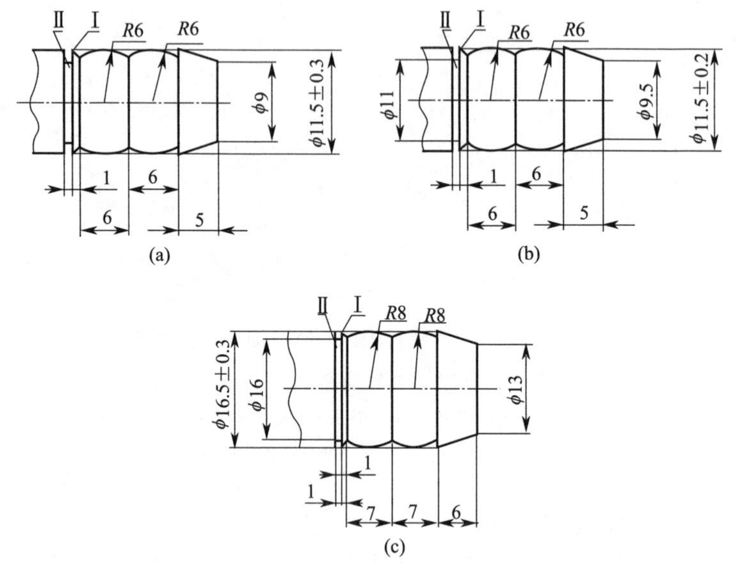

图 6-3 软管连接接头的形状及尺寸

(a) φ9 橡胶管用；(b) φ9.5 橡胶管用；(c) φ13 橡胶管用

Ⅰ处应为锐角；Ⅱ处应为槽状，槽部涂红色

6.3 家用燃气灶具

6.3.1 安全装置试验

家用燃气灶具的安全装置主要包括熄火保护装置、油温过热控制装置、集成灶烟道防火安全装置、饭锅温控装置等。

1. 熄火保护装置

所有类型的灶具（不含室外使用产品）每一个燃烧器均应设有熄火保护装置。熄火保护装置是在灶具意外熄火时能自动切断燃气通路的一种安全装置。目前，熄火保护装置分为两类，一类是热电式，另一类是离子式。热电式熄火保护装置是由电磁阀、热电偶组成，通过感应热电偶产生的热电势控制燃气通路的通断。离子式熄火保护装置由电磁阀、离子感应针和控制装置组成，控制装置通过离子感应针上的离子电流来判断是否有火焰信号，从而控制燃气通路的通断。熄火保护装置的试验方法和要求如下：

使用 3-3 气，在灶具正常使用状态，从点火操作算起，到熄火保护装置处于开阀状态时的时间为开阀时间，开阀时间不应大于 10s。

使用 3-3 气，在灶具正常使用状态，在主燃烧器点燃 15min 后，在不关闭燃气阀门的情况下实施强行熄火，从熄火到熄火保护装置关闭的时间为闭阀时间，闭阀时间不应大于 60s。

2. 油温过热控制装置

虽然《家用燃气灶具》GB 16410—2020 未强制规定灶具应设置油温过热控制装置，但随着对燃气安全的重视，越来越多灶具配置了油温过热控制装置。油温过热控制装置是当锅内油温过高或者干烧时，自动切断燃气通路的一种安全装置。油温过热控制装置一般是由控制装置、电磁阀和安装于燃烧器中心的温度传感器等组成，通过温度传感器探测的锅底温度，间接判断锅内温度，当探测的温度达到设定温度时，控制装置发出关阀信号，电磁阀关断，从而切断燃气通路，防止干烧或油温过热。油温过热控制装置试验方法和要求如下：

使用 0-3 气，按照标准要求选用试验锅，注入 10mm 深的色拉油，点燃燃烧器，测定控制装置动作时油的最高温度。对可调节温度的灶具，设定在最高温度进行试验。试验过程中油的最高温度不应大于 300℃。

3. 集成灶烟道防火安全装置

集成灶应设置烟道防火安全装置。烟道防火安全装置是当明火进入集成灶烟道后自动切断燃气通路和风机电源的一种安全装置。烟道防火安全装置由电磁阀、控制装置和安装在排烟口的温度传感器组成，控制装置根据温度传感器测量的温度来判断是否有明火进入，从而控制燃气通路的通断。集成灶烟道防火安全装置试验方法和要求如下：

使用 0-2 气，用直径 32cm 的尖底炒锅，加入无水乙醇 50mL，点燃燃烧器，开启风机最低挡位，用外部火源点燃乙醇，当燃烧明火进入排风装置的吸风口时开始计时，30s 内集成灶应切断燃气通路和风机电源。当直径 32cm 锅具无法适用时，可按照产品说明书推荐锅具尺寸进行测试。

4. 饭锅温控装置

饭锅温控装置是在饭锅内温度达到设定温度时自动切断燃气通路的一种安全装置。饭锅温控装置试验方法和要求如下：

使用 0-3 气，在最大稻米量状态，将温度计放在内锅底部中心直径 50mm 范围内，使温度计与内锅底部保持接触，在控制元件切断主燃烧器 5s 内读取温度计读数，同时关闭保温燃烧器，然后加入约 50mL 温度为 80～90℃的热水，10min 后重新进行第二次试验，重复测试三次，取温度计的三次读数平均值作为温控装置的闭阀温度。饭锅温控装置的闭阀温度应为试验处水沸点的＋0.5～＋4.5℃。

6.3.2 热工性能试验

1. 热效率

热效率是重要的使用性能指标，家用燃气灶已被纳入国家能效监管体系，产品外壳上必须贴有“中国能效标识”标签，能效等级分为 3 级，其中 1 级能效最高，3 级能效最低。灶具的热效率受燃气参数、环境参数、被加热物质参数、灶具本身的性能参数等多种因素影响，因而在对比和评价灶具本身的性能时必须按照产品标准中规定的试验条件、试验用气和试验方法进行。

（1）试验方法

1）燃气灶

在进行热效率测试前，需要先进行实测热负荷的计算。实测热负荷是指在试验状态下，试验气的低热值与实测燃气流量的乘积，按照式(6-8）计算。根据实测热负荷，按照《家用燃气灶具》GB 16410—2020 中表 18 所示选用上限锅、下限锅和加热水量。

$$\Phi_{实}=\frac{1}{3.6}\times Q_{1实}\times v\times\frac{288}{273+t_g}\times\frac{p_{amb}+p_m-S}{101.3} \tag{6-8}$$

式中　$\Phi_{实}$——实测热负荷（kW）；

$Q_{1实}$——15℃、101.3kPa 状态下试验燃气的低热值（MJ/m^3）；

v——实测燃气流量（m^3/h）；

t_g——燃气流量计内的燃气温度（℃）；

p_{amb}——试验时的大气压力（kPa）；

p_m——实测燃气流量计内的燃气相对静压力（kPa）；

S——温度为 t_g 时的饱和水蒸气压力（当使用干式流量计测量时，S 值应乘以试验燃气的相对湿度进行修正）（kPa）。

使用 0-2 气，点燃燃烧器，燃气阀门调至最大，将燃气供气压力调整至额定值；坐上下限锅，燃烧 15min 后换上试验锅，水初温应取室温加 5K，水终温应取水初温加 50K。在水初温前 5K 时，开始搅拌，到水初温时停止搅拌，开始计量燃气消耗。在水终温前 5K 时又开始搅拌，到水终温时，记录所有参数，按照式(6-9）和式(6-10）计算实测热效率。测试时，搅拌频率大于或等于 30 次/min，要保证搅拌均匀。

$$\eta_{实}=\frac{m\times c\times(t_2-t_1)}{V_{耗}\times Q_{1实}}\times\frac{273+t_g}{288}\times\frac{101.3}{p_{amb}+p_m-S}\times 100 \tag{6-9}$$

$$m=m_1+0.213m_2 \tag{6-10}$$

式中　$\eta_{实}$——实测热效率（%）；

m——实际加水量与铝锅换算为当量加水量之和（kg）；

m_1——加入锅内的水质量（kg）；

m_2——铝锅的质量（含盖子和搅拌器）（kg）；

c——水的比热容，$c=4.19\times 10^{-3}$ MJ/(kg·℃）；

t_1——水的初温（℃）；

t_2——水的终温（℃）；

$V_{耗}$——实测燃气消耗量（m^3）；

$Q_{1实}$——15℃、101.3kPa 状态下试验气低热值（MJ/m^3）；

t_g——测定时燃气流量计内的燃气温度（℃）；

p_{amb}——试验时的大气压力（kPa）；

p_m——实测燃气流量计内的燃气相对静压力（kPa）；

S——温度为 t_g 时的饱和水蒸气压力（当使用干式流量计测量时，S 值应乘以试验燃气的相对湿度进行修正）（kPa）。

在同一条件下做 2 次以上试验，连续两次热效率的差在 1%以下时，取平均值为实测热效率，否则应重新试验，直至合格为止。

上限锅和下限锅的实测热效率试验结束后，用式(6-11）计算试验灶头的热效率：

$$\eta=\eta_{实,下}+\frac{q_{下}-5.47}{q_{下}-q_{上}}\times(\eta_{实,上}-\eta_{实,下}) \tag{6-11}$$

式中 $\eta_{实,下}$——使用下限锅时的实测热效率（%）；

$\eta_{实,上}$——使用上限锅时的实测热效率（%）；

$q_{下}$——使用下限锅试验时的锅底热强度（W/cm^2）；

$q_{上}$——使用上限锅试验时的锅底热强度（W/cm^2）。

2）集成灶

集成灶热效率测试方法与燃气灶相同，但需要注意集成灶的热效率要分别在关闭吸排油烟装置和开启吸排油烟装置（风机在最高转速下工作）两种状态下测量。

3）饭锅

饭锅热效率测试时，试验用水量为最大稻米量的两倍，试验方法与燃气灶相同。

（2）试验要求

《家用燃气灶具》GB 16410—2020 中的热效率要求如表 6-4 所示。

《家用燃气灶具》GB 16410—2020 中的热效率要求　　表 6-4

序号	类型		热效率要求
1	燃气灶及组合灶具的燃气灶眼	嵌入式燃气灶	≥55%
2		台式灶	≥58%
3		集成灶	≥55%（未开启吸排油烟装置）
4			≥53%（开启吸排油烟装置）
5	饭锅		≥55%

能效标识中的能效等级按照《家用燃气灶具能效限定值及能效等级》GB 30720—2014 的要求进行划分，家用燃气灶具能效等级如表 6-5 所示。该标准中的集成灶的热效率在风机开启到最大状态下进行试验，多火眼灶具的能效等级根据最低热效率值火眼的能效等级确认。大气-红外复合型燃烧器按红外线灶的能效等级确定。

家用燃气灶具能效等级　　表 6-5

序号	类型		热效率		
			1 级	2 级	3 级
1	大气式灶	台式	66%	62%	58%
2		嵌入式	63%	59%	55%
3		集成灶	59%	56%	53%
4	红外线灶	台式	68%	64%	60%
5		嵌入式	65%	61%	57%
6		集成灶	61%	58%	55%

2. 离焰

当可燃气体的混合物在燃烧器火孔出口流速达到离焰极限时，火焰在根部可能部分脱离火孔，形成离焰，部分未燃烧的可燃气体会漏出，当速度再继续增大时，火焰会马上脱离火孔，形成脱火。在冷态时灶具比较容易形成离焰，因此在检验时要在冷态下进行，试验方法和要求如下：

在冷态点燃主燃烧器，使用脱火界限气，在最高供气压力下，

15s后目测灶具的火孔是否有离焰，若有1/3以上火孔有离焰，则判定为该项目不合格。集成灶分别在关闭吸排油烟装置和开启吸排油烟装置（风机在最高转速下工作）两种状态下试验。

3. 熄火

试验方法和要求如下：

使用脱火界限气，在最低供气压力下，主燃烧器点燃15s后，目测每个火孔是否有火焰，若无火焰，则判定为该项目不合格。集成灶分别在关闭吸排油烟装置和开启吸排油烟装置（风机在最高转速下工作）两种状态下测量。

4. 回火

当可燃气体混合物在燃烧火孔的出口流速小于回火极限速度时，火焰会缩回火孔，产生回火。试验方法和要求如下：

使用回火界限气，在最低供气压力下，主燃烧器点燃15min后，目测火焰是否回火，若有回火，则判定为该项目不合格。集成灶分别在关闭吸排油烟装置和开启吸排油烟装置（风机在最高转速下工作）两种状态下测量。

5. 干烟气中CO浓度

根据实测热负荷，按照《家用燃气灶具》GB 16410—2020中表18所示选用下限锅（无锅盖）和加热水量，试验中水位低于1/2水量时，应及时补水，灶具点燃15min后，用烟气取样器取样，测量烟气中的一氧化碳含量和二氧化碳含量或氧含量。抽取烟气中氧含量应小于或等于14%。燃气灶的烟气取样器为环形取样器，烘烤器、烤箱与饭锅分别用适合其排气口形状的取样器取样。取样器距离试验用锅锅底40mm，若氧含量大于14%，取样器位置可在20～40mm范围内调整。干烟气中CO浓度用式(6-4)和式(6-5)计算。干烟气中CO浓度应满足：室内型小于或等于0.05%，室外型小于或等于0.08%。

6. $NO_{X(\alpha=1)}$

（1）试验方法

灶具运行15min后，用烟气取样器取样，取样方法同干烟气中 CO 浓度试验。烟气中氮氧化物含量按式(6-12) 或式(6-13) 计算（在烟气分析的同时，应测定室内空气中氮氧化物含量）。

$$C_{NO_{X(\alpha=1)}}=\frac{C'_{NO_X}-C''_{NO_X}(C'_o/20.9)}{1-(C'_O/20.9)}\times100\% \tag{6-12}$$

式中　$C_{NO_{X(\alpha=1)}}$——空气系数 $\alpha=1$ 时，干烟气中的氮氧化物含量（体积分数）(%)；

C'_{NO_X}——烟气样中的氮氧化物含量（体积分数）(%)；

C''_{NO_X}——室内空气中的氮氧化物含量（体积分数）(%)；

C'_O——烟气样中的氧含量（体积分数）(%)。

$$C_{NO_{X(\alpha=1)}}=C_{(NO_X)_m}\times\frac{C_{2max}}{C_{2a}-C_{2t}}\times100\% \tag{6-13}$$

式中　$C_{NO_{X(\alpha=1)}}$——空气系数 $\alpha=1$ 时，干烟气中的氮氧化物含量（体积分数）(%)；

$C_{(NO_X)_m}$——干烟气样中一氧化氮含量（体积分数）(%)；

C_{2t}——室内空气（干燥状态）中的二氧化碳浓度测定值（体积分数）(%)；

C_{2a}——干烟气样中的二氧化碳浓度测定值（体积分数）(%)；

C_{2max}——理论干烟气样中的二氧化碳浓度（计算值）（体积分数）(%)。

(2) 排放等级

NO_X 排放等级如表 6-6 所示。

NO_X 排放等级　　**表 6-6**

排放等级	浓度极限(%)	
	天然气、人工煤气	液化石油气
1	0.015	0.018
2	0.012	0.015
3	0.009	0.011

续表

排放等级	浓度极限(%)	
	天然气、人工煤气	液化石油气
4	0.006	0.007
5	0.004	0.005

6.3.3 结构要求

除安全装置和热工性能试验外，还应该注意与安全相关的结构要求。

1. 灶结构要求

钢化玻璃面板的灶具在市场上占据的份额越来越多，因而非金属面板材质的安全性也越来越受到关注。使用非金属材料作面板的灶具，当面板破碎时应满足：碎片不得飞溅；烹调器皿不倾倒。

2. 集成灶结构要求

（1）集成灶在使用状态下应具有唯一的燃气进口，并使用管螺纹。

（2）集成灶的燃气导管（包括点火燃烧器燃气导管）应设在不过热和不受腐蚀的位置。

（3）集成灶的燃气管路应采用金属管连接。

（4）集成灶上用于安装零部件的螺孔、螺栓过孔等不应开在燃气通路上；除测量孔外，其他用途孔和燃气通路之间的壁厚不应小于1mm。

（5）集成灶内不应放置燃气钢瓶。

（6）集成灶应设置烟道防火安全装置。

（7）集成灶在使用状态下，应只有唯一的电源输入接口，其余备用接口应有效封闭。

（8）集成灶的结构应避免燃气泄漏积存引起爆炸。

3. 烘烤器结构要求

烘烤器排气口上放置容器时，不得影响烟气排出。当不能放置容器时，应在易见处用文字标明。

4. 烤箱结构要求

（1）将烤箱水平放置在牢固的台面上，打开烤箱门。台式烤箱在门的中心部位加以39.2N的静载荷，落地式烤箱在门的中心部位加以147N的静载荷，均持续5min，烤箱不得翻倒，不得产生影响使用的变形和损坏现象。

（2）不带点火装置的烤箱，应为只有打开烤箱门才能露出火孔并点燃的结构。

（3）烤箱内燃烧器火孔应便于清扫，且不易为溢液所灭火。

（4）烤箱的烤盘拉出2/3时，不应产生滑脱现象，具有锁定装置的应在锁定位置上。

（5）烤箱的排气口不应设在箱体的背面。

（6）烤箱内装有热风循环风机的，当打开箱门时，风机应停止运转；并应保证在放入和取出烤物时不会产生危险；风机应装有保护框和保护网。

（7）烤箱内的照明设施应装有保护罩。

5. 烤箱灶的结构要求

烤箱和灶的燃气管路应采用金属管连接，烤箱和灶应各自独立控制。

6. 饭锅结构要求

煮沸的水等不能浇到饭锅的自动熄火装置上，自动熄火装置不应产生过热现象。

6.4　燃气快速热水器

6.4.1　安全装置试验

燃气快速热水器的安全装置主要包括熄火保护装置、烟道堵塞安全装置（强制排气式）、风压过大安全装置（强制排气式）、防干烧安全装置、燃烧室损伤安全装置等。

1. 熄火保护装置

(1) 结构要求

1) 热水器应设有熄火保护装置。

2) 保护装置应具有外部故障和内部运行自检功能。

3) 感应装置发生故障或感应装置与控制装置间的连接断路时，应确保燃气阀门关闭且不能再开启。

4) 不应使用可变形的双金属热检测器作为熄火保护装置。

(2) 试验方法及要求

1) 开阀时间

使用3-3气，供水压力0.1MPa，在额定工作电压下使热水器运行在最小负荷状态，然后停止运行，当所有部件冷却至接近室温后，重新进行点火，在燃烧器点燃的同时，用秒表测定熄火保护装置开阀时间，开阀时间不大于10s。

2) 闭阀时间

使用1-1气，供水压力0.1MPa，在额定工作电压下当主燃烧器点燃15min后，关闭连接热水器供气阀门使其熄灭，记录从熄火到熄火保护装置关阀时间，闭阀时间不大于10s。

3) 连接故障

使安全装置与控制装置间连接断路，目测热水器是否能启动运行。

2. 烟道堵塞和风压过大安全装置（强制排气式）

(1) 结构要求

1) 强制排气式热水器应设置烟道堵塞安全装置和风压过大安全装置，在排烟管烟道被堵塞或排烟阻力过大时应能安全关闭燃气供给。

2) 在正常情况下装置关闭设定值应不可调节、改变。

3) 装置发生故障或与控制装置间的连接断路时，应确保燃气阀门关闭且不会再开启。

(2) 试验方法

1) 烟道堵塞安全装置

①使用0-2气，供水压力0.1MPa，在额定工作电压下当点燃

燃烧器15min以后完全堵塞排烟口或强制关闭风机，检查在关闭之前应无熄火、回火、影响使用的火焰溢出现象，安全装置是否启动，燃气通道是否关闭，并测量安全装置关闭的时间。

②取消堵塞排烟口或恢复风机工作，燃烧器是否启动，燃气通道是否打开。

③使安全装置与控制装置间连接断路，是否能启动运行。

2）风压过大安全装置

①使用0-2气，供水压力0.1MPa，在额定工作电压下当点燃燃烧器15min后，调节挡板将调压箱内的压力调至80Pa。

②以目测方法，检查以下项目：

A. 安全装置是否动作；

B. 主燃烧器有无熄火、回火现象；

C. 有点火燃烧器时，仅点燃点火燃烧器，以目测方法检查有无熄火、回火及妨碍使用的离焰现象。

③再调整挡板使调压箱内的压力慢慢上升，检查在产生熄火、回火、影响使用的火焰溢出现象之前，安全装置启动，燃气通道是否关闭。

④打开排气口调节挡板，燃烧器是否启动，燃气通道是否打开。

⑤使安全装置与控制装置间连接断路，是否能启动运行。

（3）试验要求

1）烟道堵塞安全装置：排烟管堵塞，应在1min以内关闭通往燃烧器的燃气通路，且不能自动再开启；在关闭之前应无熄火、回火、影响使用的火焰溢出现象。

2）风压过大安全装置：风压在小于80Pa前安全装置不能启动。风压加大，在产生熄火、回火、影响使用的火焰溢出现象之前，关闭通往燃烧器的燃气通路。

3. 防干烧安全装置

（1）结构要求

1）热水器应设有防干烧安全装置，该装置应独立于控制装置之外，在水管路内水温超过110℃之前应能安全关闭燃气供给。

2）在正常情况下装置关闭设定值应不可调节、改变。

3）安全装置发生故障或与控制装置间的连接断路时，应确保燃气阀门关闭且不会再开启。

（2）试验方法

1）人为地使热水器出水温度慢慢升高，当防干烧安全装置动作时，检查通往燃烧器的燃气通路是否关闭，出水温度应不大于110℃；当温度恢复到正常温度时，检查通往燃烧器的燃气通路是否自动开启。

2）使安全装置与控制装置间连接断路，是否能启动运行。

（3）试验要求

出水温度应不大于110℃，安全装置动作后，关闭通往燃烧器的燃气通路，且不应自动开启。

4. 燃烧室损伤安全装置（适用于燃烧室为正压时）

（1）结构要求

1）热水器燃烧室内压力为正压的应设置燃烧室损伤安全装置，在燃烧室内气体向外泄漏时应能安全关闭燃气供给。

2）在正常情况下装置关闭设定值应不可调节、改变。

3）装置发生故障或与控制装置间的连接断路时，应确保燃气阀门关闭且不会再开启。

（2）试验方法

1）在热水器热交换器背部，分别在燃烧室损伤安全装置最远的位置，及其他需要的位置，如安全装置的上方、下方尽可能远的位置开孔（孔的大小为能使燃烧室损伤安全装置在10min内检测到动作的最小孔径）。在该损伤安全装置未动作状态下，点燃燃烧器并在最大负荷下工作，待各部温度稳定后，或者1h后，测定热水器各部件表面温升。

2）安全装置动作以后，再次点火，检查通往燃烧器的燃气通路是否再次开启。

3）使燃烧室损伤安全装置的感应部件断路，检查通往燃烧器的燃气通路能否开启。

（3）试验要求

满足各部件表面温升要求，当部件表面温升超过规定值时，关闭通往燃烧器的燃气通路，且不能自动开启。

6.4.2　热工性能试验

1. 热效率（按低热值）

（1）试验方法

1）额定热负荷热效率

使用 0-2 气，供水压力为 0.1MPa，将燃气阀开至最大位置，调节出水温度比进水温度高 40℃±1℃，当不能调节至此温度时，在热水温度可调范围内，调至最接近的温度；具有自动恒温功能的应将温度设定在最高状态，或采用增加进水压力方式使热水器在最大热负荷状态下工作。热水器运行 15min，当出热水温度稳定后，测定在燃气流量计上的指针转动一周以上的整数时出热水量。热效率按式(6-14) 计算：

$$\eta_t=\frac{MC(t_{w2}-t_{w1})\times(273+t_g)\times101.3}{V\times Q_1\times288\times(P_a+P_g-S)}\times100\% \quad (6\text{-}14)$$

式中　η_t——产热水温度 $t=(t_{w2}-t_{w1})$(K)时的热效率（%）；

C——水的比热［4.19×10^{-3}MJ/(kg·K)］；

M——出热水量（kg/min）；

t_{w2}——出热水温度（℃）；

t_{w1}——进水温度（℃）；

Q_1——实测燃气低热值（MJ/m^3）；

V——实测燃气流量（m^3/min）；

t_g——试验时燃气流量计内的燃气温度（℃）；

P_a——试验时的大气压力（kPa）；

P_g——试验时燃气流量计内燃气压力（kPa）；

S——温度 t_g 时饱和蒸气压力（当使用干式流量计测量时，S 值应乘以试验燃气的相对湿度进行修正）(kPa)。

2）50％额定热负荷热效率

调节生活热水出水温度比进水温度高 20K±1K，其他方法同额定热负荷状态试验方法。

（2）试验要求

《家用燃气快速热水器》GB 6932—2015 规定，额定热负荷时，热效率不小于 84％。

燃气快速热水器能效标识中的能效等级按照《家用燃气快速热水器和燃气采暖热水炉能效限定值及能效等级》GB 20665—2015 的要求进行划分，燃气快速热水器能效等级如表 6-7 所示。其中，η_1 为热水器额定热负荷和 50％额定热负荷状态下两个热效率值的较大值，η_2 为较小值。

燃气快速热水器能效等级　　表 6-7

序号	类型	热效率		
		1 级	2 级	3 级
1	η_1	98％	89％	86％
2	η_2	94％	85％	82％

2. 无风状态下烟气中 CO 含量

（1）试验方法

在热效率（按低热值）的测试条件下，用取样器取样。抽取的烟气样中氧含量应不超过 14％，测量烟气中的一氧化碳含量。应在标准烟管状态和最长烟管状态下分别测量烟气中的一氧化碳含量。对于具有燃气/空气比例控制装置的热水器，应分别在热水器最大和最小两种热负荷状态下（在最大和最小状况燃烧运行稳定情况下），测量烟气中的一氧化碳含量。$CO_{(\alpha=1)}$ 的计算公式见式(6-4)。

（2）试验要求

1）自然排气式和强制排气式：烟气中 $CO_{(\alpha=1)}$ 浓度不应大

于 0.06%。

2）自然给排气式、强制给排气式和室外型：烟气中 $CO_{(\alpha=1)}$ 浓度不应大于 0.10%。

3）具有燃气/空气比例控制装置热水器：烟气中 $CO_{(\alpha=1)}$ 浓度不应大于 0.10%。

3. 有风状态下烟气中 CO 含量

（1）试验方法

1）自然给排气式

用相应的燃气点燃热水器燃烧器 15min 后，按《家用燃气快速热水器》GB 6932—2015 图 18 中所示③、④、⑤及⑧～⑬九个方向，分别给以 5m/s 风速送风，按式(6-4）求出一氧化碳含量（$CO_{(\alpha=1)}$），再用九个方向的一氧化碳含量总和求平均值。同样对《家用燃气快速热水器》GB 6932—2015 图 18 中①及⑦两个方向给以 2.5m/s 的风速，求出一氧化碳含量。

2）强制给排气式

用相应的燃气点燃热水器燃烧器 15min 后，按《家用燃气快速热水器》GB 6932—2015 图 18 中所示④及⑫两个方向分别给以 5m/s 风速送风，按式(6-4）求出一氧化碳含量（$CO_{(\alpha=1)}$）。

3）室外型

用相应的燃气点燃热水器燃烧器 15min 后，按《家用燃气快速热水器》GB 6932—2015 图 20 中所示的两个方向分别给以 5m/s 风速送风，按式(6-4）求出一氧化碳含量（$CO_{(\alpha=1)}$）。

（2）试验要求

自然给排气式、强制给排气式和室外型：烟气中 $CO_{(\alpha=1)}$ 浓度不应大于 0.10%。

4. 热水产率

（1）试验方法

1）产热水能力利用折算热负荷和热效率值，按式(6-15）计算：

$$M_t=\frac{\Phi}{C\times\Delta t\times1000}\times\frac{\eta_t}{100}\times60 \tag{6-15}$$

式中 M_t——产热水温升 $t=(t_{w2}-t_{w1})$(K) 时的产热水能力 (kg/min)；

Φ——产热水温升 $t=(t_{w2}-t_{w1})$(K)时的热负荷（kW)；

η_t——产热水温升 $t=(t_{w2}-t_{w1})$(K)时的热效率（%)；

C——水的比热，4.19×10^{-3}MJ/(kg·K)；

Δt——产热水温升（$\Delta t=t_{w2}-t_{w1}=25$)（K)。

2）热水产率按式(6-16）计算：

$$R_c=\frac{M_t}{M_{th}}\times100\% \tag{6-16}$$

式中 R_c——热水产率；

M_t——产热水温升 Δt 时的产热水能力（kg/min)；

M_{th}——产热水温升 Δt 时的额定产热水能力（kg/min)。

（2）试验要求

不小于额定产热水能力的 90%。

5. 停水温升

使用 0-2 气，供水压力为 0.1MPa，进水温度为 20℃±2℃。燃气阀开至最大位置，调定热水器出水温度比进水温度高 40K±5K，运行 10min 后停止进水（设有点火燃烧器的，点火燃烧器仍在工作)，1min 后再次运行，测定出热水的最高温度。将所测定的出热水最高温度值减去调定的热水温度值，即为停水温升值，停水温升值不大于 18K。

6. 加热时间

使用 0-2 气，供水压力为 0.1MPa，进水温度为 20℃±2℃。燃气阀开至最大位置，把热水器出热水温度设定成比进水温度高 40K±1K 的温度，出热水 5min 后停止供燃气，直到出、入水温相等后再重新启动，测出热水温度达到比进水温度高 40K±1K 时所需的时间。对于自动恒温式，测量到达比出水温度低 5℃的时间（出水温度要求高于 50℃)。加热时间不大于 35s。

7. 热水温度稳定时间

使用 0-2 气，供水压力为 0.1MPa，进水温度为 20℃±2℃。将热水器出水温度值设定在比进水温度高 30K±2K，当温度稳定后，用增加水压的方式调整水流量，使燃气阀门开至最大（即热负荷最大）为最大水流量 Q_{max} 逐渐降低水流量至 $0.8Q_{max}$，温度稳定后记录温度值 t_r。在 2s 内将水流量降低至 $0.6Q_{max}$，同时开始测量出水温度达到 $t_r\pm2$(℃) 的时间；再将水流量迅速从 $0.6Q_{max}$ 升高至 $0.8Q_{max}$，测量出水温度达到 $t_r\pm2$(℃) 的时间，取降低和升高两次时间的平均值。重复一次试验，取两次试验所测时间的平均值。热水温度稳定时间不大于 60s。

8. 水温超调幅度

使用 0-2 气，供水压力为 0.1MPa，进水温度为 20℃±2℃。记录热水器水流量从 $0.8Q_{max}$ 降低至 $0.6Q_{max}$ 时出水温度的最大值和水流量从 $0.6Q_{max}$ 升高至 $0.8Q_{max}$ 时出水温度最小值，其与 t_r 值的最大水温偏差。重复一次试验，取两次试验所测水温偏差的平均值。水温超调幅度应在±5℃范围内（适用于具有自动恒温功能）。

9. 水温波动

将热水器温度调节至 35～48℃中的某一温度，恒定水流量和进水温度，稳定后运行 5min，连续在出水口测量出水温度，10min 内测定出水温度的最大值和最小值，最大值与最小值的偏差不应超过 3℃。水温波动应在±3℃范围内（适用于具有自动恒温功能）。

10. NO_X

（1）试验方法

在额定热负荷状态下，当热水器运行 15min 后，用烟气取样器取样。在排烟出口测量烟气中氮氧化物含量。烟气中氮氧化物含量按式(6-17) 计算（在烟气分析的同时应测定室内空气中氮氧化物含量）：

$$\varphi[NO_{X(\alpha=1)}]=\frac{13.33-1.52}{13.33-x}\times\frac{\varphi(NO_X')-\varphi(NO_X'')}{\varphi(CO_{2a})-\varphi(CO_{2b})}\times\alpha \tag{6-17}$$

式中 $\varphi[NO_{X(\alpha=1)}]$——空气系数等于1时，干烟气中的氮氧化物含量，体积分数（10^{-6}）；

$\varphi(NO_X')$——实测干烟气样中的氮氧化物含量，体积分数（10^{-6}）；

$\varphi(NO_X'')$——空气系数等于1时，干烟气样中的氮氧化物含量，体积分数（10^{-6}）；

α——各种类别燃气对应的理论干烟气中 CO_2 的体积分数，（见《城镇燃气分类和基本特性》GB/T 13611—2018 表2）；

x——实验室实测饱和水蒸气压，kPa；

$\varphi(CO_{2b})$——空气系数等于1时，干烟气样中二氧化碳含量数值，体积分数（%）；

$\varphi(CO_{2a})$——实测干烟气样中二氧化碳含量测定的数值，体积分数（%）。

（2）排放等级

NO_X 排放等级如表6-8所示。

NO_X 排放等级 **表6-8**

$NO_{X(\alpha=1)}$ 排放等级	$NO_{X(\alpha=1)}$ 极限浓度(%)
1	0.026
2	0.020
3	0.015
4	0.010
5	0.007

6.4.3 材料和结构方面的测试

1. 材料要求

（1）热水器在正常使用寿命期间内，其材料应能够承受可预期的机械、化学和热的影响。

（2）与燃气和燃烧产物接触的材料，应耐腐蚀或经过耐腐蚀处理。

（3）燃烧室的外壳应采用金属材料制造。

（4）禁止使用含石棉的材料。

（5）自然排气式热水器的排烟管应采用耐腐蚀的金属材料或表面进行过耐腐蚀处理的金属材料

（6）强制排气式、自然给排气式、强制给排气式热水器所配备的排烟管或给排气管应采用厚度不小于0.3mm（公称尺寸）并符合《不锈钢冷轧钢板和钢带》GB/T 3280—2015中的奥氏体型钢的不锈钢材料，或厚度不小于0.8mm（公称尺寸）的碳钢板双面搪瓷处理，或与之同等级别以上耐腐蚀、耐温及耐燃性的其他材料。其密封件、垫也应采用耐腐蚀的柔性材料。

2. 结构要求

（1）热水器应设有燃气稳压装置、熄火保护装置、防干烧安全装置、可直接观测的观火孔、水流量稳定或调节装置、水气联动装置。自然排气式热水器应设有防止不完全燃烧安全装置、强制排气式热水器应设置烟道堵塞安全装置和风压过大安全装置、热水器燃烧室内压力为正压的应设置燃烧室损伤安全装置、安装在有冻结地区的室外型热水器应设置自动防冻安全装置。

（2）水不应渗入燃气通路内。

（3）能产生切屑类的自攻类螺纹不能应用在与燃气通路相通的部位。

（4）用于安装零部件的螺钉孔、螺栓孔等不应开在燃气通路上；除测试用孔外，其他用途孔和燃气通路之间的壁厚应大于1mm。

（5）管道燃气应使用硬管（或金属软管）连接。

（6）在通往主燃烧器的任一燃气通路上，应设置不少于两道可关闭的阀门，两道阀门的功能应是互为独立的

（7）热水器应设有压力测试口，测试口宜采用外径为8.5～9mm，长度不小于10mm测试孔口，测试孔口处最小孔径小于1mm。

（8）进、出水阀应操作灵活、准确，采用旋转操作的阀门，逆时针为“大”的方向。

（9）采用排水阀作为防冻装置时，应能用手或常用工具方便的进行排水的拆装。

（10）直接点燃主燃烧器的点火装置应遵守先点火后开阀程序。

（11）热水器排烟管的末端排气口或者给排气管的室外给排气口，不应落入直径 16mm 的球体（在 5N 的作用力下）。

（12）与燃烧产物接触的风机部分应有防腐蚀保护。

（13）遥控装置应在明显位置清晰标示防水等级，允许安装在盥洗间的遥控装置应是防水的，防水等级应不低于 IPX5。

（14）具有再点火功能的热水器应保证在点火失败后 1s 内进行再点火。

6.5 燃气采暖热水炉

6.5.1 安全装置试验

燃气采暖热水炉的安全装置主要包括采暖系统水温限制装置/功能、生活热水系统水温限制装置/功能、气流监控装置、烟温限制装置、自动燃烧控制系统火焰监控装置等。

1. 采暖系统水温限制装置/功能

（1）循环水量不足

逐渐降低采暖系统循环水量以获得大约 2K/min 的温升直至火焰熄灭。敞开式采暖炉循环水量不足时不应损坏采暖炉。

（2）水温过热

1）试验方法

①装有限制温控器/功能和过热保护装置/功能的采暖炉

使控制温控器停止工作后，逐渐降低冷却水流量以获得大约 2K/min 的温升，直到主燃烧器熄灭。限制温控器/功能应满足试验要求中 2 级耐压 A. 或 3 级耐压 A. 的要求。

使控制温控器和限制温控器/功能停止工作，逐渐降低冷却水流量以获得大约 2K/min 的温升，直至火焰熄灭。过热保护装置/功能应满足试验要求中 2 级耐压 A. 或 3 级耐压 B. 的要求。

②装有过热保护装置的采暖炉

使控制温控器停止工作，逐渐降低冷却水流量以获得大约 2K/min 的温升，直至火焰熄灭。过热保护装置应满足试验要求中 2 级耐压 B. 的要求。

2）试验要求

①2 级耐压

水温过热性能应符合下列规定之一：

A. 装有限制温控器/功能和过热保护装置/功能的采暖炉，在出水温度大于 110℃之前，限制温控器/功能应产生安全关闭；过热保护装置应在损坏采暖炉或给用户造成危险之前产生非易失锁定；

B. 装有过热保护装置的采暖炉，在出水温度大于 110℃之前，过热保护装置应产生非易失锁定。

②3 级耐压

水温过热性能应符合下列规定：

A. 如装有限制温控器/功能的采暖炉，在出水温度大于 110℃之前，限制温控器/功能应产生安全关闭；

B. 在出水温度大于 110℃之前，过热保护装置/功能应产生非易失锁定。

2. 生活热水水温限制装置/功能

（1）试验方法

按下列方法之一试验：

1）套管式采暖炉，在生活热水状态，使生活热水控制温控器和采暖水控制温控器失效，逐渐减少生活热水出水量直至火焰熄灭。

2）生活热水管路部分或全部与燃烧产物接触的采暖炉，使生活热水控制温控器失效，逐渐减少生活热水流量直至火焰熄灭。

（2）试验要求

生活热水水温限温装置/功能应符合下列规定之一：

1）套管式采暖炉，采暖系统的水温限制装置应符合上述采暖系统水温限制装置/功能的规定；

2）生活热水管路与烟气直接接触的采暖炉，生活热水系统的水温限制装置在出水温度大于100℃之前应至少引发安全关闭。

3. 气流监控装置

（1）结构描述

除装有燃气与空气比例控制系统的采暖炉外，在每次风机启动前，气流监控装置应检测是否有模拟空气流，通过监控进气或排气流量实现。当风机有多个转速时应监控每一个转速。

燃烧用空气应通过下列方法之一监控：

1）燃气与空气比例控制系统；

2）持续监控进气流量或排气流量；

3）启动监控进气流量或排气流量应符合下列规定：

①装有同轴式给排气管或燃烧系统泄漏量应符合《燃气采暖热水炉》GB 25034—2020 中 6.1.2.1.2 的规定；

②且每连续运行 24h 至少有一次切断；

③且运行过程中采用间接监控（如风机转速监控）。

（2）试验方法

使用 0-2 气，装有大气式燃烧器的采暖炉安装最长烟道，装有燃气与空气比例控制系统的采暖炉安装最短烟道，分别在最大热负荷、最小热负荷试验；两用型采暖炉的采暖和热水热负荷不同时分别在采暖和热水状态进行试验；达到热平衡后，连续试验烟气中的 CO 和 CO_2 或 O_2 含量。

1）非燃气与空气比例控制系统的给/排气运行工况监控

对于持续监控型采暖炉，逐渐堵塞排气管至采暖炉停机。检查是否符合试验要求的规定；

对于启动监控型采暖炉，逐渐堵塞排气管使烟气中 $CO_{(\alpha=1)}$ 浓度大于 0.1%。关闭采暖炉，然后重新启动采暖炉，检查是否符合试验要求的规定。

2）燃气与空气比例控制系统的燃烧排放和供气工况监控

对于持续监控型采暖炉，分别进行逐渐堵塞给气管、逐渐堵塞排气管、逐渐降低风机转速至采暖炉停机试验，检查是否符合试验要求的规定；

对于启动监控型采暖炉，分别进行逐渐堵塞给气管、逐渐堵塞排气管、逐渐降低风机工作电压使烟气中 $CO_{(\alpha=1)}$ 浓度大于 0.1%。关闭采暖炉，然后重新启动采暖炉，检查是否符合试验要求的规定。

（3）试验要求

1）非燃气与空气比例控制系统的给/排气运行工况监控

给/排气运行工况监控应符合下列规定之一：

①对于持续监控型采暖炉，烟气中 $CO_{(\alpha=1)}$ 浓度大于 0.2%之前应关闭燃气；

②对于启动监控型采暖炉，热平衡状态烟气中 $CO_{(\alpha=1)}$ 浓度大于 0.1%时，重启采暖炉不应点燃。

2）燃气与空气比例控制系统的燃烧排放和供气工况监控

燃烧排放和供气工况监控应符合下列规定之一：

①对于持续监控型采暖炉应符合下列规定：

A. 在制造商规定的热负荷调节范围内，烟气中 $CO_{(\alpha=1)}$ 浓度大于 0.2%之前，应关闭燃气；

B. 在热负荷低于制造商规定调节范围的最小值时，烟气中 $CO_{(\alpha=1)}$ 浓度大于式(6-18）计算值之前，应关闭燃气：

$$CO_{(\alpha=1)}=0.2\%\times\frac{\Phi_{\min}}{\Phi} \tag{6-18}$$

式中　Φ——瞬时热负荷（kW）；

$\Phi_{\min}$——最小热负荷（kW）。

②对于启动监控型采暖炉，热平衡状态烟气中 $CO_{(\alpha=1)}$ 浓度大于 0.1%时，重启采暖炉不应点燃。

4. 烟温限制装置

(1) 基本要求

1) 燃烧产物排放系统含有塑料材料的冷凝炉应设置烟温限制装置;

2) 排烟系统中含有塑料烟管、塑料连接管的冷凝炉应设置烟温限制装置;

3) 烟温限制装置动作点应不可调节。

(2) 试验方法

冷凝炉安装最短烟道,按下列步骤进行试验:

1) 使控制温控器和水温限制装置不起作用;

2) 可通过增加燃气流量或制造商声称的增加温度的其他方式(例如拆除挡板)逐步升高排烟温度,温升速度应保持在 1K/min 到 3K/min 范围内,直至熄火。

(3) 试验要求

1) 排烟温度应小于制造商声称的燃烧产物排放系统材料和烟道材料允许的最高工作温度;

2) 烟温限制装置的动作后冷凝炉应产生非易失锁定。

5. 自动燃烧控制系统火焰监控装置

(1) 试验方法

1) 点火安全时间(T_{SA})

在 0.85 倍和 1.1 倍额定工作电压下,在冷态和热平衡状态分别试验未点燃从开阀到关阀的时间。

2) 熄火安全时间(T_{SE})

采暖炉在额定热负荷状态下运行 10min,人为关断燃气或断开火焰检测器来模拟火焰故障,从火焰熄灭瞬间开始计时,重新打开燃气直至安全装置切断燃气结束计时。

3) 再启动

在运行过程中,通过人为关断燃气或断开火焰检测器模拟火焰故障,从火焰熄灭后,到自动重新启动的时间内,检查燃气通路是否处于关闭状态、点火安全时间是否符合规定。

（2）试验要求

1）点火安全时间（T_{SA}）

点火安全时间应符合下列规定之一：

①点火燃烧器的热负荷大于0.25kW但不大于1kW时，应符合产品说明书规定值；

②点火安全时间不应大于式(6-19)计算值，且最长不应大于10s：

$$T_{SA} \leqslant 5 \times \frac{\Phi_n}{\Phi_{IGN}} \tag{6-19}$$

式中 T_{SA}——点火安全时间（s）；

Φ_n——额定热负荷（kW）；

Φ_{IGN}——点火热负荷（kW）。

③不符合①和②规定的采暖炉，在点火安全时间内延迟点火不应损坏采暖炉或给用户造成危险；

④无预清扫的采暖炉，多次点火的总持续时间应符合①、②或③的规定之一；

⑤有预清扫的采暖炉，每次的点火安全时间不应大于T_{SA}。

2）熄火安全时间（T_{SE}）

除具有再点火功能的采暖炉外，额定热负荷不大于70kW的采暖炉熄火安全时间不应大于5s，额定热负荷大于70kW的采暖炉熄火安全时间不应大于3s。

3）再启动

再启动应先关闭气路；点火过程应从头开始，点火安全时间应符合上述规定。

6.5.2 热工性能试验

燃气采暖热水炉的热工性能试验主要包括热效率、干烟气中$CO_{(\alpha=1)}$、NO_X、生活热水性能、非冷凝炉排烟温度等。

1. 热效率

（1）试验方法

1）采暖状态

①额定热负荷 80℃/60℃状态

使用 0-2 气、额定电压，使采暖炉的控制温控器不工作，采暖水流量稳定在±1%时，调节供/回水温度为 80℃/60℃。试验时间不少于 10min，用式(6-20) 计算热效率：

$$\eta=\frac{4.186\times q_{vw}\times\rho\times(t_2-t_1)\times(273.15+t_g)\times101.325}{10^3\times q_{vg}\times H_i\times(p_{amb}+p_m-p_s)\times288.15}\times100 \tag{6-20}$$

式中 η——热效率（%）；

q_{vw}——实测采暖水流量（m^3/h）；

ρ——试验时采暖水密度（kg/m^3）；

t_2——试验时采暖出水温度平均值（℃）；

t_1——试验时采暖回水温度平均值（℃）；

t_g——试验时燃气流量计内的燃气温度（℃）；

q_{vg}——实测燃气流量（m^3/h）；

H_i——试验燃气在基准状态下的低热值（MJ/m^3）；

p_{amb}——试验时的大气压力（kPa）；

p_m——试验时燃气流量计内的燃气压力（kPa）；

p_s——在 t_g 时的饱和水蒸气压力（kPa）。

②冷凝炉额定热负荷 50℃/30℃状态

调节供/回水温度为 50℃/30℃，按额定热负荷 80℃/60℃状态下的试验方法试验热效率，如试验时空气含湿量和/或回水温度与基准值不同，则按《燃气采暖热水炉》GB 25034—2020 附录 L 修正。

③部分热负荷

使用 0-2 气，额定电压，水泵应连续运行，水流量稳定在±1%以内。按下列步骤试验：

A. 调节非冷凝炉回水温度为 47℃±1℃，冷凝炉回水温度为 30.5℃±0.5℃。当不能调至上述温度时，在采暖炉所能达到的最低回水温度下试验；

B. 按《燃气采暖热水炉》GB 25034—2020 表 11 中公式计算试验时采暖炉运行和停机时间。试验时间 10min。计算 10min 供/回水温度平均值，用式(6-20) 计算热效率；

C. 实测折算热负荷与 30％的额定热负荷的偏差范围应在±1％内，当偏差大于±2％时，应进行两次试验，然后采用线性内插法确定对应于 30％额定热负荷的热效率。

如试验时空气含湿量和/或回水温度与基准值不同，则按《燃气采暖热水炉》GB 25034—2020 附录 L 修正。

2）热水状态

①额定热负荷状态

使用 0-2 气，进水压力为 0.1MPa±0.02MPa，额定热负荷或最大热负荷状态，将生活热水温度设置在最高温度，使控制温控器失效，调节生活热水出水温度比进水温度高 40K±1K，当不能调至此温度时，采用增加进水水压等方法调至最接近的温度。试验时间不少于 10min。按式(6-20) 计算热效率，q_{vw} 为生活热水水流量，ρ 为生活热水进水密度，t_2 为生活热水出水温度，t_1 为生活热水进水温度。

②50％额定热负荷状态

试验 50％额定热负荷状态热效率时，调节生活热水出水温度比进水温度高 20K±1K，其他方法同额定热负荷状态试验方法。

（2）试验要求

燃气采暖热水炉的热效率限值应满足表 6-9 的要求。

燃气采暖热水炉的热效率限值　　表 6-9

序号	类型	采暖状态			热水状态
		额定热负荷 80℃/60℃	冷凝炉额定热负荷 50℃/30℃	部分热负荷	额定热负荷 20℃/60℃
1	非冷凝炉	≥89％	—	≥85％	≥89％
2	冷凝炉	≥92％	≥99％	≥95％	≥96％

燃气采暖热水炉能效标识中的能效等级按照《家用燃气快速热

水器和燃气采暖热水炉能效限定值及能效等级》GB 20665—2015的要求进行划分，燃气采暖热水炉能效等级如表6-10所示。其中，η_1 为采暖炉额定热负荷和部分热负荷（热水状态为50%热水额定热负荷，采暖状态为30%采暖额定热负荷）状态下两个热效率值的较大值，η_2 为较小值。

燃气采暖热水炉能效等级　　表6-10

序号	类型		热效率		
			1级	2级	3级
1	热水	η_1	96%	89%	86%
2		η_2	92%	85%	82%
3	采暖	η_1	99%	89%	86%
4		η_2	95%	85%	82%

2. 干烟气中 $CO_{(\alpha=1)}$

（1）试验方法

使用0-2气，装有大气式燃烧器的采暖炉安装最长烟道，装有燃气与空气比例控制系统的采暖炉安装最短烟道，非冷凝炉在供/回水温度为80℃/60℃下试验，冷凝炉在供/回水温度为80℃/60℃和50℃/30℃下试验。试验燃烧产物中的CO和 CO_2 或 O_2 含量。按式(6-4）或式(6-5）进行计算。

1）额定热负荷时CO含量

在额定热负荷下试验。

2）极限热负荷时CO含量

①不带燃气与空气比例控制系统的采暖炉

在1.05倍的实测额定热负荷下试验。

②带燃气与空气比例控制系统的采暖炉

空燃比不可调节的采暖炉维持出厂状态，在最大和最小热负荷下试验。

3）黄焰和不完全燃烧界限气工况

带燃气与空气比例控制系统的采暖炉，在最大热负荷和最小热负荷工况下试验；带燃气稳压功能的采暖炉，在 1.05 倍的实测额定热负荷下试验。再使用黄焰和不完全燃烧界限气代替基准气试验烟气中 CO 含量。

4）电压波动适应性

额定热负荷状态，电源电压在制造商声称的额定电压的 0.85 倍和 1.10 倍之间变动。

5）脱火界限气工况

带燃气与空气比例控制系统的采暖炉，在实测最小热负荷工况下试验；带燃气稳压功能的采暖炉，在 0.95 倍的实测最小热负荷下试验。再使用脱火界限气代替基准气试验烟气中 CO 含量。

（2）试验要求

1）额定热负荷时 CO 含量：烟气中 $CO_{(\alpha=1)}$ 浓度不应大于 0.06%。

2）极限热负荷时 CO 含量：烟气中 $CO_{(\alpha=1)}$ 浓度不应大于 0.1%。

3）黄焰和不完全燃烧界限气工况时 CO 含量：烟气中 $CO_{(\alpha=1)}$ 浓度不应大于 0.2%。

4）电压波动适应性工况时 CO 含量：烟气中 $CO_{(\alpha=1)}$ 浓度不应大于 0.2%。

5）脱火界限气工况时 CO 含量：烟气中 $CO_{(\alpha=1)}$ 浓度不应大于 0.2%。

3. NO_X

（1）试验方法

使用 0-2 气，采暖炉在部分热负荷状态下运行，在热平衡状态下试验 NO_X 浓度。不同部分热负荷状态下的回水温度不同，回水温度 t_r 按式(6-21) 确定：

$$t_r = 0.4k_{pi} + 20 \tag{6-21}$$

式中　t_r——回水温度（℃）；

k_{pi}——部分热负荷与额定热负荷百分比（%）。

根据式(6-22) 将烟气中测得的 NO_X 折算到基准状态。

$$(NO_X)_O=(NO_X)_m+\frac{0.02(NO_X)_m-0.34}{1-0.02(h_m-10)}\cdot(h_m-10)+0.85\cdot(20-t_m) \tag{6-22}$$

式中 $(NO_X)_O$——折算到基准状态的 NO_X［mg/(kW·h)］；

$(NO_X)_m$——在 h_m 和 t_m 时测得的 NO_X 值［mg/(kW·h)］；

h_m——试验 NO_X 时的含湿量（g/kg）；

t_m——试验 NO_X 时的空气温度（℃）。

将部分热负荷分别为 70%、60%、40%和 20%额定热负荷状态下的 NO_X 折算值进行加权计算，可得 NO_X 浓度的权重值。

$$(NO_X)_{pond}=0.15(NO_X)_{O(70)}+0.25(NO_X)_{O(60)}+0.30(NO_X)_{O(40)}+0.30(NO_X)_{O(20)} \tag{6-23}$$

式中 $(NO_X)_{pond}$——NO_X 浓度的权重值［mg/(kW·h)］；

$(NO_X)_{O(70)}$，$(NO_X)_{O(60)}$，$(NO_X)_{O(40)}$，$(NO_X)_{O(20)}$——热负荷分别为 70%、60%、40%和 20%时 NO_X 试验值［mg/(kW·h)］。

当最小热负荷与额定热负荷的百分比为 $20\%<k_{pi}<40\%$ 时，应在最小热负荷状态下测试烟气中的 NO_X 并进行折算 $(NO_X)_{O(min)}$，用 $(NO_X)_{O(min)}$ 代替式(6-23) 中的 $(NO_X)_{O(20)}$。

对于 NO_X：1ppm=2.054mg/m^3，1ppm=1.7554mg/(kW·h)。

(2) 排放等级

NO_X 排放等级如表 6-11 所示。

NO_X 排放等级　　表 6-11

排放等级	浓度上限[mg/(kW·h)]
1	260
2	200
3	150
4	100
5	62

4. 生活热水性能

采暖炉按生活热水换热方式可分为快速换热式和储水换热式，

快速换热式采暖炉的生活热水性能的试验方法和试验要求如下：

（1）试验方法

使用 0-2 气，进水压力为 0.1MPa±0.02MPa，生活热水温度设定在最高温度。

1）最高热水温度

在额定热负荷下运行 15min 后，逐渐减小供水压力，直至主燃烧器熄灭，记录最高出水温度。

2）停水温升

调节水流量使温升为 40K±1K，在额定热负荷下运行 15min 后，关闭生活热水出水阀，1min 后打开生活热水出水阀，记录最高出水温度。

3）加热时间

调节水流量使温升为 40K±1K，在额定热负荷下运行 15min 后关闭采暖炉，当热交换器内水温与生活热水进水温度相同后重新启动采暖炉，从采暖炉启动开始计时直到出水温升达到 36K 结束计时。

4）快速式水温控制

分别在采暖最高设定温度和最低设定温度进行下列试验：将进水压力调节为 0.05MPa，采暖炉运行 15min 后，记录出水温度，再依次调节进水压力为 0.1MPa、0.2MPa 与 0.4MPa 或制造商规定的最大适用水压值，达到热平衡后记录出水温度。

5）产热水能力

使控制温控器失效，调节生活热水出水温度比进水温度高 40K±1K，当不能调至此温度时，采用增加进水水压等方法调至最接近的温度，热平衡后试验进出水温度和水流量，试验时间不少于 10min。按式(6-24) 计算：

$$q_{\mathrm{mh}}=\frac{60\times m_i}{T}\times\frac{\Delta t}{25} \tag{6-24}$$

式中　q_{mh}——温升 25K 时产热水能力（kg/min）；

m_i——试验时间内的热水量（kg）；

Δt——试验时间内热水平均温升（K）；

T——试验时间（s）。

（2）试验要求

1）最高热水温度：生活热水温度不应大于85℃。

2）停水温升：生活热水温度不应大于80℃。

3）加热时间：加热时间不应大于90s。

4）快速式水温控制：出水温度应为45～75℃。

5）产热水能力：不应小于产品说明书规定值的95%。

5. 非冷凝炉排烟温度

当两用型采暖炉生活热水额定热负荷和采暖额定热负荷不同时，在热负荷较低状态下运行，采暖状态供/回水温度为80℃/60℃或生活热水状态出水温度为60℃，采暖炉安装最短烟道，在烟道出口试验排烟温度。非冷凝炉排烟温度不应小于110℃。

6.5.3 试验过程应注意的事项

1. 零部件的要求

（1）燃气通路应设置燃气过滤网（器）。

（2）封闭式采暖炉采暖系统应设置泄压阀和压力指示器。

（3）采暖额定热负荷小于35kW的采暖炉应内置膨胀水箱和循环水泵。

（4）封闭式采暖炉采暖系统应安装排气装置。

（5）每个可拆卸的喷嘴或限流器应标注直径或代码，其固定方法应确保不会错装。不可拆卸的喷嘴或限流器，在分气管或预混器上应有标志。

（6）水封结构的冷凝水收集装置，在完成产品标准试验期间不应有烟气从冷凝水收集装置逸出，且水封高度不应小于25mm。

（7）除冷凝水排水口外，冷凝水收集和排放系统表面不应有冷凝水渗漏。

2. 安全关闭的要求

（1）停止供电时采暖炉应安全关闭，恢复供电时采暖炉应正常运行或处于非易失锁定状态。

(2) 自动燃烧控制系统在点火不成功时，应导致再点火、再启动或易失锁定。

(3) 再点火或再启动时，在点火安全时间结束后，燃烧器如仍未点燃，控制器应至少引发易失锁定。

3. 操作的要求

(1) 控制面板的温度指示标志应标明水温升降方向。用数字表示时，最大数字应对应最高温度。

(2) 采暖炉的本地操作应优先于远程控制器的操作。

4. 热负荷的要求

2 级耐压的非模块炉或模块炉的单独模块的热负荷不应大于 70kW。

6.6 便携式丁烷气灶和气瓶

便携式丁烷气灶和气瓶的现行标准包括《便携式丁烷气灶及气瓶》T/CECS 10220—2022 和《户外燃气燃烧器具》GB/T 38522—2020。T/CECS 10220—2022 和 GB/T 38522—2020 试验方法和试验要求基本相同，下文的试验方法和试验要求以 T/CECS 10220—2022 为例。

6.6.1 便携式丁烷气灶安全性能

1. 过压切断装置

(1) 试验方法

1) 将便携式丁烷气灶连接在图 6-4 所示试验系统上，以 5.0kPa/s 的速度升压，检查过压切断装置开始动作的压力。

2) 对于关闭气路型便携式丁烷气灶，关闭气路后，缓慢降低供气压力，检查气路是否自动开启。

(2) 试验要求

过压切断装置应符合下列要求：

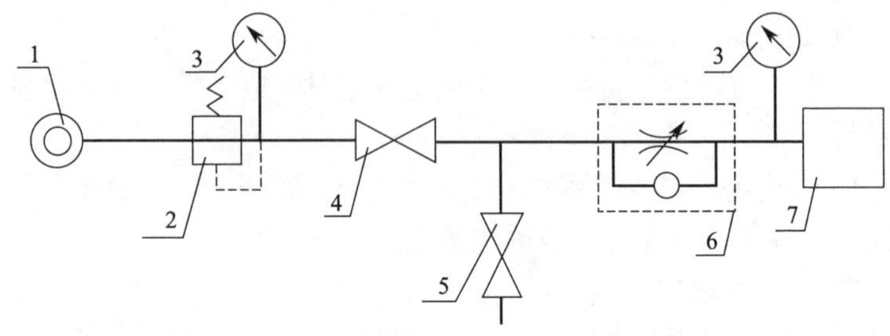

图 6-4 试验系统

1—气源；2—调压器；3—压力表；4—进气阀；5—排气阀；6—流量调节器；7—便携灶

便携式丁烷气灶气路高压侧压力在 0.4～0.7MPa 范围内能将气路自动关闭；或能将气瓶自动卸下，以停止供气。

对于在 0.4～0.7MPa 压力范围内关闭气体通路的便携式丁烷气灶，在气体通路关闭后，供气压力变化时，气路也不能再自动打开。

2. 气密性

（1）气瓶出口至调压器

按图 6-4 所示的试验系统接好气源，阀门全开，加压 0.9MPa，用试验液检查各部位应无漏气现象。对于安装有气瓶脱落型过压切断装置的便携灶，试验压力为装置动作的压力。

（2）调压器至阀门

便携式丁烷气灶装上气瓶，阀门置于关闭状态，用试验液或检查火等检查各部位应无漏气现象。

（3）阀门至火孔

将阀门开启，点燃燃烧器，用检查火检查各部位应无漏气现象。

6.6.2 便携式丁烷气灶热工性能

1. 耗气量准确度

（1）试验条件

1）实验室温度为 20～25℃；

2）使用《便携式丁烷气灶及气瓶》T/CECS 10220—2022 附录 A 规定的丁烷气及气瓶，将其放置在 20～25℃的空气中 2h

以上；

3）便携式丁烷气灶的设置状态是将阀门开至最大，试验用锅规格按《便携式丁烷气灶及气瓶》T/CECS 10220—2022 表 3 的规定选取，注水量为锅深度的 1/2 以上，可调空气量的燃烧器调节为燃烧处于良好的状态；

4）具有烧烤功能便携式丁烷气灶，在正常使用状态下放置配件；

5）对于将水置于容器中使用的其他类便携式丁烷气灶，如使用专用锅，应确保试验期间容器中的水位不低于容器深度的一半，根据需要补水。

（2）试验方法

对 3 只气瓶各进行 30min 的燃烧试验，按式(6-25）和式(6-26）计算耗气量准确度：

$$W=\frac{2}{3}\times\sum_{i=1}^{3}(W_{0i}-W_i) \tag{6-25}$$

式中　W——实测平均耗气量（g/h）；

W_{0i}——试验前气瓶质量（g）；

W_i——试验后气瓶质量（g）。

$$\Delta W=\frac{W-W_{\mathrm{n}}}{W_{\mathrm{n}}} \tag{6-26}$$

式中　ΔW——耗气量准确度（%）；

W_{n}——额定耗气量（g/h）。

（3）试验要求

耗气量准确度应在－12%～＋12%。

2. 干烟气中 $CO_{(\alpha=1)}$

便携式丁烷气灶内放入气量为额定灌装量的气瓶，点燃燃烧器 15min 后，在距锅底向上约 40mm 处沿锅周围均匀抽取烟气，测定烟气中的 CO 及 O_2 浓度，按式(6-5）计算 CO 浓度。对于试验中能确定气体成分的情况，测定干燥烟气中 CO 及 CO_2 浓度，按式(6-4）计算 CO 的浓度。

干烟气中 $CO_{(\alpha=1)}$ 应不大于 0.08%。

3. 热效率

热效率试验方法及要求不适用于具有烧烤功能的便携式丁烷气灶。

（1）试验方法

按图 6-4 所示试验装置连接便携式丁烷气灶，在便携式丁烷气灶上放置相应试验用锅及其注水量，水温与室温相差应小于 5K，阀门全开。设有调风板的燃烧器应调至良好的燃烧状态。试验用锅及其注水量、放锅方法和搅拌器的加工具体见《便携式丁烷气灶及气瓶》T/CECS 10220—2022 表 3、图 6 和图 7。

在注入水的试验锅上加上试验用盖，点燃燃烧器，水温自初温上升 45K 时，用搅拌器开始搅拌，由初温升 50K 时断掉燃气，再继续搅拌，所能达到的最高温度为水的最终温度，测定此时耗气量及其他所需值，应用式(6-27) 计算热效率：

$$\eta=\frac{m\times c\times(t_2-t_1)}{\omega\times H_i} \tag{6-27}$$

式中 η——热效率（%）；

m——试验用水的质量（kg）；

c——水的比热容，4.19kJ/(kg・K)；

t_1——试验用水的初温（℃）；

t_2——试验用水的终温（℃）；

ω——实测耗气量（g）；

H_i——试验用气的低热值（kJ/g）。

（2）试验要求

便携式丁烷气灶的热效率不小于 48%。

6.6.3 便携式丁烷气瓶

1. 气瓶容积

气瓶排空后打眼，并在干燥状态下称重，与气瓶在充满水后的称重相比，用式(6-28) 计算气瓶容积：

$$V=\frac{M_2-M_1}{\rho} \tag{6-28}$$

式中　V——气瓶的容积（mL）；

M_2——充满水后气瓶的质量（g）；

M_1——干燥状态下气瓶的质量（g）；

ρ——充水的密度，取 1.0（g/mL）。

额定灌装量 120g 气瓶的容积不应小于 280mL，额定灌装量 250g 气瓶的容积不应小于 520mL。

2. 阀杆压缩力

将气瓶装在专用试验装置上，将阀杆加力压缩，测出压缩 1.5mm 时的负荷，试验 5 次取平均值。

阀杆压缩力应在 12～20N 范围内。

3. 耐压性

按《气瓶水压试验方法》GB/T 9251—2022 规定的试验方法，气瓶加压至 1.3MPa 保压 30s，应无变形无泄漏。加压至 1.5MPa 保压 30s，应无破裂。

4. 气瓶气密性

将灌好丁烷气的气瓶浸入 48～50℃水中 30min。气瓶量大时允许浸入 55℃±2℃的水中，保持 110s，观察应无漏气。

5. 灌装量误差

测定灌装后燃气气瓶质量和清除掉燃气后气瓶质量，用式(6-29）计算灌装燃气的质量：

$$m=m_0-m_E \tag{6-29}$$

式中　m——实际灌装燃气的质量（g）；

m_0——灌装好燃气的气瓶质量（g）；

m_E——清除掉燃气后气瓶的质量（g）。

灌装量误差应在－2.0％～＋1.0％范围内。

6.6.4　GB/T 38522—2020 试验方法及要求

便携式丁烷气灶属于小气瓶燃气具，《户外燃气燃烧器具》GB/T 38522—2020 对小气瓶燃气具进行了规定。下面列出了《户外燃气燃烧器具》GB/T 38522—2020 与《便携式丁烷气灶及气瓶》T/CECS 10220—2022 关于便携式丁烷气灶和气瓶的试验方法及要求的不同。

1. 过压切断装置

按下列规定进行燃气具过压切断装置试验：

（1）燃气具与标准的空气瓶进行连接，燃气具阀门全开，对空气瓶以 10kPa/s 的速度进行空气加压，直到过压切断装置动作时，记录过压切断装置动作的压力；

（2）关闭气路型燃气具：关闭气路后，缓慢降低供气压力，检查气路是否自动开启。

试验要求同 6.6.1 节。

2. 气密性

按下列规定进行气密性试验：

（1）没有安装气瓶脱落型过压切断安全装置的小气瓶燃气具：燃气具阀门处于关闭状态，压力为 0.9MPa 空气的标准气瓶与燃气具连接完好后，用试验液检查各部位应无漏气现象。

（2）安装有气瓶脱落型过压切断安全装置的小气瓶燃气具：燃气具阀门处于关闭状态，以燃气具过压切断安全装置动作时的压力作为标准气瓶的空气充装压力，气瓶与燃气具连接完好后，用试验液检查各部位应无漏气现象。

（3）使用与其匹配的气瓶气，点燃燃烧器，用检查火检查除燃烧器外的各部位，应无漏气现象。

3. 耗气量准确度

（1）试验条件：

1）试验进行时室温应为 20～25℃；

2）将燃气具及 3 只规定充装量的气瓶气放在 20～25℃的空气中静置 2h 以上；

3）将燃气具的阀门开至最大，按使用说明书的要求运行燃气具，将可调空气量的燃烧器调节为燃烧处于良好的状态。

（2）试验方法及要求同 6.6.2 节。

4. 干烟气中 $CO_{(\alpha=1)}$

试验方法同 6.6.2 节，试验要求干烟气中 $CO_{(\alpha=1)}$ 应不大于 0.10%。

5. 便携式丁烷气瓶

除气瓶容积和气瓶气密性外，阀杆压缩力、耐压性、灌装量误差的试验方法和要求同 6.6.3 节。

(1) 气瓶容积

气瓶排空后打眼，用加注水的方法进行容积测定。试验要求气瓶的容积应不大于 990mL。

(2) 气瓶气密性

将灌好丁烷气的气瓶浸入 48～50℃水中 30min，观察应无漏气。

第 7 章

商用燃气燃烧器具检测

商用燃气燃烧器具几乎覆盖了人们日常生活的每一个角落，从繁忙的餐饮业厨房到忙碌的加工生产线，它们不仅显著提升了烹饪和生产的效率，而且在提高食品品质和提高工业生产能力方面发挥着不可或缺的作用。

在节能环保方面，商用燃气燃烧器具的优化和创新，成为推动现代社会可持续发展的重要力量。通过采用更高效的燃烧技术和环保设计，降低能源消耗和减少有害气体排放，从而对环境保护作出了积极贡献。在安全方面，随着技术的不断进步，商用燃气燃烧器具引入了多项安全保护措施，如熄火保护和过热保护，大大提高了使用的安全性。

鉴于商用燃气燃烧器具在经济、环保和安全等多方面的重要作用，其质量检验工作尤为关键。通过对商用燃气燃烧器具的结构及功能进行严格的安全验证，不仅确保这些设备能够在保持高效能和节能的同时，最大限度地避免对环境和人身安全的潜在威胁，而且也为消费者提供了更高的安全保障和信心。因此，加强这些设备的质量检测工作，不仅是保护消费者权益的必要措施，也是推动行业健康发展和社会进步的重要环节。

7.1　概述

7.1.1　产品类型

商用燃气燃烧器具（以下简称商用燃气具）是指广泛应用于企业、学校、机关事业等单位的食堂、星级饭店厨房、连锁餐饮和社会餐饮等场所的燃气用具，其产品种类众多。本节特指符合《商用燃气燃烧器具》GB 35848—2024 所包含的以下产品：

（1）蒸汽发生器类燃气具：具有不大于 80kW 的额定热负荷，蒸汽压力不超过 80kPa，设计正常水位水容积小于 30L；

（2）蒸箱类燃气具：额定热负荷不超过 80kW，蒸腔蒸汽压力不大于 1200Pa；

（3）炸炉类燃气具：额定热负荷不超过 50kW，腔体内压力不大于 80kPa；

（4）煮食炉类燃气具：额定热负荷不大于 50kW；

（5）大锅灶类燃气具：额定热负荷不超过 80kW；

（6）平头炉类燃气具：额定热负荷不超过 50kW；

（7）常压沸水器类燃气具：额定热负荷不超过 100kW；

（8）饭锅类燃气具：焖饭量大于或等于 6L；

（9）洗碗机类燃气具：额定热负荷不大于 50kW；

（10）炒灶类燃气具：额定热负荷不大于 60kW；

（11）烧烤炉类燃气具：额定热负荷不大于 50kW；

（12）热板炉类燃气具：额定热负荷不大于 35kW；

（13）烤箱类燃气具：额定热负荷不大于 80kW；

（14）其他商用燃气具：额定热负荷不大于 100kW；

（15）产品组合体：以上各类产品的组合。

商用厨房场所的燃气具多种多样，每种都有其独特的设计和用途，最大限度地满足不同的烹饪及相关需求。

7.1.2 类型简介

蒸汽发生器和蒸箱主要用于蒸制食品，如面点、肉类和蔬菜，以其高效率和节能的特点，快速达到所需的蒸汽压力和温度，同时保持食物的原汁原味；炸炉则专门用于油炸食品，如炸薯条和炸鸡，其可调温度和快速加热功能确保食品外酥内嫩；大锅灶适用于需要长时间加热的烹饪方式，如煮汤和炖菜，它们的大容量和高热效率特点使得大批量烹饪成为可能；平头炉则是一种多功能燃气具，适用于煎、炒、烤等多种烹饪方式，其灵活性和快速烹饪能力使其成为商用厨房中不可或缺的设备；常压沸水器提供持续的热水供应，自动控温功能保证水温稳定，满足连续使用的需求，非常适合茶水和热饮的制备；饭锅专门用于蒸饭或焖饭及类似用途，能够烹饪大剂量的饭菜，提高效率；洗碗机作为厨房中的清洁工具，其自动化程度高，节省人力，提高清洁效率；炒灶以其强劲的火力和快速加热能力，专门用于快速炒制各种菜品，特别适合中式快炒。

7.2 重要结构要求及验证

7.2.1 商用燃气具熄火保护装置

商用燃气具的各燃烧单元必须安装熄火保护装置，且燃气具不应设置有使熄火保护功能失效的装置。熄火保护装置的类型有两种，分别是热电式熄火保护装置和离子感应式熄火保护装置，其工作原理见 6.3.1 节。

1. 功能判定

（1）热电式熄火保护装置：检查燃气具是否有接近火焰部位的热电偶和相关联的电磁阀。在燃气具工作时吹灭火焰，观察是否迅速切断气源。

（2）离子感应式熄火保护装置：寻找是否有电控部件和离子检测装置。在燃气具工作时，如果突然熄火后，设备能自动切断气源，且此过程涉及电子控制，即可能为离子感应式。这两种保护装置都是为了提高燃气具的安全性，确保在熄火情况下自动切断气源，防止燃气泄漏。

（3）另外观察对熄火保护装置起关键作用的电磁阀结构上是否有使电磁阀安全关断功能失效的装置，如图 7-1 所示，起到熄火保护功能的电磁阀的结构上增加了可以使熄火保护失效的旋钮，则判定为该结构不符合要求。

图 7-1　带旋钮的电磁阀

2. 性能测试

（1）热电式熄火保护装置测试

开阀时间测试：开启燃气具，记录从启动到燃气阀门完全打开（燃烧器点火成功）的时间，开阀时间应不大于 45s；

闭阀时间测试：在燃气具正常工作时，人为造成火焰异常熄灭，从熄火到燃气阀门完全关闭的时间应不大于 60s。

（2）自动燃烧器控制系统测试

点火安全时间测试：启动燃气具，观察点火过程。从启动到点火成功的时间应不大于 10s；

熄火安全时间测试：在燃气具正常工作时，模拟熄火条件，燃气具应在 2s 内完全熄灭；

再启动和再点火安全时间测试：模拟熄火后，先关闭燃气具的阀门，等待一段时间后再启动燃气具，从启动到点火成功的时间不大于 2s。

7.2.2 商用燃气具应有防止用户调节额定热负荷的措施

防止用户调节商用燃气具的额定热负荷是出于安全、效率、设备维护、法规遵守以及提升用户体验等多方面考虑的综合措施。判定商用燃气具是否有防止用户调节额定热负荷的措施，可以通过以下几个方面进行评估：

（1）检查商用燃气具是否配备了不可变径的燃气喷嘴，锁定燃气具喷嘴直径后，用户将无法通过调节喷嘴直径进行调整额定热负荷；

（2）观察商用燃气具的调节部件是否有封印或其他防篡改措施，厂家通常会对可调节热负荷的部件进行封印，以防止用户随意调整；

（3）查阅商用燃气具的使用说明书，厂家会在说明书中注明是否允许用户调节热负荷，以及如何正确地使用商用燃气具以保持设定的额定热负荷。

7.2.3 商用燃气具通路阀门及其功能要求

商用燃气具任意通路设置两道独立功能的可关闭阀门，是出于提高安全性、方便维护、增加操作灵活性和提升系统可靠性等多方面的综合考虑。这种设计有助于确保商用燃气具使用的安全，同时也便于用户和维护人员进行日常操作和维护工作，图 7-2 给出了商用燃气具通路示意图。

判断在通往燃烧器的任一燃气通路上是否设置了不少于两道可关闭的阀门，且这两道阀门的功能互为独立，可以通过以下方面确定：

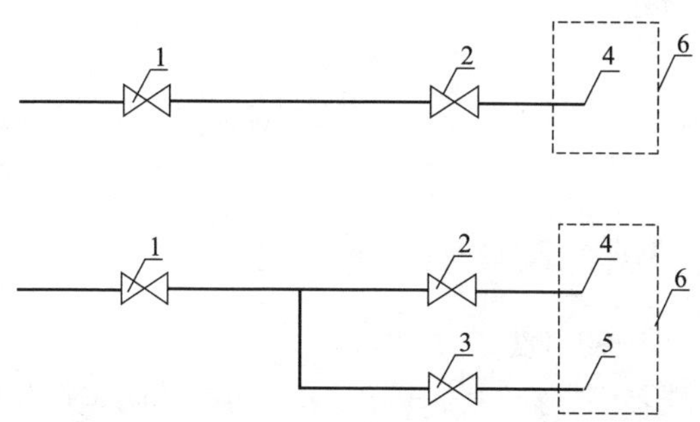

图 7-2　商用燃气具通路示意图

1—手动阀门或 C 级及以上自动阀；2—主燃烧器通路阀门；3—点火燃烧器通路阀门；4—主燃烧器；5—点火燃烧器；6—燃烧单元。

注：阀门 1 与阀门 2 功能互为独立，阀门 1 与阀门 3 功能互为独立；阀门 2 与阀门 3 功能可以联动。

1. 阀门数量

首先进行视觉检查，确认燃烧器连接的燃气管道上的阀门数量；查找从燃气源头到燃烧器之间的燃气管道，应能看到至少两个阀门，包括通过图纸验证组合形式自动阀的阀体结构。

2. 阀门位置

确认这两个阀门在燃气通路上的位置，它们应该分布在通路的不同部位，以确保在燃气管道的任何一个部分发生泄漏时，至少有一个阀门可以用来切断气源。

3. 功能独立性

检查这两个阀门的功能是否互为独立，这意味着关闭任何一个阀门都不会影响到另一个阀门的开关状态，每个阀门都能独立控制燃气的流动。可以通过手动操作这些阀门，检查它们是否能独立于彼此进行关闭和开启。

4. 操作测试

进行操作测试，先关闭第一个阀门，检查燃烧器是否停止工作；然后重新开启第一个阀门，关闭第二个阀门，再次检查燃烧器。通过这种方式，可以验证两个阀门是否都能有效地切断燃气流向燃烧器的通路。

7.3 性能检测

7.3.1 商用燃气具密封性

1. 燃气系统密封性试验

（1）首先要确保被测燃气阀门是关闭的，同时打开燃气通路上的其余所有阀门；

（2）从燃气入口处通入压力为 15kPa 的空气，保持稳定 1min；

（3）使用连接在燃气入口的气体检漏仪检测泄漏量。对燃气通路上的阀门进行逐道检测，对并联阀门作为一个整体进行检测。

2. 无可视泄漏试验

（1）使用 0-1 气点燃全部燃烧器。

（2）用检漏液或明火等适当方式检查从燃气入口到燃烧器火孔前的各个部位，检查是否有泄漏。

7.3.2 热负荷准确度

1. 热负荷准确度要求

（1）各燃烧单元的实测折算热负荷与额定热负荷的偏差应在±10%以内。

（2）两个燃烧单元的商用燃气具：总实测折算热负荷不小于单个燃烧单元实测折算热负荷之和的 90%。

（3）三个及以上燃烧单元的商用燃气具：总实测折算热负荷不小于 85%。

2. 热负荷准确度试验

（1）使用 0-2 气使商用燃气具在额定热负荷状态下工作 15min；在试验状态下所有燃气阀门应开至最大并且应在商用燃气具的正常使用状态下进行测试；

（2）分别对单个燃烧单元和全部燃烧单元进行测试；记录每个

燃烧单元以及总体的燃气消耗量和产生的热量，以便进行热负荷计算；

（3）按式(6-1）计算各燃烧单元的实测折算热负荷；

（4）使用公式计算总实测折算热负荷与单个燃烧单元的实测折算热负荷之和的百分比值，检查是否符合规定。

7.3.3　干烟气中 $CO_{(\alpha=1)}$ 含量

干烟气中 CO 含量的测试是评估商用燃气具燃烧效率和安全性的重要指标。

1. 通用测试方法及要求

（1）选择合适的烟气分析仪，该仪器应能测量干烟气中的 CO 含量，并能够根据氧气参考条件（$\alpha=1$）进行调整或显示结果；

（2）按照正常操作条件进行预热，达到稳定工作状态；

（3）普通工况下的 CO 含量测试，将烟气分析仪的采样探头置于商用燃气具排烟管道的适当位置，通常是距离燃烧室出口一定距离的地方；记录干烟气中 CO 的含量不应大于 0.10%；

（4）特殊工况下的 CO 含量测试（黄焰燃烧和脱火燃烧），调整商用燃气具用气为黄焰界限气或脱火界限气进行特殊工况测试；对于黄焰和脱火燃烧，CO 含量不应大于 0.20%。

2. 平头炉类商用燃气具多炉头干烟气中 $CO_{(\alpha=1)}$ 含量试验

（1）各炉头按照实测热负荷选用下限锅进行坐锅，相邻两炉头理论坐锅下限半径相加大于炉头中心距时，同步选择更小一些的测试用锅，使两锅的中心距与炉头中心重合且相邻两锅边距不小于 2cm；

（2）同时点燃全部炉头；

（3）选择合适的集烟罩进行取样，并在集烟罩顶部开口处取样，测量烟气中的 CO 和 CO_2 或 O_2 含量；

（4）按式(6-4）或式(6-5）计算干烟气中 $CO_{(\alpha=1)}$ 的含量，检查结果是否符合规定。

3. 烤箱干烟气中 $CO_{(\alpha=1)}$ 含量试验

（1）使用 0-2 气在完成烤箱维持热负荷试验后进行试验；

（2）烤箱在烘烤模式下运行，设定温控器温度为其能达到的最高温度；

（3）分别测量烤箱在运行至接近最高温度时（最高温度减去 25℃），以及烤箱在保温状态时的烟气含量，是否符合规定。

（4）使多功能烤箱的蒸烤模式同时运行，蒸汽系统设定在最大注入量的位置，测量多功能烤箱以最大热负荷稳定运行时的烟气含量，检查结果是否符合规定。

7.3.4 排烟温度

针对蒸汽发生器、蒸箱和洗碗机这三种商用燃气具排烟温度的测试方法，可以按照以下步骤进行：

（1）使用 0-2 气运行商用燃气具；

（2）将蒸汽发生器、蒸箱或洗碗机调至最大热负荷运行；

（3）维持最大热负荷运行 15min，以达到稳定的工作状态；

（4）将测温探头置于烟气排出口内 10～50mm 的位置，记录此位置的排烟温度。

7.3.5 表面温升

商用燃气具表面温升按下列步骤进行试验：

（1）按照商用燃气具使用说明将商用燃气具放置于最不利使用空间，且将燃气具置于 1cm 厚的黑色亚光木板上，使用 0-2 气，点燃全部燃烧器；

（2）测试前应保证商用燃气具周围风速小于 1m/s，间接排烟式商用燃气具需同步开启室内排烟系统，商用燃气具在正常使用状态下运行至少 30min 后达到温度稳定状态；

（3）用温度计检测商用燃气具各部位及黑色哑光木板表面温度及各零部件的表面温度是否符合规定。

7.3.6　电气性能

针对商用燃气具电气性能要求包含以下内容：

1. 防触电保护（Ⅰ类器具）

使用试验指（一种模拟人手指的工具）检验外壳的开孔。

2. 工作温度下的泄漏电流和电气强度

使用泄漏电流测试仪测量Ⅰ类器具的泄漏电流，确保不大于 3.5mA；试验方法参见 6.2.6 节。

3. 耐潮湿

按照《商用燃气燃烧器具》GB 35848—2024 中 5.5.11.5 的要求进行溅水试验 5min 后，测试电气强度，检查是否符合规定。

4. 室温下的泄漏电流和电气强度

室温下泄漏电流不大于 3.5mA，对基本绝缘施加 1250V，附加绝缘施加 1750V，加强绝缘施加 3000V，检查是否有击穿现象；试验方法参见 6.2.6 节。

5. 内部布线及电源连接和外部软线

（1）确认黄/绿组合双色标识的导线仅用作接地导线，且不应与尖锐边缘接触；电源线导线的横截面积是否大于或等于 $0.75mm^2$；

（2）电源线连接方式是否为 Y 型或 Z 型，确认软线固定装置的存在和有效性；确保电源线不与尖锐边缘接触；

（3）检查黄/绿组合双色标识的接地线是否正确连接；

（4）确认电源软线为耐油性保护套电缆。

6. 接地措施

接地端子或接地触点与接地金属部件之间的电阻应不大于 0.1Ω；接地电阻的试验方法参见 6.2.6 节。

7.3.7　能源合理利用试验

1. 试验室条件

试验条件符合下列要求：

(1) 试验时大气压力应在 86～106kPa 之间；

(2) 试验室温度：20℃±5℃，空气相对湿度应不大于 85%；

(3) 试验室通风换气应良好，室内空气中一氧化碳含量应小于 0.002%，二氧化碳含量应小于 0.2%，在换气良好的前提下应无影响燃烧的气流；

(4) 使用市电的商用燃气具，在额定频率、额定电压下试验，电压波动范围应在±2%以内；

(5) 使用 0-2 气；商用燃气具正常运行 15min 后进行试验。

2. 蒸汽发生器热效率试验

首先，按图 7-3 要求布置试验装置。

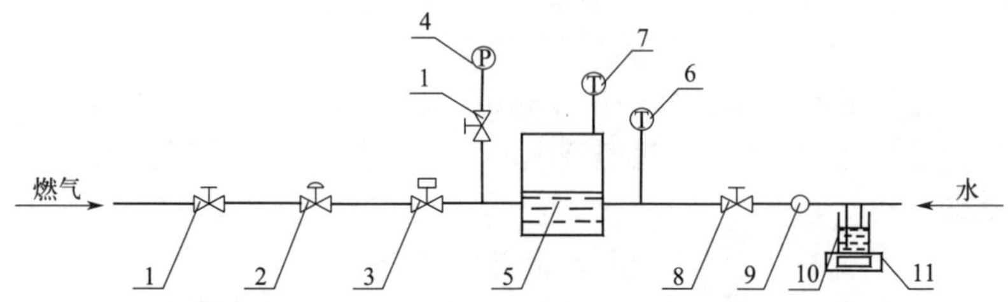

图 7-3 热效率试验装置图

1—燃气阀门；2—燃气调压器；3—燃气流量计；4—压力表；5—蒸汽发生器（蒸箱）；6—进水温度计；7—蒸汽出口温度计；8—水阀门；9—增压泵；10—盛水容器；11—电子秤

(1) 间歇补水式蒸汽发生器试验

1) 按照图 7-3 连接试验系统，蒸汽发生器（蒸箱）内注满水，盛水容器加满水；

2) 使增压泵 9 保持 0.4MPa 压力下持续抽取盛水容器 10 中的水补给蒸汽发生器（蒸箱）5 进水入口；

3) 蒸汽发生器（蒸箱）5 持续产出蒸汽的热效率测试过程中应保证进水温度计 6 的温度变化小于 0.5℃，并记录进水温度 t_1，同时记录蒸汽发生器（蒸箱）5 蒸汽出口温度计 7 的温度 t_2；

4) 选取一个周期内增压泵 9 向蒸汽发生器（蒸箱）5 内部补

水结束时作为起始点，记录此时电子秤 11 的初读数 M_1 与燃气流量计 3 的初读数 V_1；选取三个连续补水周期后增压泵 9 向蒸汽发生器内部补水结束时作为终点且测试时间不小于 15min，记录此时电子秤 11 的终读数 M_2 与燃气流量计 3 的终读数 V_2；

5）蒸汽发生器（蒸箱）的热效率测试过程中需使用水汽分离器等适当的方法防止蒸汽带走尚未汽化的水；

6）按式(7-1)、式(7-2) 计算热效率；

7）以上步骤连续进行两次，连续两次热效率测试结果的差值小于 2%时，则可认为达到稳定状态；两组试验数值的算术平均值作为最终的测试结果。

$$\eta=\frac{(M_1-M_2)\times[q+(t_2-t_1)\times c_p]}{(V_2-V_1)\times H_i\times f}\times 100\% \tag{7-1}$$

$$f=\frac{288}{273+t_g}\times\frac{p_a+p_m-p_s}{101.3} \tag{7-2}$$

式中 η——热效率（%）；

M_1——热效率测试开始时的电子秤初读数（kg）；

M_2——热效率测试结束时的电子秤终读数（kg）；

q——水蒸气汽化潜热，取 2.258MJ/kg(100℃，101.325kPa)；

t_1——补水温度（℃）；

t_2——蒸汽出口的温度（℃）；

c_p——水在 0℃到 100℃的平均定压比热容，4.19×10^{-3}MJ/(kg·℃)；

V_1——燃气流量初读数（m^3）；

V_2——燃气流量终读数（m^3）；

f——将燃气耗量折算到 15℃、101.3kPa 状态下的修正系数；

H_i——15℃、101.3kPa 状态下燃气的低热值（MJ/m^3）；

t_g——燃气温度（℃）；

p_a——大气压力（kPa）；

p_m——通过燃气流量计的燃气压力（kPa）；

p_s——温度为 t_g 时的饱和水蒸气压力（当使用干式流量计测量时，p_s 值应乘以试验燃气的相对湿度进行修正）（kPa）。

（2）持续补水式蒸汽发生器

热效率测试中补水量随着蒸汽的蒸发而持续补水，可认为测试中的补水是均匀的；按照上述方法测试，选取 15min 以上任何两个间隔点作起点与终点分别记录电子秤初读数、电子秤终读数、燃气流量初读数、燃气流量终读数等参数，进行热效率计算。

3. 蒸箱热效率

（1）蒸汽发生式蒸箱

蒸汽发生式蒸箱补水方式为间歇性补水时，测试方法见 7.3.7 中 2. 蒸汽发生器热效率试验；为持续补水时，按照持续补水式蒸汽发生器进行试验。

（2）水胆式蒸箱

与蒸腔为一体式结构时，热效率测试时应防止蒸汽被冷凝后回流至水胆和未汽化的水被蒸汽带出水胆。如需要，在测试热效率时应在蒸箱水胆上方开口位置设置一隔离水胆和蒸腔空间的顶盖，顶盖面积为 $100cm^2$，中间留出一个蒸汽孔，蒸汽应自由进入蒸腔空间，冷凝水不应回流至水胆同时水沸腾时水滴不应溅出水胆。

蒸箱补水方式为间歇性补水式时，测试方法按照间歇补水式蒸汽发生器热效率进行试验；为持续补水的蒸箱，按照持续补水式蒸汽发生器进行试验。

4. 炸炉、煮食炉热效率试验

按照制造商的声明，向燃气具内注水至最高液位。控制温度的恒温器设置到最高温度，当水沸腾后开始计时，测量 15min 以上水的汽化量；按式(7-3) 计算热效率。

$$\eta=\frac{m\times q}{(V_2-V_1)\times H_i\times f}\times 100\% \tag{7-3}$$

式中　m——测量期间水的汽化量（kg）。

其余符号意义同前。

5. 大锅灶热效率试验

试验用锅应采用制造商自配用锅，试验时加热的水质量应为锅有效容积的 75%，并盖上 1.5mm 厚钢制锅盖。温度计由锅中心插入水深 1/4 处，水初温取室温加 5℃，水终温取水初温加 45℃。在水初温前 5℃时开始搅拌，到水初温时停止搅拌，并开始计量燃气耗量，在水终温前 5℃时重新开始搅拌，到达水终温时停止搅拌，并停止计量燃气耗量；热效率按式(7-4) 计算。

$$\eta=\frac{\Delta t\times M\times c_{\mathrm{p}}}{(V_2-V_1)\times H_{\mathrm{i}}\times f}\times 100\% \tag{7-4}$$

式中　Δt——水的温升值（℃）；

M——加热的水质量（kg）。

其余符号意义同前。

搅拌器结构如图 7-4 所示，规格按表 7-1 执行；特殊结构大锅灶的搅拌器应保证搅拌均匀。

搅拌器规格　　**表 7-1**

锅径 d（mm）	d＜600	600≤d＜700	700≤d＜800	800≤d＜900	900≤d＜1000	1000≤d＜1100	d≥1100
搅拌器直径 d_1(mm)	200	330	380	430	480	530	530

6. 平头炉类热效率试验

平头炉试验所需平底锅的特征如表 7-2 所示，试验用锅及用水量如表 7-3 所示；首先根据式(7-5) 计算的实测热负荷确定上限和下限试验用锅；然后分别用上限和下限试验用锅进行热效率试验。

$$Q_{\mathrm{s}}=\frac{1}{3.6}\times H_{\mathrm{i}}\times V\times f \tag{7-5}$$

式中　Q_{s}——实测热负荷（kW）；

V——实测燃气流量（m^3/h）。

水初温取室温加 5℃，水终温取水初温加 50℃，在水初温前 5℃时开始搅拌，到水初温时停止搅拌，并开始计量燃气耗量，在

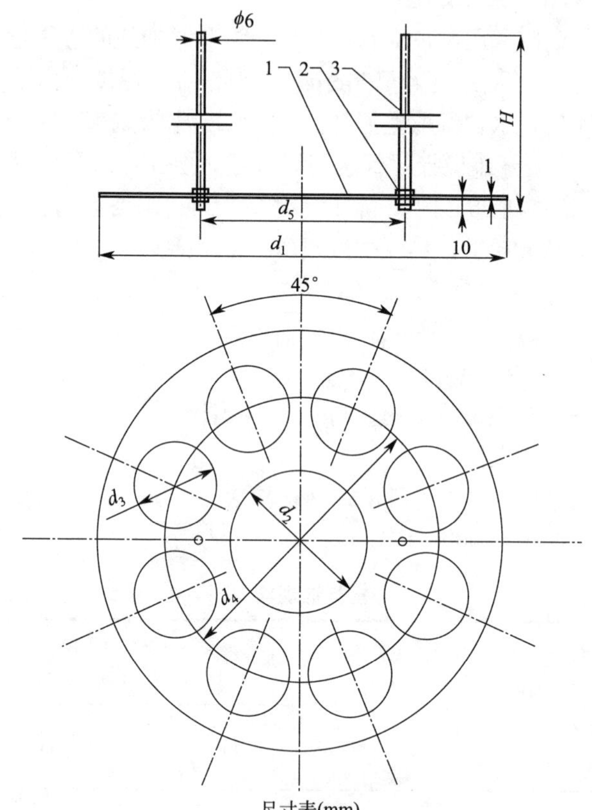

尺寸表(mm)

d_2	d_3	d_4	d_5	H
$d_1/3$	$d_1/5$	$2d_1/3$	$d_1/2$	d_1+35

注:1.d_1为搅拌器直径；

2.搅拌片用1mm镀锌钢板或不锈钢板。

3.拉手用ϕ6镀锌钢丝。

图 7-4　搅拌器结构图

1—搅拌片；2—螺母；3—拉手

水终温前 5℃时重新开始搅拌，到达水终温时停止搅拌，并停止计量燃气耗量；搅拌器结构见图 7-4，搅拌器直径为 $2d_p/3$。测试过程中记录所有参数，按式(7-4) 计算实测热效率；其中式(7-4) 中

M 用式(7-6）中 M_0 代替。

$$M_0=M+0.213M_3 \tag{7-6}$$

式中　M_0——实际加水量与铝锅的当量加水量之和（kg)；

M_3——锅量（含锅盖）(kg)。

上限锅和下限锅的热效率测试结束后，按式(6-11）计算热效率。连续进行两次，连续两次热效率测试结果的差值小于 2%时，则可认为达到稳定状态；两组试验数值的算术平均值作为最终的测试结果。当燃气具自带专用锅时可使用自带的锅，加热水的水质量为锅体容积的 75%，试验时水初温至水终温 50℃温升期间无须搅拌。

平头炉试验所需平底锅的特征　　　　**表 7-2**

直径 d_p(mm)	240	270	300	330	360	390	420	450	480	510	540	600
高度 H_p(mm)	170	180	200	210	230	240	275	295	320	350	380	400
锅重(含锅盖)M_3(kg)	1.8	2.1	2.7	3.2	4.0	4.5	5.7	6.8	8.2	9.0	11.0	12.5

注:1. 表中所有尺寸公差为±2%。

2. 锅和锅盖由 3003 合金铝制造,颜色为铝合金本色。

试验用锅及用水量　　　　**表 7-3**

直径 d_p(mm)	实测热负荷 Q_s(kW)	加热的水质量 M(kg)
240	≤2.47	5
270	3.13	6
300	3.87	9
330	4.68	11
360	5.57	14
390	6.53	16
420	7.58	23
450	8.70	27
480	9.90	35
510	11.17	42
540	12.53	53
600	≥15.47	68

注:实测热负荷在任何两数值之间时,分别用上下限锅进行热效率插值测试,实测热负荷不大于 2.47kW 的炉头用 24cm 锅进行烟气和热效率测试,实测热负荷不小于 15.47kW 的燃气具选用直径为 60cm 的锅进行烟气和热效率测试,或自带加热容器进行测试。

7. 沸水器热效率试验

（1）储水式沸水器试验

1）加注冷水前，燃气具无须预热；将沸水器注满初温为20℃±2℃的水至上水位；

2）启动燃烧至沸水器自动停机，并记录试验期间的燃气流量及燃气参数；

3）停机1min后打开沸水阀放水10s后测温，测温点位于出水口内5～15mm处，记录随后10s内沸水流出过程中的最低水温；

4）每间隔1min进行连续测量，直到沸水放空，记录所出加热的水质量M，沸水流出过程中的最低水温取算术平均值作为最终加热水的终温，并计算水的温升$\triangle t$；

5）按式(7-4）计算热效率；连续两次热效率测试结果的差值小于2%时，则可认为达到稳定状态；两组试验数值的算术平均值作为最终的测试结果。

（2）连续式沸水器试验

1）按照沸水器使用说明书要求运行沸水器；

2）沸水器调节至状态指示灯持续显示绿色状态（持续稳定放出恒温热水），稳定运行15min后开始测试。

3）以5min为测试周期，记录测试周期的燃气流量及燃气参数，并将沸水收集在保温桶中，记录加热的水质量M、测试中的平均进水温度、沸水平均出水温度等试验参数，并计算水的温升$\triangle t$。

4）按式(7-4）计算热效率；连续两次热效率测试结果的差值小于2%时，则可认为达到稳定状态；两组试验数值的算术平均值作为最终的测试结果。

8. 饭锅热效率试验

按照产品说明书中最大烹饪稻米重量乘以2作为测试加热的水质量M；测试温度计放置于锅中心水深的1/2处；水初温取室温加5℃，水终温取水初温加50℃，测试过程中不进行搅拌。记录测试过程所有参数，按照式(7-4）进行热效率计算；连续两次热效率测试结果的差值小于 2%时，则可认为达到稳定状态；两组试验数值的算术平均值作为最终的测试结果。

9. 炒菜灶热效率试验

试验时，按照式(7-5) 计算的实测热负荷，按表 7-4 选用试验用锅，试验用锅采用经渗氮处理后的双耳球面熟铁锅，锅盖可采用厚度为 1.5mm 的钢板制作，试验用锅的结构尺寸如图 7-5 所示。

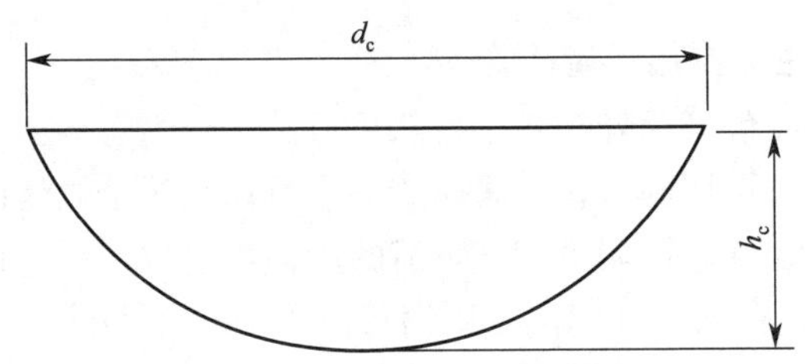

图 7-5　试验用锅结构尺寸

d_c—锅内径；h_c—锅深

试验用锅和水量的选用　　　　表 7-4

实测热负荷 Q_s(kW)	锅内径 d_c(mm)	锅深 h_c(mm)	加热的水质量 M(kg)	锅厚 d_h(mm)
$Q_s<28$	360^{+5}_{-0}	108±5	5	2
$28\leqslant Q_s<32$	460^{+5}_{-0}	138±5	10	2
$32\leqslant Q_s<42$	500^{+5}_{-0}	150±5	13	2
$Q_s\geqslant 42$	560^{+5}_{-0}	180±5	20	2.5

注:试验时应根据实测热负荷选锅,直径小于炉膛时,选与炉膛尺寸最接近的试验用锅,水量根据实测热负荷确定。

点燃燃烧器，按所选试验用锅加入表 7-4 中相应的水量并盖上锅盖。水温的测试点应在锅中心水深 1/2 的位置，将锅放在锅支架上开始试验，水初温取室温加 5℃，水终温取水初温加 50℃。在水初温前 5℃时开始搅拌，到水初温时停止搅拌，并开始计量燃气耗量，在水终温前 5℃时重新开始搅拌，到达水终温时停止搅拌，并停止计量燃气耗量；按式(7-4) 计算热效率。

带有尾锅的炒菜灶在试验操作同时在尾锅中加入其容积 2/3 的水量，在无锅盖不搅拌的情况下进行测试。水温的测点应在锅中心水深 1/2 的位置，开始计量燃气耗量时记下水初温，停止计量燃气耗量时记下水终温。按式(7-4）计算尾锅热效率后，取其 30%计入炒菜灶总的热效率。

搅拌器结构见图 7-4，试验用锅搅拌器直径为测试用锅内径减 160mm。

10. 烤箱维持热负荷试验

（1）除面包烤箱外烤箱维持热负荷试验

多功能烤箱试验只在烘烤模式下进行；在每个烘烤区间的几何中心点测定温度。可调节燃气负荷的烤箱，通过控制负荷使烤箱温升达 195℃，在两个连续测试周期每个约 15min 期间，当燃气负荷偏差不大于 5%时，则可认为测试条件成立；对于使用通/断恒温器控制器的烤箱，烤箱温升设定为 195℃，运行稳定后取 15min 以上燃气通断过程中启动或关闭的完整循环周期作为测试周期。

按式(6-1）计算实测折算热负荷，其结果为该烤箱的维持热负荷；检查结果是否符合规定。

（2）面包烤箱维持热负荷试验

将恒温器温度设定在室温加 230℃。调节燃气消耗量使箱体内温度至少保持在环境温度加 230℃，测量箱体稳定运行 1h 燃气的消耗量。具有循环启动功能的烤箱 1h 测试周期结束时如果循环次数不完整，试验将继续进行完成该次循环，将燃气消耗量按 1h 进行折算。用式(7-7）进行能源合理利用指标计算，检查结果是否符合规定。

烤箱能源合理利用指标维持热负荷按式(7-7）计算：

$$C_{\mathrm{E}}=\frac{0.278\times Q_{\mathrm{C}}\times H_{\mathrm{i}}\times f\times 10^{3}}{V_{i}} \tag{7-7}$$

式中 C_{E}——能源合理利用指标，维持热负荷（W/L）；

Q_{C}——试验时的试验气流量数值（m^3/h）；

V_i——烘烤间的有效容积（L）。

其余符号意义同前。

7.3.8 商用燃气具其他特殊结构

1. 蒸汽发生器

(1) 水路耐压试验

关闭蒸汽发生器水胆前阀门，在自来水入口至蒸汽发生器内胆进水口管道及接头施加适用水压上限值的 1.25 倍，且不低于 1.0MPa 的水压，持续 1min，检查是否符合规定。

(2) 内胆及副水箱耐压试验

内胆及副水箱的耐压试验压力为 0.2MPa（介质为水），打压 10min，检查内胆和副水箱是否符合规定。

(3) 压力控制系统试验

在蒸汽发生器出口安装截止阀，蒸汽发生器正常工作后关闭蒸汽出口截止阀，使蒸汽发生器内部压力升高直至压力控制系统动作，记录此时的内部压力值，检查是否符合规定。

(4) 低水位控制试验

蒸汽发生器正常运行时关闭蒸汽发生器自动补水系统的供水直至蒸汽发生器低水位控制动作，检查是否符合规定；

在水位低于最低设置水位时，启动蒸汽发生器，检查是否符合规定。

(5) 压力安全阀试验

蒸汽发生器工作时，使蒸汽发生器的压力控制系统失效；缓慢关闭蒸汽发生器出口方向上的截止阀，使内部压力缓慢上升直至压力安全阀动作，记录此时的内部压力值，检查是否符合规定。

(6) 过热安全装置试验

蒸汽发生器工作时，使蒸汽发生器的压力控制系统、压力安全阀失效；逐步关闭蒸汽发生器出口方向上的截止阀，使蒸汽温度缓慢上升直至过热安全装置动作，记录此时的蒸汽温度，检查是否符合规定。

2. 蒸箱类燃气具

（1）蒸汽压力试验

把压力测试管一端与蒸腔压力测压接口连接，另一端与微压计连接；使用 0-2 气，启动蒸箱，以最大热负荷运行；打开进入蒸腔的所有蒸汽阀门，观察微压计，直至压力不再上升时；记录最高压力值，检查是否符合规定。未预留压力测试口的蒸箱类燃气具需要在蒸腔中心取压。

（2）蒸箱自动补水系统试验

按照正常连接模式连接蒸箱的补水系统，供水压力应不小于 0.1MPa；在蒸箱水系统缺水状态下，打开补水系统阀门开始补水直至自动补水系统动作，检查是否符合规定；保持蒸箱自动补水系统常开，打开蒸箱的排泄口缓慢排泄工作用水直至自动补水系统开始动作，检查是否符合规定。

3. 炸炉类燃气具

（1）温度调节按照如下规定试验

1）向炸炉盛油腔内注入食用油至其最低液位标记；

2）使用 0-2 气，从冷态开始点燃炸炉燃烧器，使其以最大热负荷运行；

3）将温度控制器调节至其最高挡位，在油腔的平面几何中心，液面下 25mm 处测量食用油的温度；

4）在温度控制器的 3 次运行/切断过程中，记录炸炉中食用油的最高温度值，检查是否符合规定。

（2）过热安全装置试验

炸炉正常工作工况下，人为使油温控制器失效，加热食用油直至过热安全装置动作，炸炉停止工作；测量炸炉中食用油的最高温度值，检查是否符合规定。

（3）承压炸炉泄压阀试验

承压炸炉正常运行时，监测内部压力升高；直至主泄压阀起跳动作时，记录泄压阀起跳压力，检查是否符合规定；使承压炸炉的主泄压阀失效，炸炉继续工作，测量辅助泄压阀起跳动作时的压力，检查是否符合规定。

4. 煮食炉类燃气具

自动煮食炉防干烧安全装置试验。

（1）泄放煮食炉中的水，使液面刚好高于防干烧安全装置最高水平位置；

（2）使用 0-2 气，点燃煮食炉燃烧器，使其以最大热负荷运行，直至防干烧安全装置动作，煮食炉停止工作；

（3）测量外壳的表面温升，检查是否符合规定。

5. 大锅灶类燃气具夹层煮锅泄压阀试验

（1）使用 0-2 气，使夹层煮锅以最大热负荷运行，测量主泄压阀起跳动作时的压力值，检查是否符合规定；

（2）使夹层煮锅的主泄压阀失效，夹层煮锅继续工作，测量辅助泄压阀起跳动作时的压力值，检查是否符合规定。

6. 沸水器类燃气具

（1）沸水温度试验

1）使用 0-2 气，使沸水器以最大热负荷运行，直至沸水器停止加热；

2）沸水器停止工作 1min 后打开沸水阀放水 10s 后开始测温，测温点在出水口内 5～15mm 处，记录随后 1min 内沸水流出过程中的最低水温；

3）以上步骤重复进行 3 次，测得的最低水温作为沸水温度，检查是否符合规定。

（2）保温性能试验

1）将沸水器注入冷水至最高液位，使用 0-2 气，使沸水器以最大热负荷运行，直至其达到停机保温状态；

2）断电断气，1min 后打开沸水阀放水 10s 后测温，测温点在出水口内 5～15mm 处，记录随后 1min 内沸水流出过程中的最低水温；

3）1h 后再次打开沸水阀放水 10s 后测温，测温点在出水口内 5～15mm 处，记录随后 1min 内沸水流出过程中的最低水温；

4）计算温度差值，以上步骤连续重复进行 3 次，取 3 次温差最大数据为保温性能的下降温度值，检查结果是否符合规定。

（3）缺水保护装置试验

1）将沸水器注水至最高液位，使用 0-2 气，使沸水器以最大热负荷运行，打开沸水器放水阀，液位逐渐降低直至缺水保护装置动作，检查是否符合规定。

2）在沸水器的注水量低于最低液位状态时启动沸水器，检查是否符合规定。

7. 洗碗机水温限制装置试验

（1）人为使燃气洗碗机热水温度控制装置失效；

（2）使用 0-2 气，使燃气洗碗机以最大热负荷运行；

（3）通过减小水量等方法使燃气洗碗机的热水出水温度慢慢升高，直至水温限制装置动作，记录此时的热水出水温度，检查是否符合规定；

（4）待燃气洗碗机出水温度恢复到正常温度，检查是否符合规定。

8. 烧烤类燃气具试验

（1）烧烤炉稳定性试验

可移动的烧烤炉以最不利于稳定的角度置于与水平面呈 10°的斜面上，打开烤炉门，将空载烤炉附件，包括烤叉、烤盘、托盘等放置在最不利于稳定的位置，加载说明书规定的最大食物载荷，检查是否符合规定。

（2）集油盒的温度试验

使用 0-2 气，使烧烤炉以最大热负荷连续运行 1h 后，测量集油盒底部的温度，检查是否符合规定。

9. 热板炉类燃气具过热限定试验

（1）无温度控制装置的热板炉使用 0-2 气，使其以最大热负荷连续运行 1h 后，测量烹饪工作表面的最高温度，检查是否符合规定。

（2）有温度控制装置的热板炉，人为使温度控制装置失效，使用0-2气使其以最大热负荷运行，热板炉烹饪工作表面温度缓慢升高直至过热限定装置动作，热板炉停止工作，测量从过热限定装置动作开始1min时间内热板炉烹饪工作表面的最高温度，检查是否符合规定。

10. 烤箱类燃气具

（1）面包烤箱过热安全装置试验

1）在面包烤箱内的几何中心设置温度测量点；

2）使面包烤箱的温度控制装置失效，使用0-2气，使面包烤箱以最大热负荷运行，直至过热安全装置动作，面包烤箱停止工作；

3）测量过热安全装置动作时面包烤箱内的几何中心温度值，检查是否符合规定；

（2）门的稳定性试验

1）带铰链的门通过下边缘水平转轴打开并水平放置，负重的重心应与门的几何中心垂直，按下列规定选择负重，施加负重5min后应保持稳定，检查是否符合规定；

①对于安装在地面上使用的燃气具：烹饪室门用23kg负重测试，其他门用7kg负重测试。

②安装在桌面使用或类似用途的烤箱，门打开后的水平投影宽度大于225mm时，用7kg负重测试；

2）以垂直转轴打开的门，在门的最远端施加140N向下的力5min，检查是否符合规定。

第 8 章

燃气辐射式取暖器检测

燃气辐射式取暖器是以燃气作为取暖能源的燃气燃烧器具。与燃气采暖热水炉不同的是，燃气辐射式取暖器通过红外线直接作用于被加热体。由于我国对住宅燃气应用的要求，以及燃气辐射式取暖器自身的特点，导致家用燃气辐射式取暖器的应用案例越来越少；与之相对的，燃气辐射式取暖器在工业厂房、仓库以及一些特殊使用环境的应用案例越来越多；同时由于液化石油气瓶的便携性，助推了燃气辐射式取暖器在户外的使用，本章根据市场现状，介绍工业厂房、仓库等高大空间用燃气辐射式取暖器，以及户外燃气辐射式取暖器的测试项目和测试方法。

8.1 高大空间用燃气辐射式取暖器

高大空间用燃气辐射式取暖器包括高强度辐射取暖器和低强度辐射采暖器，辐射面温度在 730℃以上为高强度辐射取暖器，肉眼观察辐射面多为亮红色（多为板式辐射取暖器，如图 8-1 所示），辐射面温度在 730℃及以下为低强度辐射取暖器，肉眼观看辐射面多为材料本体颜色或暗红色（多为管式辐射取暖器，如图 8-2 所示）。

目前我国很多地方的通用厂房、仓库等高大空间通常采用燃气辐射式取暖器，操作人员可根据需求调整取暖时间、取暖温度、取暖区域等，具有操作方便、灵活、节能、污染较低等优点。目前该类产品需要执行的标准为《非家用燃气取暖器》GB/T 41320—2022。

图 8-1　板式辐射取暖器

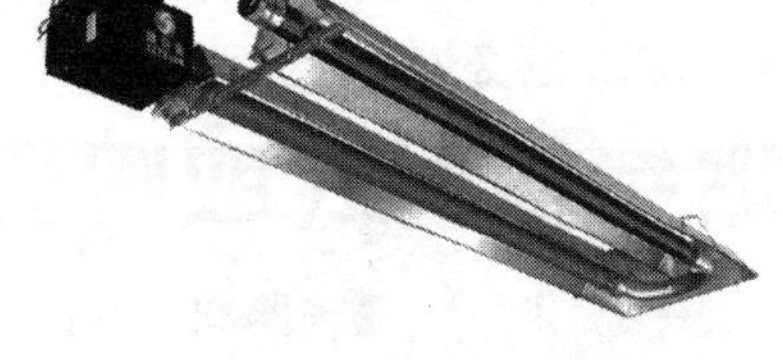

图 8-2　管式辐射取暖器

8.1.1　安全装置试验

1. 自动燃烧器控制系统

除特殊情况外，取暖器需要安装在 3m 以上的空间，人员不易接触取暖器本体，因此其点火控制、熄火保护控制均采用自动燃烧器控制系统。该系统的功能通过电路板中芯片、集成电路实现。

（1）目测该系统的运行顺序：管式辐射取暖器应先进行预清扫，再运行点火器，最后打开燃气阀门；板式辐射取暖器应先运行点火器，再打开燃气阀门。

（2）检测取暖器的点火、再点火或再启动过程。观察点火过程，取暖器运行平稳后人为关闭燃气，火焰熄灭后马上恢复燃气，检查再点火（如有）、再启动（如有）过程，均不应出现爆燃现象。

（3）进行熄火保护的试验。人为切断燃气或断开火焰感应针回路，用秒表测量火焰消失或回路断开瞬间至燃气阀关闭的时间。额定热负荷不大于 70kW 的取暖器关闭时间不应大于 5s、额定热负荷大于 70kW 的取暖器关闭时间不应大于 3s。

（4）目测其他安全装置与控制系统的关联性。其他安全装置动作均应引发控制系统产生故障报警。

2. 风压过大安全装置（管式辐射取暖器）

强制排气式取暖器应设置风压过大安全装置，该装置保证取暖器既有一定的抗风能力，又保证取暖器在燃烧恶化前安全关闭。

（1）调节风压箱内风压至 80Pa，此时取暖器应正常运行。

（2）继续缓慢升高风压箱内风压直至取暖器关闭燃气阀门，同时检查取暖器的工作状态，不应出现回火、火焰外溢。

（3）断开安全装置回路此时取暖器应能检测到断路信号，使燃气阀处于安全关闭状态。

3. 烟道堵塞安全装置（管式辐射取暖器）

强制排气式取暖器和强制给排气式取暖器均应设置烟道堵塞安全装置，该装置的目的是保证取暖器的进空气/排烟气部分出现部分堵塞或全部堵塞时，取暖器处于安全关闭状态。

（1）逐渐堵塞进空气或排烟气部分，直至取暖器刚能维持运行，在该状态下燃烧稳定后用烟气分析仪在排烟出口处采集烟气，然后根据第 6 章中式(6-4）或式(6-5）进行计算，计算值不应超过表 8-1 规定的值。

烟道堵塞时 CO 含量限值 **表 8-1**

取暖器类型	强制排气式	强制给排气式
CO 限值	0.06%	0.10%

（2）完全堵塞进空气/排烟气部分，维持 3min 后除掉堵塞物，取暖器不应重新启动。

8.1.2 性能检测

1. 气密性测试

由于取暖器用于高大空间，且通风相对良好，因此其气密性要求较为宽松，内部气密性和外部气密性限值均为 100mL/h。同时喷嘴到火孔的燃气通路不应漏气。具体试验步骤如下：

（1）阀门内部气密性

燃气入口连接气密检漏仪，关闭被测阀门，打开其余阀门，分别使用 10kPa 和 0.6kPa 的空气检测气密性。

(2) 阀门外部气密性

燃气入口连接气密检漏仪，堵塞喷嘴，打开所有阀门，使用 10kPa 的空气检测气密性。

(3) 喷嘴至燃烧器火孔通路

取暖器连接燃气，分别使用 0-1 气、最大负荷状态，以及 0-3 气、最小负荷状态，用明火检查通路是否有燃气泄漏。

2. 热负荷准确度测试

取暖器在 0-2 气、最大热负荷状态，运行至热稳定状态，使用燃气流量计测量燃气的体积流量，根据第 6 章中式(6-1) 和式(6-2) 进行计算，并比较与额定热负荷的偏差。

额定热负荷不大于 20kW 时，偏差不大于 10%；额定热负荷大于 20kW 时，偏差不大于 5%。

3. 燃烧工况测试

燃烧工况测试包含了取暖器的冷态和热态。

冷态测试主要是在点燃取暖器 15s 后立即目测火焰状态，不应存在妨碍使用的离焰以及熄火。

热态测试包括取暖器燃烧稳定后检测烟气中 CO 含量、目测是否存在回火。其中 CO 含量的要求如下：

(1) 强排式取暖器：$CO_{(\alpha=1)}$不大于 0.04%；

(2) 强制给排气式取暖器：$CO_{(\alpha=1)}$不大于 0.10%；

(3) 板式辐射取暖器：$CO_{(\alpha=1)}$不大于 0.02%。

CO 测试方法为：取暖器在额定热负荷状态运行至热稳定状态，用烟气分析仪在排烟出口处采集烟气，然后根据第 6 章中式(6-4) 或式(6-5) 进行计算。

燃烧工况的测试还包括本章所有测试结束后，目测电极、燃烧器等部位不应有积碳；目测取暖器的排烟部位不应存在冷凝水。

4. 排烟温度测试（管式辐射取暖器）

由于辐射式取暖器的辐射效果与辐射面温度的 4 次方成正比，为保证辐射效果，取暖器的烟气温度不能太低；同时为了将更多的热量留在室内，烟气温度又不能太高，因此烟气温度应在 110～

260℃之间。

在 0-2 气、额定电压条件下，取暖器运行至热稳定后，使用温度计测量排烟出口处的烟气温度。

5. NO_X 测试

辐射式取暖器的 NO_X 排放等级如表 8-2 所示。

辐射式取暖器的 NO_X 排放等级 **表 8-2**

排放等级	浓度上限[mg/(kW·h)]
1	200
2	150
3	100
4	70

测试方法与第 6 章中 6.5.2 中 3. NO_X 测试一致，但在具体测试时，无回水温度的要求。

6. 运行安全性测试

辐射式取暖器模拟实际工作状态的试验，热负荷调节至额定热负荷的 1.1 倍，连续运行 8h×6d 后，在额定热负荷状态下的 CO 含量仍然符合燃烧工况中的相关要求。

7. 温升测试

为保证燃气辐射式取暖器的安全运行，取暖器周围可燃物、取暖器内部部件、进行操作的部位等的温度均不应过高。具体温升要求如表 8-3 所示。

燃气辐射式取暖器温升要求 **表 8-3**

测试部位/测试部件	温升(K)
距离取暖器最近的可燃物表面	50
操作时手必须接触的部位	30
燃气调压器	$T_{max}-25$
自动截止阀	$T_{max}-25$
燃烧器控制系统	$T_{max}-25$

注：T_{max} 为部件最高允许温度，用℃表示。

取暖器根据说明书中规定的与可燃物最小距离进行安装，在无风环境中，使用 0-1 气，运行至热稳定状态，用温度计测量各部位温度及环境温度，并计算温升值。

8. 电气性能测试

（1）电功率偏差不应大于±15%。

取暖器在额定电压、最大热负荷状态运行 15min 后，用电功率计测量电功率，并计算其与额定电功率的偏差。

（2）泄漏电流不应大于 3.5mA。

取暖器处于室温状态，断开取暖器的保护阻抗，在带电部件和易触及金属部件之间施加 1.06 倍额定电压，测量泄漏电流。

（3）电气强度应能承受 1250V 电压无击穿。

上述（2）试验后，立即在电源插头 L 端或 N 端与易触及部件之间施加频率为 50Hz、1250V 的电压，并维持 1min。

（4）接地电阻不应大于 0.1Ω。

从空载电压不超过 12V（交流或直流）的电源取得电流，且该电流等于器具额定电流 1.5 倍或 25A（两者中取较大者），在器具的接地端子或器具输入插口的接地触点与易触及金属部件之间测量电压降，并根据电流和电压降计算出电阻。

8.1.3　结构测试

（1）排烟管出口和给排气管出口应具有防止异物进入的结构，使用 5N 的压力不应将直径 16mm 的钢球压入管内。（管式辐射取暖器）

（2）使用卡尺测量反射罩的厚度，钢板和带涂覆层的钢板厚度不应小于 0.4mm、铝合金板的厚度不应小于 0.6mm。（管式辐射取暖器）

（3）检查燃气接口或燃气阀门进口，应有过滤网。

（4）检查阀门结构，燃气通路应至少有两道有密封作用的燃气阀。

（5）使用铰接试验指检查外壳结构，不应触碰到高温部位、裸露的电气高压部位、运动部件。

（6）目测内部布线和电源软线，仅接地导线使用黄/绿组合双色线。

（7）应有软线固定装置，该装置应有防意外松脱措施。防止电源软线在接线处承受拉力和扭力的影响。

（8）断开风机电路，目测取暖器应处于安全状态。

（9）由于取暖器正常工作时不存在与水接触的可能，无需做特殊的防水处理，但仍需考虑其他异物进入取暖器外壳的可能，因此取暖器的外壳防护等级不应低于 IP2X。根据相关标准进行如下测试：

1）使用 10N±1N 的力，铰接试验指可进入 80mm、但必须与带电部位保持足够的间隙；

2）使用 30N±3N 的力，不应将直径 12.5mm 的刚性球压入外壳。

8.1.4 测试中应注意的事项

1. 安装过程的注意事项

（1）选择开阔的场所进行安装，远离可燃物。

（2）安装的环境应无明显风速。

（3）取暖器应悬空安装，不能直接放置在地面。

管式辐射取暖器还应注意以下事项：

（1）考虑辐射管热膨胀产生的机械应力。

（2）辐射管的长度应适宜。

（3）辐射管安装时，直管段应尽量笔直，弯管段应符合说明书规定。

（4）按图纸或安装说明书规定正确安装反射罩、烟气扰流片。

2. 测试过程的注意事项

（1）测试使用到的检测仪器的计量应具有可追溯性。

（2）热负荷准确度测试时，如使用湿式流量计，应注意表内液体的液位。

（3）燃烧工况测试时，需在冷态进行的试验，在试验前应对取暖器的自动燃烧器控制系统、自动截止阀、燃气调压器、燃烧器等部件进行充分冷却。

8.2　户外辐射式取暖器

户外辐射式取暖器一般安装在通风良好的户外，但要考虑自然界中刮风、下雨等方面的影响，因此与室内安装的取暖器有着明显不同的技术要求。为提高采暖效果和使用的便利性，多数户外取暖器为可移动式结构的辐射式取暖器，且不使用电网供电（如伞状取暖器，如图 8-3 所示）。目前该类产品需要执行的标准为《户外燃气燃烧器具》GB/T 38522—2020。

图 8-3　户外用伞状取暖器

8.2.1　安全装置试验

1. 倾倒保护装置

点燃取暖器后，水平方向倾倒取暖器，同时用秒表测量取暖器倾倒至燃气通路关闭的时间应在 10s 内，且取暖器不应在该状态下自动再启动。

2. 熄火保护装置

熄火保护装置多采用热电式熄火保护装置。热电式熄火保护装置的开阀时间不应小于 45s，闭阀时间不应小于 60s。

开阀时间测试：使用 0-2 气，在冷态下点燃取暖器，用秒表测量从点火到熄火保护装置打开燃气通路的时间。

闭阀时间测试：使用 0-2 气，取暖器运行 20min 后，切断燃气，用秒表测量从熄火到熄火保护装置关闭燃气通路的时间。

8.2.2　性能检测

1. 气密性测试

由于取暖器用于户外，具有良好的通风性能，因此其气密性要求较为宽松，阀门气密性限值为 0.14L/h。同时燃气入口到火孔的燃气通路不应漏气。具体测试步骤如下：

（1）阀门气密性

燃气入口连接气密检漏仪，关闭被测阀门，打开其余阀门，使用 4.2kPa 的空气检测气密性。

（2）燃气入口至燃烧器火孔通路

取暖器连接燃气，分别使用 0-1 气、最大负荷状态，用检漏液或明火检查通路是否有燃气泄漏。

2. 热负荷准确度测试

取暖器在 0-2 气、最大热负荷状态，运行至热稳定状态，使用燃气流量计测量燃气的体积流量，根据第 6 章中式(6-1）和式(6-2）进行计算，并比较与额定热负荷的偏差，不应大于 10%。

3. 燃烧工况测试

燃烧工况测试包含了取暖器的冷态和热态。

（1）冷态测试包括：

1）使用 3-2 气点燃取暖器，目测主燃烧器的火孔，应全部点燃；

2）分别使用 3-3 气和 3-1 气点燃取暖器 15s 后立即目测火焰状态，不应存在熄火现象。

（2）热态测试包括：

1）使用 0-2 气取暖器燃烧 15min 后，目测火焰状态，不应出现回火、熄火现象；

2）使用 1-1 气燃烧稳定后目测火焰状态，不应出现黑烟现象；

3）使用 2-3 气燃烧 30min 后，目测火焰状态，不应出现回火现象。

（3）取暖器 CO 含量的要求为 $CO_{(\alpha=1)}$ 不大于 0.10%。

CO 测试方法：取暖器使用 0-2 气在额定热负荷状态运行 15min 后，用烟气分析仪在排烟出口处采集烟气，然后根据第 6 章中式(6-4）或式(6-5）进行计算。

4. 常明火测试

（1）常明火火焰稳定性

分别使用 2-3 气和 3-1 气点燃取暖器 5min 后关闭主火燃烧器，目测常明火单独燃烧状态，不应出现回火、熄火、离焰现象。

连续开关主燃烧器 10 次，目测常明火不应熄灭。

（2）常明火引燃能力

点燃取暖器，逐渐减少常明火的供气量直至熄火保护装置刚好维持开阀的运行状态。然后给主燃烧器提供 0-2 气，常明火应能迅速点燃主燃烧器。

5. 温升测试

为保证户外辐射式取暖器的安全运行，取暖器周围可燃物、取暖器内部部件、进行操作的部位等的温度均不应过高。具体温升要求如表 8-4 所示。

户外辐射式取暖器温升要求　　表 8-4

测试部位		温升(K)
操作时手必须接触的部位	金属	30
	非金属	45
不易接触的表面	金属	80
	非金属	95
燃气调压器		50
燃气阀门		50 或不大于阀门的最高允许温度
点火器及导线		50 或不大于点火线的最高允许温度
地面		65
小气瓶燃气具气瓶底部		0
钢瓶本体		55

取暖器放置在黑色亚光木板上，使用 0-2 气点燃并运行取暖器 60min 后，用温度计测量各部位温度及环境温度，并计算温升值。

6. 抗风性能测试

使用 0-2 气点燃取暖器后，将取暖器放置在 4.5m/s 的风速场中，取暖器应能维持燃烧或安全关闭。

7. 耐淋雨性能测试

户外辐射式取暖器在淋雨试验后，应可正常使用，喷淋试验系统如图 8-4 所示。

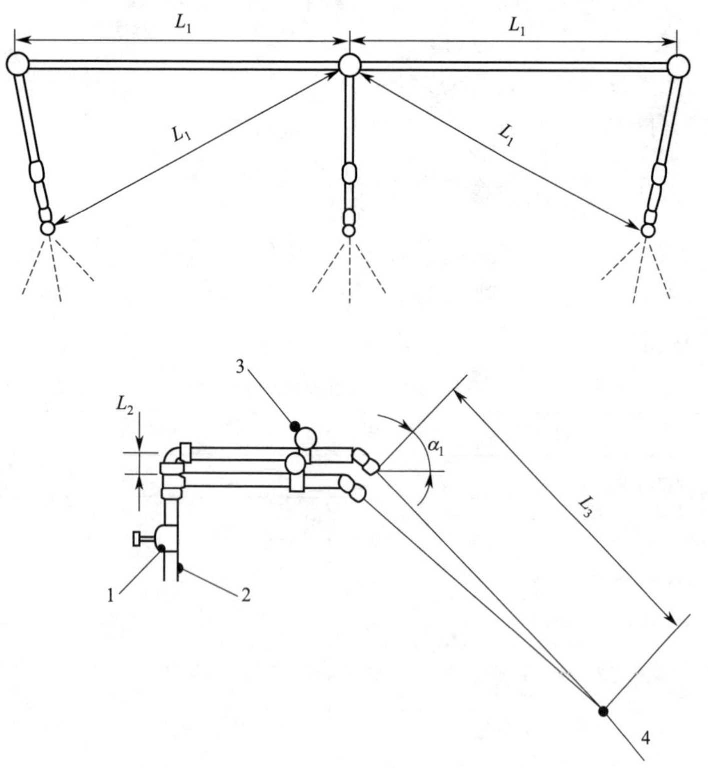

图 8-4 喷淋试验系统

1—每只喷淋头的控制阀；2—DN15 管子；3—每只喷淋头的水压计；4—喷水焦点；L_1—710mm；L_2—60mm；L_3—1400mm；α_1—45°

测试方法如下：

（1）取暖器在不工作的状态进行喷淋试验；

（2）喷淋头水压调整为 35kPa；

（3）对可能受淋雨影响的角度喷淋 15min；

（4）静置 3min 后使用 0-2 气进行点燃试验。

8. 耐极限温度测试

取暖器在制造商声明的最低温度且不高于−20℃的环境温度下达到稳定状态后，使用 0-2 气进行点燃试验，应能正常点燃。

8.2.3　结构测试

（1）燃烧器调风装置应设置在便于操作的部位，清晰地标出开、关位置以及调节方向。正常使用时不应自行滑动。

（2）取暖器内部可放入液化气钢瓶时，应有钢瓶固定措施和隔热措施，且仅能容纳 1 个液化气钢瓶；为保证安全，该空间应有气体疏散孔，其底截面与侧面疏散孔面积总和不应小于其总面积的 1/50。

（3）点火燃烧器和主燃烧器之间的相对位置应准确固定，在正常使用状态下不应移动。

（4）火孔部位应不可调节。

（5）取暖器辐射面高度低于 1.8m 时，应有防止烫伤的保护措施。

（6）可移动取暖器的出风口应有安全保护栅。

（7）燃气入口处应有过滤网。

（8）燃气通路应至少有两道有密封作用的燃气阀。

（9）稳定性测试。

1）外置液化气钢瓶或使用管道燃气的取暖器，以任意角度放置在倾斜角为 15°的斜面上，取暖器应保持稳定，不应发生倾倒。

2）内置液化气钢瓶的取暖器，在取出钢瓶和钢瓶充满状态下，以任意角度放置在倾斜角为 15°的斜面上，取暖器应保持稳定，不应发生倾倒。

8.2.4　测试中应注意的事项

1. 安装过程的注意事项

（1）选择开阔的场所进行安装，远离可燃物。

（2）除抗风性能测试外，测试环境应无明显风速。

2. 测试过程的注意事项

（1）测试使用到的检测仪器的计量应具有可追溯性。

（2）热负荷准确度测试时，如使用湿式流量计，应注意表内液体的液位。

（3）燃烧工况测试时，需在冷态进行的试验，在试验前应对取暖器的燃气阀、燃烧器等部件进行充分冷却。

（4）低温试验时，应进行人员防护，预防冻伤。

（5）抗风性能测试时应保证取暖器周围不产生额外的涡流。

第9章

燃气输配设备检测

9.1 阀门检测技术

9.1.1 燃气管道通用阀门

1. 燃气管道通用阀门的作用、类别与结构

(1) 燃气管道通用阀门的作用、类别

燃气管道通用阀门是燃气输配系统中的控制部件，用来控制管道内介质的流通，一般包括：闸阀、截止阀、节流阀、止回阀、球阀、蝶阀、隔膜阀、旋塞阀、柱塞阀等多种类型，其中主要是球阀、闸阀和蝶阀。

(2) 燃气管道通用阀门的主要结构

1) 球阀

球阀是指启闭件（球体）由阀杆带动，并绕阀杆的轴线做旋转运动的阀门。球阀的流体阻力最小、噪声低、启闭动作迅速，是城镇燃气管道应用最广泛的阀门。

2) 闸阀

闸阀是启闭件（闸板）由阀杆带动，沿阀座（密封面）作直线升降运动的阀门。闸阀在管道上主要作为切断介质用，流体阻力较小，是广泛应用于燃气长输管线以及城镇燃气管道的阀门。

3）蝶阀

蝶阀是启闭件（蝶板）由阀杆带动，并绕阀杆的轴线做旋转运动的阀门。蝶阀相对球阀和闸阀，流体阻力较大，但其结构长度和总体高度较小，也是应用于城镇燃气管道的常见阀门。

以上 3 种阀门结构示意图如图 9-1～图 9-3 所示。

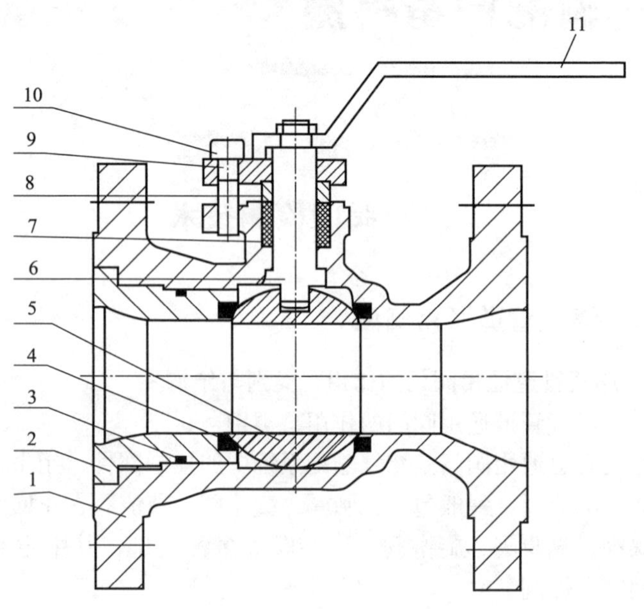

图 9-1　球阀结构示意图

1—阀体；2—阀座压盖；3—阀座压盖密封圈；4—阀座密封圈；5—球体；6—阀杆；7—阀杆填料；8—填料压套；9—填料压板；10—螺钉；11—手柄

2. 燃气管道通用阀门的型号

阀门型号由阀门类型、驱动方式、连接形式、结构形式、密封面或衬里材料、压力、阀体材料 7 部分组成，型号编制按下面格式。具体编制方法见《阀门 型号编制方法》GB/T 32808—2016。

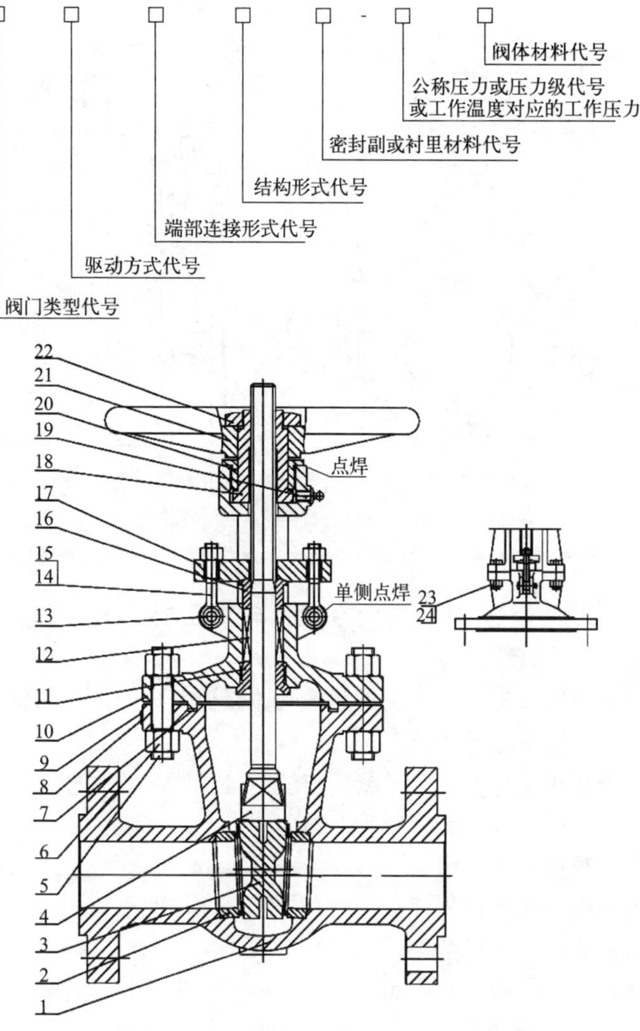

图 9-2　闸阀结构示意图

1—阀体；2—阀座；3—闸板；4—阀杆；5—螺柱；6，15，24—螺母；7—垫片；8—铭牌；9—铆钉；10—阀盖；11—上密封座；12—填料；13—圆柱销；14—活节螺栓；16—填料压套；17—填料压板；18—阀杆螺母；19—油嘴；20—阀杆螺母压盖；21—手轮；22—锁紧螺母；23—螺栓

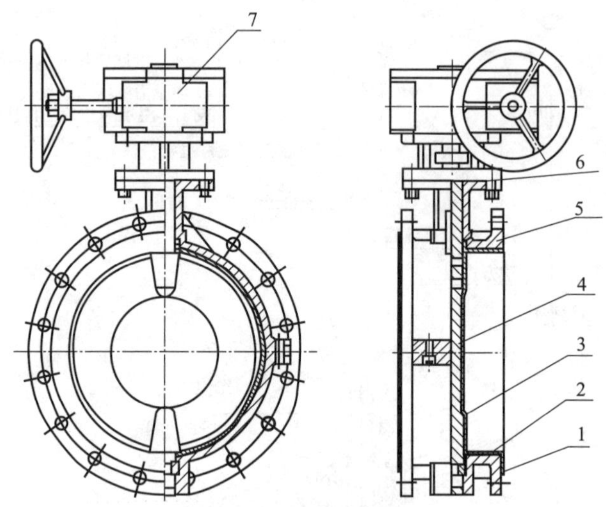

图 9-3　蝶阀结构示意图

1—阀体；2—阀座；3—蝶板；4—阀杆；5—轴承；6—压盖；7—执行器

3. 燃气管道通用阀门的检测项目与试验方法

（1）壳体最小壁厚

用测厚仪或专用卡尺量具测量阀体流道、中腔部位的壁厚。

（2）阀杆最小直径

对于闸阀，用游标卡尺测量与填料接触区域的阀杆直径及阀杆梯形螺纹外径（取两者中最小值）。

（3）阀杆硬度

用硬度计在阀杆光杆部位测量，测量 3 点取平均值。

（4）堆焊合金后的密封面硬度

硬度计在闸板、蝶阀阀体或者蝶板、金属密封球阀的阀座和球体的两个密封面的中心区域各测量 3 点，取平均值。

（5）耐压性

1）试验介质

壳体试验的试验介质应当是水、空气或者氮气、黏度不高于水的非腐蚀性液体，介质和环境的温度为 5～50℃；

2）试验压力

壳体强度试验压力为阀门常温时最大允许工作压力的 1.5 倍。

3）试验持续时间（以《压力管道元件型式试验规则》TSG D 7002—2023 为例）。

试验压力下保持的最短持续时间　　表 9-1

阀门公称直径 *DN*(mm)	≤100	100～250	250～450	>450
最短持续时间(min)	2	5	15	30

4）试验方法

封闭阀门的进出各端口，启闭件部分开启，向阀门体腔内充入试验介质，排净体腔内的空气，逐渐加压到试验压力，按照表 9-1 的时间要求保持试验压力，然后检查阀门壳体各处的情况（包括阀体、阀盖、填料箱以及壳体各连接处），试验期间，填料压盖压紧并能保持试验压力，使填料箱部位承受到压力。

5）试验结果判定

壳体试验应当无可见渗漏及结构损伤。

（6）气密性

1）试验介质

高压上密封试验、高压密封试验的试验介质应当是水、空气或者氮气、黏度不高于水的非腐蚀性液体，介质和环境的温度为 5～50℃；

低压上密封试验和低压密封试验的试验介质是空气或者氮气。

2）试验压力

高压上密封试验、高压密封试验压力为常温时最大允许工作压力或者最大允许工作压差的 1.1 倍；低压上密封试验和低压密封试验的压力为 0.5～0.7MPa。

3）试验持续时间（以《压力管道元件型式试验规则》TSG D 7002—2023 为例）。

试验压力下保持的最短持续时间　　表 9-2

阀门公称直径 *DN*(mm)	≤100	>100
最短持续时间(min)	2	5

4）试验方法

①上密封试验

具有上密封结构的阀门，在壳体试验后都应当进行上密封试验。封闭阀门的进出各端口，松开填料压盖或者不安装填料，向阀门体腔内充入试验介质，排净体腔内的空气，按照阀门制造商给定的力矩开启阀门到全开位置，逐渐加压到试验压力，按照表 9-2 的时间要求保持试验压力，然后检查阀杆填料处的情况。

②密封试验

双向密封的阀门（多通道阀和截止阀除外）分别在关闭阀门的每一端加压，阀盖与密封面间的体腔内应当充满介质并加压到试验压力，在另一端敞开通大气检查泄漏；单向密封并标有介质流动方向标志的阀门，向标有介质流动方向的进口端加压，在出口端检查泄漏。

5）试验结果判定

上密封试验应当无可见渗漏及结构损伤。密封试验的最大允许泄漏率按照型式试验产品依据标准的规定。

（7）常用材料的化学分析与力学性能测试

1）化学分析

①光谱法

②化学法

2）力学性能

用壳体材料同炉号、同批热处理的试棒按《金属材料 拉伸试验 第 1 部分：室温试验方法》GB/T 228.1—2021 规定的方法进行。

3）结果判定

金属材料应符合《通用阀门 碳素钢锻件技术条件》GB/T 12228—2006（碳钢锻件）、《通用阀门 碳素钢铸件技术条件》GB/T 12229—2005（碳钢铸件）、通用阀门 不锈钢铸件技术条件 GB/T 12230—2023（不锈钢铸件）、《工业阀门用不锈钢锻件技术条件》

GB/T 35741—2017（不锈钢锻件）的规定。

（8）室温状态下的启闭操作试验和静压寿命试验

1）在壳体强度和密封试验合格后，进行带压开启-关闭操作试验或静压寿命试验。

2）仅用于气体介质的阀门应当用空气或者氮气作为试验介质，其他阀门试验介质为清洁的室温水或者黏度不高于水的非腐蚀性液体。

3）当开启操作时，阀门出口端敞开，阀门进口端的试验压力为该阀门最大允许工作压力，当阀门规定有最大允许工作压差时，试验压力为该阀门最大允许工作压差；关闭操作时，阀门出口端封闭，内腔应当有 50%以上的试验压力。

4）操作试验时，阀门先关闭，出口端敞开，进口端充满介质带压，阀门保持密封状态，操作开启阀门到全开位置；封闭出口端，体腔内应当充满介质并带压，操作关闭阀门到达关闭位置密封后，应当将出口侧的介质压力释放。

5）按照本条第 4）项要求循环操作阀门。

6）阀门试验后，应当能正常操作、无卡阻等现象，按照设计制造标准的要求进行密封试验并符合要求，阀杆填料能保持密封，阀杆、阀杆螺母等零件没有明显的磨损。对于带压开启-关闭操作试验，循环操作阀门 20 次应能满足上述要求。对于静压寿命试验。每循环 300 次进行一次密封试验，如若不能满足上述要求，则试验中止，记录试验次数。

（9）闸阀的启闭件组合拉力试验

按照《石化工业用阀门的评定》GB/T 28777—2012 中的试验方法，将闸板、阀杆和阀杆螺母组合到一起，用试验专用夹具连接闸板中心，并用专用工装安装到阀杆螺母上（拉伸时，仅阀杆螺母的支撑面受力类似闸阀的安装使用状态），用拉伸试验机夹紧两个工装夹具拉伸，直至拉断破坏。闸阀启闭件的断裂部位应当位于闸阀承压区域外的阀杆处，且拉伸力应当不小于阀杆材料热处理后抗拉应力值与阀杆最小截面积的乘积值。

（10）球阀的导静电性能试验

球阀为导静电结构时，公称尺寸不大于 $DN50$ 的球阀，阀体和阀杆之间应能保证导静电连续性；公称尺寸大于 $DN50$ 的球阀，则要保证球体、阀杆和阀体之间能导静电，其结构应满足下列要求：取一台经压力试验合格的、经干燥并至少开关过 5 次的球阀，其阀杆、阀体、球阀的电路电阻应小于 10Ω。

（11）球阀的耐火试验

当球阀有耐火性能的要求，球体与阀座间应有弹性密封和金属后座密封的结构。球阀各处密封材料的选择应满足耐火性能并通过《弹性密封部分回转阀门 耐火试验》GB/T 26479—2011 要求的耐火试验。

9.1.2 自力式燃气切断阀

1. 自力式燃气切断阀的作用与结构

（1）自力式燃气切断阀的作用

自力式切断阀是安装在燃气系统中，燃气系统正常工作时，切断阀处于开启状态，燃气系统内的压力达到设定值时，依靠系统内燃气压力切断燃气通路，燃气系统故障排除后，其执行机构由人工复位的阀。

（2）自力式燃气切断阀的结构

1）直接作用自力式燃气切断阀

图 9-4 是自力式燃气切断阀结构示意图。当阀后压力升高时，皮膜上升，关闭元件下落，关闭。重新开启时通过复位装置手动复位。

2）间接作用自力式燃气切断阀

图 9-5 是间接作用自力式燃气切断阀的结构示意图。信号压力先传到控制器，然后使切断机构将阀关闭。重新开启时同样需要手动复位。

2. 自力式燃气切断阀的型号

自力式燃气切断阀型号由用途代号、结构原理代号、连接方

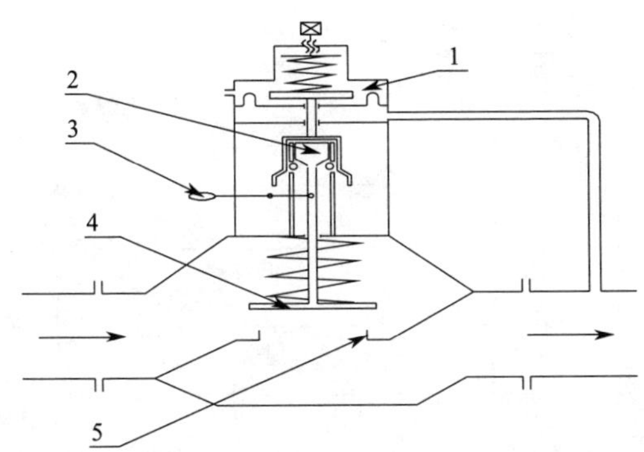

图 9-4　自力式燃气切断阀结构示意图

1—控制器；2—关闭元件；3—复位切断机构；4—调节元件；5—阀座

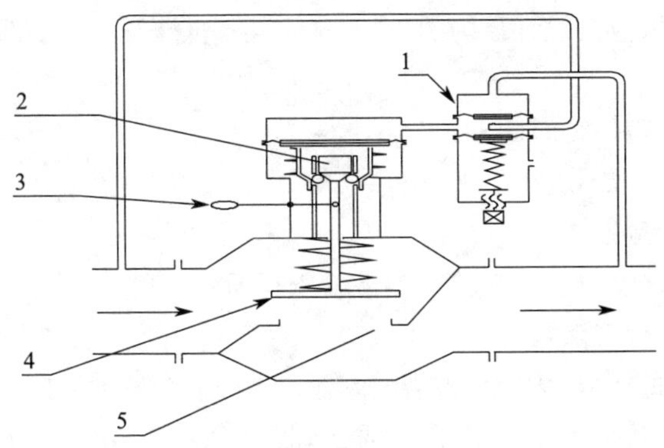

图 9-5　间接作用自力式燃气切断阀的结构示意图

1—控制器；2—关闭元件；3—复位切断机构；4—调节元件；5—阀座

式、公称尺寸、最大进口压力等部分组成，型号编制按下面格式。具体编制方法见《城镇燃气切断阀和放散阀》CJ/T 335—2010。

3. 自力式切断阀的检测项目与试验方法

(1) 承压件强度试验

1) 试验介质

温度高于 5℃的洁净水（可加入防锈剂）。试验室的温度为 5～35℃，试验过程中温度波动应小于±5℃。

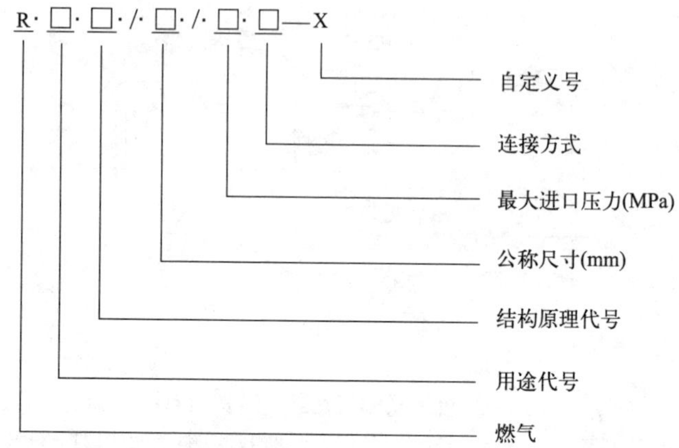

2）试验压力

承压件应按设计压力 P 的 1.5 倍且不低于 $P+0.2$MPa 进行强度试验。

3）试验持续时间

保压时间不应小于 3min。

4）试验方法

试验时应向承压件腔室缓慢增压至所规定的试验压力。

5）试验结果判定

持续试验时间内应无破裂、渗漏。卸载后，试件上任意两点间的残留变形不应大于 0.2%乘以该两点间距离和 0.1mm 之间较大者。

（2）密封性试验

1）试验介质

干燥空气。试验室的温度为 5～35℃，试验过程中温度波动不应超过±5℃。

2）试验压力

承压件和所有连接处应按设计压力的 1.1 倍且不低于 0.02MPa。

3）试验持续时间

型式检验持续时间不应小于 15min；出厂检验持续间不应小

于1min。

4）试验方法

阀及其附加装置组装一体后进行密封试验。

①试验时应向各承压件腔室缓慢增压至所规定的试验压力（对膜片应采取保护措施）。

②试验压力在试验持续时间内应保持不变。

③将试件浸入水中，或用检漏液进行检查。

5）试验结果判定

应无可视泄漏。

（3）阀座密封性试验

1）试验介质

干燥空气。实验室的温度为5～35℃，试验过程中温度波动不应超过±5℃。

2）试验压力

燃气切断阀试验压力为10kPa和1.1倍最大进口压力。燃气放散阀、燃气安全阀试验压力为90%整定压力。

3）试验持续时间

持续时间不应小于1min。

4）试验方法

切断阀和放散阀的阀座在关闭状态下做密封试验，具体试验方法见《城镇燃气切断阀和放散阀》CJ/T 335—2010。

5）试验结果判定

燃气切断阀切断后关闭元件与阀座之间泄漏量不应大于表9-3的规定。

泄漏量 **表9-3**

切断阀公称尺寸 DN(mm)	标准工况空气泄漏量(cm^3/h)(气泡数/min)
25	15(2)
40～80	25(3)

续表

切断阀公称尺寸 DN(mm)	标准工况空气泄漏量(cm^3/h)(气泡数/min)
100～150	40(5)
200～250	60(7)
300	100(11)

(4) 耐燃气性试验

膜片耐燃气性能试验变化率应符合表 9-4 的规定。

变化率 **表 9-4**

项目		单位	指标
23℃±5℃标准室温下液体 B[a] 浸泡 72h,取出后 5min 内	体积变化(最大)	%	±30
	重量变化(最大)	%	±20
在干燥空气中放置 24h	体积变化(最大)	%	±15
	重量变化(最大)	%	±10

[a] 液体 B 为 70%(体积比)三甲基戊烷(异辛烷)与 30%(体积比)甲苯混合液。

(5) 切断压力

切断压力是自力式切断阀关闭元件开始动作时被监控燃气系统内的压力。预设的切断压力高于被监控燃气系统工作压力时的切断压力称为超压切断压力；预设的切断压力低于被监控燃气系统工作压力时的切断压力称为欠压切断压力。

(6) 切断压力精度和精度等级

切断压力精度是切断压力实际响应值与设定值之间最大偏差的绝对值与设定值的比值，用百分数表示。切断压力精度 A_t 按式(9-1) 计算

$$A_t=\left|\frac{P_{ta}-P_{ts}}{P_{ts}}\right|_{max}\times100 \tag{9-1}$$

式中 P_{ta}——切断压力实际值 (MPa)；

P_{ts}——切断压力设定值 (MPa)。

切断压力精度测试包括试验室温度条件下测试和极限温度条件下测试。试验室温度条件下测试时，阀体应在大气压状态和最大进

口压力状态下分别测试。极限温度条件下测试时，阀体应在承压10kPa状态下测试。

切断压力精度等级AQ应符合表9-5的规定。

切断压力精度等级 表9-5

切断压力精度等级	最大相对偏差
AQ1.0	±1.0%
AQ2.5	±2.5%
AQ5.0	±5.0%

(7) 复位压差 Δp_w

复位压差 Δp_w 为切断压力设定值 p_{dso1} 与系统运行压力 p_f 之间的差值。Δp_w 应小于产品说明书规定值（图9-6）。

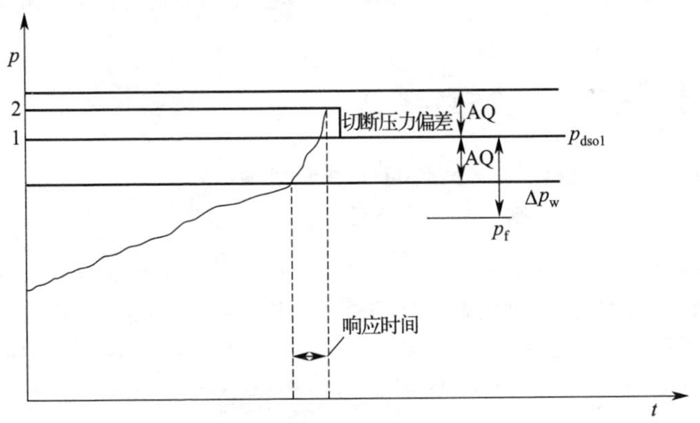

图9-6 复位压差 Δp_w

当切断阀处于关闭状态时，系统恢复压力至 p_f 时，不手动不能复位，就是在有振动的条件下也不能自动复位，为此还要做冲击试验，具体试验方法见《城镇燃气切断阀和放散阀》CJ/T 335—2010。

(8) 响应时间

响应时间是切断阀从反馈信号取压点获得允许的极限切断压力

至关闭元件完全关闭所持续的时间。切断阀的响应时间不应大于 2s。

(9) 流量系数

当切断阀阀体为非全通径结构时，产品应标示出切断阀流量系数 K_{VQ}，并且测试流量系数不应低于标识值的 90%。流量系数可以根据《工业过程控制阀 第 2-1 部分：流通能力 安装条件下流体流量的计算公式》GB/T 17213.2—2017 规定的公式计算或《城镇燃气切断阀和放散阀》CJ/T 335—2010 规定的公式计算，标准要求至少在三种不同运行条件下检验，取平均值。

(10) 耐久（用）性

切断阀在试验室温度条件下经过 100 次启闭动作试验后，切断特性应符合阀座密封性和气密性的规定；切断阀在极限温度条件下经过 50 次启闭动作试验后，切断特性应符合阀座密封性和气密性的规定。

9.1.3 燃气放散阀和安全阀

1. 燃气放散阀和安全阀的作用与结构

(1) 燃气放散阀和安全阀的作用

燃气放散阀通常并联安装在燃气系统中，燃气系统正常工作时，放散阀处于关闭状态，燃气系统内的压力达到放散阀设定压力值时，依靠系统内燃气压力放散阀自动开启，并向燃气系统外排放一定量的燃气，待燃气系统内压力复至设定值以下时，自动关闭。

安全阀则为依靠介质本身的压力或者借助动力辅助装置（气压、液压、电磁等）排出额定数量的流体，以防止压力超过额定安全值；当压力释放恢复正常后，阀门自动关闭再次实现密封阀门的总称。在城镇燃气领域，燃气安全阀的作用与放散阀几乎相同。区别在于，燃气放散阀整定压力小于 0.1MPa，燃气安全阀的整定压力为大于等于 0.1MPa。

(2) 燃气放散阀和安全阀结构

燃气放散阀和安全阀结构以自力式为主，根据载荷方式的不同主要分为直接作用式(弹簧直接载荷式）和间接作用式(先导式)。

1）直接作用式(弹簧直接载荷式）燃气放散阀和安全阀

图9-7是直接作用式(弹簧直接载荷式）燃气放散阀和安全阀示意图。当压力过高时，顶开关闭机构2，放散、降压。

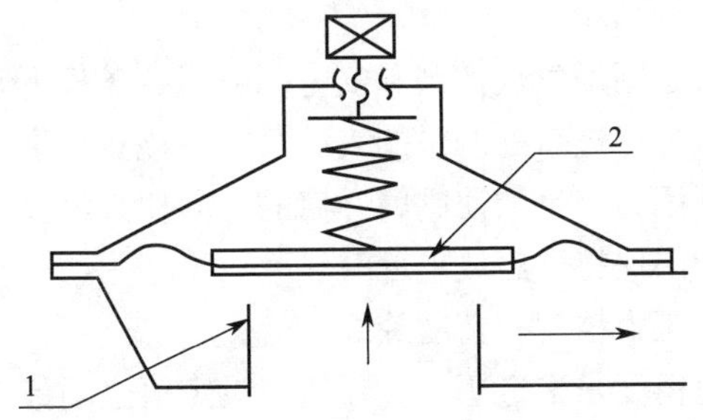

图9-7　直接作用式(弹簧直接载荷式）燃气放散阀和安全阀示意图

1—阀座；2—关闭机构

2）间接作用式(先导式）燃气放散阀和安全阀

图9-8是间接作用自力式(先导式）燃气放散阀示意图。当压力过高时，通过指挥器1，使关闭元件4关闭，同时放散、降压。

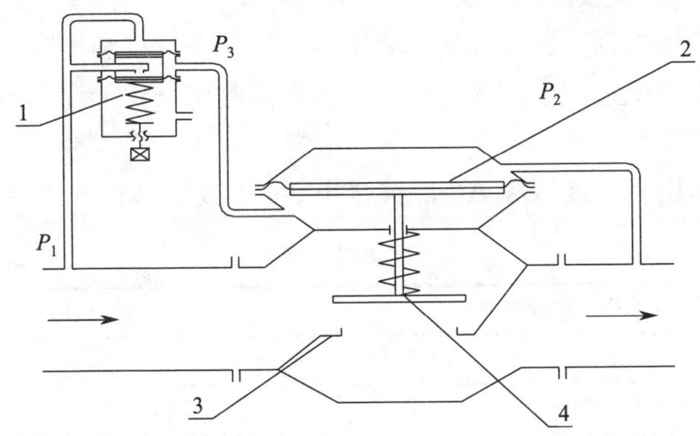

图9-8　间接作用式(先导式）燃气放散阀示意图

1—指挥器；2—执行机构；3—阀座；4—关闭元件

2. 燃气放散阀和安全阀的型号

燃气放散阀的型号命名方式与自力式燃气切断阀型号命名方式

相同。安全阀的型号命名方式与燃气管道阀门的型号命名方式相同。

3. 燃气放散阀和安全阀的检测项目与试验方法

（1）燃气放散阀和安全阀的承压件强度、密封性、阀座密封性和耐燃气性能试验与自力式切断阀要求相同，见前文所述。

（2）整定压力

整定压力是指燃气放散阀和安全阀在运行条件下开始开启的预定压力。该压力是进口处测量的表压力。在该压力下，在特定运行条件下由燃气压力产生的使阀门开启的力同使阀瓣保持在阀座上的力相平衡，阀门保持开启放出燃气。

（3）整定压力精度和精度等级

整定压力精度是整定压力实际值与设定值之间最大偏差的绝对值与设定值的比值，用百分数表示，整定压力精度 A_r（%）按式(9-2)计算：

$$A_r=\left|\frac{P_{ra}-P_{rs}}{P_{rs}}\right|_{max}\times 100 \tag{9-2}$$

式中 P_{ra}——放散压力实际值（MPa）；

P_{rs}——放散压力设定值（MPa）。

切断压力精度测试包括试验室温度条件下测试和极限温度条件下测试。测试过程中，整定压力保持常温测试条件下设定的低限值状态不作调整。

切断压力精度等级 AF 应符合表 9-6 的规定。

切断压力精度等级 **表 9-6**

切断压力精度等级	最大相对偏差
AF1	±1%
AF2	±2%
AF3	±3%

（4）启闭压差

燃气放散阀和安全阀排放后其阀瓣重新与阀座接触（即开启高度变为零）时的进口静压力称为回座压力。整定压力和回座压力的压力差值称为启闭压差。对于燃气放散阀和安全阀一般要求启闭压差不应大于 15%的整定压力。

（5）放散阀的排量性能

根据《城镇燃气切断阀和放散阀》CJ/T 335—2010 的规定安装放散阀，记录每个整定压力下排放压力及相应的排量值，在整定压力到 1.5 倍整定压力之间至少读取 6 组数据，列表或绘制曲线，最大允许排放压力下的排量在制造商明示排量的 90%以内为合格。

（6）燃气安全阀的其他动作性能

除了整定压力和启闭压差的测试，安全阀还有超过压力和开启高度的测试。开启高度是指在超过压力下的开启高度，要求不低于制造厂的规定值。超过压力是指安全阀工作时超过整定压力的部分压力值，是制造厂的声明值，但不超过整定压力的 10%。

（7）燃气安全阀的排量性能

燃气安全阀的排量性能主要是排量系数的测试。排量系数 K_{d} 是燃气安全阀实际排量（试验得到）与理论排量（计算得到）的比值。理论排量是指流道横截面积与安全阀流道面积相等的理想喷管的计算排量，可根据《过压保护安全装置 通用数据》GB/T 36588—2018 规定的方法和公式计算。实际排量可以按照《过压保护安全装置 通用数据》GB/T 36588—2018 安装安全阀，记录相应的排量值。

企业声明的排量系数称为额定排量系数 K_{dr}。额定排量系数 K_{dr} 应不大于试验测定的排量系数 K_{d} 的 0.9 倍。

9.2　城镇燃气调压器和城镇燃气调压箱检测技术

9.2.1　城镇燃气调压器

1. 概述

燃气输配与电力输配类似，采用高压输送低压使用的输送方式。高压输送的意义在于减少输送过程中的能量损耗，使用小管径管道输送大流量燃气。低压使用首先目的是安全，其次低压状态下燃气具更容易达到高效稳定的燃烧状态。

调压器是燃气输配设备中重要的设备，其主要作用：（1）将门站、储配站出来的高压燃气经调压器逐级减压最终输送到用户，达到用气设备可用的压力范围。（2）当流经调压器的气体压力和气体流量发生变化时，保持出口压力的稳定，以保持燃气在使用时有稳定的压力，从而保证下游输配设备的稳定供气，在最终端保证燃气用具得到稳定的进气压力和合理的燃气与空气的配合比例。

还有一种是安装于用户燃气表前，公称尺寸不大于 DN25 且最大进口压力不大于 0.2MPa 的调压器。被广泛应用于高层住宅、商业用气、新农村用气等场所的表前调压器。

2. 燃气调压器的起源

燃气调压器是燃气管路上的一种特殊阀门，起源于在 19 世纪中叶的英国，当英国大规模使用燃气作为照明能源的同时产生了世界上第一个实用的燃气减压装置，并开始称作调压器。早期的燃气压力调节是一个由人工调节阀门、管道节流阀、放散阀和气罐的合体。最初的调压设备运行时需要工作人员整日值守在旁边，不仅不经济、燃气的燃烧效率不高，而且很不安全。经过了 100 多年不断的迭代发展改进，以及新材料新工艺的应用，调压器最终成为我们今天所见到的样子。

3. 调压器基本工作原理

调压器基本工作原理如图 9-9 所示。

调压器的基本单元包括：

（1）调节单元

一般由阀座和阀瓣构成，它的作用是改变阀座和阀瓣之间的距离，就改变了介质的流通面积。

（2）加载单元

为使节流元件能够产生节流量变化，即改变节流元件的位置，

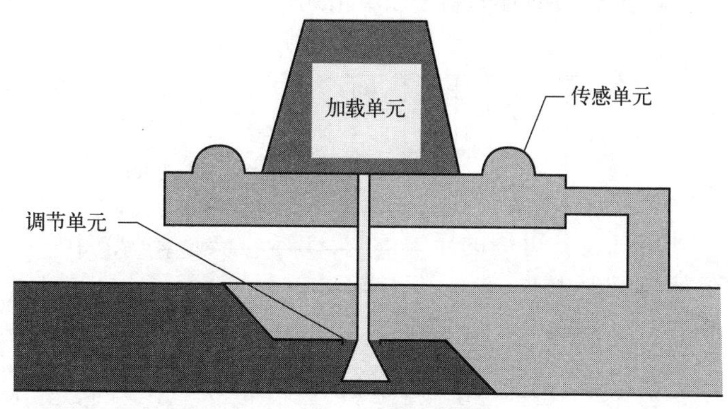

图 9-9　调压器基本工作原理图

需要有一个荷载力，能提供这个荷载力的元件称为加载单元，对于直接作用式调压器，加载单元一般为弹簧，对于间接作用式调压器，加载单元为指挥器提供的压力。

（3）传感单元

一般由膜片及托盘构成，在出口压力（P_2）的作用下产生与负载单元作用力相反的力，并且有使调节单元的阀座和阀瓣之间的距离减小的趋势。

4. 调压器的分类和型号

（1）调压器分类方法和类别应符合表 9-7 的要求。

调压器分类方法和类别　　　**表 9-7**

序号	分类方法		类别
1	工作原理	作用方式	直接作用式、间接作用式
		失效状态	失效开启、失效关闭
2	连接形式		法兰、螺纹
3	最大进口压力(MPa)		0.01、0.2、0.4、0.8、1.6、2.0、2.5、4.0、6.3、10.0

(2) 调压器的型号编制按以下格式。

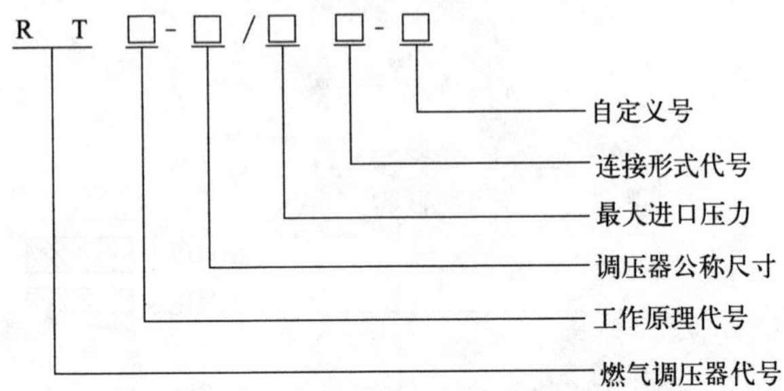

(3) 调压器工作原理代号应符合表 9-8 的要求。

调压器工作原理代号 **表 9-8**

工作原理代号	工作原理			
	作用方式		失效状态	
	直接作用式	间接作用式	失效开启	失效关闭
Z1	√	—	√	—
Z2	√	—	—	√
J1	—	√	√	—
J2	—	√	—	√
ZB	√	—	√	—

注:1."√"表示适用,"—"表示不适用。

2. ZB 为表前调压器。

1) 调压器公称尺寸为进口连接的公称尺寸。

2) 最大进口压力 P_{1max}，按 0.01MPa、0.2MPa、0.4MPa、0.8MPa、1.6MPa、2.5MPa、4.0MPa、6.3MPa 和 10.0MPa 分 9 级选用，标出以 MPa 为单位的压力值。

3) 连接形式，螺纹连接的代号为 L，法兰连接时省略代号。

4) 自定义号，包含调压器系列等制造商自定义编号。

5) 表前调压器入口压力范围：低压进户 P_1＜0.01MPa 及中压户 0.01MPa＜P_1＜0.2MPa；出口压力范围：2.00～3.00kPa；流量范围：1～6m^3/h（流量需求与实际应用场合相关，商业用户和使用壁挂炉的居民用户，其流量需求更大）。

5. 典型调压器工作原理

（1）直接作用式调压器工作原理图（图 9-10）。

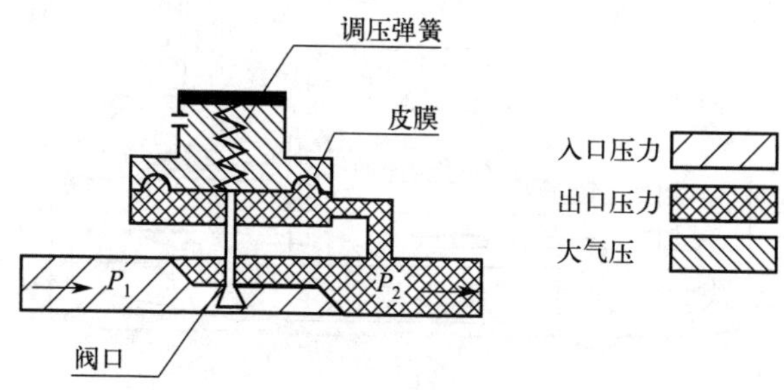

图 9-10　直接作用式调压器工作原理图

（2）间接作用式调压器工作原理图（图 9-11）。

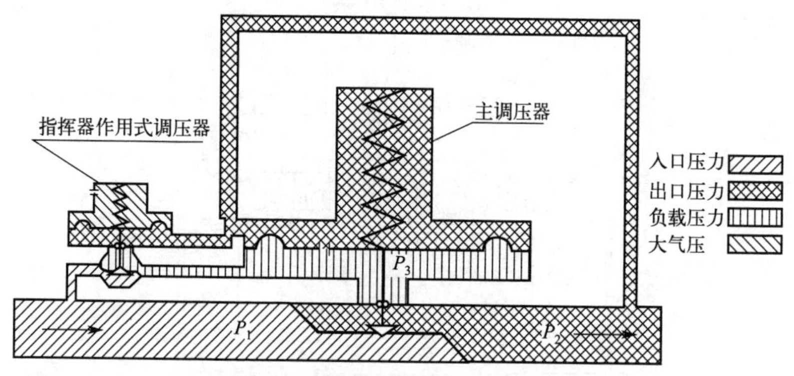

图 9-11　间接作用式调压器工作原理图

（3）杠杆式表前调压器结构原理图（图 9-12）。

（4）内平衡直杆式表前调压器结构原理图（表 9-13）。

6. 燃气调压器主要检测参数

（1）稳压精度等级（AC）

1）稳压精度等级（AC）的定义

稳压精度表示在调压器的最小流量、最大流量区间内，出口压力偏离设定值的程度，也就是调压器出口压力的稳定程度，是调压

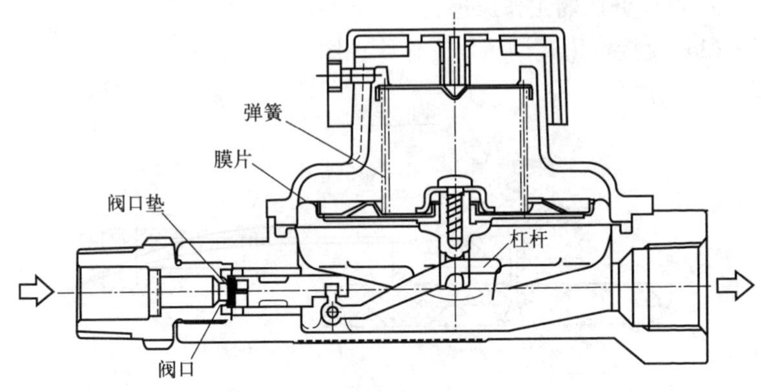

图 9-12　杠杆式表前调压器结构原理图

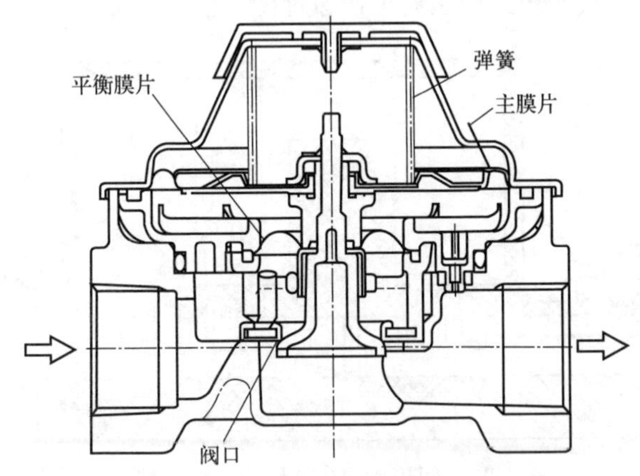

图 9-13　内平衡直杆式表前调压器结构原理图

器检测的主要考察参数之一。

《城镇燃气调压器》GB 27790—2020 中对于稳压精度的定义如下：一族静特性线上，工作范围内出口压力实际值与实测设定压力间的最大正偏差和最大负偏差绝对值的平均值对实测设定压力的百分比。

《城镇燃气调压器》GB 27790—2020 中对于稳压精度等级的定义如下：稳压精度的最大允许值乘以 100。

合格的调压器的静特性曲线应包含在由 Q_{min}、Q_{max} 以及 P_{2s}（1＋AC/100）、P_{2s}（1－AC/100）所围成的矩形之内（图 9-14）。

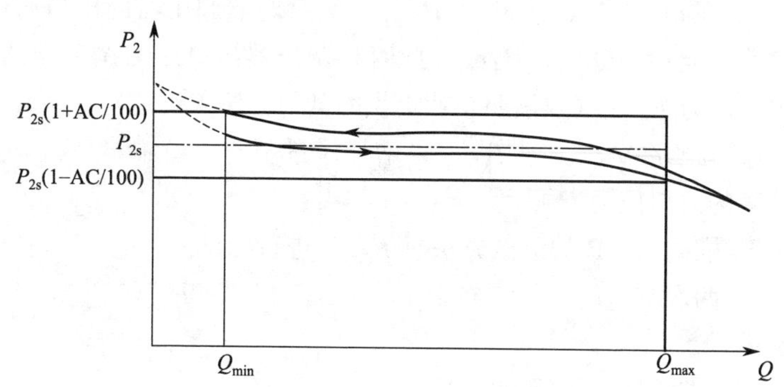

图 9-14　调压器静特性曲线

P_2—出口压力；AC—稳压精度等级；Q—流量；Q_{max}—最大流量；Q_{min}—最小流量

调压器应符合制造单位明示的稳压精度等级 AC 及相应的最小流量 Q_{min} 和最大流量 Q_{max}，调压器稳压精度等级 AC 应符合表 9-9 的要求。

调压器稳压精度等级　　**表 9-9**

稳压精度等级	最大允许相对正、负偏差
AC1	±1%
AC2.5	±2.5%
AC5	±5%
AC10	±10%
AC15	±15%

2）稳压精度等级的测试

对于稳压精度等级的测试，通常需要在专用测试管线上进行测试，对于输配系统场站、调压箱、调压柜等在用设施的稳压精度等级测试，可以参照《城镇燃气调压器》GB 27790—2020 中静特性的出厂测试方法进行：

① 应在调压器允许的进口压力范围中的两个极限值对出口压

力的两个极限值进行试验；

② 试验步骤如下

A. 在 $Q=0$ 时，使 $P_1=P_{1min}$，然后调节调压器的出口阀门，增加流量至 $Q>Q_{min}$，P_{1min}。此时将调压器出口压力调节至所需的出口压力 P_{2min}（或按照企业提供的其他方法来设定）。

B. 调整进口压力至 P_{1max}，增加流量至 $Q>Q_{min}$，P_{1max}，记录此时的出口压力 P_2。

C. 依据 A、B 的测试方法对 P_{2max} 进行测试。

D. 两次测量的结果应在 $P_{2s}(1+AC/100)$、$P_{2s}(1-AC/100)$ 范围内。

（2）关闭压力等级（SG）

1）关闭压力等级（SG）的定义

关闭压力是调压器的重要安全指标，调压器关闭压力过高，容易导致输配管网的安全保护装置在非事故工况下异常动作，还有可能造成下游输配设备和用气设备的损坏，是调压器检测的主要考察参数之一。

《城镇燃气调压器》GB 27790—2020 中对于关闭压力的定义如下：调压器调节元件处于关闭位置时，静特性线上零流量处的出口压力。

《城镇燃气调压器》GB 27790—2020 中对于关闭压力等级的定义如下：实际关闭压力与实测设定压力之差对实测设定压力之比的最大允许值乘以 100。

合格的调压器的静特性曲线上的所有静特性点，均不应落在高于直线 $P_{2s}(1+SG/100)$ 的区域内（图 9-15）。

调压器的关闭压力等级应符合表 9-10 的要求。

调压器关闭压力等级 **表 9-10**

关闭压力等级	最大允许相对增量
SG2.5	2.5%
SG5	5%

续表

关闭压力等级	最大允许相对增量
SG10	10%
SG15	15%
SG20	20%
SG25	25%

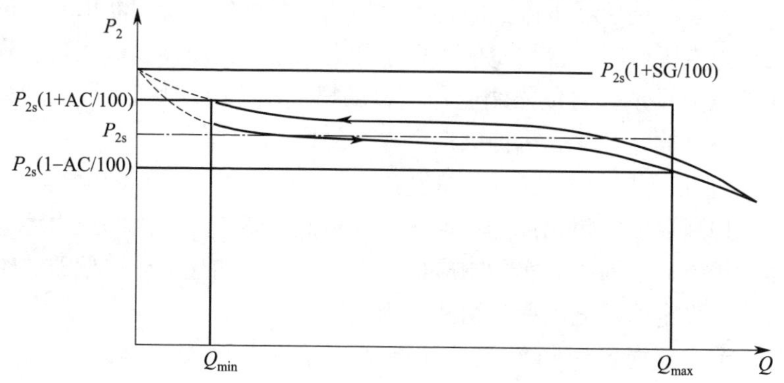

图 9-15　调压器静特性曲线（包含关闭压力等级）

P_2—出口压力；AC—稳压精度等级；SG—关闭压力等级；

Q—流量；Q_{max}—最大流量；Q_{min}—最小流量

2）关闭压力等级的测试

将进口压力调节至 P_{1min}，缓慢关闭调压器出口管路阀门，降低流量直至调压器关闭，操作阀门的时间不应小于调压器的响应时间，在调压器关闭的 2min 后测量两次出口压力；将进口压力调节至 P_{1max}，重复上述操作。关闭压力实测值为进口压力分别为 P_{1min}、$P_{1\,max}$ 时测得关闭压力经温度修正后读数的最大值，检查计算得到的 SG 应符合产品说明书的指标要求。

$$p_{b2}=\frac{t_{b1}+273}{t_{b2}+273}(p'_{b2}+p_a)-p_a \tag{9-3}$$

式中　p_{b2}——第二次测量测得的关闭压力经温度修正后的压力

(MPa);

p'_{b2}——第二次测量测得的关闭压力(MPa);

t_{b1}——第一次测量测得的调压器出口温度(℃);

t_{b2}——第二次测量测得的调压器出口温度(℃);

p_a——大气压力(MPa)。

(3)内置切断单元的切断精度等级

1)内置切断单元

安装在调压器本体上的自力式切断装置称作内置切断单元,调压器正常工作时内置切断单元处于开启状态,调压器出口压力达到切断压力设定值时依靠调压器出口的燃气压力自动切断燃气通路,燃气系统故障排除后执行机构由人工复位。

2)切断压力及切断压力精度

切断装置关闭元件开始动作时的被监控燃气系统内的压力称为切断压力;切断压力实际响应值与设定值之间的最大允许偏差的绝对值与设定值的比值称为切断压力精度。

调压器内置切断单元的切断压力精度等级应符合表 9-11 的要求。

调压器切断压力精度等级 **表 9-11**

切断压力精度等级	最大相对偏差(%)
AQ1.0	±1.0
AQ3.0	±3.0
AQ5.0	±5.0
AQ10.0	±10.0
AQ15.0	±15.0

3)内置切断单元切断精度等级测试(图 9-16)

①将待测样品安装至图 9-16 所示的系统上,阀体处于大气压状态;

②调节切断压力至设定范围下限;

③切断阀保持打开状态,从切断压力的 0.8 倍开始加压,缓慢

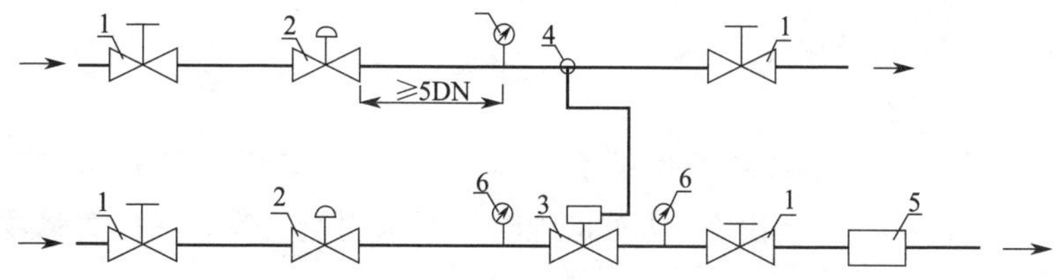

图 9-16　内置切断单元切断精度等级测试

1—开关阀门；2—调压稳压器；3—被测切断装置；
4—切断装置控制器取压点；5—流量计；6—压力表

增压，压力增加速度不大于每秒钟 1.5%倍切断压力，直至切断；

④重复上述步骤 5 次，切断压力的设定值为 6 次读数的平均值；

⑤使阀体处于最大进口压力状态，重复步骤②～④；

⑥切断压力的设定值 P_{ts} 为步骤④、⑤的平均值；

⑦步骤③、④、⑤、⑥中的切断压力均在 $\left[P_{ts}\times\left(1-\frac{AQ}{100}\right)\sim P_{ts}\times\left(1+\frac{AQ}{100}\right)\right]$ 之间，则切断压力精度等级为合格。

(4) 内置放散单元性能

1) 内置放散单元

安装在调压器本体上，当控制压力达到放散压力设定值时，以有限流量向大气中放散燃气的自力式放散单元称作内置放散单元；

2) 内置放散单元的性能测试

向调压器进口通入满足调压器进口压力范围的试验气体，调压器处于关闭状态后向其出口通入试验气体，逐步增大试验压力，直至内置放散装置启动，记录该启动时压力，为放散压力；逐步降低试验压力，直至内置放散装置关闭，记录该关闭时的压力，为回座压力；反复三次，测试的结果应符合以下要求：

①内置放散单元的放散压力设定值应大于调压器的关闭压力值且小于切断压力值，放散压力设定误差不大于设定值的±5%；

②回座压力不应小于关闭压力，且回座后应无泄漏。

（5）承压件强度试验

1）试验介质

承压件强度试验的试验介质应当是水，当试验压力不大于 0.6MPa 时，在采用安全防护措施时，可采用空气或氮气作为强度试验介质；

2）试验压力

试验压力应按设计压力 p 的 1.5 倍且不低于 $p+0.2$MPa 试验；

3）试验持续时间

保压时间不少于 3min；

4）试验方法

试验时应向承压件腔室缓慢增压至各腔室规定的试验压力，试验件应能向各方向变形，不应受到影响试验结果的外力，紧固件施加的力应和正常使用状态下所受的力一致，由膜片隔开的腔应在膜片两侧同时施加相同的力；

5）试验结果判定

试验期间应无渗漏，压力卸载后，试件上任意两点间的残留变形不应大于两点距离的 0.2%或 0.1mm 中的大者。

（6）外密封试验

1）试验介质

外密封试验介质应当是空气或氮气；

2）试验压力

试验压力应为承压件和所有连接处各自设计压力的 1.1 倍且不低于 0.02MPa；

3）试验持续时间

保压时间不少于 15min；

4）试验方法

向各承压腔缓慢增压至试验压力，并对膜片采取保护措施。试验时应向承压件腔室缓慢增压至各腔室规定的试验压力，试验件应能向各方向变形，不应受到影响试验结果的外力，紧固件施加的力应和正常使用状态下所受的力一致。试验时处于关闭状态的调压器应同时向壳体进出口充气增压。

5）试验结果判定

用气泡法检查时应无可见泄漏，用压降法试验时总泄漏量应满足标准中最大泄漏量的要求。

（7）表前调压器的特殊检验

1）结构要求

①表前调压器应有防止擅自调节设定状态的措施。

②用于组装和固定调压器零部件的螺丝孔、轴钉孔等不应穿入燃气通道。孔与燃气通道之间的最小壁厚不应小于 1mm。

③呼吸孔应防止被堵塞，其设置位置应防止膜片被从呼吸孔插入的尖锐物损伤。

2）外密封

表前调压器进口侧试验压力为最大进口压力的 1.1 倍且不应低于 0.02MPa，出口侧试验压力为关闭压力的 1.1 倍且不应低于 0.02MPa，用检漏液或浸水法，检查调压器应无可见泄漏。

3）抗扭力性能和抗弯曲性能

按表 9-12 所示的扭矩值对表前调压器施加扭矩 10s 后，检查应无变形、破裂和损坏，且外密封和内密封符合要求；再按表 9-12 所示的弯矩值对表前调压器施加弯矩 10s 后，检查应无变形、破裂和损坏，且外密封和内密封符合要求。

施加扭矩值及弯矩值　　　　**表 9-12**

公称直径 *DN*(mm)	15	20	25
扭矩值(N·m)	75	100	125
弯矩值(N·m)	105	225	340

9.2.2　城镇燃气调压箱

1. 定义

城镇燃气调压箱的定义为：将调压装置放置在专用箱体内，主要用于对用气压力进行调节的设备。

2. 调压箱的基本构成

为了保证基本功能，调压箱应包含以下基本附件设备：

（1）阀门——用来隔绝上下游，切换管路、检修；

（2）调压器——对上游压力进行调节，保持下游压力稳定的同时，满足下游流量的需求；

（3）过滤器——对燃气进行过滤，以保证系统内设备正常工作；

（4）安全装置（切断阀或者放散阀）——当下游发生超压时，对下游进行泄压控制或对上游进行切断，以保证安全用气；

（5）压力表——实时显示压力参数。

此外，还可以根据客户的需求附加计量、自控、报警、加臭、伴热或热交换功能。

3. 调压箱的型号规格

调压箱的型号编制按下面格式。其管路结构代号及特点如表 9-13 所示。

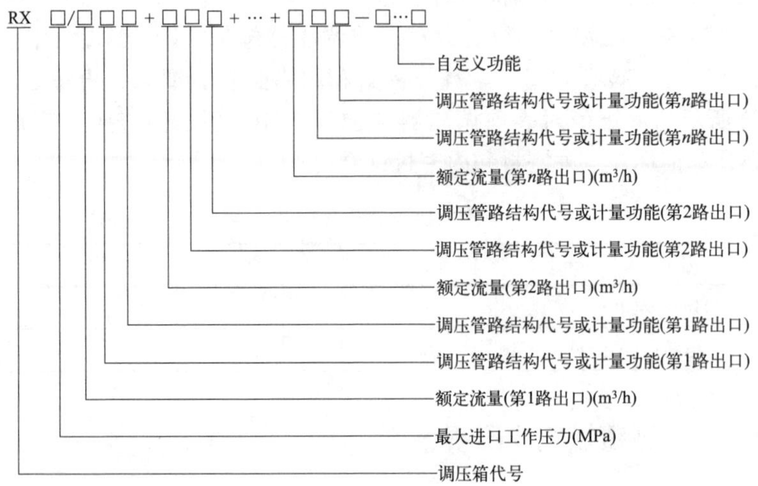

调压箱的管路结构代号及特点　　表 9-13

调压管道结构代号	调压管道结构	调压路数量	备用路数量	旁通路数量	备注
A	"1+0"	1	0	0	调压器失效和维修时就停止供气
B	"1+1"	1	0	1	调压器失效和维修时可短期继续供气
C	"2+0"	1	1	0	调压器失效和维修时可继续调压供气
D	"2+1"	1	1	1	调压器失效和维修时可继续调压供气，较 2+0 结构保障更强

4. 调压箱典型管道结构示意

A 型调压箱是"1+0"结构的调压箱（图 9-17），它具有一条调压路，没有旁通路。正常工作时，调压路调压，当调压路的调压器出现故障（如调压器膜片破裂，阀垫、密封圈损坏等）导致出口压力值升高，调压路的紧急切断阀将自动切断（或因为维修而关闭该调压路时）。此时，需中断供气进行抢修。

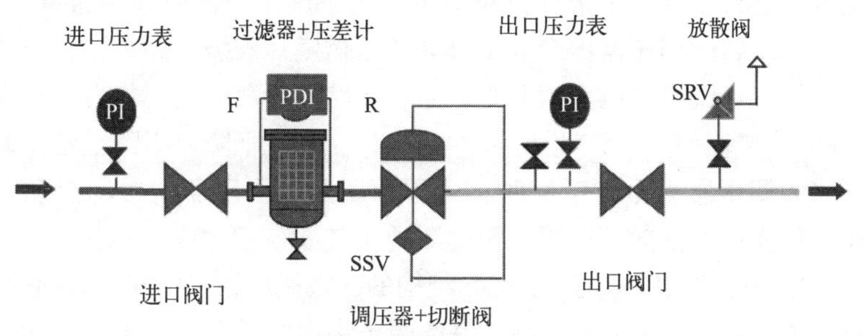

图 9-17　A 型结构原理图

B 型区域调压箱是"1+1"结构的区域调压箱（图 9-18）。它具有一条调压路和一条旁通路。调压路按最小进口压力下能满足 100%的额定流量进行设计。正常工作时，调压路调压，当调压路的调压器出现故障（如调压器膜片破裂，阀垫、密封圈损坏等）导致出口压力值升高，调压路的紧急切断阀将自动切断（或因为维修而关闭该调压路时）。此时，可开启旁通路的进口截断阀，并通过手动控制调节阀向下游用户不间断地供气。

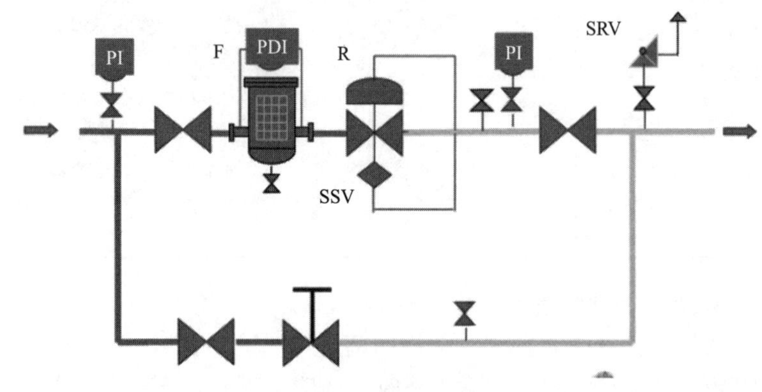

图 9-18　B 型结构原理图

C 型区域调压箱是“2＋0”结构的区域调压箱，具有两条调压路（图 9-19）。每条调压路均按最小进口压力下能满足 100％的额定流量进行设计。正常工作时，主调压路调压，备用调压路备用，当主调压路的调压器出现故障（如调压器膜片破裂，阀垫、密封圈损坏等）导致出口压力值升高，主调压路的紧急切断阀将自动切断（或因为维修而关闭该调压路时），出口压力就下降，当降至备用调压路的调压器压力设定值时，备用调压路的调压器就自动启动工作，从而可保证向下游用户不间断地供气。

D 型区域调压箱是“2＋1”结构的区域调压箱（图 9-20），它具有两条调压路，一条旁通路。每条调压路均按最小进口压力下能满足 100％的额定流量进行设计。正常工作时，主调压路调压，备用调压路处于热备份状态，当主调压路的调压器出现故障（如调压器膜片破裂，阀垫、密封圈损坏等）导致出口压力值升高，主调压路的紧急切断阀将自动切断（或因为维修而关闭该调压路时），出口压力就下降，当降至备用调压路调压器压力设定值时，备用调压路的调

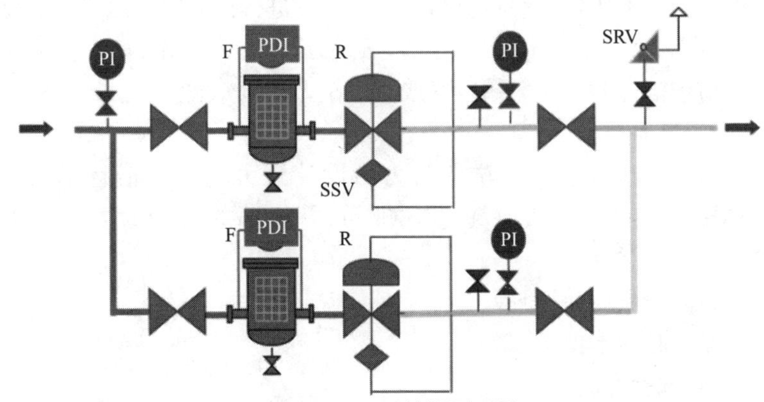

图 9-19　C 型结构原理图

压器就自动启动工作，从而可保证向下游用户不间断地供气。当主、备用调压路同时出现故障或需维修时，可开启旁通路的进口截断阀，并通过手动控制手动调节阀向下游用户不间断地供气。

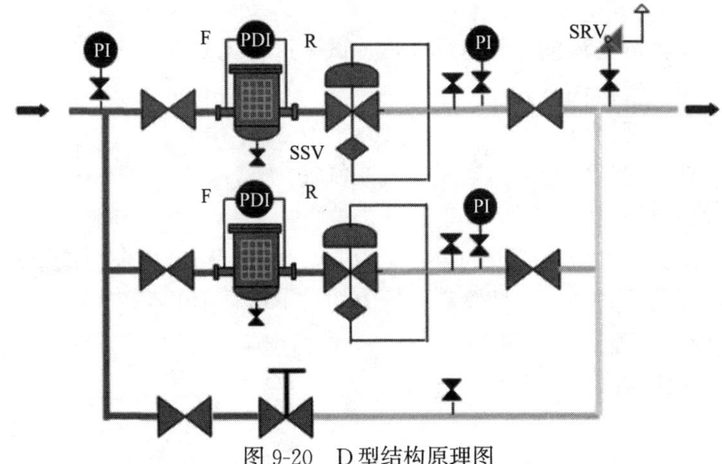

图 9-20　D 型结构原理图

5. 调压箱的主要检测项目及检测方法

（1）强度试验

1）试验介质

强度试验的试验介质为水，水温应在 5℃以上否则应采取防冻措施，当对奥氏体不锈钢材料制造的部件进行试验时，水中的氯化物含量不应超过 25mg/L。当试验压力不大于 0.6MPa 时，在采用安全防护措施时，可采用空气或氮气作为试验介质。

2）试验压力

当用水作介质时，试验压力为设计压力的 1.5 倍且不低于 0.6MPa；当采用空气或氮气作试验介质时，试验压力为 1.15 倍的设计压力。

3）试验持续时间

保压时间不少于 30min。

4）试验方法

当试验介质为水时，缓慢升压至试验压力并保压，然后降压至设计压力，对焊接接头和连接部位进行检查。当用空气或氮气作为试验介质时，应保证试验温度高于材料的脆性破坏温度，试验时应有压力泄放装置，其设定压力不应高于 1.1 倍的试验压力。

5）试验结果判定

应为可见渗漏，无可见变形，试验过程无异响。

(2) 气密性试验

1）试验介质

外密封试验介质应当是空气或氮气。

2）试验压力

试验压力应为管道的设计压力，对于因管路隔离未测试到的部分，试验压力为安全装置动作压力的 1.1 倍且不低于 20kPa。

3）试验持续时间

保压时间不少于 60min。

4）试验方法

试验时应将调压器处于关闭状态，分别以调压器前后管段相应的设计压力进行气密性试验，如调压器无法承受相应管路的设计压力，则应对调压器采取相应的保护措施或从管路中隔离。压力应缓慢上升，达到试验压力后，对焊接接头和连接部进行泄漏检查。

5）试验结果判定

试验过程中应无泄漏。

（3）出口压力设定误差

在调压箱正常工作的最低进口压力下，开启出口阀门，使流经调压箱的流量为10%的额定流量，检查调压箱出口压力的设定误差，设定误差不应大于调压箱标示出口压力设定值的±5%。

（4）放散装置启动压力设定误差

升高放散装置（或切断装置）信号压力，直至放散装置（或切断装置）启动，记录启动压力，反复三次，设定误差不应大于调压箱标示安全装置设定值的±5%。

（5）切断装置启动压力设定误差

升高放散装置（或切断装置）信号压力，直至放散装置（或切断装置）启动，记录启动压力，反复三次，设定误差不应大于调压箱标示安全装置设定值的±5%。

（6）关闭压力

在调压箱正常工作的最大进口压力下缓慢关闭调压箱下游阀门直至调压器关闭，检查关闭压力，关闭压力的实测值不应大于产品标识的关闭压力。

9.3 电磁式燃气紧急切断阀检测技术

电磁式燃气紧急切断阀是一种安装在输送介质为天然气、液化石油气、人工煤气用户燃气管路上的安全紧急切断阀门。相比于自力式切断阀，电磁式燃气紧急切断阀在接收到安全控制系统输出的关阀信号时，通过控制电磁线圈产生的电磁力变化实现自动关闭。作为燃气输配管网中的附属安全装置，电磁式燃气紧急切断阀配合可燃气体探测装置可有效地减少燃气泄漏安全事故发生，是燃气安全控制系统中降低燃气事故危害程度最有效的核心控制设施。为燃气的输送及应用提供安全保障，有力地降低燃气事故对人民生命财产安全的危害。

电磁式燃气紧急切断阀正常工作时处于开启状态，当燃气发生泄漏或不安全状况时，通过接收外部控制信号，快速自动切断燃气气源，杜绝燃气持续泄漏引发的安全事故。作为一种半自动安全阀，阀门一旦关闭，不再随通电或断电状态而变化，依旧保持关闭，待到安全故障排除后，必须通过手动将切断阀恢复至开启状态。

本节内容主要参照国家标准《电磁式燃气紧急切断阀》GB 44016—2024。

9.3.1 结构及分类

电磁式燃气紧急切断阀主要由阀体、阀杆、电磁线圈、弹簧和阀瓣组成（图 9-21），一般为单向阀，安装时燃气流动方向应与阀体标注箭头一致。目前电磁式紧急切断阀常用供电电压值为交流 220V、直流 12V/24V，按照控制方式分为常闭、保持式常闭和保持式常开三种形式。

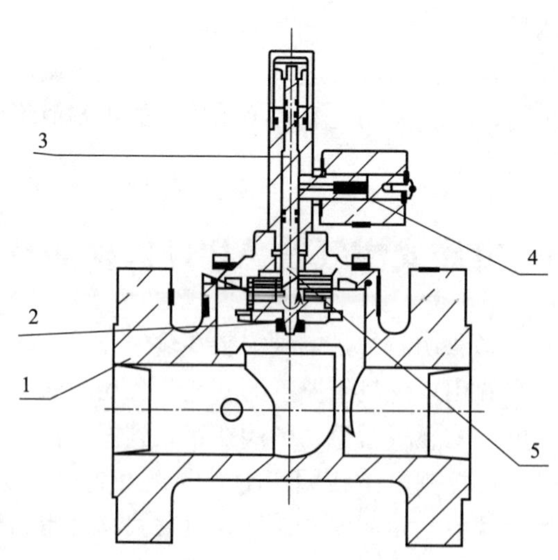

图 9-21 切断阀结构示意图

1—阀体；2—阀瓣；3—阀杆；4—电磁线圈；5—弹簧

控制方式为常闭的切断阀，正常工作时持续供电且处于开启状态，接收到断电关阀信号时自动关闭，断电状态下不能手动开启，恢复供电可手动开启；控制方式为保持式常闭的切断阀，正常工作时持续供电且处于开启状态，接收到断电关阀信号时自动关闭，断电和通电状态下均可手动开启；控制方式为保持式常开的切断阀，正常工作时不供电且处于开启状态，接收到关阀信号时自动关闭，关闭后应能手动开启，切断阀分类方式和类别如表 9-14 所示。

切断阀分类方式和类别　　　　表 9-14

序号	分类	类别及代号
1	公称尺寸	*DN*15、*DN*20、*DN*25、*DN*32、*DN*40、*DN*50、*DN*65、*DN*80、*DN*100、*DN*125、*DN*150、*DN*200、*DN*250、*DN*300
2	最高工作压力	0.01MPa 、0.1MPa、0.4MPa
3	控制方式	常闭(C)、保持式常闭(B)、保持式常开(K)
4	适用燃气种类	天然气(T)、液化石油气(Y)、人工煤气(R)
5	连接方式	法兰连接(F)、螺纹连接(L)
6	环境温度范围	常温(N)、低温(D)
7	电子电路	有电子元器件(E)、无电子元器件

9.3.2　型号说明

电磁式燃气紧急切断阀一般安装在燃气中低压管路，由于管路压力、燃气种类、连接方式及安装环境等不同，应选择合适型号的切断阀确保燃气输配系统安全运行。

电磁式燃气紧急切断阀型号编制按下面格式。

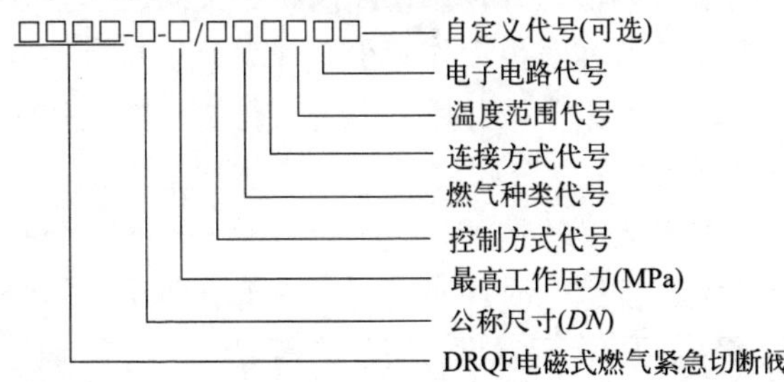

如电磁式燃气紧急切断阀 DRQF-50-0.1/BTFNE 表示公称尺寸为 *DN*50、最高工作压力为 0.1MPa，保持式常闭、燃气种类为天然气、法兰连接、常温、有电子元器件。

9.3.3 主要检测指标及检测方法

与其他管道用阀门检验项目类似，紧急切断性能、电气安全性、气密性、抗扭力性能、抗弯曲性能、耐温性等为电磁式燃气紧急切断阀的主要检测指标。

1. 紧急切断性能

作为电磁式燃气紧急切断阀最主要的性能指标，当切断阀在接收关阀信号后，切断动作应迅速，阀瓣关闭完全并无卡涩，从接收到外部关阀信号到阀门切断动作时间应符合表 9-15 规定。

切断动作时间 **表 9-15**

公称尺寸 *DN*(mm)	切断动作时间(s)
15～65	≤1
80～200	≤2
250～300	≤3

手动复位装置和手动切断触发装置应灵活可靠、易于操作，无卡涩现象。当切断阀内部气体无压差时，开启阀门时手动复位力≤150N 或力矩≤50N·m。

型式检验中测试紧急切断性能时，应在最高工作压力下进行，出厂检验中测试时可空载进行。试验时，手动开启切断阀，由外置电源模拟关阀信号，输入并控制切断阀执行关阀动作，切断后进行手动复位，重复切断和复位动作不少于 3 次，切断机构和复位机构应灵敏可靠，动作无异常，并用秒表记录每次切断动作时间。

2. 电气安全性

切断阀的引出电缆、端子和接头应有标识说明，配有与城镇燃气安全控制系统连接接头时，应采用防脱落、防反接的电气连接部件，防护等级应不低于《外壳防护等级（IP 代码）》GB/T 4208—2017 中的 IP65。

（1）防触电保护

切断阀控制器的结构应具有足够的保护，避免意外接触带电部件。不应采用清漆、瓷漆、纸、棉花、金属部件的氧化膜、垫圈、密封胶作为绝缘部件，应采用双重绝缘或加强绝缘与带电部件分离。

（2）电气强度

切断阀控制器应具有足够的电气强度，在绝缘处施加相应的电压值，最初不超过规定值的一半，然后迅速升高至规定电压值并持续1min，不应发生闪络或击穿现象。

（3）绝缘电阻

切断阀控制器应具有足够的绝缘电阻，在绝缘处施加大约500V的直流电压，施加1min后测量绝缘电阻，不应小于表9-16中的规定值。

绝缘电阻 **表9-16**

被测绝缘	绝缘电阻(MΩ)
基本绝缘	2
附加绝缘	5
加强绝缘	7

3. 气密性试验

（1）试验要求

1）采用检漏液检查或浸入水中检查时，应无可见泄漏；

2）用压降法试验时，切断阀的内部气密性和外部气密性最大泄漏量不应超过表9-17的规定。

最大泄漏量 **表9-17**

公称尺寸 *DN*(mm)	最大泄漏量(L/h)
15～25	0.015
32～80	0.025
100～150	0.040
200～250	0.060
300	0.100

（2）外部气密性试验

将切断阀两端封闭，拉起阀杆使其处于开启状态，试验压力为最高工作压力的 1.5 倍。用检漏液或浸入水中试验时，缓慢增压至规定的试验压力，保压时间不低于 3min，应无可见泄漏；用压降法试验时，缓慢增压至规定的试验压力并保压，计算泄漏量，试验结果应符合表 9-17 的规定。

（3）内部气密性试验

切断阀处于关闭位置，试验压力分别为 0.6kPa 和最高工作压力的 1.5 倍。用检漏液或浸入水中试验时，向切断阀进气端缓慢增压至所规定的两个试验压力，*DN*50 以下保压时间不低于 1min，*DN*50 及以上保压时间不低于 3min，切断阀后端应无可见泄漏；用压降法试验时，向进气端缓慢增压至上述规定的试验压力并保压，计算泄漏量，试验结果应符合表 9-17 的规定。

4. 抗扭力性能试验

（1）试验要求

切断阀施加表 9-18 规定的扭矩值，应无破损、变形，气密性试验应符合要求。

扭矩值 **表 9-18**

公称尺寸 *DN*(mm)	15	20	25	32	40	50
扭矩值(N·m)	75	100	125	160	200	250

（2）试验方法

将切断阀安装在抗扭力试验装置上，如图 9-22 所示。对管 2 施加表 9-18 中规定的扭矩值，扭矩应持续、平稳、均匀施加，当达到规定的扭矩值后，保持 10s。试验结束后检查切断阀，试验结果应符合（1）中的要求。

5. 抗弯曲性能试验

（1）试验要求

切断阀施加表 9-19 规定的弯矩值，应无破损、变形，气密性试验应符合要求。

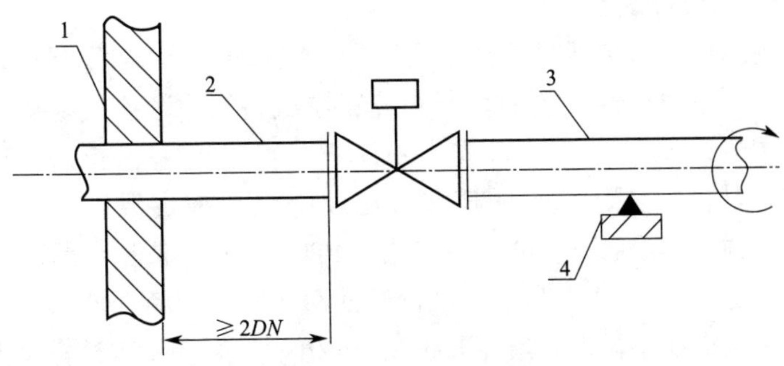

图 9-22　抗扭力试验装置

1—管固定装置；2—管 1；3—管 2；4—管支撑

弯矩值　　**表 9-19**

公称尺寸 DN(mm)		15	20	25	32	40	50	65	80	100	125	150～300
弯矩值（N·m）	常温	105	225	340	475	610	1100	1550	1900	2500	2500	2500
	低温	105	225	340	475	610	1100	1600	2400	5000	6000	7000

（2）试验方法

将切断阀安装在抗弯曲试验装置上，如图 9-23 所示。在距离阀芯轴线 1m 的位置施加力 F，使弯矩达到表 9-19 的规定值后，保持 10s。试验结束后检查切断阀，试验结果应符合（1）中的要求。

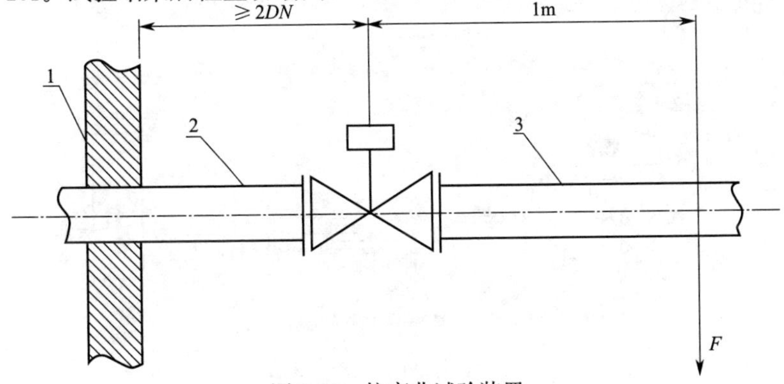

图 9-23　抗弯曲试验装置

1—管固定装置；2—管 1；3—管 2

6. 耐温性试验

耐温性试验包括耐高温性（运行）试验和耐低温性（运行）试验。将完成耐久性试验的切断阀放置在试验箱内，连接电源控制线，调节试验箱温度，首先在 20℃±5℃温度下保持 30min±5min，然后以 1℃/min 的速率升温或降温至规定温度，高温为 60℃±2℃，低温为−20℃±2℃或−40℃±2℃（依据切断阀安装环境而定），保持 16h 后立即进行气密性和紧急切断性能试验，取出切断阀，在正常大气条件下放置 1～2h 后，目测检查试样是否有涂覆破坏或腐蚀现象。

9.4 燃气过滤器检测技术

本节中燃气过滤器的内容主要参照国家标准《燃气过滤器》GB/T 36051—2018。

9.4.1 燃气过滤器的作用和结构分类

燃气过滤器在燃气输配过程中，能够过滤燃气中的杂质，达到保护下游计量设施、调压装置和燃烧设备的目的。

燃气过滤器按结构形式可分为：Y 型（Y）、角式(J)、筒式(T)，如图 9.24 所示。

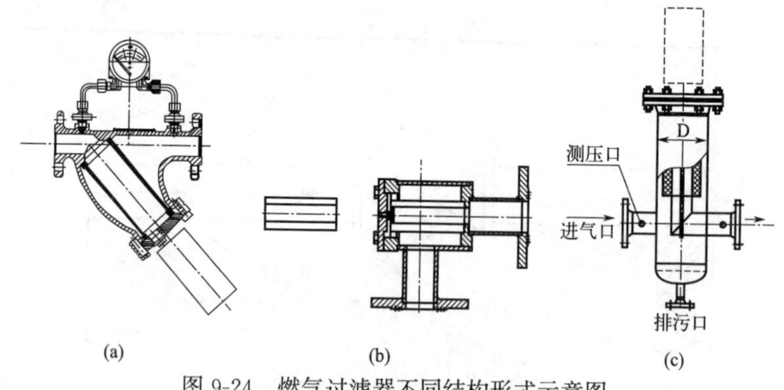

图 9-24 燃气过滤器不同结构形式示意图

(a) Y 型（Y）；(b) 角式(J)；(c) 筒式(T)

9.4.2　燃气过滤器的型号

燃气过滤器型号由结构形式代号、公称尺寸、公称压力、过滤器精度、壳体材料代号、接口端面形式代号、安装方式等部分组成，型号编制按下面格式。具体编制方法见《燃气过滤器》GB/T 36051—2018。

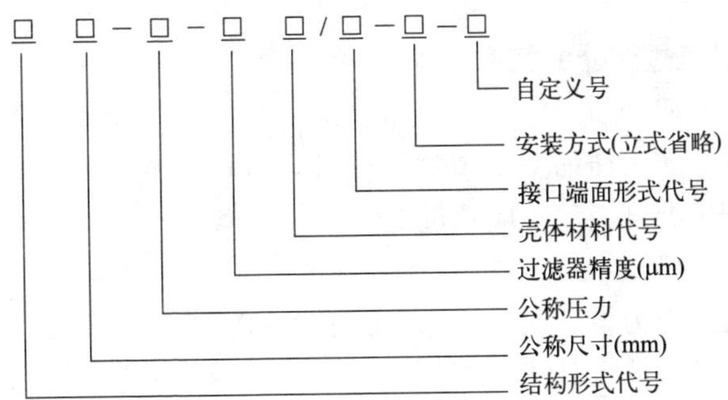

9.4.3　燃气过滤器的典型检测项目与试验方法

1. 燃气过滤器的强度试验

（1）试验介质

应使用无腐蚀性的洁净水，水温应在 15℃以上，当环境温度低于 5℃时，应采取防冻措施。

（2）试验压力

试验压力为设计压力的 1.5 倍且不小于 0.6MPa。

（3）试验持续时间

保压时间不小于 30min。

（4）试验方法

强度试验步骤如下：

燃气过滤器应在无损检验合格后、总装前用水进行强度试验。试验前，应注水排尽过滤器内的气体。试验时压力应缓慢上升，试验压力超过 5MPa 时，应分段升压，首先升至试验压力的 50%，进行初检，如无泄漏、异常，然后以不超过试验压力 10%速度继续升压，两段之间保压不少于 5min，确认无泄漏、异常后再进行下一段升压，直至升压至设计压力。达到规定试验压力后，保压时间不少于 30min。然后对承压件的所有焊接接头和连接部位进行检查，如无泄漏及异常再将试验压力降至设计压力，停压 30min。

（5）试验结果判定

强度试验应压力不降、无渗漏、无可见变形，试验过程中应无异常响声。

2. 燃气过滤器的气密性试验

（1）试验介质

试验介质为压缩空气或惰性气体，气体的温度不应低于 5℃，保压过程中温度波动不应超过±5℃。

（2）试验压力

试验压力为设计压力，且不低于 20kPa。

（3）试验持续时间

保压 30min。

（4）试验方法

燃气过滤器经强度试验合格后，进行外部气密性试验。外部气密性试验步骤如下：

试验前用空气进行预试验，试验压力不超过 0.2MPa。试验时，应当先缓慢升压至规定试验压力的 10%，保压 5min，并且对所有焊缝和连接部位进行初步检查；如无泄漏及异常可继续升压到规定试验压力的 50%；如无异常现象，其后按照规定试验压力的 10%逐级升压，每级稳压 3min，直到升压至试验压力，用检漏液对其所有焊接接头和连接部位进行泄漏检查，保压不少于 30min，经检查无泄漏后将压力降低至工作压力，用发泡剂检查应无泄漏且压力应符合气密性的要求，小型过滤器也可采用浸入水中检查。试验完成后，应将气体缓慢排尽。试验过程应做好安全防护，严禁带压拆卸。

（5）试验结果判定

气密性试验应无泄漏，试验过程中温度如有波动，则压力经温度修正后不应变化。

3. 常用材料的化学分析与力学性能测试

（1）化学分析

1）光谱法。

2）化学法。

（2）力学性能测试

用壳体材料同炉号、同批热处理的试棒按《金属材料 拉伸试验 第1部分：室温试验方法》GB/T 228.1—2021规定的方法进行。

4. 过滤器滤芯强度试验

过滤器滤芯，在产品说明书中最大允许压差的1.5倍的试验条件下进行过滤器滤芯安装性能试验，试验中和试验后不得有滤芯撕裂、支撑体移位、松动或其他损坏情况。

5. 过滤器滤芯抗压溃性能

过滤器滤芯在产品说明书中规定破坏压差下不破坏或所测滤芯破坏压差值不低于产品说明书中规定值，且正向破坏压差不低于0.25MPa，逆向破坏压差不低于0.15MPa。

6. 过滤器过滤效率、阻力和容尘量

过滤器过滤效率应符合：针毡或纤维素制成的滤芯：≥85%；聚丙烯纤维或其他过滤材料制成的滤芯：≥75%。

在额定流量下，过滤器滤芯的初始阻力不超过产品标称值的10%且不超过0.10MPa，过滤器的初始阻力不超过产品标称值的10%且不超过0.12MPa。

过滤器或滤芯应有容尘量指标，并给出容尘量与阻力的关系曲线。以洁净过滤器或滤芯在额定流量下，用ISO 12103-1 A2、ISO 12103-1 A4、270目石英砂试验粉尘进行试验，达到试验终阻力时，过滤器或滤芯实际容尘量不应小于产品标称容尘量的90%。

具体试验方法见《燃气过滤器》GB/T 36051—2018。

过滤器计数效率和阻力试验系统示意图如图9-25所示。

根据粒子计数器对过滤器前后的粒子测量结果，过滤效率 E

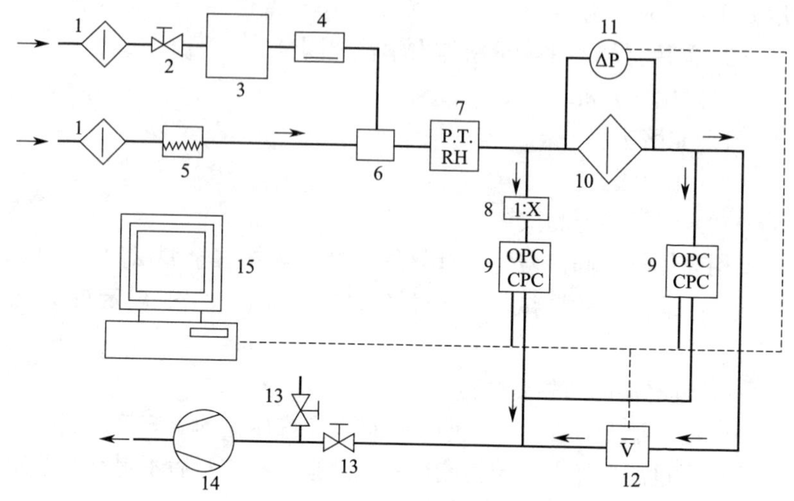

图 9-25　过滤器计数效率和阻力试验系统示意图（适用于过滤精度≤20μm）

1—高效空气过滤器；2—调压阀；3—气溶胶发生装置；4—中和器；5—加热器；6—混合室；7—压力、温度和相对湿度（RH）测量仪器；8—稀释系统；9—粒子计数器（OPC、CPC）；10—被测滤芯；11—差压计；12—体积流量计；13—调节阀；14—真空泵；15—控制系统计算机

（%）可按下式计算：

$$E=\left(1-\frac{C_2}{RC_1}\right)\times 100\% \tag{9-4}$$

式中　E——滤芯的过滤效率%；

C_1——上游气溶胶粒子浓度（粒/m^3）；

C_2——下游气溶胶粒子浓度（粒/m^3）；

R——相关系数。

过滤器计重效率、阻力和容尘量试验系统示意图如图 9-26 所示。

计重过滤效率 E（%）可按下式计算：

$$E=\left(\frac{\Delta m_u}{\Delta m_f+\Delta m_u}\right)\times 100\% \tag{9-5}$$

式中　Δm_u——试验件的质量增量（g）；

Δm_f——绝对过滤器的质量增量（g）。

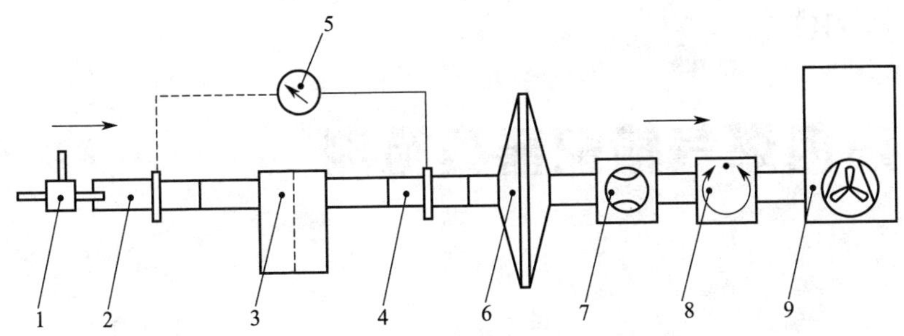

图 9-26　过滤器计重效率、阻力和容尘量试验系统示意图
（适用于过滤精度＞20μm）

1—粉尘喷射器；2—进口测压管；3—试验件；4—出口测压管；5—压力测量装置；6—末端过滤器（绝对过滤器）；7—空气流量计；8—空气流量控制器；9—抽气机

第10章

户内燃气输配器具检测

10.1 户内器具检测技术

10.1.1 燃气管材检测技术

燃气管材按材质、结构和用途不同，有燃气用具连接用不锈钢波纹软管、燃气输送用不锈钢波纹软管及管件、燃气用具连接用金属包覆软管、燃气用具连接内用橡胶复合软管、铝塑复合压力管、燃气输送用不锈钢管及双卡压式管件等种类，不同种类的管材的检测项目和检测方法也存在异同。

1. 燃气用具连接用不锈钢波纹软管

木节内容主要依据国家标准《燃气用具连接用不锈钢波纹软管》GB 41317—2024，产品最大工作压力 0.01MPa，广泛运用于各种燃气燃烧器具或燃气设备的连接。产品按照连接特性分为普通型（代号为 RLB）和超柔型（代号 CRLB），按用途分为燃气表连接用波纹软管（代号为 B）和除燃气表外的燃气燃烧器具或燃气设备连接用波纹软管（代号为 A），按照波纹形状分为螺旋形（代号为 L）和环形（代号为 H），按照两端接头形式分为螺纹连接（代号为 S）和组合连接（代号为从 CS）。

螺纹连接式波纹软管，两端接头为螺纹连接的波纹软管，如图 10-1 所示。

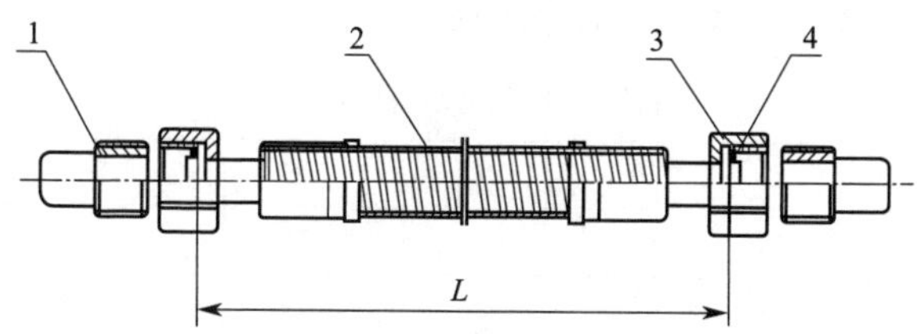

图 10-1　螺纹连接式波纹软管连接示意图

1—螺纹连接接头；2—波纹软管；3—波纹软管螺纹接头；4—密封垫片；L—波纹软管长度

组合连接式波纹软管，一端接头为插入连接，另一端接头为螺纹连接的组合连接式的波纹软管，此软管仅用于连接燃气管道与固定式燃气燃烧器具或燃气设备，如图 10-2 所示。

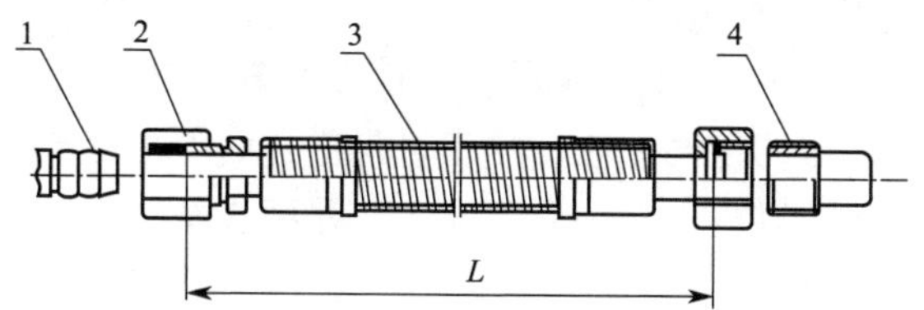

图 10-2　组合连接式波纹软管连接示意图

1—胶管连接接头；2—波纹软管插入端接头；3—波纹软管；4—螺纹连接接头；L—波纹软管长度

(1) 燃气用具连接用不锈钢波纹软管的型号

型号编制按下面格式。

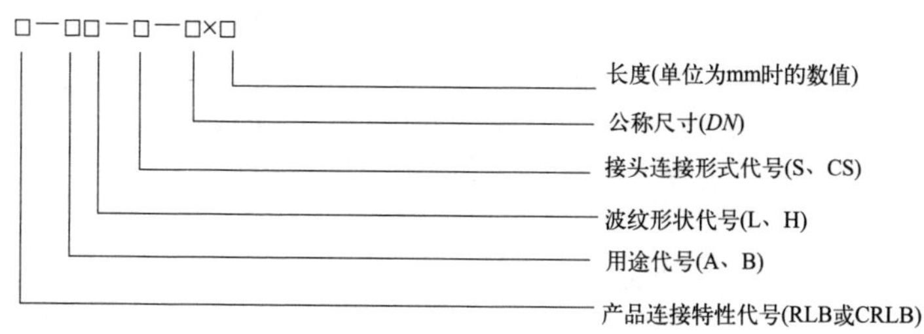

(2) 软管公称尺寸和最小内径（表 10-1）

软管公称尺寸和最小内径　　表 10-1

公称尺寸(mm)	*DN*10	*DN*15	*DN*20	*DN*25	*DN*32
最小内径(mm)	9.5	14	19	23	30

(3) 燃气用具连接用不锈钢波纹软管主要检测指标和方法

1）波纹软管气密性

通过使用气体检漏仪测量波纹软管在 0.02MPa 空气压下，泄漏量不应大于 10mL/h。

2）波纹软管耐压性

将波纹软管施加 0.8MPa 水压，保压 1min，试验后，波纹软管不应有渗漏及零件损坏现象，但波纹允许延伸。

3）波纹软管流量试验

按照如图 10-3、图 10-4 所示，使波纹软管试样入口侧通入压力为 0.002MPa 的空气，通过调节阀调整流量使波纹软管前后压差为式(10-1）计算值，将此状态下流量折算成基准状态下的流量，即为波纹软管流量。

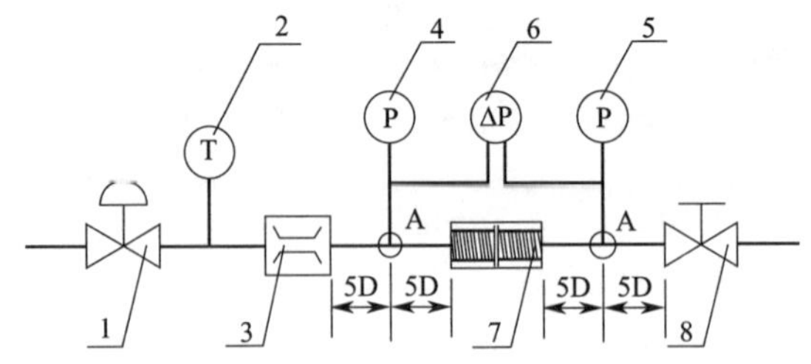

图 10-3　流量试验装置

1—进口调压器；2—温度计；3—流量计；4—进口压力表；5—出口压力表；6—差压表；7—波纹软管试样；8—调节阀

$$\Delta P = 100 \times \frac{l + 10D}{1000 + 10D} \tag{10-1}$$

式中　ΔP——波纹软管入口侧与出口侧压力差（Pa）；

l——波纹软管实测长度（mm）；

D——取压管的公称尺寸（mm）。

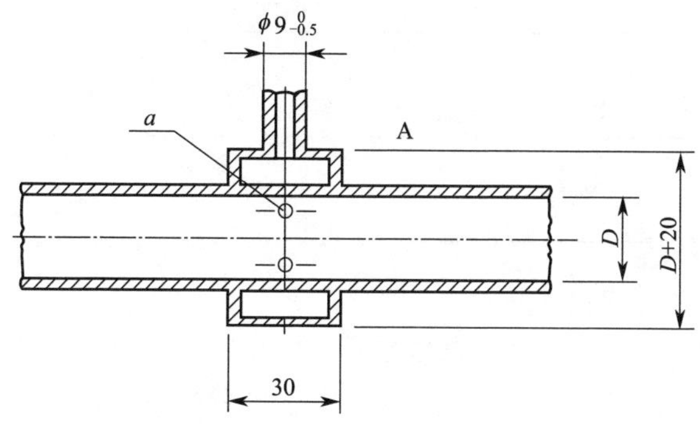

图 10-4　流量试验取压管示意图

a—4 个直径为 1.5mm 的孔；$D=d\sim1.1d$，d 为波纹软管接头的公称尺寸

4）波纹软管抗拉性试验

波纹软管试样两端连接接头与拉力试验装置相连接。在通入压力为 0.02MPa 的空气状态下逐渐拉伸至表 10-2 规定的拉伸负荷，保持拉伸负荷 5min 后，波纹软管应无破裂，且波纹软管气密性应满足要求。

拉伸负荷　　**表 10-2**

公称尺寸(mm)	*DN*10	*DN*15	*DN*20	*DN*25	*DN*32
拉伸负荷(kN)	1.6	1.8	2.7	3.7	3.7

5）波纹软管弯曲性试验

按照图 10-5 的方式将波纹软管固定一端，然后通入压力为 0.02MPa 的空气，在距离固定端不小于 50mm 处使波纹软管围绕并贴合表 10-3 规定直径的芯棒以 5 次/min 的速度匀速弯曲。由 A-B-A，A-C-A 弯曲，此为二次 180°弯曲，普通型波纹软管弯曲次数为 30 次，超柔型波纹软管弯曲次数为 200 次。试验后，被覆层应无裂纹，波纹管应无裸露和破裂，且波纹软管气密性应满足要求。

弯曲用芯棒直径 表 10-3

公称尺寸（mm）	*DN*10		*DN*15	*DN*20	*DN*25	*DN*32
	超柔型波纹软管	普通型波纹软管				
芯棒直径（mm）	30	40	50	60	80	100

6）软管扭曲性试验

取表 10-4 规定长度的波纹软管试样在通入压力为 0.02MPa 的空气状态下，将波纹软管试样一端固定于试验装置上端，另一端与试验装置下端可旋转手柄相连接并挂载表 10-4 规定的质量，转动可旋转手柄，使软管绕轴线由 A-B-A、A-C-A 扭曲，此为二次 90°扭曲，以 5 次/min 的扭转速度扭曲 10 次，试验后，被覆层应无裂纹，波纹管应无裸露和破裂，且波纹软管气密性应满足要求（图 10-6）。

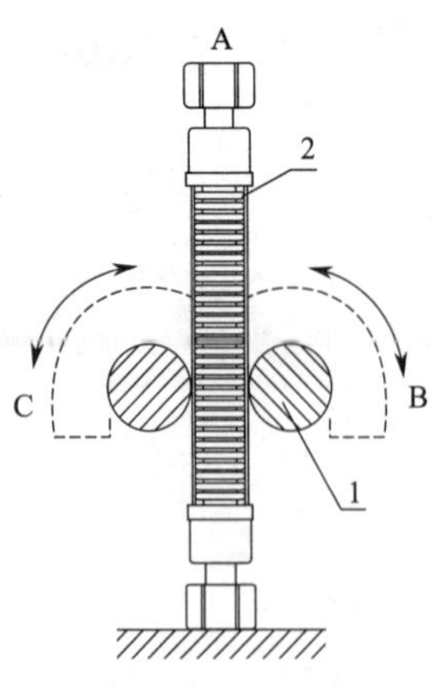

图 10-5 弯曲性试验图

1—芯棒；2—波纹软管试样；

A、B、C—弯曲方向

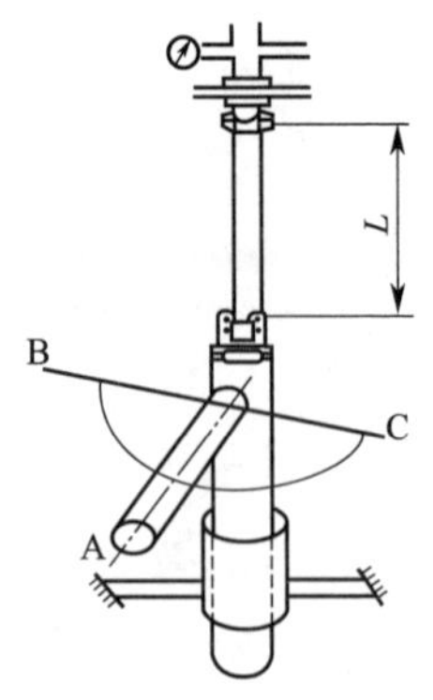

图 10-6 扭曲试验示意图

扭曲试验用软管的长度 **表 10-4**

公称尺寸	*DN*10	*DN*15	*DN*20	*DN*25	*DN*32
长度(mm)/挂载质量(kg)	500/8.0	500/11.0	1000/16.0	1000/21.0	1500/26.0

7）波纹软管拉伸变形性试验

该试验仅适用于超柔型波纹软管。将不短于 300mm 的超柔型波纹软管试样两端连接接头与拉力试验装置相连接，在通入压力为 0.02MPa 的空气状态下，拉力试验装置以 100mm/min±5mm/min 的速度拉伸波纹软管试样至 1000N 并保持 5min，确认检验结果是否符合在规定拉力下波纹软管变形长度不应大于原管长度的 10%，释放拉力后，波纹软管的变形长度不应大于原管长度的 3%，且波纹软管气密性应满足要求。

8）波纹软管摆动弯曲性试验

该试验仅适用于超柔型波纹软管。如图 10-7 所示进行摆动弯曲性试验。将 1m 长超柔型波纹软管试样的一端固定在摆动臂上，另一端悬挂 5kg 负载，在通入压力为 0.02MPa 的空气状态下，摆动臂从中间位置摆动到+30°，返回中间位置再摆动到−30°，然后再回到中间位置，以上为一次循环，以 30 次循环/min 的摆动速度摆动 10000 次循环后，被覆层应无裂纹，波纹管应无裸露和破裂，且波纹软管气密性应满足要求。

9）波纹软管抗扭转性试验

该试验仅适用于超柔型波纹软管。如图 10-8 所示进行抗扭转性试验。将 1m 长波纹软管试样的一端固定在垂直位置，另一端固定在水平旋转装置上，在通入压力为 0.02MPa 的空气状态下，旋转装置从中间位置旋转到+90°，返回中间位置再到−90°，然后再回到中间位置，以上为一次循环，以 30 次循环/min 的速度转动 10000 次循环后，被覆层应无裂纹，波纹管应无裸露和破裂，且波纹软管气密性满足要求。

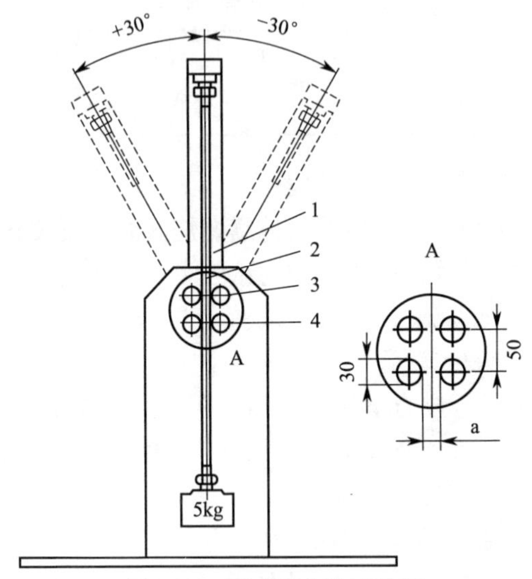

图 10-7 摆动弯曲性试验图

1—摆动臂；2—位于弯曲轴的支点；3—上部弯曲芯轴；4—下部弯曲芯轴；

A—摆动弯曲固定点；a＝软管外部直径$^{+0.5}_{+0.2}$mm，包括其被覆层

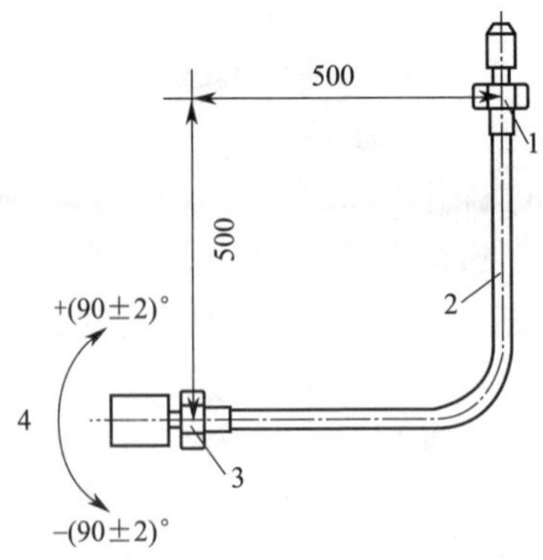

图 10-8 抗扭转性试验

1—固定到垂直位置上的一端；2—波纹软管试样；

3—固定到水平旋转装置上的一端；4—旋转方向

10）被覆层阻燃性试验

如图 10-9 所示阻燃性试验图，使用火口内径为 10mm 的本生灯，使火焰长度达到 40mm，将带有被覆层的波纹软管试样水平放置在距内焰上端约 10mm 的外焰中，保持 5s 后熄灭本生灯，测量波纹软管试样持续燃烧的时间，取 3 个波纹软管试样的持续燃烧时间的算术平均值作为波纹软管的持续燃烧时间，波纹软管被覆层持续燃烧时间不应超过 5s。

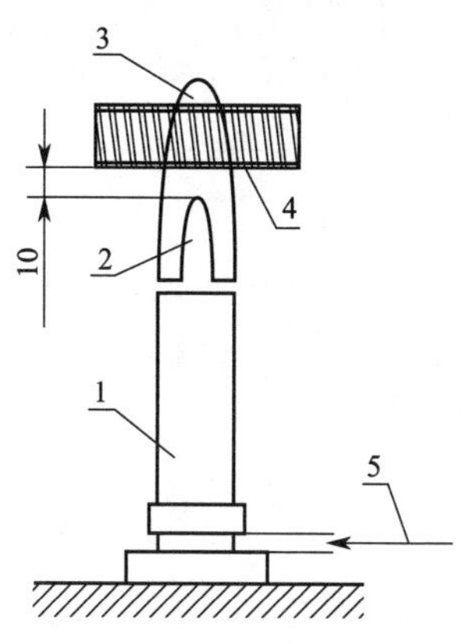

图 10-9　阻燃性试验图

1—本生灯；2—内焰；3—外焰；4—波纹软管试样；5—燃气

11）被覆层耐冷热变化性试验

按表 10-3 所规定的弯曲用芯棒直径将波纹软管试样弯曲 180°，在 70℃环境下保持 2h 后再到 20℃环境下保持 30min，之后在 −15℃（被覆层材料为 PVC）或 −40℃（被覆层材料为 PE）环境下保持 2h，再回到 20℃环境下保持 30min。以上为 1 个循环周期，反复 5 个循环周期后，波纹软管被覆层应无裂纹及其他异常现象。

12）被覆层耐液体性试验

将 5 根带有被覆层的波纹软管试样按表 10-3 所规定的弯曲用芯棒直径将试样弯曲 180°，然后分别用表 10-5 规定的耐液体试验条件进行浸泡，浸泡时，在两端安装阻止塞以防止浸泡液进入试样内部，试验后确认波纹软管被覆层不应出现裂纹。

耐液体试验条件　　　　表 10-5

试样编号	试验项目	浸泡液	浸泡温度(℃)	浸泡时间
1	耐洗涤剂	质量分数为 2%十二烷基苯磺酸钠水溶液	25±5	24h
2	耐高温食用油	纯大豆油	155±5	10s
3	耐食用油	纯大豆油	25±5	24h
4	耐食醋	质量分数为 4%醋酸水溶液	25±5	24h
5	耐肥皂液	质量分数为 2%十二烷基硫酸钠水溶液	25±5	24h

13）接头耐安装强度试验

将波纹软管试样接头按表 10-6 规定的耐安装力矩安装，试验后，波纹软管接头应无破损现象（密封垫片和破损可以忽略不计），且波纹软管气密性应满足要求。

耐安装力矩　　　　表 10-6

<table>
<tr><td>公称尺寸 DN(mm)</td><td>10</td><td>15</td><td>20</td><td>25</td><td>32</td></tr>
<tr><td>耐安装力矩(N・m)</td><td>44</td><td colspan="2">60</td><td colspan="2">82</td></tr>
</table>

14）插入式接头耐拉性试验

波纹软管试样的插入端安装胶管连接接头，将安装完毕的软管试样两端与拉力试验装置相连，通入 0.02MPa 的空气后逐渐拉伸至 500N，保持拉力 5min 后确认胶管连接接头不应拔出和脱落，且波纹软管气密性应满足要求。

15）密封垫片耐燃气性试验：波纹软管密封垫片应无脆化、软化及体积增大现象，且质量变化率不应超过±10%。

按下列步骤进行试验：

①将 3 个密封垫片试样分别称重；

②再将其浸泡在质量分数为 98%的正戊烷（输送介质为天然气和液化石油气的波纹软管）或液体 B（输送介质为人工煤气的波纹软管）中，持续 72h±2h；

注：液体 B 为 70%（体积分数）三甲基戊烷（异辛烷）与

30%（体积分数）甲苯的混合液。

③拿出擦拭干净，目测密封件有无脆化、软化及体积增大现象，在空气中放置 24h 后称重；

④计算 3 个密封垫片试验前后质量变化率，并取其平均值。

2. 燃气输送用不锈钢波纹软管及管件

本节内容主要依据现行国家标准《燃气输送用不锈钢波纹软管及管件》GB/T 26002。与传统的户内输送管相比，现场的加工和安装更加方便，具有安全可靠，连接方式多样，经久耐用等特点，能有效解决管道老化/腐蚀，泄漏/爆裂/渗漏及地面沉降造成的管道破坏等问题。

（1）波纹软管和管件规格

按公称尺寸分为 *DN*10、*DN*13、*DN*15、*DN*20、*DN*25、*DN*32。

（2）波纹软管及管件的型号编制

1）波纹软管

型号编制按下面格式。

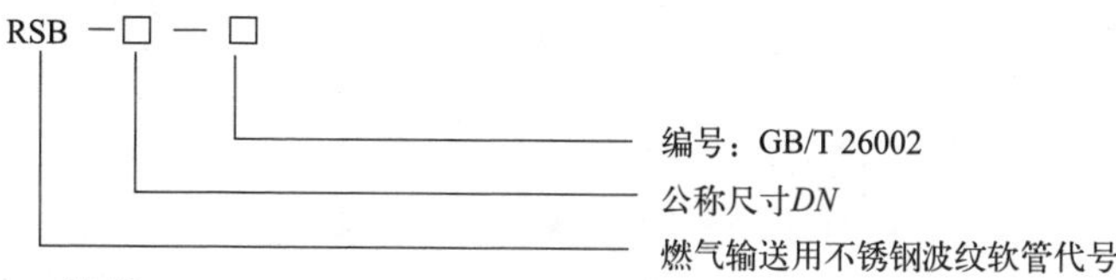

2）管件

型号编制按下面格式。

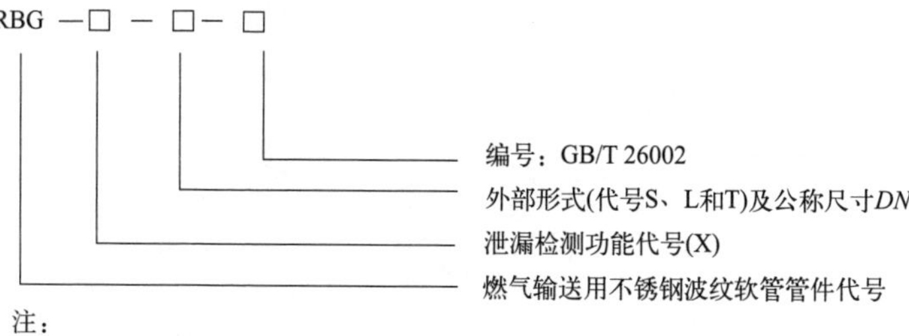

注：

1）带泄漏检测功能的管件，代号为 X；不带泄漏检测功能的管件，无代号。

2）按外部形式分：S 形（直通）；L 形（弯头）；T 形（三通）。

3）其中管件公称尺寸按前端、中端、后端顺序的公称尺寸表示。

（3）波纹软管公称尺寸和管件螺纹规格

燃气输送用不锈钢波纹软管及管件公称尺寸连接螺纹规格如表10-7所示。

波纹软管及管件公称尺寸连接螺纹规格　　表10-7

公称尺寸 *DN*（mm）	钢带厚度 δ及公差（mm）	原管内径 d_i 及公差（mm）	原管外径 d_0 及公差（mm）	被覆层厚度（mm）	波距（mm）	管件连接螺纹
10	0.25±0.020	9.8±0.3	13.7±0.2	≥0.5	3.0±0.2	$R(R_P、R_C)3/8$ $R(R_P、R_C)1/2$
13	0.25±0.020	12.8±0.3	16.2±0.2		4.0±0.2	$R(R_P、R_C)1/2$
15	0.25±0.020	14.8±0.3	18.7±0.2		4.0±0.2	$R(R_P、R_C)1/2$
20	0.25±0.020	19.8±0.3	25.0±0.3		4.5±0.20	$R(R_P、R_C)3/4$
25	0.30±0.025	24.8±0.4	32.0±0.3		5.0±0.3	$R(R_P、R_C)1$
32	0.30±0.025	31.8±0.4	40.0±0.4		6.0±0.3	$R(R_P、R_C)1\ 1/4$

（4）主要检测指标和试验方法

1）气密性试验

在2m原管的两端，分别连接管件，并将连接好的管件一端堵住，从另一端通入0.3MPa空气，如图10-10所示放入水中，保持1min后，无泄漏。

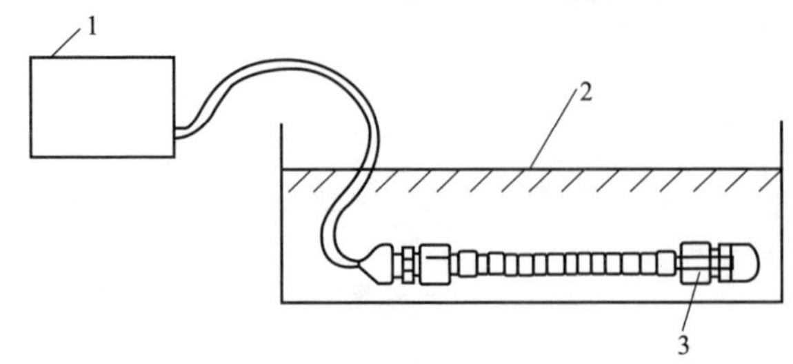

图10-10　气密性试验

1—空气泵；2—水；3—管件

2）耐压性试验

如图 10-11 所示，在 1m 原管的两端连接管件，然后堵住一端，从另一端缓慢注入 1.6MPa 水压，保持 1min 后，软管无裂纹、无渗漏。

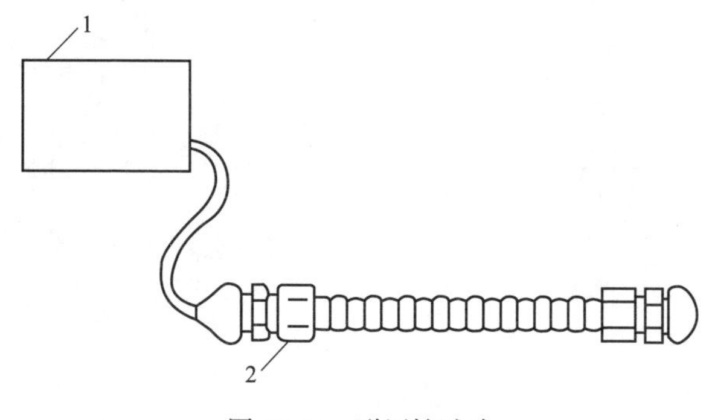

图 10-11　耐压性试验

1—水压泵；2—管件

3）耐拉伸性试验

如图 10-12 所示，在长度小于 500mm 的原管两端，分别和管件连接固定，从连接好的管件一端通入 0.3MPa 的空气，另一端以 50mm/min±5mm/min 的拉伸速度逐渐拉伸至表 10-8 规定的拉伸负荷，保持拉伸状态 5min 后应无裂纹、无泄漏。

拉伸负荷　　**表 10-8**

公称尺寸 DN(mm)	10	13	15	20	25	32
拉伸负荷(kN)	1.4	1.8	2.1	2.8	3.5	4.5

4）弯曲性试验

在通入 0.3MPa 的气压状态下，如图 10-13 所示将软管一端固定，使用表 10-9 规定的圆筒，围绕并贴合圆筒，由 A-B-A、A-C-A 弯曲，此为 2 次 180°弯曲，以 5 次/min 的弯曲速率弯曲 12 次，试验后原管应无裂纹、无泄漏，被覆层应无裂纹。

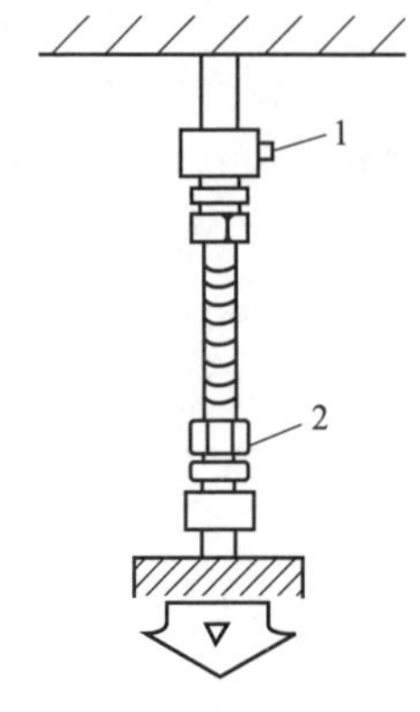

图 10-12　耐拉伸性试验

1—空气压；2—管件

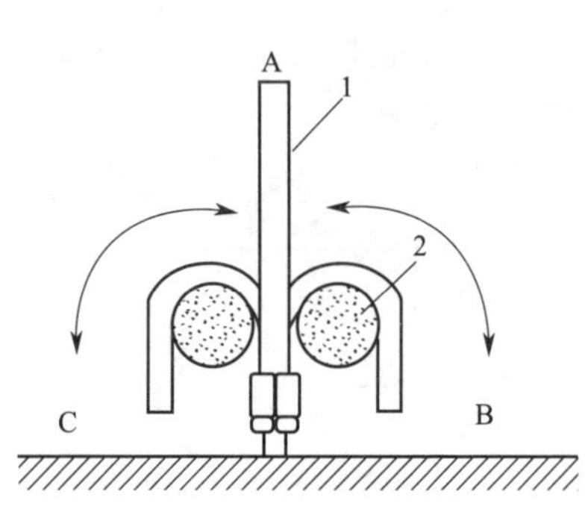

图 10-13　弯曲性试验

1—软管；2—圆筒

公称尺寸与圆筒直径　　表 10-9

公称尺寸 DN(mm)	10	13	15	20	25	32
圆筒直径(mm)	40	45	50	60	80	100
圆筒直径≈公称尺寸×3						

5）扭曲性试验

如图 10-14 所示，取表 10-10 规定长度的软管在通入压力为 0.3MPa 的空气状态下，将软管的一端固定于试验装置上端，以管的轴线为中心，转动可旋转手柄，使软管绕轴线由 A-B-A、A-C-A 扭曲，此为 2 次 90°扭曲，以 5 次/min 的扭转速度扭曲 6 次后，试验后原管应无裂纹、无泄漏，被覆层应无裂纹。

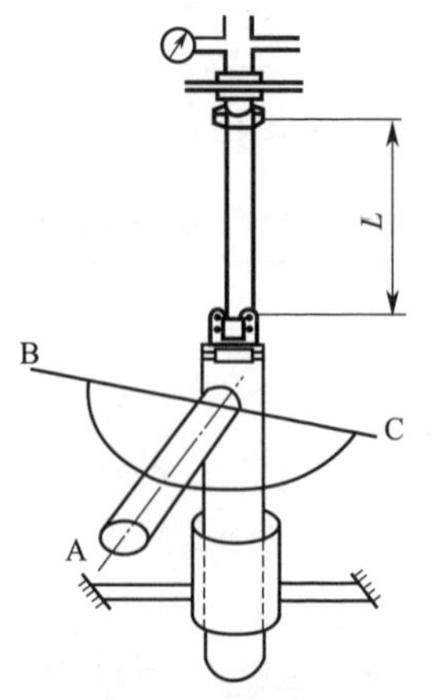

图 10-14　扭曲性试验

L—软管长度；A、B、C—扭曲方向

6）漏点试验

使用电火花检漏仪，按下列要求进行试验，试验后软管不应有漏点：

扭曲试验用软管的长度　　表 10-10

公称尺寸 DN(mm)	长度 L(mm)	公称尺寸 DN(mm)	长度 L(mm)
10	690	20	1380
13	900	25	1730
15	1040	32	2210

注：软管长度 $L \approx DN \times 69$

①被覆层厚度 $\delta < 1.8$mm 时，检漏电压为 10kV；

②被覆层厚度 $\delta \geqslant 1.8$mm 时，检漏电压为 25kV。

7）冷热循环试验

使用表 10-9 所示的圆筒直径，将软管进行弯曲 180°的状态下，在气体温度 70℃的环境下保持 2h，其后，常温状态下放置 30min，在－15℃(PVC) 或－40℃(PE) 状态下放置 2h，再在常温状态下放置 30min，使其不断变化，以上为 1 个循环，反复 5 个循环后，试验后，被覆层应无裂纹及其他异常现象。

8）被覆层通气性试验

如图 10-15 所示，将表 10-11 规定被覆层通气性试验软管长度连接到缓冲槽上，缓冲槽容积不小于 10L，将软管在缓冲槽一端的被覆层剥离，用胶带等将被覆层与原管密封住，另外一端用端帽堵住，确认配管整体的气密保持在 3kPa 以上；从软管的末端算起，在规定长度的位置（即切开被覆层位置），将测试软管用剥离刀剥离约 1cm 宽度的被覆层，当连接带泄漏检测功能的管件时，可不剥离被覆层。配管整体的内压在 3kPa 时，测量 1min 的压力下降量，确认其数值在 150Pa 以上。

被覆层通气性试验软管长度　　表 10-11

公称尺寸 DN(mm)	10	13	15	20	25	32	40	50
长度 L(m)	5			10		15		

9）被覆阻燃性试验

试验方法同 10.1.1 节中 1. 燃气用具连接用不锈钢波纹软管。

10）管件耐振动性试验

如图 10-16 所示，在长为 400mm 的原管两端，分别和管件连

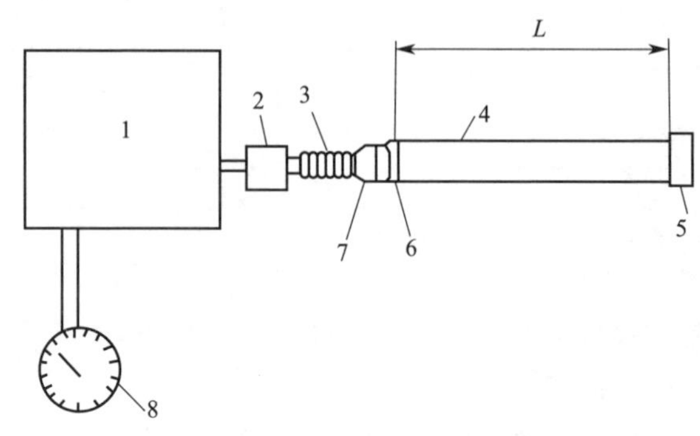

图 10-15 被覆层通气性试验

1—缓冲槽；2—管件；3—原管；4—软管；5—端帽；6—切断位置；7—缠绕胶布；8—压力计；L—软管长度

接，将连接好的管件一端固定在振动台上，另一端固定在夹具上，然后在通入 0.3MPa 空气状态下，按振幅±4mm、振动速率 10Hz 振动 16min 后，管件应无裂纹、无泄漏。

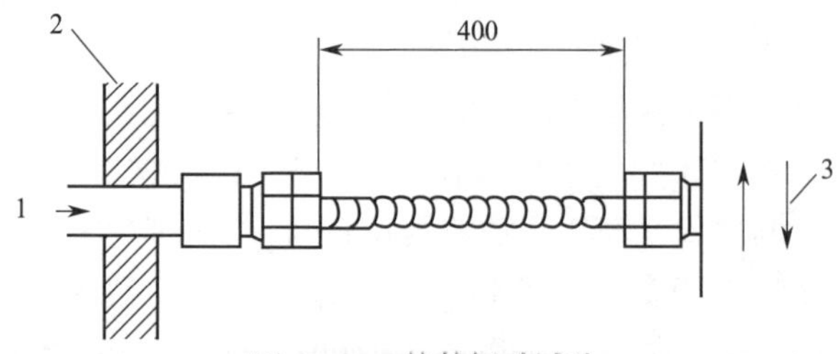

图 10-16 管件振动试验

1—空气；2—固定件；3—振幅，为±4mm

11）管件耐扭转性试验

按标定管材螺纹管件内径每 1mm 施加 4.6N·m 的扭矩加以紧固，并通入空气，将压力保持在 0.3MPa 维持 1min，管件应无裂缝、断裂或泄漏。

12）密封件耐燃气性试验

试验后应无脆化、软化及体积增大现象，且质量变化率不应超过±10%。试验步骤如下：

①将 3 个密封件试样分别称重；

②再将其浸泡在 98%的正戊烷（输送介质为天然气和液化石油气的软管）或液体 B（输送介质为人工煤气的软管）中，持续 72h±2h；

注：液体 B 为 70%（体积分数）三甲基戊烷（异辛烷）与 30%（体积分数）甲苯的混合液。

③拿出擦拭干净，目测密封件有无脆化、软化及体积增大现象，在空气中放置 24h 后称重；

④计算 3 个密封件试验前后质量变化率，并取其平均值。

3. 燃气用具连接用金属包覆软管

本节内容主要依据国家标准《燃气用具连接用金属包覆软管》GB 44017—2024。金属包覆软管通常由内层胶管、柔形金属包覆层和被覆层三层主要结构组成，广泛运用于室内燃气管道或瓶装液化石油气调压器出口与用户燃气燃烧器具连接，尤其是移动式的液化石油气调压器和燃气具的连接，其柔软性的特点，使其在使用过程中更加安全，同时可以有效防止腐蚀、鼠咬等破坏。

（1）包覆软管规格

公称尺寸分为 DN10、DN15。

（2）包覆软管型号

型号编制按下面格式。

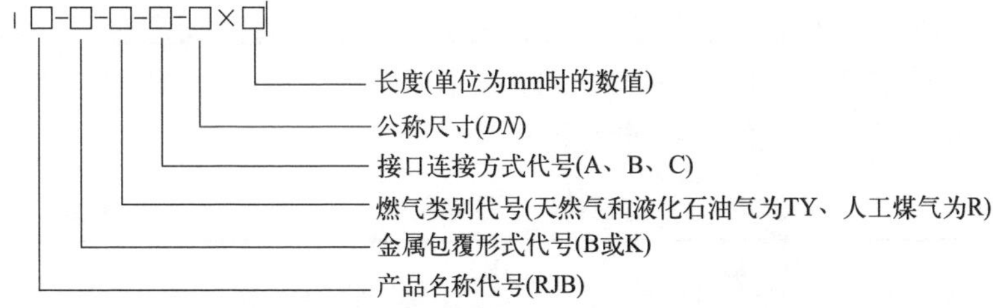

注：1. 金属包覆形式：编织形式的包覆管，代号为 B；铠装形式的包覆管，代号为 K。

2. 连接接口形式：两端为螺纹连接式接口的包覆管，代号为 A；一端为螺纹连接接口、另一端为喉箍锁紧插入式连接接口的包覆管，代号为 B；仅用于连接燃气燃烧器具与瓶装液化石油气调压器、两端为喉箍锁紧插入式接口的包覆管，代号为 C。

（3）包覆软管管体和连接尺寸（表 10-12）

包覆软管管体和连接尺寸　　表 10-12

公称尺寸 *DN*(mm)	内径(mm)	内径公差(mm)	外径(mm)	连接尺寸
10	9.5	±0.4	15～19	G1/2，ϕ9.5，M18×1.5
15	13.0	±0.5	19～23	G1/2

（4）主要检测指标和试验方法

1）气密性

使用气体检漏仪测量包覆软管在 0.02MPa 下的泄漏量，泄漏量不应大于 10mL/h。

2）耐压性试验

将包覆软管试样平直放置，一端安装带有排气阀的堵头，另一端和试压泵出口管连接，将水注入管内，排尽空气，关闭排气阀，缓慢增加压力至 0.8MPa 后，保压 1min，试验后，波纹软管不应有渗漏及零件损坏现象。

3）抗拉性试验

将包覆软管试样两端分别固定在试验机的接口上，通入 0.02MPa 的空气，拉伸至表 10-13 规定的拉伸负荷后，关闭气源，保压 1min，试验后，包覆软管两端接头应无脱落，其内层胶管应无裸露，且包覆软管气密性应满足要求。

对于 B 型包覆软管和 C 型包覆软管，试验时其固定接口处对喉箍施加的锁紧扭矩为 5N・m。带有插口连接接口的 B 型包覆软管和 C 型包覆软管的拉伸负荷为 400N。

包覆软管拉伸负荷　　表 10-13

公称尺寸 *DN*(mm)	10	15
A 型拉伸负荷(N)	600	800

4）摆动弯曲性试验

包覆软管试样按照图 10-17 进行安装，将其一端固定，通入 0.02MPa 气压，绕固定端进行左右各 90°摆动弯曲，左右各一次为一个循环，包覆软管处于 B 点位置和 C 点位置为水平状态，水平段包覆软管的中心线与压套上沿的垂直高度为 100mm±5mm，以每分钟 30 个循环的频率完成 5000 个循环，去掉外层被覆层，包覆软管金属包覆层不应有破坏且气密性试验符合要求。

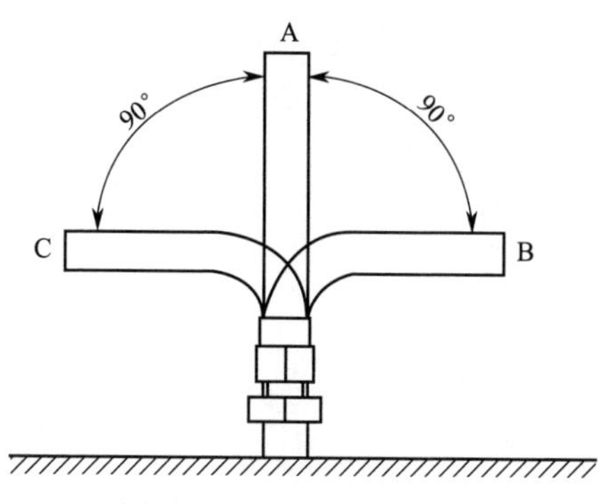

图 10-17　摆动弯曲性试验

5）被覆层阻燃性试验

试验方法同 10.1.1 节中 1. 燃气用具连接用不锈钢波纹软管。

6）被覆层耐冷热变化性试验

按表 10-14 规定的弯曲芯棒将包覆软管试样弯曲 180°，在 70℃环境下保持 2h 后，再到 20℃环境下保持 30min，之后在－15℃或声明的更低环境温度下保持 2h，再回到 20℃环境下保持 30min。以上为 1 个循环周期，反复 5 个循环周期后，包覆软管被覆层应无裂纹及其他异常现象。

包覆软管弯曲用芯棒直径　　表 10-14

公称尺寸 *DN*(mm)	10	15
芯棒直径(mm)	40	50

7）接头耐安装强度试验

将包覆软管试样接头按表 10-15 规定的耐安装力矩安装，检查包覆软管接头有无破损（密封垫片的破损可以忽略不计），试验后，包覆软管接头应无破损现象，气密性应满足要求。

耐安装力矩 **表 10-15**

公称尺寸 DN(mm)	10	15
耐安装力矩(N·m)	44	60

8）密封垫片耐燃气性试验

包覆软管密封垫片应无脆化、软化及体积增大现象，且质量变化率不应超过±10%。按下列步骤进行试验：

①将 3 个密封垫片试样分别称重；

②再将其浸泡在质量分数为 98%的正戊烷（输送介质为天然气和液化石油气的波纹软管）或液体 B（输送介质为人工煤气的波纹软管）中，持续 72h±2h；

注：液体 B 为 70%（体积分数）三甲基戊烷（异辛烷）与 30%（体积分数）甲苯的混合液。

③拿出擦拭干净，目测密封件有无脆化、软化及体积增大现象，在空气中放置 24h 后称重；

④计算 3 个密封垫片试验前后质量变化率，并取其平均值。

4. 燃气用具连接内用橡胶复合软管

本节内容主要依据国家标准《燃气用具连接内用橡胶复合软管》GB 44023—2024。橡胶复合软管主要作为《燃气用具连接用金属包覆软管》GB 44017—2024 标准中的内层胶管使用。

（1）橡胶复合软管规格

公称尺寸分为 DN10、DN15。

（2）橡胶复合软管型号

型号编制按下面格式。

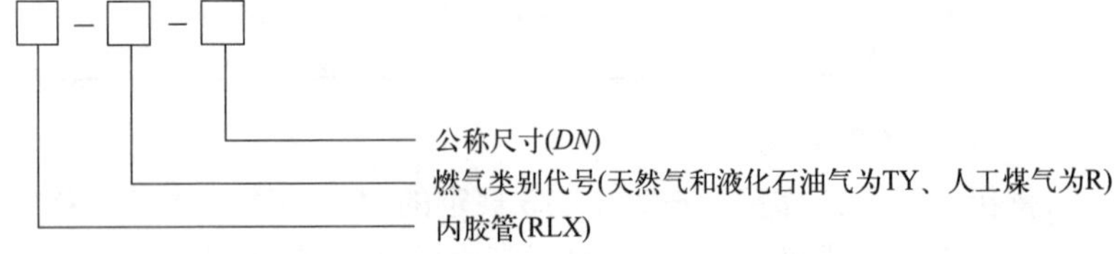

（3）内层胶管尺寸和公差（表 10-16）

胶管尺寸和公差　　表 10-16

公称尺寸 DN(mm)	编织管内胶管内径及其公差(mm)	铠装管内胶管内径及其公差(mm)
10	10.1±0.4	9.5±0.4
15	13.5±0.5	13.0±0.5

(4) 主要检测指标和试验方法

1) 材料性能（表 10-17)

材料性能　　表 10-17

项目		要求
耐燃气性能:质量变化率(%)		天然气和液化石油气≤20 人工煤气≤20
拉伸强度(MPa)		≥12
拉断伸长率(%)		≥330
硬度(Shore A)		55～80
热空气老化性能((70±1)℃,96h)	拉伸强度变化率(%)	≤20
	拉断伸长率变化率(%)	≤20
耐燃气透过性能		在 60kPa 压力条件下,公称尺寸 DN10 的内胶管燃气透过量不应大于 5mL/h,公称尺寸 DN15 的内胶管燃气透过量不应大于 7mL/h
加速失效		试验评估的 25℃条件下使用时间不应低于 8 年

2) 材料性能试验

①试样制备

所有的材料性能试样应从内胶管上截取，应按《硫化橡胶或热塑性橡胶 拉伸应力应变性能的测定》GB/T 528—2009 中规定的 3 型哑铃状试样制备；无法从内胶管上截取时，应使用相同硫化程度的硫化试片进行试验，应按《硫化橡胶或热塑性橡胶 拉伸应力应变性能的测定》GB/T 528—2009 中规定选用 3 型哑铃状试样。

内胶管试样以及材料试片应在成型后放置 16h 以上，并于试验前置于实验室温度 3h 以上。

②耐燃气性能试验

内胶管内层耐燃气性能试验按《硫化橡胶或热塑性橡胶　耐液体试验方法》GB/T 1690—2010 中规定的方法进行浸泡试验，试样为 1 型试样。将预先测量出质量的 3 个试样放在温度为 5～25℃的液体中浸泡 72h，取出放在空气中 24h 后，3 个试样质量变化率的中位数值应小于 20%。对工作介质为天然气和液化石油气的试样，用正戊烷浸泡；对工作介质为人工煤气的试样，用液体 B 浸泡，液体 B 为 70%（体积百分比）三甲基戊烷（异辛烷）与 30%（体积分数）甲苯混合液。

A. 拉伸强度和拉断伸长率试验

按《硫化橡胶或热塑性橡胶 拉伸应力应变性能的测定》GB/T 528—2009 中规定的方法。

B. 硬度试验

按《硫化橡胶或热塑性橡胶 压入硬度试验方法 第 1 部分：邵氏硬度计法（邵尔硬度）》GB/T 531.1—2008 规定的方法制备试样并进行试验。

C. 热空气老化性能试验

按《硫化橡胶或热塑性橡胶 热空气加速老化和耐热试验》GB/T 3512—2014 中规定的方法进行试验。

③耐燃气透过性能

试验步骤如下：

A. 按图 10-18 所示耐燃气透过性能试验系统，商业丙烷燃气钢瓶 15 及配管宜放置在恒温水槽 6 中，条件不具备时，放置在 35℃±0.5℃的恒温室内；

B. 取长约 900mm 的软管作为试样 14，一端用塞子 13 塞住，另一端与平底烧瓶 12 的橡胶塞上的玻璃管连接，在 200kPa 的空气压力条件下，检查试样与玻璃管连接部位及与塞子连接部位应无泄漏；

C. 将玻璃管和试样 14 放入平底烧瓶 12 内，塞好橡胶塞；

D. 将吸气器 9 装满浓度为 20％的食盐水，向水柱压力计 11 注入商业丙烷燃气饱和蒸馏水；

E. 将恒温水槽 6 调节到 35℃±0.2℃，2h 后用真空泵经三向阀门 4 抽出试样 14 内的空气，然后向试样 14 内通入商业丙烷气体，通过压力计 1 观察试样内的压力，试验期间保持在 60kPa；

F. 在试验开始后的 22h 关闭放散阀门 5，打开液体阀门 7，使吸气器 9 内的食盐水流入量筒 8 中，直至水柱压力计 11 两侧液面处于同一水平面；

G. 量筒 8 所测得的食盐水的体积即为试样 14 内透过的燃气体积，测定从第 24 小时～第 30 小时时间段内透过的燃气体积；

H. 根据第 24 小时～第 30 小时时间段内的燃气体积数据计算每小时透过试样 14 的燃气体积为软管燃气透过量；

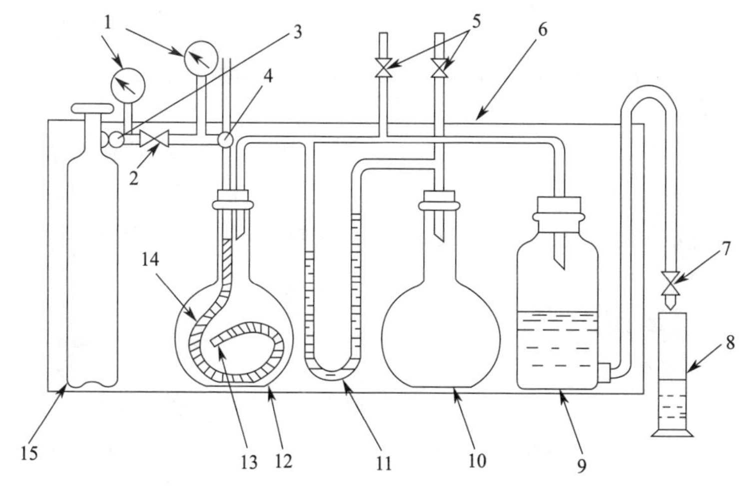

图 10-18　耐燃气透过性能试验系统

1—压力计；2—燃气阀门；3—压力调节器；4—三向阀门；5—放散阀门；6—恒温水槽；7—液体阀门；8—量筒；9—吸气器；10—辅助平底烧瓶；11—水柱压力计；12—平底烧瓶；13—塞子；14—试样；15—商业丙烷燃气钢瓶（质量分数≥95％）

Ⅰ. 在 60kPa 压力条件下，公称尺寸 $DN10$ 的内胶管燃气透过量不应大于 5mL/h，公称尺寸 $DN15$ 的内胶管燃气透过量不应大于 7mL/h。

④加速失效试验

测试方法为：内胶管加速失效按《硫化橡胶或热塑性橡胶 应用阿累尼乌斯图推算寿命和最高使用温度》GB/T 20028—2005 规定的方法进行测试，测试参数为内胶管材料的拉伸强度、拉断伸长率和内胶管的燃气透过性技术指标，当内胶管的拉伸强度、拉断伸长率下降到初始值的 50%，或者燃气透过性指标超过 5mL/h（$DN10$）或 7mL/h（$DN15$）时，试验终止。依据试验数据推算内胶管 25℃条件下使用时间不应低于 8 年。

3）气密性

取长度约 1m 的内胶管作为试样，将其一端与空气气源连接，另一端塞住成自由端，将试样全部浸入水中，向试样内通入 100kPa 的空气，保持 1min，内胶管应无可见泄漏。

4）耐压性

取长度不短于 300mm 的内胶管作为试样，按《橡胶和塑料软管及软管组合件 静液压试验方法》GB/T 5563—2013 中规定的方法进行试验，试验压力为 200kPa，保持 1min，内胶管不应有破损、渗漏。

5）低温性能

①低温弯曲

按《橡胶和塑料软管及非增强软管 柔性及挺性的测量 第 2 部分：低于室温弯曲试验》GB/T 5565.2—2017 中规定的方法 A 进行试验，在−25℃±2℃的温度条件下弯曲内胶管，弯曲半径为 5 倍内胶管公称尺寸，内胶管应无龟裂或破裂，且气密性应符合规定。

②低温扭转

取长度约 300mm 的内胶管作为试样，试验温度为−25℃±2℃，在低温箱内调节试样 24h 后，将试样一端固定，另一端施加一个水平轴向的扭力，扭转幅度为自然状态两侧各不小于 90°，扭转应在 10s±2s 内完成，内胶管应无龟裂或破裂，且气密性应符合本表的规定。

6）耐热性

取长度约 500mm 的内胶管作为试样，与内胶管试验用接头连接后在 100℃±2℃的恒温箱内放置 48h，取出后在试验室温度下放置 30～40min，气密性应符合规定。

7）耐拉伸性

取长度约 300mm 的内胶管作为试样，将其对称地夹在拉力试验机上、下夹持器上，拉伸速度为 100mm/min±10mm/min，拉力达到 600～630N 时停止拉伸，取下试样在试验室温度下放置 30min 后气密性应符合规定。

5. 铝塑复合压力管

本节内容主要依据我国制定的国家标准《铝塑复合压力管 第 1 部分：铝管搭接焊式铝塑管》GB/T 18997.1—2020 和《铝塑复合压力管 第 2 部分：铝管对接焊式铝塑管》GB/T 18997.2—2020。

铝塑复合压力管是一种具有五层结构的塑料—金属复合管材，中间层为铝合金管，内外层为共挤塑料，各层间采用热熔胶粘剂形成胶粘层，通过高温高压复合而成。中间层铝合金管具有金属的耐压强度，力学性能较好、不易脆裂，内外层聚乙烯具有较强的耐腐蚀性、寿命长、流阻小等优点，使得铝塑复合压力管兼具金属管和塑料管的特点，可输送燃气、冷水、冷热水、压缩空气、特种流体等介质。

燃气用铝塑复合压力管外层颜色一般采用黄色，主要用于输送天然气、液化石油气、人工煤气管道系统。纵向焊接的铝管夹在塑料中间，可承受较高工作压力，敷设安装尽量减少接头，连接处应避免经常振动，可有效降低管路泄漏概率。

铝塑复合压力管连接不能用熔接和粘接，必须使用专用的金属管件，把铝塑管套入管件后径向加压锁住，施工后通过试压来检验连接是否牢固。接头处应预留足够安装量，防止拉脱发生泄漏。

（1）结构及分类

铝塑复合压力管按照内层铝合金焊接形式分为铝管搭接焊式铝

塑管和铝管对接焊式铝塑管（图 10-19）。燃气用铝塑复合压力管复合组分及代号如表 10-18 所示。

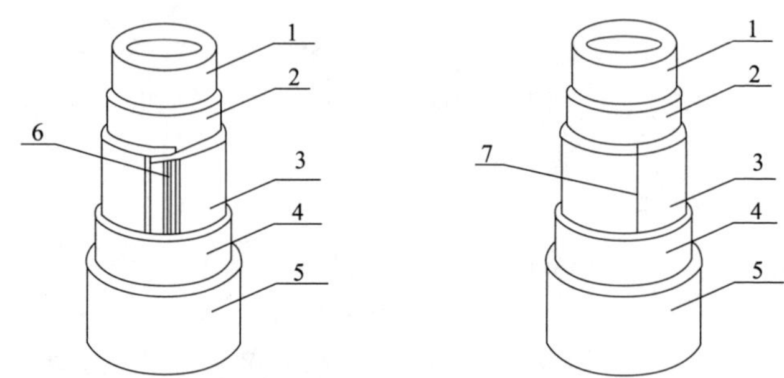

图 10-19　铝塑复合压力管

1—塑料内层；2—内胶粘层；3—铝管层；4—外胶粘层；5—塑料外层；6—搭接焊缝；7—对接焊缝

燃气用铝塑复合压力管复合组分及代号　　表 10-18

焊缝分类	复合组分分类	代号
铝管搭接焊式铝塑管	聚氯乙烯/铝合金/聚氯乙烯搭焊铝塑管	PAP
	交联聚氯乙烯/铝合金/交联聚氯乙烯搭焊铝塑管	XPAP
铝管对接焊式铝塑管	聚氯乙烯/铝合金/聚氯乙烯对焊铝塑管	PAP1
	交联聚氯乙烯/铝合金/交联聚氯乙烯对焊铝塑管	XPAP2

（2）型号说明

1）铝管搭接焊式铝塑管

型号编制按下面格式。

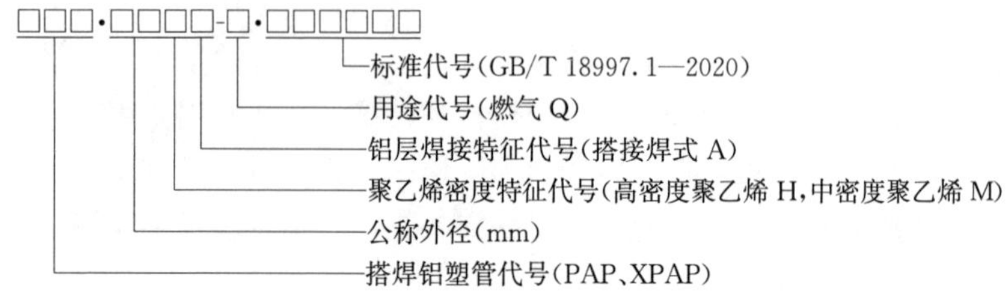

示例：铝塑复合压力管 PAP · 25HA-Q · GB/T 18997.1—

2020 表示内外层为高密度聚乙烯材料，嵌入金属层为搭接焊铝管，公称外径为 25mm，燃气输送用铝塑管。

2）铝管对接焊式铝塑管

型号编制按下面格式。

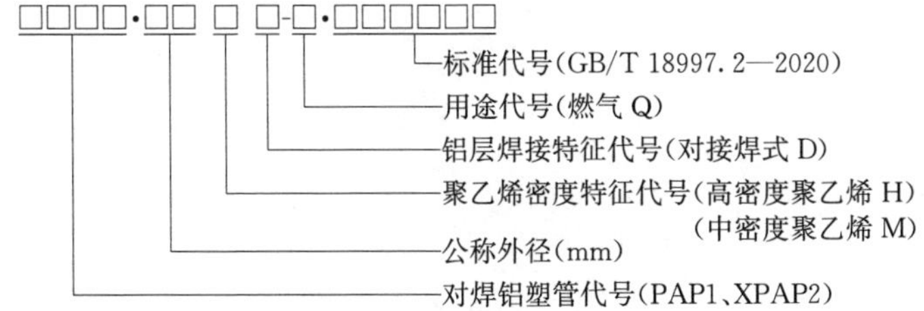

示例：铝塑复合压力管 XPAP2·20HD-Q·GB/T 18997.2—2020 表示内外层为高密度交联聚乙烯材料，嵌入金属层为对接焊铝管的二型管，公称外径为 20mm，燃气输送用铝塑管。

（3）主要检测指标及检测方法

1）气密性和通气性

对盘卷式铝塑管进行气密试验时，管壁应无泄漏；通气试验时，铝塑管管道内应通畅。

在常温下将盘卷的铝塑管成品一端封口，浸入水槽，另一端通压缩空气，压力调至最大允许工作压力，稳压 3min 并检查有无泄漏；然后将压力调至 0.2MPa，打开封闭端，检查通气状况。

2）管环径向拉力

连续截取 15 个试样，长度为 25mm±1mm，管环两端面与轴心线垂直。

用直径 4mm（适用于管材公称外径 32mm 及以下的试样）或 8mm（适用于管材公称外径大于 32mm 以上的试样）的钢棒插入管环中（图 10-20），固定在试验机夹具上，铝管焊缝与拉伸方向垂直，以 50mm/min±2.5mm/min 的速度拉伸至破坏，读取最大拉力值（精确到 10N），计算 15 个试样的算术平均值。

试验结果应满足《铝塑复合压力管 第 1 部分：铝管搭接焊式铝塑管》GB/T 18997.1—2020 和《铝塑复合压力管 第 2 部分：铝

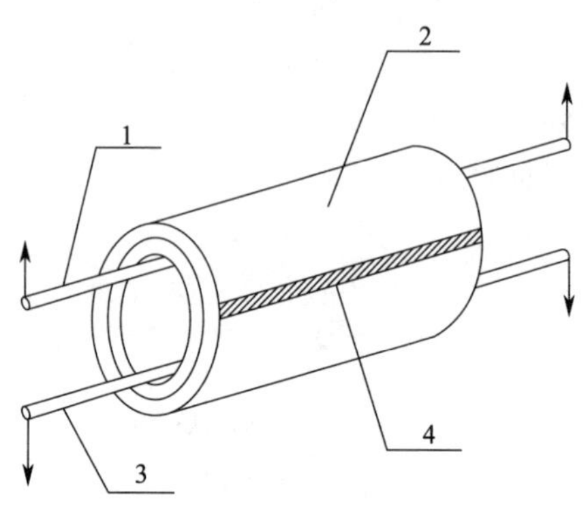

图 10-20　管环径向拉力试验

1—钢棒；2—管环试样；3—钢棒；4—铝管层焊缝

管对接焊式铝塑管》GB/T 18997.2—2020 中规定。

3）复合强度

①管环最小平均剥离力

搭焊铝塑管和对焊铝塑管的管环最小平均剥离力应分别符合表 10-19 和表 10-20 的要求，且任意一件管环式样的最小剥离力不应小于各自规定值的 1/2。

管环最小平均剥离力（搭焊铝塑管）　　　　表 10-19

公称外径 d_n(mm)	12	14	16	18	20	25	32	40	50	63	75
最小平均剥离力(N)	35	35	35	38	40	42	45	50	50	60	70

管环最小平均剥离力（对焊铝塑管）　　　　表 10-20

公称外径 d_n(mm)	16	20	25	32	40	50
最小平均剥离力(N)	25	28	30	35	40	50

截取 5 件长 10mm±1mm 的管环试样，管环两端面应与管环中心线保持 90°±5°的角度，图 10-21 为管环试样转盘支架装置。

A. 管环试样由焊接处将铝层和塑料内层分离，并剥离出约 45°圆周，垂直拉直。

B. 将管环试样套入锥套后装在转轴上，使管环固定在转轴上。

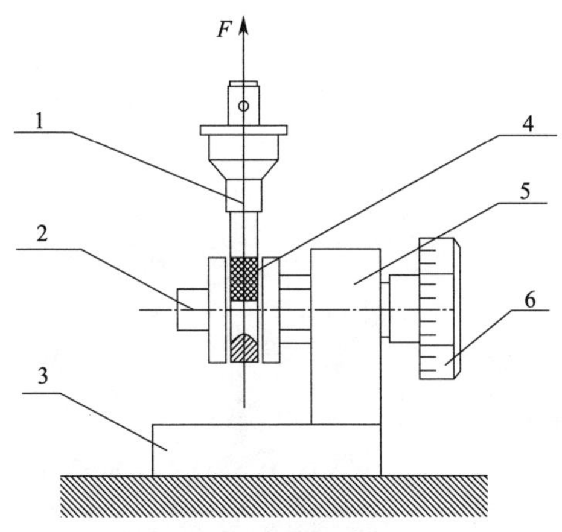

图 10-21　管环试样转盘支架装置

1—上钳口；2—固定螺母；3—支架；4—管环试样；5—转轴；6—手柄

C. 将管环剥离段插入试验机上钳口，试验机以 50mm/min±1.0mm/min 速度进行剥离，并同时记录管环试样剥离力曲线，读取 90°～270°之间的剥离力最小值，计算 5 个试样的最小剥离力平均值。

②扩径性能

铝塑管的管环扩径后，其内层、外层与金属层之间不应出现脱胶，金属层不应出现开裂，内外层管壁不应出现损坏。

截取管环试样 5 件，试样长度为 $4\times d_n$，但不小于 40mm，不大于 150mm，扩径器尺寸依据标准要求选取，图 10-22 为管环试样扩径器。

A. 将管环试样安装在试验机底架上，并以定位销定位内孔，外圆用保护套保护。

B. 将扩径器插入试验机上钳口，并以 50mm/min±2.5mm/min 速度插入管环试样，直到扩径段插入规定深度停止，并立即拔出扩径器。插入和拔出时都应保证管环试样轴心线与扩径器轴心线重合。

C. 管环试样放置 15min 后，进行目测检查。

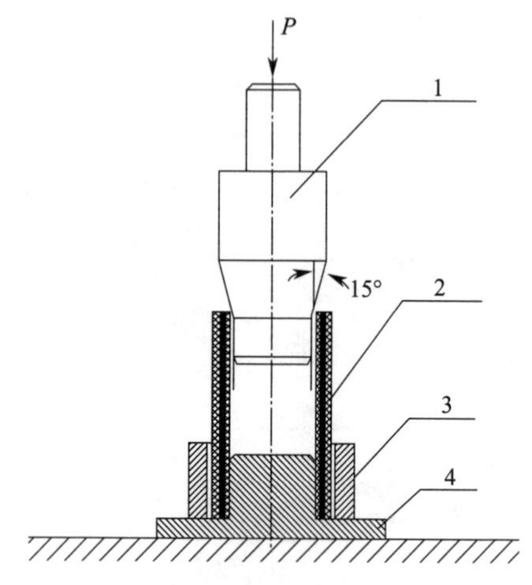

图 10-22　管环试样扩径器

1—扩径器；2—管环试样；3—管环护套；4—管环架

4）循环压力冲击试验

在管道系统内，按规定循环次数和频率周期交变地通入不同压力值的流体，检查管材和管件连接处的渗漏情况。循环压力冲击试验如表 10-21 所示，其中 P_D 为设计压力。

循环压力冲击试验　　表 10-21

最高试验压力（MPa）	最低试验压力（MPa）	试验温度（℃）	循环次数	循环频率（次/min）	试样数量
$1.5P_D$	0.1±0.05	23±2	10000	30±5	3

选取试样 3 件，每件试样由 1 个以上管件、2 个以上管材组成。试样长度大于 10 倍 d_n，但不小于 250mm，图 10-23 为循环压力冲击试验装置。

①将试样注入水，排出所有空气，将试样端部封堵，另一端与压力转换器连接，按规定压力、时间、温度、循环次数给试验样管施加交变压力。

②检查管材与管件连接处有无泄漏。

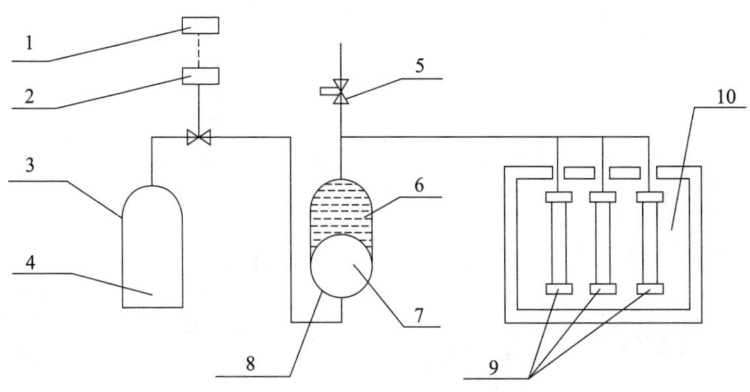

图 10-23　循环压力冲击试验装置

1—电控箱；2—电磁阀；3—蓄能装置；4—压缩空气；5—手动阀；6—水；7—空气；8—压力转换器；9—试验样管；10—恒温箱

6. 燃气输送用不锈钢管及双卡压式管件

本节内容主要依据行业标准《燃气输送用不锈钢管及双卡压式管件》CJ/T 466—2014。不锈钢管与管件通过双卡压式结构连接，其密封原理是将不锈钢管插入带有密封圈的管件中，采用专用工具对接口位置进行压接，利用不锈钢管自身的有效刚性，压接部位产生同心收缩，使用钢管和管件对密封圈形成挤压，实现密封。双卡压式结构在密封圈两侧进行卡压，可有效提高管道的抗拉拔能力和抗旋转能力，与传统焊接式燃气管道相比，双卡压式不锈钢管具有材质轻、耐腐蚀性强、安装便捷、强度高、耐冲击、低流阻、后期维护工作量小等特点。

（1）结构及分类

燃气输送用不锈钢管及双卡压式管件一般由钢管、管件、密封胶圈三部分组成，如图 10-24 所示为承接结构，其公称尺寸为 *DN*15～*DN*100，公称压力不大于 0.4MPa。钢管、管件材质应为《不锈钢冷轧钢板和钢带》GB/T 3280—2015 中规定的不锈钢材料（采用不锈钢铸造的转换接头应符合《通用耐蚀钢铸件》GB/T 2100—2017 的规定），钢管长度为定尺长度，以 3000～6000mm 为宜，不应有负偏差。密封胶圈材料应采用丁腈橡胶、氢化丁腈橡胶、氟橡胶，其形式和尺寸应符合标准规定。

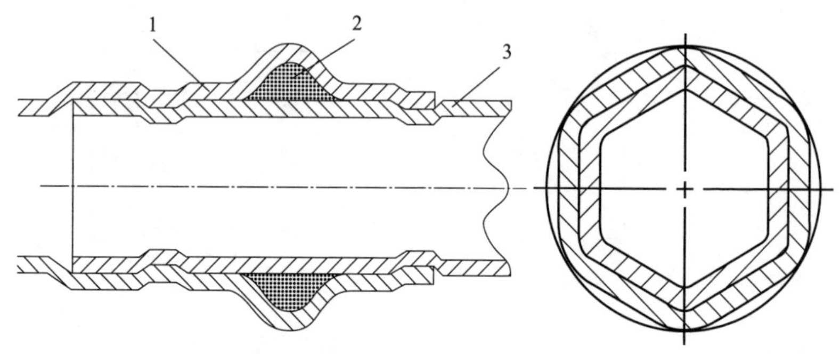

图 10-24 承接结构示意图

1—管件；2—密封胶圈；3—钢管

钢管和密封胶圈的结构相对简单，而管件结构异形较多，管件的形式、代号、基本参数如表 10-22 所示。

管件的形式、代号、基本参数　　表 10-22

形式	代号	公称压力 (MPa)	公称尺寸 DN (mm)
管帽、等径接头、等径三通	CAP、C(S)、T(S)	0.4	15～100
90°弯头、45°弯头	90E-A、45E-A		15～100
异径接头、异径三通	C-A、T		20×15～100×80
内螺纹转换接头、外螺纹转换接头	ITC、ETC		15～50

卡压方式连接对管件、钢管、密封胶圈尺寸要求较高，其结构形式和基本尺寸应严格按照标准《燃气输送用不锈钢管及双卡压式管件》CJ/T 466—2014 中规定，各部件具体参数尺寸见上述标准，以降低卡压连接处的泄漏风险。

(2) 型号说明

产品型号由燃气标识、钢管规格（外径×壁厚）或管件代号及规格（代号　公称尺寸×公称尺寸或管螺纹尺寸）、材料牌号或代号和标准编号组成。

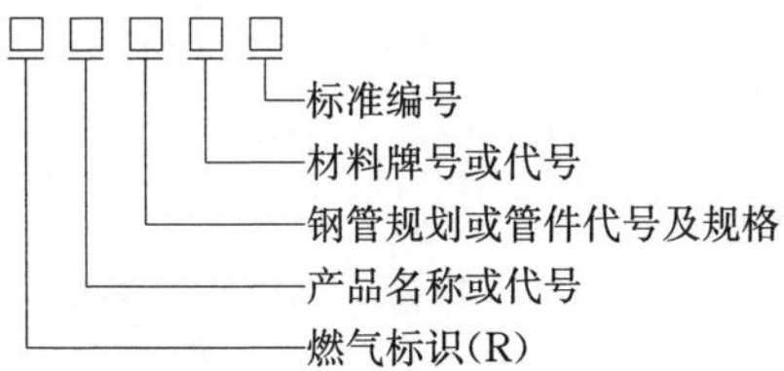

（3）主要检测指标及检测方法

1）尺寸

钢管和管件的尺寸参数（外径、内径、壁厚、长度）应使用游标卡尺等符合标准精度要求的测量工具进行检验，不同口径的钢管和管件尺寸参数应符合《燃气输送用不锈钢管及双卡压式管件》CJ/T 466—2014 的规定。

2）水压试验

①钢管

钢管应逐根进行水压试验，试验压力应不小于 2.5MPa，最高应不大于式(10-2) 的计算压力。在试验压力下，稳压时间应不少于 5s，钢管不允许出现泄漏现象。

$$P=2SR/D \tag{10-2}$$

式中　P——试验压力（MPa）；

R——允许应力，取规定非比例延伸强度的 50%（MPa）；

S——钢管的公称壁厚（mm）；

D——钢管的公称外径（mm）。

②管件

管件进行水压性能试验，试验压力不低于 2.5MPa，管件应无渗透和永久变形。

管件两端封堵后，管件内注入水压至 2.5MPa，在试验压力下，稳压时间不少于 5s，试验结果符合上述要求。

3）气密性试验

进行气密性试验，试验压力为 0.6MPa，不应有泄漏。

将连接好的钢管和管件装在气密试验台上，浸没在水中，通入 0.6MPa 压缩空气，管件要求稳压时间不小于 5s，钢管出厂检验稳压时间为 10s，型式检验为 10min，检验过程无气泡产生。

4）水压振动试验

将管件与长 500mm 以上的管子连接，向内部封入 1.7MPa 的水压，按照表 10-23 所示条件实施振动，持续 100 万次，不得有渗漏、脱落及其他异常，振动试验装置如图 10-25 所示。

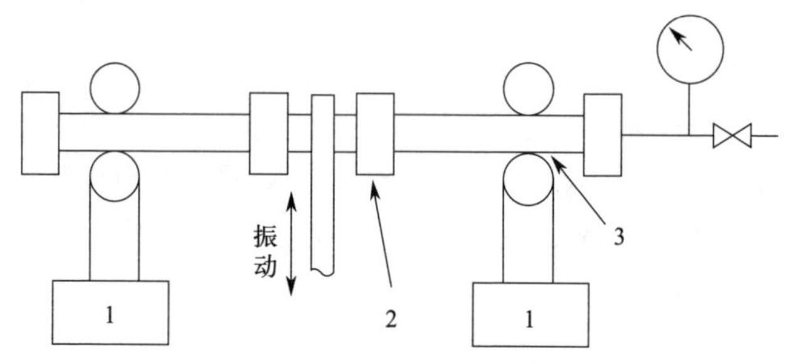

图 10-25 振动试验装置

1—支撑台；2—被测管件；3—自由支撑

振动条件 **表 10-23**

项目	条件
振幅	±2.5mm
振动频率	600 次/min

5）抗拉拔试验

被测管件两端与长度为 300mm 的钢管卡压连接，将被测试样固定在拉伸试验机上，如图 10-26 所示。持续通入 0.6MPa 压缩空气，控制拉拔试验机以 2mm/min 的速度进行拉拔，测定出现泄漏时的最大拉力，该拉力应大于标准规定的最小抗拉阻力，如表 10-24 所示。

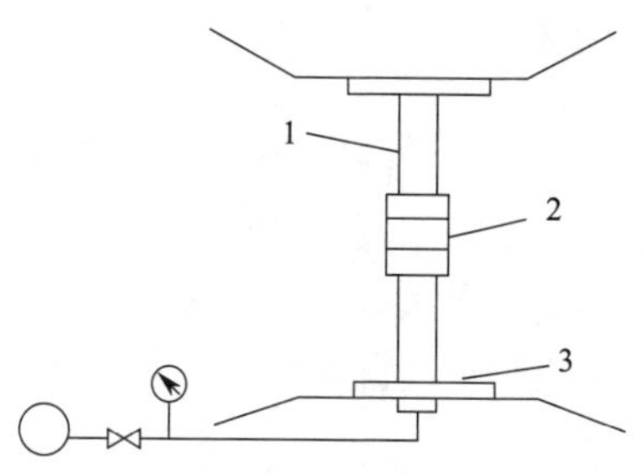

图 10-26　抗拉拔试验

1—钢管；2—被测管件；3—拉伸试验机

最小抗拉阻力　　表 10-24

公称尺寸 DN(mm)	最小抗拉阻力(kN)	公称尺寸 DN(mm)	最小抗拉阻力(kN)
10	1.2	50	9.72
15	1.98	60	15.2
20	3.46	65	24.5
25	4.5	80	29.0
32	6.42	100	35.0
40	8.12		

6）盐雾试验

钢管和管件盐雾试验按《人造气氛腐蚀试验 盐雾试验》GB/T 10125—2021 中 240h 中性盐雾腐蚀试验的规定进行。

7）耐候性试验

管件进行连接耐候性试验，在－30～70℃条件下循环 5 个周期，连接组件应无泄漏和永久变形。

将连接好的组件放入试验箱中，一端安装堵头，另一端与空气源连接，通入 0.4MPa 压缩空气。将组件在常温 20℃±5℃状态下放置 30min，在低温－30℃±2℃状态下放置 2h，再在高温 70℃±2℃状态下放置 2h，使其不断变化。以上为 1 个周期，经反复 5 个周期后，试验结果应符合上述要求。

8）耐高温试验

管件进行连接耐高温试验，试验温度为650℃，在维持该稳定状态的30min内，接口处在热测试时泄漏率不应超过30L/h。

按照如图10-27所示将连接组件放入烤箱内并充入氮气，测试压力为0.5MPa，加热直到该试件的温度达到650℃，维持压力和温度，保持30min，接口处泄漏率应符合上述要求。

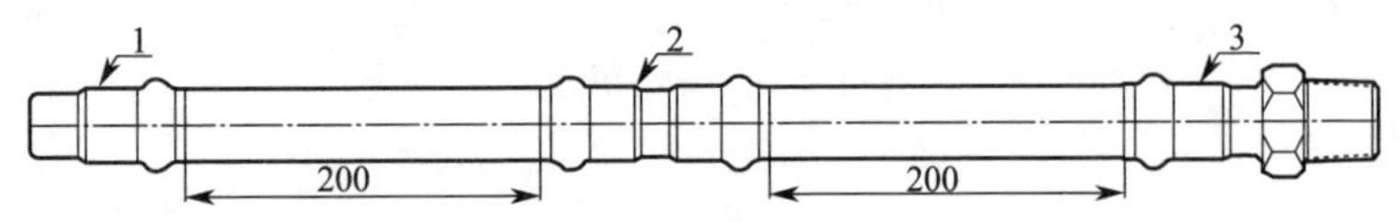

图10-27　耐高温试验连接组件

1—管帽；2—试件；3—管接头

10.1.2　手动燃气阀门检测技术

本节手动燃气阀门的内容主要参照《建筑用手动燃气阀门》CJ/T 180—2014和《铁制、铜制和不锈钢制螺纹连接阀门》GB/T 8464—2023。

1. 手动燃气阀门的作用和结构分类

燃气阀门是城镇燃气输配系统中数量最多，种类最多，应用历史最久远的关键部件之一，手动燃气阀门在燃气输配系统中处于最接近终端用户的位置，对燃气输配安全起着非常重要的作用。

阀门按结构类型分类，如表10-25所示，手动燃气阀门不同结构形式如图10-28所示。

阀门按结构类型分类　　表10-25

结构类型	类型代号
球阀	Q
旋塞阀	X

阀门按连接方式分类，如表10-26所示。

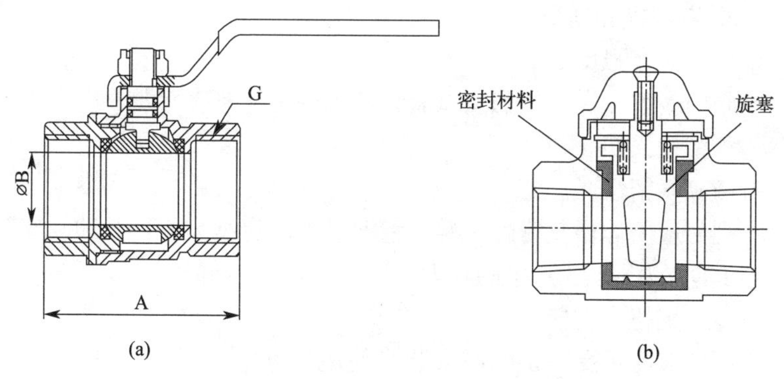

图 10-28　手动燃气阀门不同结构形式

（a）球阀；（b）旋塞阀

阀门按连接方式分类　　　　**表 10-26**

阀门类型	连接方式代号
法兰连接阀	F
活接套连接阀	H
螺纹连接阀	L
卡套连接阀	T
焊接连接阀	W

注：可用作器具前阀的阀门在连接方式代号后加“Q”。

2. 手动燃气阀门型号

手动燃气阀门型号由结构类型、连接方式、公称尺寸、公称压力、适用燃气种类等部分组成，型号编制按下面格式。

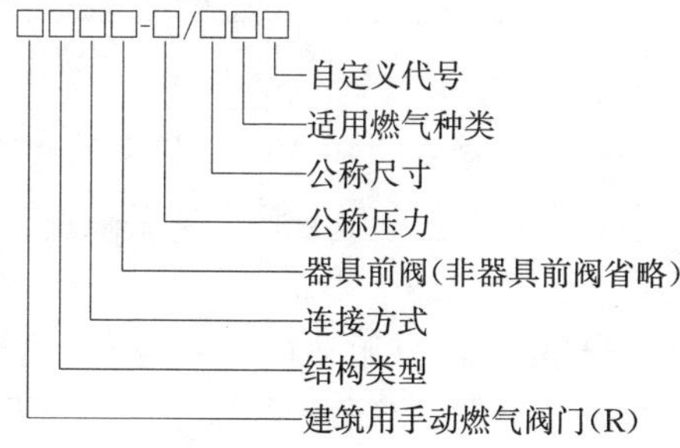

3. 典型检测项目和方法

（1）壳体强度

阀门应整体做壳体强度试验，应无可见渗漏或泄漏，应无永久变形和结构损伤。

（2）气密性

阀门应整体做气密性试验，泄漏量不应超过 20mL/h 和 0.6 倍 DN（单位为 mL/h）中的较大者。

（3）抗扭力性能

阀门应能承受一定的在安装和使用过程中的扭力，按表 10-27 所示的扭矩 T_1 对螺纹连接阀施加扭矩 10s 后，应无破损、无变形，并应符合气密性和操作扭矩的要求。然后，按表 10-27 所示的扭矩 T_2 对螺纹连接阀施加扭矩 15min 后，应无破损、无变形，并应符合气密性和操作扭矩的要求。

对于阀体为二段用螺纹连接的螺纹连接阀，应在抗扭力试验之前进行松缓试验。按表 10-27 所示的扭矩 T_2 对螺纹连接阀施加 10s 的松缓扭矩后，应无松缓、无破损、无变形，并应符合气密性和操作扭矩的要求。抗扭力试验装置如图 10-29 所示，松缓试验如图 10-30 所示。

施加扭矩值 **表 10-27**

公称尺寸 DN（mm）	8	10	15	20	25	32	40	50	65	80	100
扭矩 T_1(N·m)	22	39	83	110	138	176	220	275	330	410	515
扭矩 T_2(N·m)	16	28	40	68	100	128	160	200	250	290	370

（4）抗弯曲性能

阀门应能承受一定的在安装和使用过程中的弯矩，按表 10-28 规定的力矩 F_1 对阀门施加弯矩 10s 后，应无破损、无变形，并应符合气密性和操作扭矩的要求。然后，按表 10-28 规定的力矩 F_2 对阀门施加弯矩 15min 后，应无破损、无变形，并应符合气密性和操作扭矩的要求，抗弯曲试验装置如图 10-31 所示。

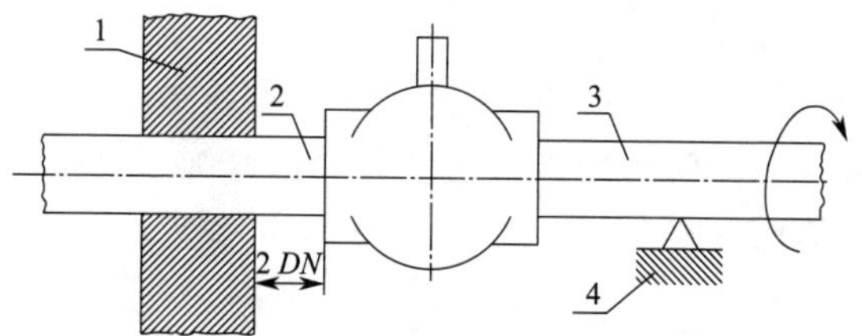

图 10-29 抗扭力试验装置

1—管固定装置；2—管 1；3—管 2；4—管支撑

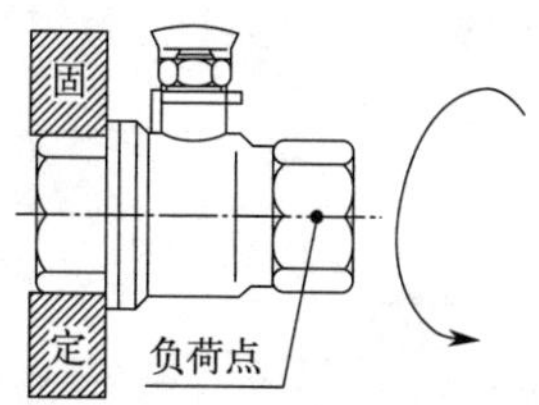

图 10-30 松缓试验

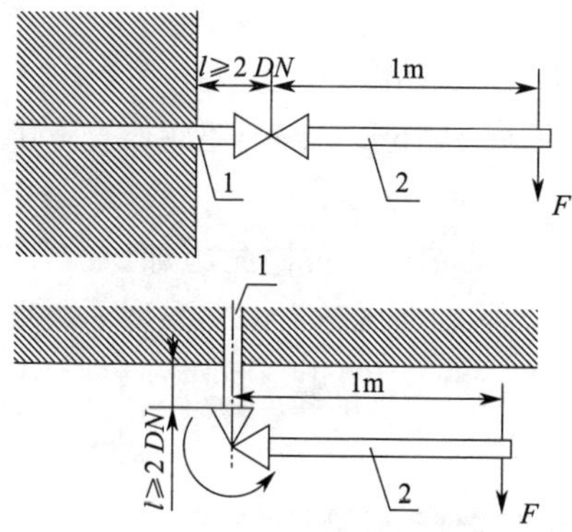

图 10-31 抗弯曲试验装置

1—管 1；2—管 2

施加弯矩值 **表 10-28**

公称尺寸 DN(mm)	8	10	15	20	25	32	40	50	65	80	100
力矩 F_1(N・m)	30	70	105	225	340	475	610	1100	1550	1900	2500
力矩 F_2(N・m)	15	35	53	113	170	238	305	550	775	950	1250

(5) 耐久性能

阀门应能够承受一定的操作循环，启闭次数应符合表10-29的要求。带测压口阀门的测压口还应能承受1000次的启闭试验。耐久试验后，阀门应符合气密性和操作扭矩的要求。

耐久性能试验启闭次数 **表10-29**

阀门类型	公称尺寸 *DN*	启闭次数(次)
器具前阀	≤15	10000
	20	10000
	25	6000
其他类型的阀门	≤15	5000
	20、25	2500
	32、40、50	1000
	65、80、100	500

(6) 耐高温性能

将样品在60℃±2℃环境下保持23h后，检查气密性。冷却至室温后检查操作扭矩，下压开启阀门还应检查下压操作力。

(7) 耐低温性能

完成耐高温性能试验后，对样品施加试验压力并在－20℃±1℃温度下保持23h后，在－20℃±1℃温度下检查气密性，在样品取出低温箱后立即检查操作扭矩，下压开启阀门还应检查下压操作力。

10.1.3 管道燃气自闭阀检测技术

本节内容主要依据现行行业标准《管道燃气自闭阀》CJ/T 447。管道燃气自闭阀是一种用于管道燃气系统中的安全装置，它可以在管道燃气系统出现异常情况时自动关闭阀门，避免燃气泄漏和事故的发生。管道燃气自闭阀的作用非常重要，它可以保护人们的生命财产安全。

管道燃气自闭阀的原理是利用压力差来控制阀门的开关。当管道燃气系统正常运行时，燃气会流经自闭阀的阀门，阀门处于开启状态。但当管道燃气系统出现异常情况时，如管道燃气泄漏、管道燃气压力过高或管道燃气流量异常等，这时自闭阀会自动关闭阀门，阻止燃气继续流动，避免事故的发生。

管道燃气自闭阀的结构分为以下几个部分：阀门、阀杆、弹簧、密封圈和控制器。阀门是自闭阀的核心部分，它可以控制燃气的流动。阀杆是连接阀门和控制器的部分，它可以传递控制信号和力量。弹簧是保证阀门关闭的重要部分，它可以在管道燃气系统异常时将阀门关闭。密封圈是防止燃气泄漏的关键部分，它可以保证阀门关闭时不会有燃气泄漏。控制器是管道燃气自闭阀的智能部分，它可以监测管道燃气系统的状态，并在出现异常情况时发出关闭阀门的指令。

1. 管道燃气自闭阀分类（表 10-30）

管道燃气自闭阀分类　　　　表 10-30

分类方式	类型名称	代号	说明
适用气种	人工煤气自闭阀	R	额定进口压力为 1000Pa
	天然气自闭阀	T	额定进口压力为 2000Pa
	液化石油气自闭阀	Y	额定进口压力为 2800Pa
连接接头	接头尺寸	X	X 为接头公称尺寸值，螺纹连接取 $DN8$，$DN10$，$DN12$，$DN15$，$DN20$，$DN25$，$DN32$，$DN40$，$DN50$；胶管连接取 $\phi9.5$，$\phi13$。

注：1. 公称尺寸如有特殊要求在订货合同中注明，按合同规定。

2. 管道燃气自闭阀的型号。

型号编制按下面格式。

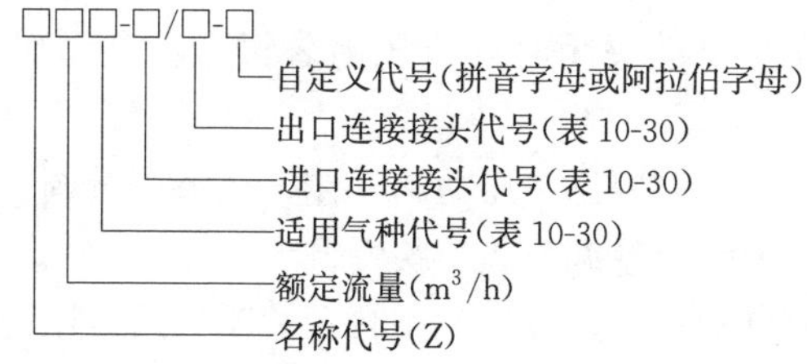

3. 主要检测指标和试验方法

（1）气密性

外气密性：在 15kPa 压力下泄漏量应小于 20mL/h。

内气密性：分别在 0.6kPa 和 15kPa 压力下泄漏量应小于 40mL/h。

（2）自动关闭性能

1）超压自动关闭压力

8kPa ±2kPa。

试验方法：

①以试验装置试验，按被测件说明书中要求的安装方向装好被测件，从入口通入额定进口压力的气体，调节流量调节阀使流量达到额定流量的 0.5 倍，缓慢调节调压器使入口压力升高直至被测件发生自动关闭，读取发生自动关闭时入口压力表读数，共试验 3 次，取平均值。

②从入口通入额定进口压力的气体，调节流量调节阀使流量达到额定流量的 0.5 倍，关闭流量调节阀，缓慢调节调压器使入口压力升高直至被测件发生自动关闭，读取发生自动关闭时入口压力表读数，共试验 3 次，取平均值。

2）欠压自动关闭压力

人工煤气自闭阀：0.6kPa ±0.2kPa；天然气自闭阀：0.8kPa ±0.2kPa；液化石油气自闭阀：1.2kPa ±0.2kPa。

试验方法：

①以试验装置试验，按被测件说明书中要求的安装方向装好被测件，从入口通入额定进口压力的气体，调节流量调节阀使流量达到额定流量，缓慢调节调压器使入口压力降低直至被测件发生自动关闭，读取发生自动关闭时入口压力表读数，共试验 3 次，取平均值。

②从入口通入额定进口压力的气体，调节流量调节阀使流量达到额定流量，关闭流量调节阀，缓慢调节调压器使入口压力降低直至被测件发生自动关闭，读取发生自动关闭时入口压力表读数，共

试验 3 次，取平均值。

3）过流自动关闭性能

标称的过流自动关闭流量不应大于额定流量的 2 倍；测试的流量值与标称的过流自动关闭流量偏差应小于±10%；在压力波动范围内，过流自动关闭功能应正常。

试验方法：

①按被测件说明书中要求的安装方向装好被测件，通入额定进口压力的气体，缓慢调节流量调节阀加大气体流量直至被测件发生自动关闭，读取发生自动关闭时的流量，共试验 3 次，取平均值；

②复位被测件，通入额定进口压力的气体，调节流量调节阀使流量达到额定流量，升高进口压力至 1.5 倍额定进口压力，此时不应发生过流自动关闭；

③复位被测件，从入口通入 0.5 倍额定进口压力的气体，缓慢调节流量调节阀加大气体流量，在流量调节阀全开前被测件应能自动关闭。

4）关闭时间

自闭阀完全关闭的时间应小于或等于 3s。

试验方法：

①超压自动关闭时间和欠压自动关闭时间按照上面 1）和 2）的试验方法试验，读取自闭阀完全关闭的时间，共试验 3 次，取平均值。

②过流自动关闭时间：在额定进口压力及额定流量下去除自闭阀出气口连接管，检查自闭阀是否自动关闭，并测定从去除出气口连接管开始到自闭阀完全关闭的时间。共试验 3 次，取平均值。

5）测试装置

自闭阀自动关闭性能试验装置如图 10-32 所示，装置中的连接管及管件应与被测件所标称的公称尺寸相同。

（3）机械耐用性

自闭阀开闭 6000 次后应能符合气密性和自动关闭性能的要求。

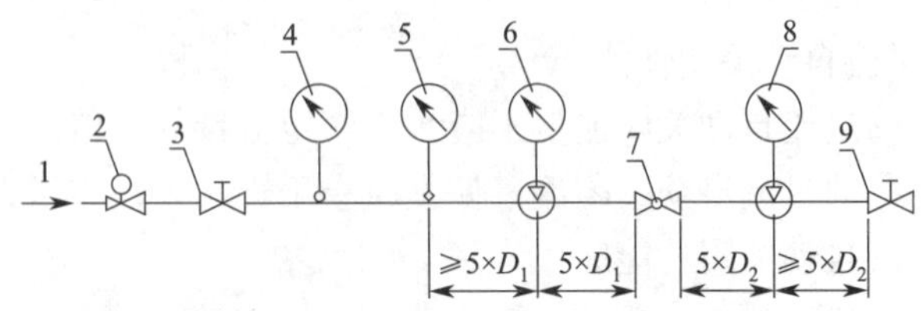

图 10-32 自闭阀自动关闭性能试验装置

1—气源；2—调压器；3—进气阀；4—温度计；5—流量计；
6—入口压力表；7—被测件；8—出口压力表；9—流量调节阀；
D_1—与被测件进气口侧标称的连接管公称尺寸；
D_2—与被测件出气口侧标称的连接管公称尺寸

（4）抗扭力性

按照《建筑用手动燃气阀门》CJ/T 180—2014 的试验要求进行，试验后自闭阀应无破损、变形，龟裂，并应能符合气密性和自动关闭性能的要求。

（5）耐冲击性

按照《建筑用手动燃气阀门》CJ/T 180—2014 的试验要求进行，试验后自闭阀应无破损及明显变形，并应能符合气密性和自动关闭性能的要求。

（6）抗弯曲性

按照《建筑用手动燃气阀门》CJ/T 180—2014 的试验要求进行，试验后自闭阀应无破损、变形，龟裂，并应能符合气密性和自动关闭性能的要求。

（7）耐温性

1）耐储存温度：－25～55℃，恢复常温后应符合气密性和自动关闭性能的要求。

2）耐工作温度：－10～40℃条件下应符合气密性和自动关闭性能的要求。

10.1.4　燃气表检测技术

本节燃气表的内容主要参照《膜式燃气表》GB/T 6968—2019、《切断型膜式燃气表》CJ/T 449—2014 和《超声波燃气表》GB/T 39841—2021。

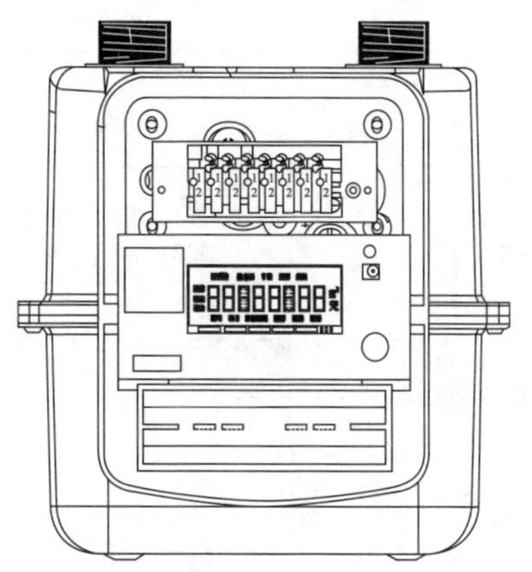

图 10-33　膜式燃气表

1. 燃气表的作用和分类

燃气表是三大民用计量仪表之一，也是燃气能源计量的主要计量器具。其质量优劣关乎供需双方的根本利益。

燃气表按其工作原理可以分为膜式燃气表和超声波燃气表（图 10-33、图 10-34）。

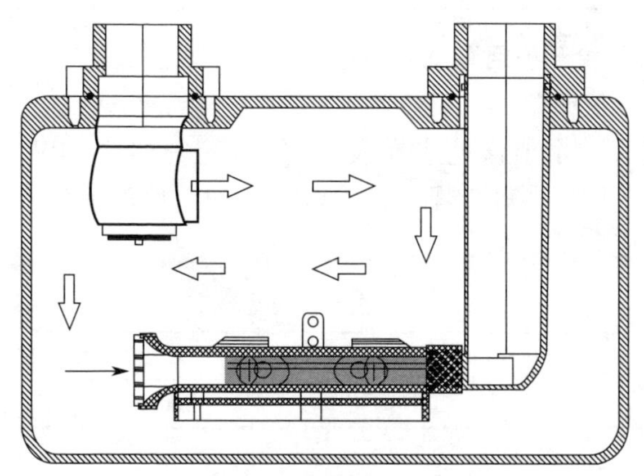

图 10-34　超声波燃气表

2. 燃气表型号

燃气表的型号一般使用具有一定含义的字母加上公称流量值（燃气表涉及最佳工作状态的流量值）表示，如 G1.6、G2.5 等。燃气表最大流量（q_{max}）、最小流量（q_{min}）上限值、分界流量（q_t）、始动流量（q_s）最大值及过载流量（q_r）应符合表10-31要求。

燃气表流量范围　　表10-31

规格	q_{max} (m^3/h)	q_{min}上限值 (m^3/h)	q_t (m^3/h)	q_s最大值 (dm^3/h)	q_r (m^3/h)
1.6	2.5	0.016	0.25	3	3.0
2.5	4	0.025	0.40	5	4.8
4	6	0.040	0.60	5	7.2
6	10	0.060	1.00	8	12.0
10	16	0.100	1.60	13	19.2
16	25	0.160	2.50	13	30.0
25	40	0.250	4.00	20	48.0
40	65	0.400	6.50	32	78.0
65	100	0.650	10.00	32	120.0
100	160	1.000	16.00	50	192.0

3. 典型检测项目和试验方法

（1）示值误差

燃气表的示值误差应在表10-32规定的初始MPE之内。在$q_t \sim q_{max}$范围内，每个规定试验流量点的示值误差最大值与最小值之差不应大于0.6%。

最大允许误差　　表10-32

准确度等级	流量q (m^3/h)	最大允许误差(MPE)	
		初始	耐久
1.5级	$q_t \leqslant q \leqslant q_{max}$	±1.5%	±3%
	$q_{min} \leqslant q < q_t$	±3.0%	±6%
1.0级(仅超声波燃气表)	$q_t \leqslant q \leqslant q_{max}$	±1.0%	±2%
	$q_{min} \leqslant q < q_t$	±2.0%	±4%

误差曲线应符合：在$q_t \sim q_{max}$范围内，示值误差的最大值和

最小值之差不超过 2%；在 $q_t \sim q_{max}$ 范围内，如果各个流量点的误差值符号相同，则误差值的绝对值不超过 1%。

燃气表示值误差测试装置可采用钟罩式气体流量标准装置（图 10-35）、标准表法流量标准装置以及能满足要求的其他气体流量标准装置，常用的标准表有湿式气体流量计、气体腰轮流量计和临界流流量计。检测器具要求：测量结果扩展不确定度应等于或优于燃气表最大允许误差的 1/3。

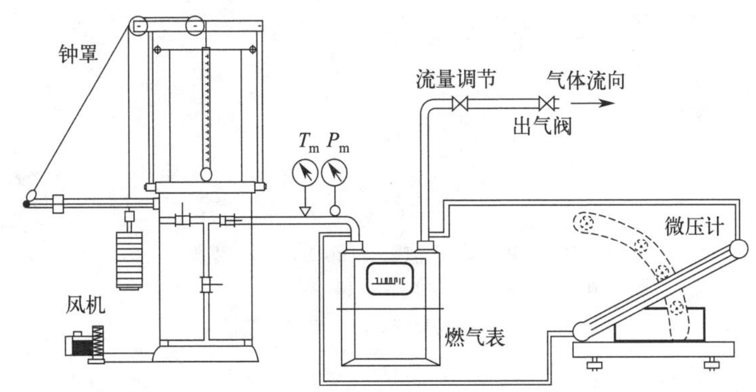

图 10-35　钟罩式气体流量标准装置

（2）超声波燃气表的燃气—空气关系测试

所有测试气体的误差均应符合表 10-32 中规定的初始要求，燃气和空气平均误差偏移应符合表 10-33 的要求。

燃气和空气平均误差偏移　　表 10-33

流量 $q(m^3/h)$	最大平均误差偏移	
	1.0 级	1.5 级
$q_t \leqslant q \leqslant q_{max}$	±1%	±1.5%
$q_{min} \leqslant q < q_t$	±2%	±3%

（3）切断型燃气表的安全监控及复位功能测试

具有安全监控及复位功能的切断型燃气表的功能测试主要有：燃气泄漏切断报警、流量过载切断报警、异常大流量切断报警、异常微小流量切断报警、持续流量超时切断报警、燃气压力过低切断报警、长期未使用切断报警、安全复位功能等项目，测试装置示意图如图 10-36 和图 10-37 所示。

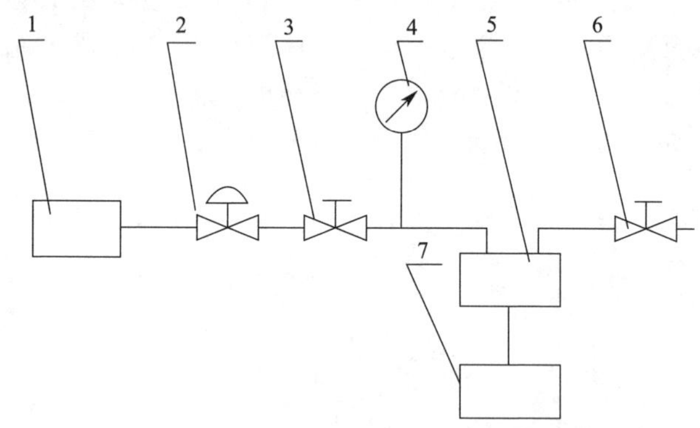

图 10-36　燃气泄漏切断报警测试装置

1—恒压空气源；2—调压阀；3—进气阀；4—压力表；
5—燃气表；6—排气阀；7—燃气泄漏报警器

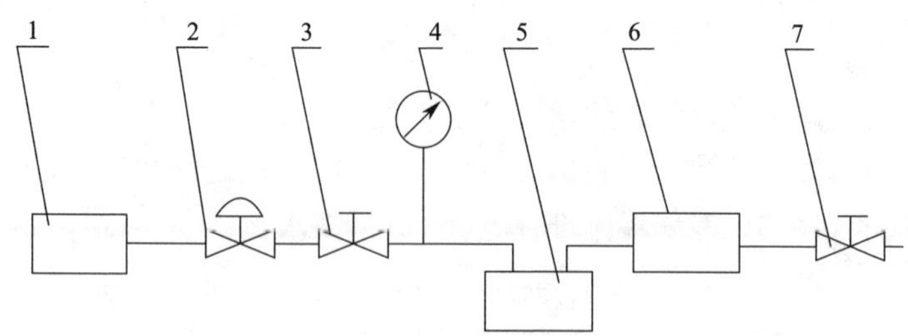

图 10-37　流量过载、异常大流量、异常微小流量、持续流量超时、燃气压力过低、长期未使用切断报警测试装置

1—恒压空气源；2—调压阀；3—进气阀；4—压力表；
5—燃气表；6—标准流量计；7—排气阀

10.1.5　可燃气体探测器检测技术

可燃气体探测器是一种具有可燃气体泄漏报警功能和（或）可

燃气体不完全燃烧报警功能的设备，是防止燃气事故发生的重要安全装置。

可燃气体探测器的安装位置应根据探测气体的密度进行选择。当探测比空气轻的燃气时，探测器与燃气具或阀门的水平距离不得大于 8m，安装高度应距顶棚 0.3m 以内，且不得设在燃气具上方。当探测比空气重的燃气时，可燃气体探测器与燃气具或阀门的水平距离不得大于 4m，安装高度应距地面 0.3m 以内。

1. 分类

可燃气体探测器根据使用地点和使用环境的不同，分为家用可燃气体探测器、工业及商业用途可燃气体探测器、工程现场用可燃气体探测器。工业及商业用途可燃气体探测器又可分为点型、便携式和线型光束可燃气体探测器。

可燃气体探测器的核心元件是传感器，传感器的种类繁多，根据工作原理不同可分为半导体式、催化燃烧式、电化学式、红外式、固体电解质式、高分子式、激光式等。家用可燃气体探测器中使用最多的传感器类型为半导体式和催化燃烧式。

2. 型号

可燃气体探测器产品型号的基本特性代码由场所代码和探测气体代码两部分组成。

应用场所代码分为：

G：工业及商业用途点型可燃气体探测器；

J：家用可燃气体探测器；

B：便携式可燃气体探测器；

X：线型光束可燃气体探测器。

探测气体代码分为：

T：甲烷（天然气）；

Y：丙烷（液化气）；

M：一氧化碳（人工煤气）；

Q：其他气体。

3. 检测项目

针对家用可燃气体探测器，主要检测项目的试验方法和试验要求如下。

（1）预处理

将试样在不通电条件下依次置于以下环境中：

A. −25℃±3℃，保持24h；

B. 正常大气条件，保持24h；

C. 55℃±2℃，保持24h；

D. 正常大气条件，保持24h。

（2）报警动作值

试验方法：将试样安装于试验箱中，使其处于正常监视状态，可燃气体探测器试验箱如图10-38所示。启动通风机，使试验箱内气流速率稳定在0.8m/s±0.2m/s，再以不大于1%LEL/min［对于探测一氧化碳的试样，速率为不大于50×10^{-6}（体积分数）/min］的速率增加试验气体浓度，直至试样发出报警信号，记录试样的报警动作值。

试验要求：探测器的报警动作值不应低于5%LEL，探测一氧化碳的探测器的报警动作值不应低于50×10^{-6}（体积分数）。探测器的报警动作值与报警设定值之差的绝对值不应大于3%LEL，探测一氧化碳的探测器的报警动作值与报警设定值之差的绝对值不应大于50×10^{-6}（体积分数）。

（3）响应时间

试验方法：使试样处于正常监视状态。对于具有浓度显示功能的试样，向其通入流量为500mL/min，浓度为满量程的60%的试验气体，保持60s，记录试样的显示值作为基准值。将试样置于正常环境中通电5min，以相同流量再次向试样通入浓度为满量程的60%的试验气体并开始计时，当试样的显示值达到90%基准值时停止计时，记录试样的响应时间。不具有浓度显示功能的试样，向其通入流量为500mL/min，浓度为报警设定值1.6倍的试验气体并开始计时，当试样发出报警信号停止计时，

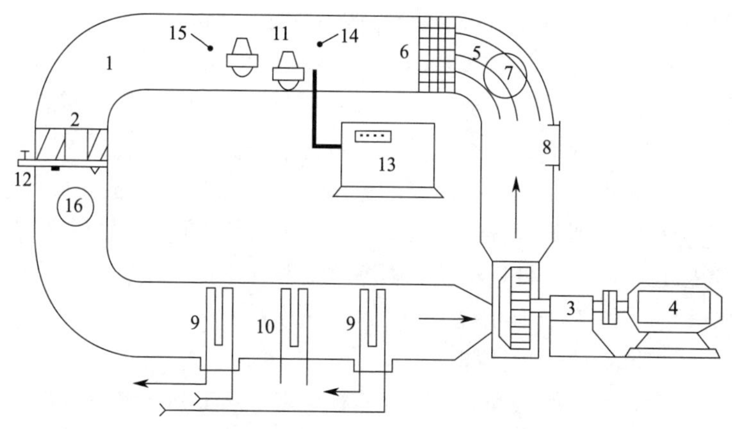

图 10-38　可燃气体探测器试验箱

1—风筒；2—涡流机；3、4—电机；5—导流板；6—整流栅；7—进风门；8—排气门；9—蒸发器；10—加热器；11—可燃气体探测器；12—可燃气体入口；13—气体分析仪；14—温湿度测量仪；15—风速计；16—加湿门

记录探测器的报警响应时间。

试验要求：探测一氧化碳的探测器，其响应时间不应大于 60s，其他气体探测器的响应时间不应大于 30s。

（4）方位

试验方法：将试样安装于试验箱中，使其处于正常监视状态。试样在安装平面方位为 0°时，启动通风机，使试验箱内气流速率稳定在 0.8m/s±0.2m/s，再以不大于 1%LEL/min［对于探测一氧化碳的试样，速率为不大于 50×10^{-6}（体积分数）/min］的速率增加试验气体浓度，直至试样发出报警信号。试样在安装平面内顺时针旋转，每旋转 45°方位进行一次报警动作值试验，记录报警动作值。

试验要求：探测器的报警动作值与报警设定值之差的绝对值不应大于 3%LEL，探测一氧化碳的探测器的报警动作值与报警设定值之差的绝对值不应大于 50×10^{-6}（体积分数）。

（5）高温

试验方法：将试样安装于试验箱中，使其处于正常监视状态。启动通风机，使试验箱内气流速率稳定在 0.8m/s±0.2m/s，以不大于1℃/min的升温速率将试样所处环境的温度升至55℃±2℃，保持2h，在高温环境下，以不大于1%LEL/min［对于探测一氧化碳的试样，速率为不大于50×10^{-6}（体积分数）/min］的速率增加试验气体浓度，直至试样发出报警信号。

试验要求：试验期间，探测器不应发出报警信号或故障信号。试验后，探测器的报警动作值与报警设定值之差的绝对值不应大于10%LEL，探测一氧化碳的探测器的报警动作值与报警设定值之差的绝对值不应大于160×10^{-6}（体积分数）。

（6）抗气体干扰性能

试验方法：使试样处于正常监视状态，将其置于浓度$(6000\pm200)\times10^{-6}$（体积分数）的乙酸气体环境中30min，试验后使试样处于正常监视状态1h，测量试样的报警动作值。使试样处于正常监视状态24h后，将其置于浓度为$(2000\pm200)\times10^{-6}$（体积分数）的乙醇气体环境中30min，试验后使试样处于正常监视状态1h，测量试样的报警动作值。

试验要求：使探测器在气体干扰环境中工作30min，期间探测器不应发出报警信号或故障信号。每种气体干扰后使探测器处于正常监视状态1h，然后测量其报警动作值，探测器的报警动作值与报警设定值之差的绝对值不应大于5%LEL，探测一氧化碳的探测器的报警动作值与报警设定值之差的绝对值不应大于80×10^{-6}（体积分数）。

（7）一般要求

除以上性能试验外，还应注意以下要求：

1）探测器表面应具有工作状态指示灯。正常监视状态指示灯应为绿色，报警状态指示灯应为红色，故障状态指示灯应为黄色。报警信号应为声光报警，状态指示灯应清晰可见。

2）探测器应具有对其声光部件手动自检功能。

3）探测器在额定工作电压下，在距探测器正前方1m处的最大声压级（A计权）应不小于70dB，不大于115dB。

4）探测器应具有气体传感器寿命状态指示功能。

10.2　液化石油气器具检测技术

10.2.1　液化石油气钢瓶检测技术

液化石油气钢瓶是目前保有量最大的单品种特种设备，目前我国的保有量超过 1 亿只，每年新制造超过 2000 万只，因此，液化石油气钢瓶是一种关系消费者人身和财产安全的产品，它在给人们的日常生活带来方便的同时，也把潜在的危险留在家中。所以它的质量和安全使用非常重要。《液化石油气钢瓶》GB 5842—2023 提出了明确的技术要求与检验方法。

1. 液化石油气钢瓶型号和参数（表 10-34）

液化石油气钢瓶型号和参数　　表 10-34

型号	参数					
	液化石油气钢瓶外直径（公称外径）（mm）	公称容积（L）	允许充装量（kg）	封头形状系数	护罩直径（mm）	底座直径（mm）
YSP12/4.9	249	12.0	4.9	K=1.0	190	240
YSP23.9/10	280	23.9	10	K=1.0	190	240
YSP29.8/12.4	300	29.8	12.4	K=1.0	190	240
YSP35.5/14.8	320	35.5	14.8	K=0.8	190	240
YSP118/49.5	407	118	49.5	K=1.0	230	400
YSP118-液/49.5	407	118	49.5	K=1.0	380	400

2. 液化石油气钢瓶结构形式

目前常用的液化石油气钢瓶结构形式如图 10-39 所示。

3. 主要检测指标和试验方法

（1）水压试验

水压试验时，水压试验装置应以每秒不大于 0.5MPa 的速度缓

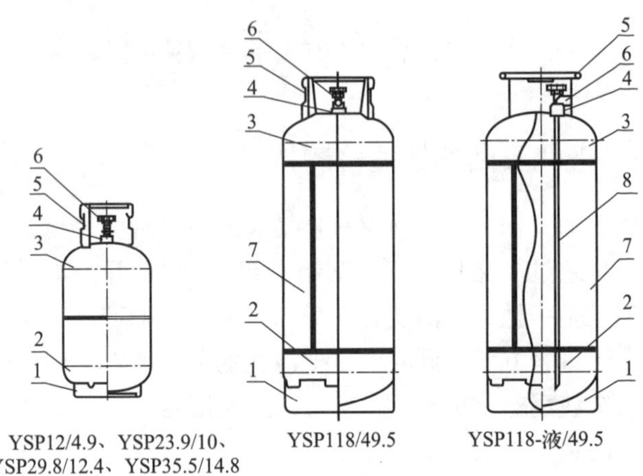

图 10-39　液化石油气钢瓶结构形式

1—底座；2—下封头；3—上封头；4—阀座；5—护罩；6—瓶阀；
7—筒体；8—液相管（液相管内径应不小于 14mm）

慢升压至 3.2MPa，并保持不少于 30s，液化石油气钢瓶不应有宏观变形和渗漏，压力表不允许有肉眼可见的回降。

（2）气密性试验

液化石油气钢瓶气密性试验应在水压试验合格后进行，选用浸水法，气密性试验压力为 2.1MPa。试验时向瓶内充装压缩空气，达到试验压力后，浸入水中，保压不少于 30s，检查液化石油气钢瓶不应有泄漏现象。进行气密性试验时，应采取有效的安全防护措施，以保证操作人员的安全。

（3）水压爆破试验

液化石油气钢瓶实际爆破安全系数为 3.0，即实际水压爆破试验压力 P 应不小于 3 倍公称工作压力即 6.3MPa。

液化石油气钢瓶爆破前变形应均匀，爆破时容积变形率（爆破时液化石油气钢瓶容积增加量与液化石油气钢瓶水容积之比）应不小于表 10-35 的规定。

液化石油气钢瓶爆破时容积变形率　　　　表 10-35

瓶体高度与液化石油气钢瓶外直径之比 H/D	抗拉强度(MPa)		
	$R \leqslant 410$	$410 \leqslant R \leqslant 490$	$R > 490$
	容积变形率(%)		
>1	20	15	12
≤1	15	10	8

液化石油气钢瓶爆破时不应形成碎片，爆破口不应发生在阀座角焊缝上、封头曲面部位（小容积液化石油气钢瓶除外）、纵焊缝上和起始于环焊缝上（垂直于环焊缝者除外），也不应发生在纵焊缝的熔合线处。

运用水压爆破试验装置来检验液化石油气钢瓶的水压爆破压力和容积变形率。

水压爆破试验装置应能自动采集并记录压力、进水量和时间，并能绘制压力-时间和压力-进水量曲线。其包括加压装置、测量仪表和数据处理计算机，试验装置典型布置图如图 10-40 所示。

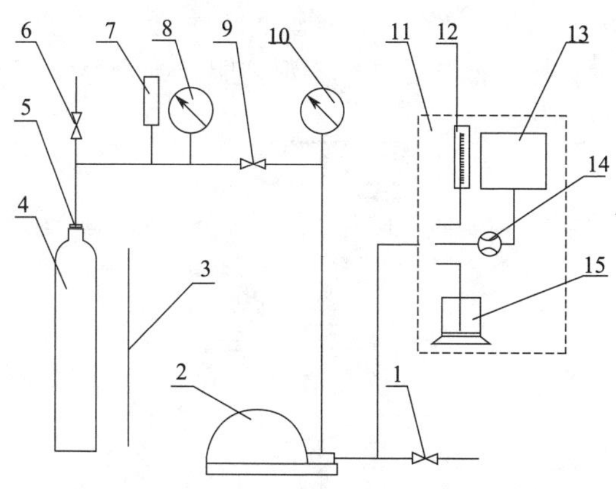

图 10-40　试验装置典型布置图

1—进水阀；2—加压装置；3—安全防护措施；4—受试瓶；5—专用接头；6—卸压阀；7—压力变送器；8—压力表；9—截止阀；10—加压装置前压力表；11—水量测量仪表；12—量筒；13—试验用水水槽；14—流量传感器；15—电子天平

(4) 疲劳试验

将三只疲劳试验用液化石油气钢瓶装到疲劳试验机上，使用水作为试验介质，循环上限压力 3.2MPa，循环下限压力为 0.3MPa，以不超过 15 次/min 的频率，经过 12000 次疲劳后，液化石油气钢瓶应无泄漏。

10.2.2 液化石油气瓶阀检测技术

上一节介绍了液化石油气钢瓶，与之相配套的液化石油气瓶阀也是一种安全产品，为了能提高安全性，让老百姓在不甚了解其性能的情况下能安全使用，在《液化石油气瓶阀》GB 7512—2023 中提出了明确的技术要求与检验方法。

1. 液化石油气瓶阀结构形式

用于液化石油气钢瓶的阀，进气口螺纹采用锥螺纹，气相瓶阀的螺纹为 PZ27.8，气相信息瓶阀、智能瓶阀准许采用 PZ27.8 左旋螺纹，出气口螺纹采用 M22×1.5，液化石油气瓶阀示意图（气相瓶阀）如图 10-41 所示；液相瓶阀的螺纹为 PZ39.0，出气口螺纹采用 M27×1.5，液化石油气瓶阀示意图（液相瓶阀）如图 10-42 所示；用于液化石油气塑料内胆纤维全缠绕气瓶的阀，进

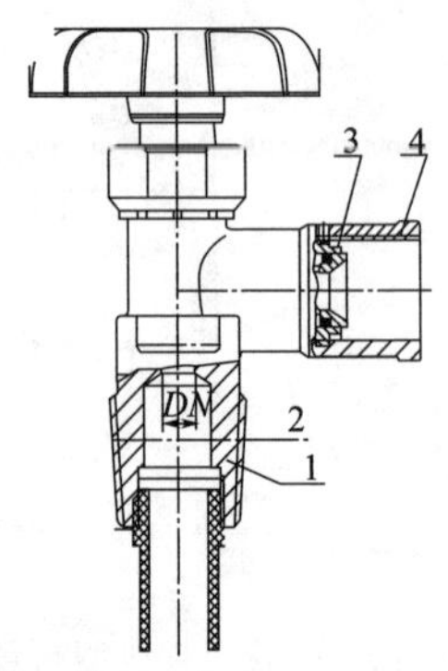

图 10-41 液化石油气瓶阀示意图（气相瓶阀）

1—瓶阀进气口；2—锥螺纹基准面；3—自闭机构；4—瓶阀出气口

气口螺纹应采用直螺纹，气相瓶阀的螺纹为 M26×1.5，出气口螺纹采用 M22×1.5，液化石油气塑料内胆纤维全缠绕气瓶阀示意图如图 10-43 所示。

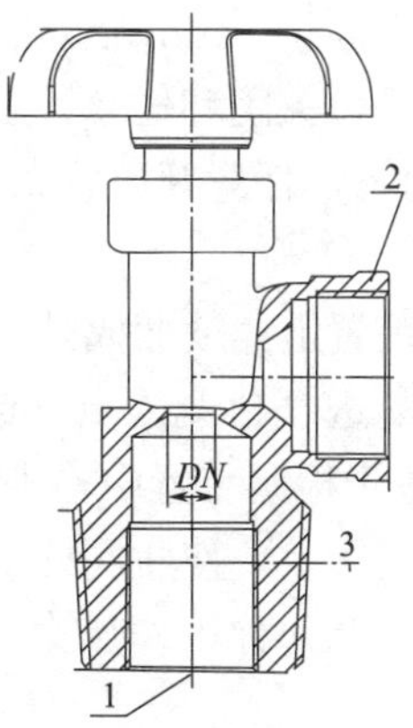

图 10-42　液化石油气瓶阀示意图（液相瓶阀）

1—瓶阀进气口；2—瓶阀出气口；3—锥螺纹基准面

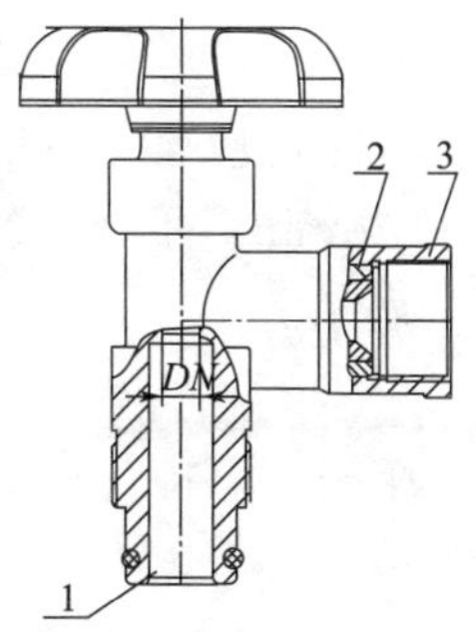

图 10-43　液化石油气塑料内胆纤维全缠绕气瓶阀示意图

1—瓶阀进气口；2—自闭机构；3—瓶阀出气口

2. 主要检测指标和试验方法

（1）启闭性

在公称工作压力下，瓶阀的启闭力矩应不大于 5N·m，全行程开启或关闭瓶阀时均不应出现卡阻和泄漏现象。

（2）气密性

1）要求

在下列条件及状态下，瓶阀的泄漏量应不大于 $15cm^3/h$，或采用浸水法检验时浸入水中静止 1min 无气泡产生。

①在公称工作压力下，关闭和任意开启状态。

②在 0.05MPa 压力下，任意开启状态。

2）试验方法

①将瓶阀装在试验装置上，使瓶阀处于关闭状态，使自闭装置处于开启状态，从瓶阀的进气口充入氮气或空气至公称工作压力，浸入水中持续 1min 或置于检漏装置中检查。

②将瓶阀装在试验装置上，使瓶阀处于任意开启状态，从瓶阀的进气口充入氮气或空气至公称工作压力，浸入水中持续 1min 或置于检漏装置中检查。

③将瓶阀装在试验装置上，使瓶阀处于任意开启状态，从瓶阀的进气口充入氮气或空气至 0.05MPa 的压力，浸入水中持续 1min 或置于检漏装置中检查。

（3）耐振性

在公称工作压力下，瓶阀应能承受振幅为 2mm，频率为 33.3Hz，沿任一方向振动 30min，瓶阀上各螺纹连接处不应松动，并符合气密性的规定。

（4）耐温性

在公称工作压力下，瓶阀在－40～＋60℃的温度范围内应符合气密性的规定。

（5）耐用性

瓶阀的耐用性：在公称工作压力下，瓶阀全行程启闭 30000 次，应无异常现象并符合气密性的规定。

自闭装置耐用性：在公称工作压力下，自闭装置启闭 2000 次，应无异常现象并符合气密性的规定

（6）阀体耐压性

在 5 倍公称工作压力下，阀体应无渗漏和可见变形。

（7）安装力矩

瓶阀允许承受的安装力矩按照表 10-36 的规定，瓶阀安装后应无可见的变形和损坏，并符合气密性的规定。

瓶阀允许承受的安装力矩　　　　表 10-36

进气口螺纹规格	安装力矩(N·m)
M26×1.5	80
PZ27.8	300
PZ39.0	350

10.2.3　瓶装液化石油气调压器检测技术

用于液化石油气钢瓶，在进口压力、流量和温度范围内，始终保持出口压力处于预设范围内的装置，调压器的主要部件如图 10-44 所示。

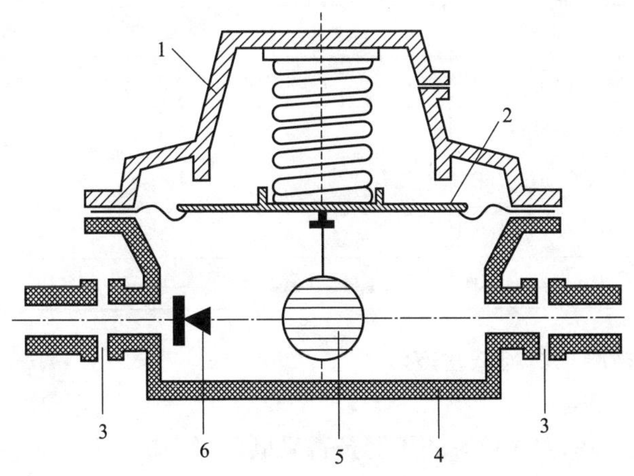

图 10-44　调压器的主要部件

1—承压组件（上壳体、呼吸孔、弹簧和弹簧调节盖）；2—感压组件（膜片和膜板）；3—连接组件（进口和出口连接接头）；4—下壳体；5—机械联动组件（杠杆、连接杆）；6—调压组件（阀座和阀垫）

1. 产品分类

（1）按用途分为家用（代号 JYT）与商用（代号 SYT）。

（2）按额定流量分类如表 10-37 所示。

（3）按调压器具有的安全功能分为超压切断（代号 C）、低压切断（代号 D）和过流切断（代号 L），无安全功能（代号省略）。

（4）按进气口连接方式分为手轮螺纹连接（代号省略）与快装连接（代号 K）。

（5）按出气口连接方式分为软管连接（代号省略）与螺纹连接（代号螺纹尺寸）。

2. 基本参数

调压器基本参数如表 10-37 所示。

调压器基本参数　　表 10-37

<table>
<tr><th rowspan="3">名称</th><th colspan="10">基本参数</th></tr>
<tr><th colspan="4">家用</th><th colspan="6">商用</th></tr>
<tr></tr>
<tr><td>额定出口压力 p_n(kPa)</td><td colspan="4">2.80</td><td colspan="3">2.80</td><td colspan="3">5.00</td></tr>
<tr><td>额定流量 $q_{v.n}$(m^3/h)</td><td>0.3</td><td>0.6</td><td>1.2</td><td>2.0</td><td>1.2</td><td>2.0</td><td>3.6</td><td>1.2</td><td>2.0</td><td>3.6</td></tr>
<tr><td>进口压力 p_1(MPa)</td><td colspan="10">0.03～1.56</td></tr>
<tr><td>最大出口压力上限 p_{2max}(kPa)</td><td colspan="4">3.30</td><td colspan="3">3.30</td><td colspan="3">5.90</td></tr>
<tr><td>最小出口压力下限 p_{2min}(kPa)</td><td colspan="4">2.30</td><td colspan="3">2.30</td><td colspan="3">4.10</td></tr>
<tr><td>关闭压力 p_b(kPa)</td><td colspan="4">≤4.00</td><td colspan="3">≤4.00</td><td colspan="3">≤6.25</td></tr>
</table>

3. 检测项目与试验方法

（1）结构

用目测的方式检查调压器是否采取了可靠措施防止改变调压器的设定状态。

（2）非金属材料

橡胶件在 20℃±5℃的正戊烷液体中浸泡 72h，取出 5min 内质量变化率与体积变化率均不应超过±20%；在干燥空气中放置 24h 后质量变化率与体积变化率均不应超过－10%～＋5%。

（3）气密性

从调压器进口分别充入压力为 15kPa 和 1.76MPa 的试验介质，关闭出口阀门，将被测调压器浸入水中 1min 目测是否有泄漏（或采用检漏仪）。

从调压器出口侧充入 15.0kPa 的试验介质，将被测调压器浸入水中 1min 目测是否有泄漏（或采用检漏仪）。

（4）调压静特性

在试验环境温度 20℃±5℃下，出口阀门处于关闭状态，控制进口压力由零缓慢上升至 0.03MPa 并保持稳定，记录关闭压力。缓慢开启出口阀门使流量依次增大为 $0.1q_{v.n}$、$0.25q_{v.n}$、$0.4q_{v.n}$、$0.55q_{v.n}$、$0.7q_{v.n}$、$0.85q_{v.n}$、$q_{v.n}$ 并保持稳定，记录以上 7 个流量点的出口压力。缓慢关闭出口阀门使依次流量减小为 $0.85q_{v.n}$、$0.7q_{v.n}$、$0.55q_{v.n}$、$0.4q_{v.n}$、$0.25q_{v.n}$、$0.1q_{v.n}$ 并保持稳定，测量以上 6 个流量点的出口压力。完全关闭出口阀门，记录关闭压力。得到一组静特性曲线数据。

在试验环境温度 20℃±5℃下，进口压力保持在 1.29MPa，重复以上步骤得到一组静特性曲线数据。

在试验样品温度保持 −20℃±2℃状态下，进口压力保持在 0.03MPa，重复以上步骤得到一组静特性曲线数据。

在试验样品温度保持 45℃±2℃状态下，进口压力保持在 1.29MPa，重复以上步骤得到一组静特性曲线数据。

依据以上 4 组静特性曲线数据绘制调压器静特性曲线图，检查这些曲线应位于 *ABCDE* 边界的范围内（图 10-45），调压静特性试验装置如图 10-46 所示。

（5）耐冲击性

将调压器从 1m 高处自由坠落至水泥地面上后目测有无影响性能的损坏，并进行气密性、关闭压力、出口压力项目的测试。

（6）耐压性

将调压器出口封闭，进口侧充入 2.8MPa 的水压，保持 15min 调压器不应渗漏、变形或破裂，并进行气密性测试。

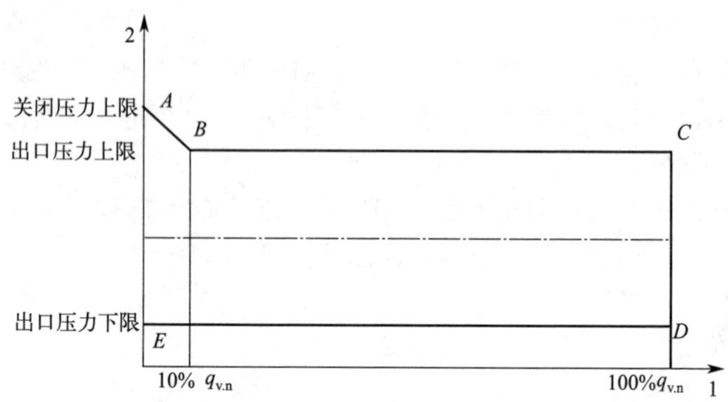

图 10-45　允许的运行范围

1—流量（m^3/h）；2—出口压力（kPa）

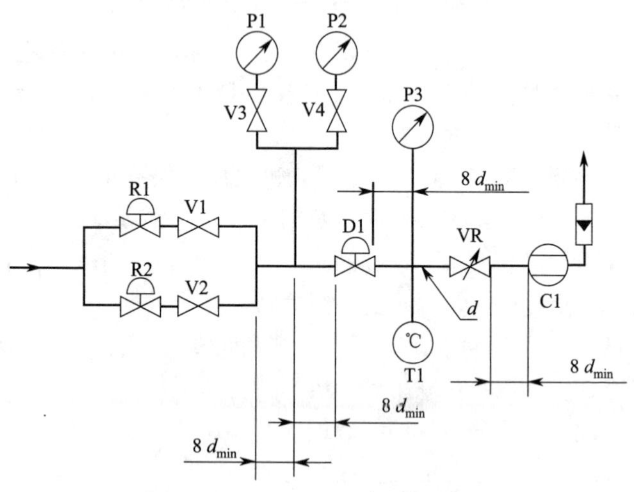

图 10-46　调压静特性试验装置

R1、R2—气体供应调压器；V1、V2—球阀（*DN*≥D1 的进口公称直径，最小公称直径为 10mm）；V3、V4—球阀；P1、P2—进口压力计；P3—出口压力计；D1—试验调压器；T1—温度计；VR—流量调节器；C1—流量计；*d*—试验中的调压器管道下游管道的直径（≥D1 的出气口公称直径，最小公称直径为 10mm）

从出气口充气加压至 0.05MPa，保持 15min 调压器膜片不应破裂或从安装位置移出，并进行气密性测试。

将调压器出气口充水加压至 1.56MPa，堵住阀孔，保持 15min 调压器不应破裂或解体。

（7）连接接头机械强度

1）进口、出口连接接头的机械强度

对进口连接接头进行双向各至少 30N·m 的扭转力矩试验（快装接头除外）及 2000N 的拉伸强度试验（快装接头除外）。

当出口为非螺纹软管接头时，对软管出口连接接头进行单向至少 30N·m 的扭转力矩试验、10N·m 的弯曲力矩试验及 2000N 的拉伸强度试验；当出口为螺纹接头时，对螺纹出口连接接头进行双向各至少 30N·m 的扭转力矩试验、10N·m 的弯曲力矩试验及 2000N 的拉伸强度试验。

2）安装到气瓶阀上后调压器的机械强度

当出口为非螺纹软管接头时，对非螺纹软管出口连接接头，施加双向 20N·m 的扭转力矩；当出口为螺纹接头时，对螺纹出口连接接头，施加双向 30N·m 的扭转力矩、垂直安装水平方向上至少 20N·m 的扭转力矩。

作用在出口连接接头的基部且向上 400N 的弯曲力矩试验。

对快装接头，进行 500N 的拉伸强度试验。

试验结束后，目测连接接头没有出现明显的扭曲或断裂，并进行气密性、关闭压力、出口压力项目的测试。

本章参考文献

［1］ 金志刚，王启．燃气检测技术手册［M］．北京：中国建筑工业出版社，2011.

［2］ 中华人民共和国建设部，中华人民共和国国家质量监督检验检疫局．城镇燃气设计规范（2020 年版）：GB 50028—2006［S］．北京：中国建筑工业出版社，2020.

［3］ 国家市场监督管理总局，国家标准化管理委员会．可燃气体探测器 第 2 部分：家用可燃气体探测器：GB 15322.2—2019［S］．北京：中国标准出版社，2019.

第 11 章

燃气具电子控制器内部故障评估

随着网络通信、远程控制等信息技术的不断发展，燃气具产品越来越多地向数字化、智能化和网络化转变。但是，在智能燃气具产品蓬勃发展的同时，基于信息技术实现的功能可靠性往往容易被忽视，例如涉及燃烧、过热控制等功能一旦出现故障，可能会对器具及周围环境造成致命的危害。燃气具行业标准《家用燃气燃烧器具电子控制器》CJ/T 421—2013 中首次提出了燃气具电子控制器安全评估要求，即内部故障评估要求，对实现燃气具安全保护功能的电子控制器的可靠性进行了全面考核，从而进一步确保整机燃气具产品的安全性。2020 年该行业标准又升级为国家标准《燃气燃烧器和燃烧器具用安全和控制装置　特殊要求　电子控制器》GB/T 38603—2020，主要技术内容没有大的变化。由于燃气具电子控制器内部故障评估的测试方法与传统燃气具产品检测方法差异较大，国内大多数燃气具企业尚不能充分理解和执行标准要求。本章内容从技术背景、标准要求、评估方法和测试流程等方面进行简要的介绍，希望能够以点带面，协助相关技术人员加深对燃气具电子控制器内部故障评估的理解，进而运用到实际工作中。

11.1　概述

11.1.1　燃气具电子控制器内部故障评估的必要性

随着网络通信技术的成熟和广泛应用，计算机控制技术的不断发展以及用户对燃气具产品智能化需求的提高，智能燃气具产品的发展成为一种必然的趋势。为了实现燃气具产品智能化功能，各种先进的电子传感器及自动化部件在燃气具产品上广泛使用，实现了许多机械控制无法实现的功能，智能化程度越来越高。

燃气具用电子控制器不同于其他消费电子产品（如电视、手机等）用控制器，这些消费电子产品中控制器即使完全失效也不会对使用者及周围环境造成危险，而燃气具用电子控制器，由于其控制功能往往涉及燃烧，如控制系统在安全可靠性方面设计不足，可能会导致产品存在潜在的事故风险，如：熄火后，燃气截止阀不能被关闭，导致燃气泄漏，有可能会产生火灾及爆炸等事故。由于电子控制器和传统的机械式控制器相比，其失效的方式多种多样，难以预见，无法通过设置简单的故障条件来判断其符合性，因此，必须对其内部故障进行评估，也就是对整个电路控制系统进行评估，包括硬件和软件两个方面。在进行评估过程中，既要评估电路的功能和可靠性是否符合标准要求，也要确认软件及其运行环境的可靠性，是一个从宏观到微观的过程。

燃气具电子控制器内部故障的评估，既是燃气具行业发展的需要，也是提高产品性能和安全可靠性，提升产品竞争力，节省成本和节约资源的需要。

11.1.2　燃气具电子控制器内部故障安全等级分类

在进行内部故障评估之前，首先要对燃气具电子控制器的安全等级进行判断，确认其是否与安全相关以及安全相关的程度如何。

在《燃气燃烧器和燃烧器具用安全和控制装置 特殊要求 电子

控制器》GB/T 38603—2020 中将控制器按控制功能的安全性分为三类：A类、B类和C类。A类，控制功能与安全性无关，这类控制器中没有保护性电子电路，器具非正常工作情况下的保护依赖如机械温控开关等保护装置起作用，软件仅在正常工作条件下起作用，不具有安全保护功能，控制器失效不会造成危害，这类控制器不需要进行内部故障评估。B类，控制功能用来防止器具处于不安全状态，控制功能失效不会直接导致燃气器具处于危险情况。C类，控制功能用来防止器具特定的危险（如爆炸），控制功能失效会直接导致燃气器具处于危险情况。B类和C类控制器中都带有保护性电子电路，并配合软件，对内部故障起到进一步的保护作用，根据其安全等级的不同，其内部故障保护的程度也有所区别，这两类控制器都需进行内部故障评估。

针对不同安全等级的控制器，《燃气燃烧器和燃烧器具用安全和控制装置 特殊要求 电子控制器》GB/T 38603—2020 中又给出了相应的内部故障保护电路的结构要求：

A类控制器无内部故障保护的电路结构要求；

B类控制器的电路结构应至少符合下列结构之一：

（1）带有功能检测的单通道结构；

（2）带有周期自检的单通道结构；

（3）无比较的双通道结构；

C类控制器的电路结构应至少符合下列结构之一：

（1）带有周期自检和监测的单通道结构；

（2）带有比较的双通道结构（同一的）；

（3）带有比较的双通道结构（不同的）。双通道结构之间的比较可以使用比较器或相互比较。

燃气具电子控制器通常的功能包括：燃气切断、燃烧控制、温度控制等，其控制器功能的失效，可能会导致燃气泄漏而产生火灾或爆炸，CO过高及过热等危险。其中只要具有燃气切断控制功能的控制器必须符合C类控制器安全设计。

本章主要针对C类控制器进行阐述。

11.2　燃气具电子控制器内部故障评估方法及要求

燃气具电子控制器内部故障评估的测试方法与传统家用燃气具的安全、性能、电磁兼容等测试相差甚远，内部故障评估的对象是整个控制器的电子电路硬件及相关的软件系统，包括微处理器、各种传感器和检测电路、各种执行器件等，因此需要企业不仅要提供常规的产品资料，还要提供诸如产品设计思想、软硬件实现、风险控制以及微处理器等详尽的资料。

11.2.1　燃气具电子控制器内部故障评估方法

燃气具电子控制器内部故障的影响，通过模拟和/或检查电路及软件设计来进行评定。对于 C 类控制器，其内部故障保护要求为在第一和第二故障条件下应具有自我保护功能，也就是控制器在有 2 个内部故障的条件下，仍然能保持安全。检查方法以元件和软件故障模拟试验对控制器部分进行全面检查，以确定其在特定故障状态下的性能安全。第一故障试验按照《电自动控制器 第 1 部分：通用要求》GB 14536.1—2022 中表 H.24 和表 H.1 的规定导入故障进行试验，任何一个元件发生的第一故障，或由第一故障引发的任何其他故障，应进入以下的 4 种状态之一：

（1）控制器不能运行，所有与安全相关的输出端断电或切换到定义状态；

（2）控制器在故障反应时间内执行安全关闭或进入锁定状态。如果该锁定状态重启，控制装置仍存在相同的故障情况下重新回到锁定状态；

（3）控制器继续运行，但重启时能检测到故障，并进入（1）或（2）的状态；

（4）控制器正常运行，各功能安全符合相应标准的规定。

其中第一故障直接引起其他任一故障的发生，这些故障被认为是第一故障。故障可以发生在操作和程序运行的任意阶段，并要在最不利的条件下进行检验。上述与安全相关的输出端，指的是处于安全关闭或锁定状态下的关系到安全的控制输出端，比如燃气截止阀驱动。

如果第一故障试验时控制器为上述的（4）状态，按照《电自动控制器 第1部分：通用要求》GB 14536.1—2022中表H.24和表H.1的规定再导入第二故障进行试验，通常第二故障是与第一故障有关的任何其他独立故障。试验时，在第一故障已导入，且控制器已经启动运行的情况下导入第二故障，第二故障试验时控制器应进入上述4种状态之一。

在内部故障评估时需要企业提供的评估文档，在《燃气燃烧器和燃烧器具用安全和控制装置 特殊要求 电子控制器》GB/T 38603—2020中给出了应包含的内容：

（1）描述系统基本原理、完整的电路图原理图、控制流程、数据流程和安全时间的详细说明；

（2）系统硬件保护装置的安全原理及其安全功能等级，评估安全功能或保护装置的设计资料；

（3）软件功能安全的设计说明；

（4）与安全相关的数据和与安全相关的软件区段；

（5）文件各部分之间应有一个清楚的相互关系，例如各过程的相互连接，硬件和软件文件中所有标记之间的关系；制造商的测试计划和相关的测试文档；

（6）硬件故障分析说明，包括所有重要元件特有的故障模式和这些故障对其他元件和系统运行有影响的评估文档。

整个评估过程需要测试机构与企业双方协调配合。

11.2.2 燃气具电子控制器硬件电路内部故障评估要求

燃气具电子控制器按功能进行设计时，一般包含有燃气切断功能、火焰监控功能、温度控制功能、燃烧产物排放功能、重置功能等。下面介绍各控制功能在内部故障评估方面应满足的要求，并以燃气切断功能电路为例，来详细介绍C类控制器应符合的电路结构。

1. 燃气切断功能电路内部故障评估要求

燃气切断功能直接控制燃气截止阀的关断，是燃气具电子控制器中与安全相关最重要的功能之一，必须符合 C 类控制器安全要求。其可接受的电路结构如下。

（1）带有周期自检和监控的单通道结构如图 11-1 所示。

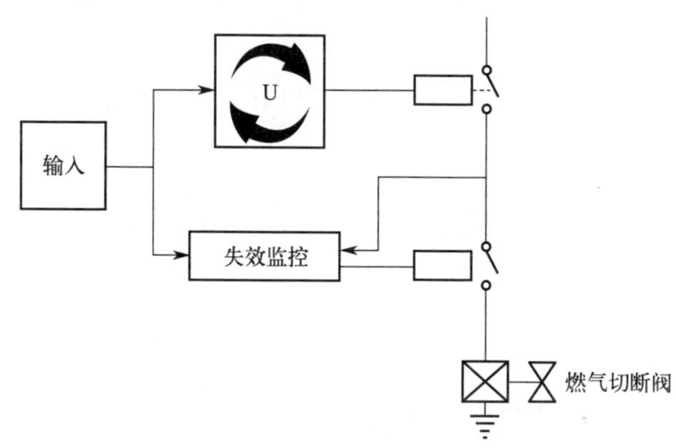

图 11-1　带有周期自检和监控的单通道结构

通道是指独立执行一个功能的一个或一组元件，通道中的部件可能包括输入/输出模块、逻辑单元、传感器和最终执行器件等。所谓的单通道，就是仅包含一个通道的配置结构，用一个 MCU 控制一到两个开关电路，图 11-1 中 U 是 MCU 及其输入/输出电路，具有完整的控制功能。周期自检是在通道正常运行期间，对控制器通道的元件进行周期性的检测，主要是对 MCU 进行周期性的检测，包括检查 ROM 里的程序有没有突变、时钟是否准确、燃气截止阀、火焰反馈信号等输入/输出端口是否正常工作等，是一种提前预防的安全机制。而监控就是在带有周期性自检的单通道的基础上，加一个独立的用于监控 MCU 有没有正常运行的设计电路，主要监控与安全相关的时序和软件运行，当监测到异常时，相关的设计电路能有效关闭燃气截止阀，监控电路的输出控制应是独立的执行机构，这是第一重防护。监控电路可以是独立的 MCU 构成的电路，也可以是纯硬件的设计电路。考虑监控电路也有出故障的可能性，因此 MCU 在每次上电及打开燃气截止阀前，还应检测监控电路独立控制的执行机构是否正常，如有异常，MCU 应进入锁定状态，这样就达到了双重防护的功能，也就是《燃气燃烧器和燃烧器具用安全和控制装置 特殊要求 电子控制器》GB/T 38603—2020 标准中要求的 C 类控制器要在第一和第二独立故障条件下具有自我保护功能。

（2）带有周期自检含有 2 个监控回路的单通道结构如图 11-2 所示。

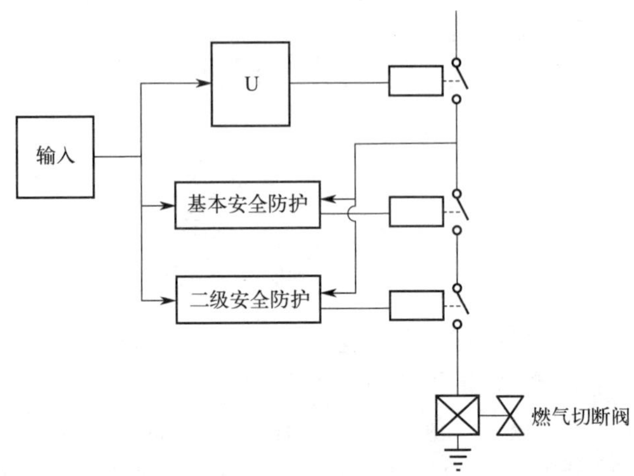

图 11-2　带有周期自检含有 2 个监控回路的单通道结构

图 11-2 中，基本安全防护电路用于检测 MCU 控制通道的失效，但基本安全防护电路不具有失效安全的功能，即当基本安全防护电路出现内部故障时不能有效关闭燃气截止阀，这时就需要二级安全防护电路作为第二重防护电路来起有效关闭燃气截止阀的作用，以上两级安全防护电路都是相互独立的。

（3）带有比较的双通道结构，如图 11-3 所示。

双通道包含两个相互独立的功能装置，能够独立完成指定的功能，且每个通道各自具有独立的控制器。图 11-3 中 U1 和 U2 两个控制通道具有独立输入/输出的控制功能，这两个通道可以是完全相同的电路设计及软件设计，也可以是不相同的。两个通道之间具有相互比较的功能，包括对安全相关的输入/输出的结果进行比较，对时钟频率进行监控等。带有比较的双通道设计思想，是基于“两个通道同时出错的概率很低”的原则，两个通道从总线读取相同的指令和数据、执行相同的操作、对输出结果进行比较，可以有效检测出除了比较单元以外的所有故障/错误。对于其他自检或编码技术无能为力时，比较法是非常有效的检错手段。比较功能通常由独立的硬件比较器完成，也可以通过程序实现。

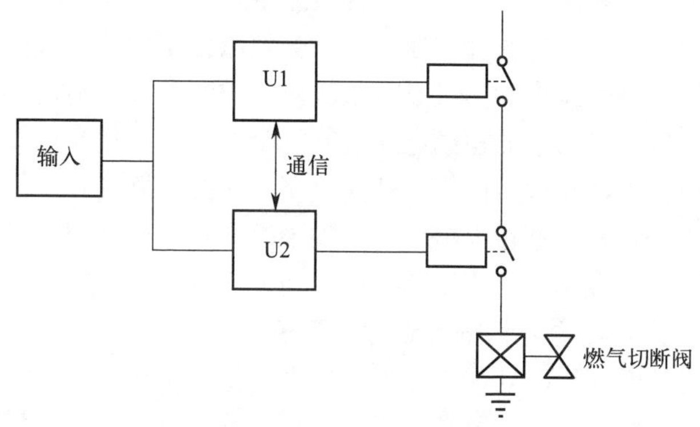

图 11-3　带有比较的双通道

此外，电路设计中还有很多的细节需要考虑，比如在控制燃气截止阀关闭电路中串联的 2 个或 3 个开关，其控制信号不能都是高电平或都是低电平控制，而应该用高低电平分别控制，或者用脉冲信号来控制更加安全。还要注意的一点是，应避免共因失效，即两个或多个开关元件因同一原因（如外部短路）而发生故障，比如由于电压的异常升高，使控制燃气截止阀电路上几个开关元件的驱动电路同时失效，使开关元件同时打开，无法关闭。避免此类失效的措施，可以采用电流限制、不可恢复的过电流保护装置或者内部故障检测功能等。另外，在电源供电电路设计中可以采用双电源供电，可以避免控制电路和驱动电路或控制电路与监控电路同时因电源过压造成器件损坏，从而降低一定的安全风险。

2. 火焰监控电路内部故障评估要求

火焰监控功能通常与燃气切断功能关联，如熄火后不能有效地反馈火焰信号，将导致燃气关闭延迟或不能关闭，产生安全风险。因此火焰监控电路也应符合C类控制器安全要求。

火焰信号分为有火信号和无火信号两种状态，其安全方面主要体现在有火信号的正确性和真实性，因为在检测到无火信号时，系统会自动关闭燃气截止阀，是安全的，而在有火信号时，燃气阀是打开状态，该状态下可能出现燃气泄漏的隐患，因此必须保证火焰信号的正确性和真实性。火焰监控电路中，火焰检测电路除了实现火焰信号检测的有效性外，还应能检测到电路自身的有效性。因此火焰监控电路也应设计为具有双重故障保护的电路结构，常见的电路结构是对火焰信号的检测电路进行冗余设计，并相互比较。

此外，还需在燃烧前进行伪火检测，在打开燃气阀，进行点火前，系统检测是否存在火焰信号，如果没有打开燃气阀，但是已经有火焰信号，说明在火焰检测方面已经发生故障。

3. 温度控制电路内部故障评估要求

燃气具温度控制功能主要实现温度恒定，防止水温过热产生烫伤事故或燃烧过热导致的缺水干烧产生的着火风险。与过热相关的温度控制功能，应符合C类控制器安全要求。

温度控制电路中温度传感器与电子控制电路构成温度调节的功能，这种设计并没有一个独立的机械保护装置，安全性必须由整个系统来保证，因此温度传感器必须有冗余设计，且其检测电路应实时被监测，当一路温度传感器或其检测电路出现故障时，另一路可以被监测和保护。

4. 燃烧产物排放电路内部故障评估要求

燃烧产物排放控制功能，通常理解为防止缺氧或是不完全燃烧功能，该功能由一个传感器和一个控制器组成，其安全等级根据其功能失效所产生的后果来确定。最简单的形式如燃气采暖热水炉产品中通过风压开关来判断风机是否运行正常，进而判断燃烧是否正常，但其实并没有真正做到对燃烧产物排放的直接控制。

电子式燃气空气比例控制系统如图 11-4 所示，由电子控制模块、执行机构（至少含燃气调节机构和空气调节机构）、指定的反馈信号组成，用以调节燃气和空气比例的闭环控制系统。这种控制方式可以达到使燃烧始终保持在最佳状态，同时也保证了燃烧产物排放的安全性。由于其具备自适应的调节功能，正逐渐成为燃气采暖热水炉行业追捧的控制方式。

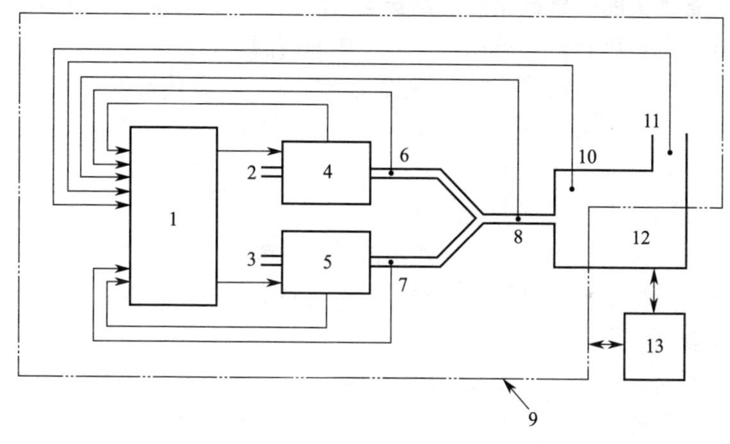

图 11-4　电子式燃气空气比例控制系统

1—电子控制模块；2—空气；3—空气调节机构；4—空气传感器；
5—燃气/空气混合比例传感器；6—火焰传感器；7—烟气传感器；
8—燃烧过程；9—燃烧器控制系统；10—ERC 边界范围；
11——燃气传感器；12—燃气调节机构；13—燃气

根据电子式燃气空气比例控制系统的组成和功能，其应符合 C 类安全要求。常见的电子式燃气空气比例控制系统的实现方式，是将火焰传感器的离子电流值作为判断燃烧状态的反馈信号，不同燃烧状态其离子电流值不同，控制器可以通过检测燃烧离子电流来得知燃烧状态，从而调整燃气和空气流量，使燃烧保持在最佳空燃比状态下进行，进而使燃烧产物的排放降到最低。这种方式最终的控制精度与各传感器、调节器及控制器精度有关，因而其控制系统中所用传感器的类型、精度、线性度、漂移、偏移、分辨率和重复性等都是安全评估中应考虑的因素。其硬件电路中火焰检测电路应考虑其电流值的漂移。对于该类系统，《燃气燃烧器和燃烧器具用安全和控制装置特殊要求 电子式燃气与空气比例控制系统》GB/T 39488—2020 中有详细的要求。

5. 重置功能

重置是指燃气具在锁定状态下，可以再次启动的动作或过程。具有重置功能的燃气具，重置功能应由手动动作完成，不能由自动装置产生重启。

燃气具重置功能应符合 B 类安全要求。重启装置发生故障时，可能导致的结果如下：

(1) 在锁定状态下自动重启。

(2) 在锁定状态下可以频繁重启。

(3) 重启元件失效，导致不能进入故障锁定状态。

以上结果不会直接导致器具产生危险的状况，但存在导致危险状况的风险。

因此，重置功能的设计应能预防非正常重启导致的风险。重置功能的实现，可以通过一个开关，器具上的控制面板或遥控器来实现，在电路上除了要满足单个故障的条件下重置功能不能失控外，还需要补充一些措施，这些措施要求是整体安全的一部分，如：

(1) 采用遥控装置进行重置时，要求至少由两个手动动作激活重置装置；

(2) 重置功能启动前后的实际状态及相关信息应能可见；

(3) 15min 内的重置动作最多 5 次，超过 5 次的重启动作不应被执行。

11.2.3 燃气具电子控制器软件内部故障评估要求

软件内部故障评估的实质是通过软件来保证使用于燃气具电子控制器中的微处理器（MCU）在出现故障时，整机能够采取适当的措施以避免危险。

在芯片的制造过程中可能会发生诸如电源或接地短路、由于灰尘颗粒导致模具上的接头断开、金属刺穿造成晶体管的源极或漏极短路等制造缺陷，并且这些缺陷可能无法通过功能测试检测到，但会导致在电路运行过程中出现不良行为，因此需要进行缺陷测试。在缺陷测试的发展过程中产生了故障模式这一概念，用来对各类缺陷进行分类，进而建立系统的分析方法。目前故障模式主要有如下几类：

（1）粘着性故障模式

粘着性故障模式指的是电路中某一节点被假设为具有固定的逻辑值的一种故障模式。该故障模式通常表示为某一节点和电源或地直接相连。

（2）耦合故障模式

耦合故障模式指的是对于故障单元的操作会引起相邻单元产生错误的一种故障，耦合故障分为状态耦合故障和转换耦合故障，前者是故障单元的状态会引起相邻单元格改变，后者是故障单元的转化会引起相邻单元的错误的操作。

（3）寻址故障模式

一种在行/列解码器中出现的故障，会导致寻址出现故障，一般会出现如下几种错误：

1）存取某个特定地址时，没有对应的单元会被实际存取；

2）存取某个特定地址时，有多于一个单元会被实际存取；

3）某个特定单元，永远不会被存取；

4）某个特定单元会被多个地址存取。

此外，还有开路故障、位模式故障、桥接故障等，在此不再详述。

与软件内部故障评估相关的 MCU 的各个硬件部分都可能存在以上故障模式，因为无论是 MCU 的运算逻辑部件、寄存器、PC 指针还是地址解码、外部通信、AD 转换等，微观的缺陷都是一样的。

C 类控制器的软件评估按照《电自动控制器 第 1 部分：通用

要求》GB 14536.1—2022 中表 H.1 的要求进行，该表实际是对微处理器的内部电路单元（如 RAM、ROM、寄存器等）、中断、时钟、I/O 接口、非易失存储器（EEPROM）等进行故障控制，下面进行详细的说明。

1. CPU 内部故障评估要求

（1）寄存器

由于寄存器中存在很多可能的短路，通常只考虑相关信号线间的短路。确定一个逻辑信号电平，用于防止信号线试图驱动相反电平的情况发生。按照《电自动控制器 第 1 部分：通用要求》GB 14536.1—2022 标准的要求，为保证 CPU 的正常运行，就要对 MCU 的寄存器进行 DC 故障的测试，以保证寄存器中不存在信号线间的短路。

对于寄存器的 DC 故障，按标准的规定，可以通过冗余 CPU 的比较、内部错误发现、带比较的冗余储存器、周期自检或多位冗余的字保护等多种方法来确定，周期自检又包括走块式储存器测试、阿伯拉翰测试和穿透式 GALPAT 试验。每种方法标准中给出了明确的定义，从本质上来讲，各种算法有一个共同的特质，即首先将某一存储单元写入某一数值，然后从该单元读取数值并与之前写入的数值进行比较，若两个值相同，则这一存储单元通过测试；若不相同，则表示这一存储单元有故障。各种算法的区别在于存储地址的存取顺序及写入检验的数值有差异。

以走块式储存器测试为例，标准中给出的定义为：如正常操作一样，把标准数据模式写入被试储存器区域的一种故障/错误控制技术。对第一个单元进行倒位，并检查剩余的储存器区域。然后把第一单元再次倒位而且检查储存器。对所有的被试储存器单元重复本过程。对被试储存器的所有单元进行倒位，且按上述过程进行第二次测试。测试基本原理是对每个地址内存写 0X0000，再读取出来，与数据 0X0000 作对比，如果不相等代表存储器故障，进入故障模式；对每个地址内存写 0X0001，再读取出来，与数据 0X0001 作对比，如果不相等代表存储器故障，进入故障模式；对该地址写入 0X0002，再读取出来，与数据 0X0002 作对比，如果不相等代表存储器故障，进入故障模式；对该地址写入 0X0004，再读取出来，与数据 0X0004 作对比，如果不相等代表存储器故障，进入故障模式；……，对每一位单独写 1 后，再读取判断，全部写完后，再反过来进行判断，即对该地址写入 0XFFFF 再读取出来，与数据 0XFFFF 作对比，如果不相等代表存储器故障，进入故障模式；该地址写入 0XFFFE 再读取出来，与数据 0XFFFE 作对比，如果不相等代表存储器故障，进入故障模式；该地址写入 0XFFFD 再读取出来，与数据 0XFFFD 作对比，如果不相等代表存储器故障，进入故障模式；……。这种测试技术可以识别所有静态的位错误以及存储单元间的接口错误。

（2）指令、译码与执行

CPU 中的指令是一条具体的操作命令，用于告诉 CPU 在执行某个任务时要进行的具体操作。指令可以执行一些算术、逻辑或控制操作，以完成 CPU 的各种任务。指令的执行过程可以分为取指、译码、执行等过程。在译码过程中，指令译码器按照预定的指令格式，对取回的指令进行拆分和解释，识别出不同的指令类别及各种获取操作数的方法。CPU 对指令进行译码，确定要执行的操作是什么。因此，执行阶段即通过控制器，按照确定的时序和向相应的部件发出操作控制信号，以对指令要求的特定操作进行具体实现。这个阶段会根据指令的类型执行与算术、逻辑和控制等操作相关的具体动作。

在译码过程中，有可能会因为线路受到干扰、时钟不稳定等，而发生误码故障，错误的译码和执行将会导致程序不能按设计的方式运行，带来意想不到的后果。标准中对于这种故障，可接受的措施有 CPU 的比较、内部错误发现或使用等价性等级测试的周期自检。

冗余 CPU 比较包括相互比较和独立硬件比较器。冗余 CPU 的比较是双通道结构中的故障/错误控制措施，每个通道都有一个 CPU 进行处理，对处理后的数据进行比较，比较方式有相互比较和独立硬件比较器。相互比较是对两个处理单元之间要交换的相似数据进行比较，能及时发现某个通道的异常，进而避免严重问题的发生。独立硬件比较器采用硬件比较方式，将两个通道的输出作为硬件比较器的输入，来发现两个通道的数据差异。

内部错误发现包括内部错误侦测或纠正、程序顺序的逻辑监测和多位总线奇偶校验 3 种。

使用等价性等级测试的周期自检是预定用于确定是否对指令进行了正确的译码和执行的一种系统测试。较常见的实现方式是用程序中用到的所有指令编写一个程序代码，包含逻辑运算、算术运算、移位指令等，通过判断程序的执行结果来确定指令的译码和执行是否正确，在程序指令译码和执行校验中，使用不同的取值方式对相同的 RAM 地址进行操作来验证堆栈指针是否异常，同时也验证了堆栈溢出的问题。

（3）程序计数器

程序计数器用于存放 CPU 执行的下一条指令所在的地址，在程序开始执行前，必须将程序的起始地址送入程序计数器，每次从程序计数器中取出指令地址后，其内容被修改为下一条指令的地址。由于大多数指令是按顺序执行的，所以修改操作只是简单地加 1；但对于跳转指令，要将指令寄存器中的地址段存放到程序计数器中。

通过提供程序执行所需要的地址，保证微控制器按照预先设计的功能运行。如果程序计数器出现持续的粘着性故障，则 MCU 就不能正常地运行，可以采取程序顺序的逻辑监测或冗余功能通道的比较。

通常程序顺序的逻辑监测采用独立时隙和逻辑监测的方式来进行。独立时隙监测是指使用一个具有独立时基的计时设备，周期性地触发程序功能和顺序的监测。实现独立时隙监测的最常用的手段就是看门狗程序，在由单片机构成的微计算机系统中，由于单片机的工作常常受到来自外界电磁场的干扰，造成程序的跑飞，而陷入死循环，程序的正常运行被打断，由单片机控制的系统无法继续工作，会造成整个系统陷入停滞状态，发生不可预料的后果，所以出于对单片机运行状态进行实时监控的考虑，便产生了一种专门用于监测单片机程序运行状态的芯片，俗称“看门狗”。看门狗电路的工作原理是：看门狗芯片和单片机的一个 I/O 接口引脚相连，该 I/O 接口引脚通过程序控制它定时地往看门狗的这个引脚送入高电平或低电平，这一程序语句是分散地放在 MCU 的其他语句中间的，一旦单片机由于干扰造成程序跑飞后而陷入某一程序段进入死循环状态时，写看门狗引脚的程序便不能被执行，这个时候，看门狗电路就会由于得不到 MCU 送来的信号，在它和 MCU 复位引脚相连的引脚上送出一个复位信号，使 MCU 发生复位，即程序从程序存储器的起始位置开始执行，这样便实现了 MCU 的自动复位。如今很多新型的 MCU 内已经内置了看门狗电路，可以通过特定的语句进行调用，使得独立时隙监测变得容易。

逻辑检测可以通过中断程序来实现，程序中主要是每隔一定的时间对程序计数器的值进行检查，如果若干次的检查其值都保持不变，则进一步检查 MCU 是否在执行某一循环程序，如果不是，则证明程序计数器已经出现了持续性粘着故障，需要采取相应的措施来恢复程序的执行。

除上述内容外，CPU 内部故障还涉及寻址和数据路径指令译码的故障，这两类故障在前述的几种故障模式处理中，已经覆盖了相关故障的测试，因为无论是寄存器还是程序计数器的故障监测中，实际运行中都会涉及地址，如果地址出错，则相应的监测程序便能识别到错误。

2. 中断处理与执行内部故障评估要求

在 MCU 系统中，一般使用中断来对实时产生的事件进行响应，同时利用中断级别的高低，对事件进行区别对待，关键的事件拥有高优先级。控制器在中断处理与执行中可能会发生太频繁中断故障，该故障状态下使得处理器大部分时间都用来响应中断而无法及时处理其他的任务。如该状态下火焰信号消失需及时关闭燃气截止阀，控制器就无法在规定的安全时间内将燃气截止阀关闭，从而影响了安全功能的响应。按照标准要求可采取的措施包括冗余功能通道的比较，或独立时隙和逻辑监测。通常采用后者，方法参照程序计数器中所述。

3. 时钟内部故障评估要求

MCU 中的所有功能、动作都是基于一个共同的基础时钟频率。处理器时钟的错误频率会影响控制功能的安全时间，如时钟变慢，则点火安全时间、火焰故障反应时间等都会比预先设计的时间长，这样就会造成燃气泄漏的过量，带来安全隐患。按照标准要求，可以采取的措施包括频率监测、时隙监测或冗余功能通道的比较。常见的预防时钟故障的方式是采用市电频率作为标准，如软件读到的市电频率与当地的市电频率不符，则控制器应进行安全关闭。对于有主副两个处理器的控制电路，时钟故障也可通过两个处理器的相互比较来实现。

4. 储存器内部故障评估要求

(1) 不可变储存器

不可变储存器指的是那些在掉电后仍能保存数据的储存器，通常用来存放不需要经常变更的程序或数据，如执行的程序都存储在不可变储存器 ROM 中，如果 ROM 出现故障那么将导致程序和设计的不一致，造成安全隐患。因此对于不可变储存器中长期存放的数据，可靠性和安全性要求较高。对故障的监测要求也高。

为此，必须在程序运行前，在软件层面上保证所运行的程序没有被破坏，保证程序完整性的方法很多，标准中对不可变储存器的检测要达到所有信息错误的 99.6%覆盖率。在可接受的措施中，有冗余 CPU 的比较、带有比较的冗余储存器、周期循环冗余检查和有多位冗余的字保护。

带有比较的冗余储存器是指将与安全相关的重要数据按不同的格式分别储存在不同的两个储存器区域，然后将两个储存器区域中的数据进行比较。实际应用中，当读取两个储存区域的数据，进行比较时，若数据不同，则说明储存器存在故障。

周期循环冗余检查指的是 CRC 检查，也称 CRC 校验，它是一类重要的线性分组码，编码和解码方法简单，检错和纠错能力强，广泛用于实现差错控制。CRC 校验是利用除法及余数的原理来做错误侦测的。在实际应用中，计算所存数据的 CRC 值并随数据一同储存在储存器中，读取数据时，使用同样的计算方法计算数据的 CRC 值，并与储存的 CRC 值进行比较，来检验储存器是否存在故障。

CRC 校验存在多种计算方法，单字 CRC 校验被称为 16 位 CRC 校验，双字 CRC 校验被称为 32 位 CRC 校验，他们是计算 CRC 校验的两种重要算法。16 位 CRC 校验可识别为 1 位错误和大部分多位错误，32 位 CRC 校验比 16 位 CRC 校验在识别 1 位错误和多位错误上的能力更强。

带有多位冗余的字保护是对储存器区域的每个字产生多位冗余数据，并随该字一起储存在储存器中的错误控制措施。在读每个字时，都要进行奇偶校验。

（2）可变储存器

可变储存器是在程序执行期间用来存储改变的数据的储存器。可变储存器一般为易失性储存器，不能长久地保存信息，存储的数据掉电后会丢失。可变储存器运行中可能会发生 DC 故障和动态耦合故障，也就是可变储存器中的任意两位都有可能发生粘连，如可变储存器中表示“风机状态”的位与表示“风压开关”的位连在一起，即风机状态为“开”时，无论外接的风压开关状态如何，软件识别到的风压开关状态都为“闭合”；风机状态为“关”时，无论外接的风压开关状态如何，软件识别到的风压开关状态都为“断开”。这样，外接的风压开关根本起不到保护作用，具有很大的安全隐患。标准中对于可变储存器的测试方法与 CPU 寄存器的测试方法类似，在此不再赘述。

（3）储存器寻址

储存器寻址是指对储存器访问过程中的取地址操作，这部分校验就是对寻址过程进行校验，确保寻址过程正确，程序执行过程中读取、写入的数据都是对设定的地址进行的。寻址分为对可变储存器的寻址和对不可变储存器的寻址。

储存器寻址 DC 故障表现为对于某个确定的地址，没有相应的储存单元与其对应；对于某个确定的储存单元，没有相应的地址选中它；对于某一确定的地址，能同时选中 2 个或多个储存单元；多个地址同时选中同一个储存单元。储存器寻址 DC 故障，将无法正常进行数据的读取和存储。

标准规定的可接受的措施为冗余 CPU 的比较、全总线冗余、试验形式、周期循环冗余检查和带有包括地址的多位冗余的字保护。

5. 内部数据路径内部故障评估要求

与内部数据路径相关的部分或程序通常包括数据、寻址。数据故障为 DC 故障，可接受的措施有冗余 CPU 的比较、带有包含地址的多位冗余的字保护、数据冗余、测试模式和约定测试。寻址故障为错误地址和多次寻址，可接受的措施有冗余 CPU 的比较、带有包含地址的多位冗余的字保护、全总线冗余和包括地址的测试模式。

6. 外部通信内部故障评估要求

外部通信考虑的主要是 MCU 和外部设备通信的可靠性。它包括数据、寻址和计时。安全相关数据在进行外部传输时，要使用相关措施识别和控制可能存在的误差或数据篡改，以保证安全相关数据传输的完整性和正确性。外部传输可能发生的错误包括数据错误、寻址错误、传输定时错误和传输协议中的数据顺序错误等。对于数据错误，可采用 CRC-双字、数据冗余和冗余功能通道的比较等方法来识别和监测；对于寻址错误和多重寻址，可使用包括地址的双字 CRC、数据和地址的全总线冗余和冗余通信通道的比较方法监测；对于传输定时错误，可以使用时隙和逻辑监测以及冗余通信通道比较的方法监测。

7. 输入/输出外围内部故障评估要求

输入/输出外围用于检测和控制外部信号的状态，对于那些与安全相关的输入/输出口，如发生故障控制器应能及时检测出故障并进行安全响应。如检测火焰信号的输入口出现故障，火焰熄灭了而处理器收到的信号认为火焰还正常，燃气截止阀保持打开状态，这样就会造成燃气的泄漏。

输入/输出外围相关的部件或程序包括数字 I/O 接口和模拟 I/O 接口，其中模拟 I/O 接口又包括 A/D 和 D/A 转换器以及模拟多重通道。

数字 I/O 接口故障包括输入数据有误和 I/O 接口功能异常，可接受的措施有冗余 CPU 的比较、输入比较、多路平行输出、输出验证、测试模式和代码安全。模拟 I/O 接口中 A/D 和 D/A 转换器故障，即将数据送入 A/D 或 D/A 转换器后，转换后的数据与送入的数据不相等。模拟多重通道故障是错误寻址，即多路模拟输入端分别输入不同的电压值，读取每个转换结果并与输入电压值对应的数据对比，发现存在 2 路以上的数不一致。模拟 I/O 接口故障可接受的措施包含在数字 I/O 接口故障可接受措施中。

输入比较是防止因输入数据或信号非法而引起系统错误的有效故障/错误控制手段。系统对其输入数据都有一定的范围限制，并将输入数据与这个范围进行比较，只处理范围内的数据，对超出范围的数据不进行处理，或同时给出错误报警处理。

多路平行输出是为了监测错误操作或提供给独立的比较器进行比较而设计的多个相互独立的输出，多存在于具有双通道的控制器中，每个通道都会对系统的输入分别进行处理和判断并给出独立的输出，对多个输出进行比较和判断，当发现偶发故障时，可以监测到故障/错误，即使在出现偶发故障的情况下，仍能给出正确合理的输出。

输出验证是指输出与独立的输入进行比较。独立的输入可以是一个输出预计值，将输出与输出预计值进行比较，当两者不一致或差距较大时，可以监测到系统错误。例如将 I/O 接口接到固定的高电平和低电平然后读取 I/O 接口状态判断是否和给定电平一致。

测试模式是指测试控制器的输入装置、输出装置和用户界面等控制器接口，用于监测这些部件或接口的实际输出与预期输出是否一致，进而判断控制器是否存在工作异常。

代码安全是通过利用数据冗余或传输冗余技术来防止输入或输出信息中偶然的或系统性的错误的故障/错误控制技术。数据冗余是同一数据存储在不同数据文件中的方法，可以通过重复储存数据来防止数据丢失，或者对数据进行冗余性编码来防止数据丢失、错误，并提供对错误数据进行反变换得到原始数据的功能。传输冗余是数据至少被传输两次，并对两次或多次传输的结果进行数据比较的数据错误监测控制方法。数据冗余传输可以在同一个传输通道中将同一数据先后传输两次或多次，也可以在两个或多个传输通道中将同一数据传输两次或多次，并将两次或多次传输获得的数据进行比较，进而实现错误监测控制。

11.3 燃气具电子控制器内部故障评估测试流程

燃气具电子控制器内部故障评估仅是针对安全相关控制功能的评估，在进行评估前需要确定电子控制器是否需要进行内部故障评估，以及需要评估哪些方面。当确认控制功能与安全相关时就需要进行内部故障评估，接下来是对控制器硬件方案的预审，也就是对控制系统结构图、原理图、电路图等文档进行静态分析，这一阶段是评估流程中的关键点，确定控制方案是否基本满足 C 类控制安全要求。预审合格后，则要对控制器的软硬件资料进行收集，硬件方面包括电路及系统原理图（主 MCU 的型号），PCB 图，电子元器件开、短路测试现象结果及数据等；软件方面包括程序流程图，时序图，功能安全相关程序响应时间，功能安全源代码，用示波器、仿真器等形式进行的测试记录等。资料收集齐全后，对控制器进行正式评估，这一阶段的实施包括检查、测试、记录、存档和整改，直至评估通过，需要开发人员和评估人员的密切配合进行，对整个系统进行静态、动态分析和测试。评估合格后，对最终软、硬件版本，软件校验码等进行确认，出具报告，这样就完成了整个控制器的内部故障评估过程。

第 12 章

数字化检测技术

随着信息化技术的不断发展和应用，数字化检测已成为现代化检测的重要手段。数字化检测是指利用数字技术对检测过程进行全面的数字化改造和优化，以提高检测效率、准确性和可追溯性。

12.1 概述

12.1.1 燃气具产品数字化检测现状

1. 检测行业数字化转型现状

近年来，随着通信和传感技术的升级创新和广泛应用，检验检测行业数字化能力和范围不断扩展。数字化已经对行业带来了深刻的影响，检验检测机构对于数字化系统的认识程度、依赖程度和需求越来越高。部分检验检测机构数字化转型早，有效地增强了抵御风险的能力，利用数字技术“在线化、无接触、可追溯”的特性，提升检测服务水平，改善服务体验，促进检验检测业务提质增效。

检验检测行业数字化转型是产业发展的必经之路，是国家质量提升和壮大经济发展新引擎的重要技术支撑，部分检验检测机构已在数字化转型中先行获益。目前虽然检验检测市场在“放管服”政策的推动下，不断整合资源，发展势头良好，但未改变小、弱、散的特点，产业分散、重复建设等问题突出。近年来，检验检测行业数字化取得了快速健康的发展，无接触、可溯源等数字特性提升了服务水平和抗风险能力，但相对落后的管理模式尚未得到实质化改变，存在数字化程度低、数据采集质量差、数据对接难度高、数据运用能力弱等问题。

（1）数字化程度较低

目前，检验检测行业数字化系统的普及程度比较低，以上海市检验检测行业 2020 年调研结果为例，上海市 1175 家检验检测机构中，544 家不同程度地应用了信息化、数字化管理手段，但其中相当一部分仅有简单的 OA（办公自动化）或文件管理功能，28%已经建立 LIMS（实验室信息管理系统），但大部分功能仍然停留在业务留痕等比较基础的层面，能够通过系统完成结果报告自动生成的仅占 17.9%。以上比例在全国范围内可能更低。

（2）数据采集质量差

检验检测行业的特点是数据采集量大，来源众多、关系复杂。但检验检测行业对于数据的处理能力尚较为落后，相当多的机构仍然依靠手工录入采集数据。即使从仪器端采集的数据，也有可能在传输、处理、存储等环节受到外来因素影响，从而降低数据本身的一致性、完整性和可信程度。

（3）数据对接难度高

由于机构间、仪器间、系统间、地域间等不兼容，不但单个实验室需要对接大量不同的仪器接口，不同机构间的数据更加难以互联互通。

（4）数据利用能力弱

目前绝大部分检验检测机构的数据，都是以纸质版或电子文件等非结构化形式保存。其中的数据难以进行归类、提炼和挖掘，分析利用更是无从谈起。

2. 燃气具产品数字化检测现状

燃气具产品作为满足民生需求的必需品，有着广大的用户市场，且与用户生命财产安全密切相关；利用数字化手段，打造全新有效的燃气具产品检测模式，提高产品质量，提升行业可信度，是行业需要探索和解决的问题。

当前燃气具产品的质量检测主要是通过企业内部的单机检测、政府监管部门的抽查检测、第三方检测机构的委托检测等途径，其中企业内部检测主要有来料检、在线检、成品检，而大部分的检测都是通过抽检的方式进行。现行的质量管控方式，相较于十多年前已有较大的改善，但也存在一定的局限性，如：

（1）制造管理模式传统，产品质量管控依赖实操的员工

燃气具生产行业属于劳动密集型行业，生产环节依赖于人工的个人能力及判断，在生产环节中，人工参与比例较高，就算有一定的检测设备做辅助，但依旧需要通过人工方式来完成对输出数据的确认工作，工作过程效率低，且容易出现纰漏。质量管控工作较依赖人工操作，数据分析工作也易受外界环境的影响，数据的准确性难以把控，最终可能导致不合格品流至下一环节，甚至消费市场。

（2）市场监管方式传统，难以全面覆盖

市场监管部门对产品的质量监管方式，是以一种样品确认同一批次型号产品质量，同时辅助有随机的市场抽查的监管方式。这种传统的样品检验及随机检验的监管方式，无法实现对市场整体产品质量全面管控，更加无法从源头，即产品在生产过程中实现质量监控和提升。

（3）产品流通过程传统，上下游信息不透明

各零配件生产企业与整机生产企业之间的生产数据、品质数据少而且无法互联互通，造成数据孤岛现象，导致企业合作过程中沟通成本高，生产过程重复检测，产品质量仍难以全面管控。同时，产品流通过程，从 OEM（原始设备制造商）到品牌商、到经销商、商场，再到消费者，彼此数据孤立，难以监管和溯源，并且在产品改进升级过程中缺乏相关的海量产品运行数据支撑。

（4）市场对产品质量信息的不对称，导致厂家重营销轻质量

燃气具产品的销售主要分为线上、线下销售模式，包括终端门店、电商平台等流通渠道。消费者仅有对品牌市场宣传获取的渠

道，对于产品的质量数据、工艺状况、检测结果等关乎使用体验的数据无渠道接收，产品真正的质量信息无法获知，导致部分厂家重营销而轻质量。

（5）生产厂家与消费终端脱节，信息不顺畅

燃气具产品自出厂后，生产厂家与消费者之间隔着层层代理，在消费端的运行环节所产生的表现及反馈等信息完全与生产厂家脱离，其运行状况生产厂家无法监控，产生数据断流。现有的售后环节是从消费端报至售后端再向生产厂家进行信息回馈，所得到的信息有滞后性，且数据量低，无法用于产品的升级改造等延伸服务。同时，生产厂家也无法在产品运行出现问题前及时告知消费者暂停使用，以此来减少产品故障时发生更严重事故的概率。

（6）新型基础设施建设水平低

当前工厂生产、设备联网、产品 5G（第五代移动通信技术）实验方向的建设工作几乎为零。在工业生产场景中的质量数据具有大容量、多样性特征，在质量追溯过程中需要对这些数据进行采集、传输、汇总、分析，需要大宽带、低时延的 5G 网络保障工业生产业务正常运行。目前行业间企业处于信息孤岛状态，亟需实现数据汇集流通。但当前大部分地区的基础网络技术还未达到数字化转型的要求，上层业务受传统网络基础设施的制约无法得到良好的应用支撑。

综上所述，日前燃气具产品数字化检测的整体水平偏低，存在数字化程度低、数据采集质量差、数据对接难度高、数据运用能力弱等问题。

12.1.2 燃气具产品数字化检测意义

1. 数字化检测的重要性

随着科技的发展，数字化检测技术已经逐渐成为当前工业制造业中不可或缺的一环。数字化检测可以实现对产品的快速、精准检测，提高生产效率和产品稳定性、可靠性以及安全性。

与传统检测技术相比，数字化检测技术具有以下优势：

（1）提高生产效率：数字化检测技术能够快速自动化地完成检测过程，提高生产效率和质量，减少手动操作带来的错误和失误。

（2）提高产品质量：数字化检测技术能够准确检测出产品的外形、尺寸、重量、材质等参数，确保产品符合标准要求，提高产品质量和稳定性。

（3）降低成本：数字化检测技术能够减少因为操作失误和时间浪费而导致的成本，提高生产效率和生产能力，降低生产成本。

（4）可靠性更高：数字化检测技术可以有效检测出产品的缺陷和问题，确保产品的安全性和可靠性。

2. 燃气具产品数字化检测意义

燃气具产品数字化检测，能有效改善生产企业在质量管控及数据管理上的弊端，通过数字化建设，实现燃气具产品的智能化判定及数据的无人化分析管理，能大大改善下线产品的合格率，提高企业内部运转效率，实现管理成本及人工成本的降低，实现以高质量产品推动企业品牌正向提升的效果。

以数字化检测推动燃气具产品企业整体信息化建设，赋能多场景，推动内部信息化升级，可通过引入标识体系等，实现“可信”模式的数据收集与共享，打破行业上下游数据壁垒，推动行业标准化、数字化发展；同时，实现质量信息的可视化，通过质量数据可信溯源，深化企业对质量的精准把控，提高市场燃气具产品质量水平，提升燃气具产品的市场公信力。

对于燃气具产品检测机构，提高工作效率，增强竞争力，数字化是唯一的途径。通过数字化检测中智能数据采集技术，减少人为干预，还原检测数据产生的场景，从而大大增强数据的可信度，同时可以追溯数据产生的环境、设备、人员和方法条件，从而提升客户对检测结果的认可度。

对于行政监管部门，通过数字化手段带来监管效率的提升，实现数字化监管的新模式。借助于行政监管手段数字化转型升级，实现对数据的溯源管理，能帮助监管部门开展更完善的监管服务。通过产品的测试报告溯源管理，能在线查询测试过程中的数据信息及产品原始数据，为数字化监管提供帮助。

对于企业和公众，数字化检测可帮助其获得更可信的数据信息，通过数字化升级，企业与群众能直接了解到检测机构为测试样品开具的检测报告信息，同时也可以获得相关的数据分析服务支持。

基于此，不断完善政府监管，推动行业正向发展，能帮助企业和群众获得真实的燃气具产品数据，让数据“可信”，实现用户为“优质”燃气具产品买单。

12.2 燃气具产品数字化检测技术

12.2.1 实现路径

当前，数字化检测技术快速发展为人们提供了前所未有的便利和机会。其核心实现路径主要包括：数据获取、数据传输和后端研判。这三个步骤相互衔接，共同构成了数字化检测技术的全流程框架。

1. 数据获取

数字化检测技术的第一步是数据获取，这一阶段的关键在于收集准确、全面且有效的数据。燃气具产品检测数据的获取可以通过多种方式实现，如使用传感器、试验设备或直接从现有数据库和资料库中提取，目前已实现对燃气具产品进行实时、准确的检测和记录。同时，为了保证数据的真实性和有效性，还需要对采集过程进行严格的控制和校准。

数据获取的数字化，核心是检测过程的数字化，即从检测结果往上追溯，追溯结果产生的每个过程的数字化，主要涉及人员信息关联、环境信息数字化、设备及测试系统产生数据的数字化、检测方法数字化分解、样品信息与测试系统关联数字化、量值溯源数字化、检测过程必要的描述以及原始记录和报告的数字化、报告完成后的现场测试数据的数字化固化和归档等。其中，检测设备数字化的发展方向就是测试设备的网络化，即由检测人员通过操控、读取检测数据的传统方式转变为设备主动向后台报送数据，并接受后台控制命令的物联网模式。检测方法的数字化就是对专业人才掌握的测试方法进行数字化转化，需要对检测方法的每个环节进行剖析，提取检测过程影响测试结果的关键点，在检测设备数字化的基础之上，开展检测设备的精准控制，数据的自动记录，进而确保检测方法的正确实施。在检测设备和检测方法的基础上还需进一步对实验室的管理和文件控制进行数字化，从正向看，通过数字化系统自动产生实验室受控检测的原始记录和检测报告；从反向看，检测报告可通过数字化的方式追溯到检测过程的每个环节；最大限度保留检测过程数据，涉及样品、环境、人员、设备、方法、标准品等，确保测试数据和结果具备可复现性。

2. 数据传输

获取检测数据后，需将其传输到检测机构端进行后端研判。数据传输的本质，是终端监督控制应用程序与现场检测执行应用程序之间的数据传输，包括选择合适的通信协议、优化数据传输路径、确保数据传输的安全性等方面；同时，还需要考虑如何降低数据传输过程中的延迟和误差，以提高数字化检测的实时性和准确性。

实时性是实现数字化检测数据传输的首要条件，为保障数据实时、准确传输，需构建物联通道层与物联网平台层，以达到网络两端数据实时交换的需求。物联通道层是数据传输的基石，核心职责在于将传感器等设备采集的数据传输到物联网平台层。为确保实时性，物联通道层需具备高效、稳定、低延迟的特性；因此，需采用先进的通信技术，如 5G、LoRa（远距离无线电）等，以确保数据传输的快捷、稳定。此外，还可以通过优化数据传输协议、减少数据传输过程中的冗余信息等方式，进一步降低延迟，提升数据传输实时性。物联网平台层是实现数据实时交换的核心，该层需要对物联通道层传输过来的数据进行处理、存储和分析；为确保实时性，该层需具备高性能、高并发的处理能力，因此，平台设计时需充分考虑并发访问量、数据处理量等因素，以确保平台稳定运行。

安全性是实现数字化检测数据传输的必备要求，为确保数据传输的安全、完整，在传输过程中还需要采用加密技术、数据校验等安全措施。例如，首先，在数据通信过程中，可以通过为数据源设定固定的 IP 地址（互联网协议地址），在物理层面保证信息安全；其次，对于视频、音频这类敏感信息，可以通过加密算法保证数据信息安全；最后，在进行数据文件下载时，要求下载人员进行身份验证，在身份验证通过后，才能下载相关文件，保证数据信息安全。

此外，对于大量数据的传输，还需要考虑数据压缩和流量控制等技术，以降低传输成本和提高传输效率。

3. 后端研判

后端研判是数字化检测技术的核心环节，在这一阶段，需要对检测端传输过来的数据进行判断和深入分析。由于目前燃气具产品检测标准多样，检测方法和依据繁杂，且随着燃气具产品标准质量要求的不断提高，相对应检测设备的技术水平与复杂程度不断提升，检测操作的难度也在不断加大；而生产端检测人员的检测水平参差不齐，尤其针对通过手机、平板电脑、智能眼镜等智能设备获取产品检测现场视听信息的情况，受操作环境影响大，还面临与检测机构端实时沟通不畅等问题，因此检测机构的后端研判尤为必要。

后端研判，一方面可以通过检测机构专业人员的在线判断与指导，第一时间对测试操作和检测数据进行深入分析，发挥检测机构专业优势，提高检测准确性。另一方面可以把日常的检测过程数字化、标准化，通过运用机器学习、数据挖掘、模式识别等技术，对海量数据进行挖掘和提炼，发现数据背后的规律、趋势和潜在问题；同时，结合实际需求和应用场景，对数据进行定制化处理和可视化展示，将专业人员的丰富经验转化为数字化的知识体系，为异常事件的及时发现与迅速定位提供直观、清晰的信息支持。

后端研判作为数字化检测技术的必要手段，对于提高检测的准确性和有效性具有重要意义，先进算法和模型的不断研发与优化，将进一步促进数字化检测技术的发展。

总的来说，燃气具产品数字化检测技术的全流程实现路径需要借助先进的传感器、网络传输协议、大数据处理算法、人工智能等众多技术手段，在确保数据准确性、安全性和高效性的基础上，实现燃气具产品的精准检测。随着科技的不断进步和创新，数字化检测技术将在燃气具产品质量管控领域发挥更多重要作用，为人们的生产和生活带来更加便捷和高效的体验。

12.2.2 软硬件条件

数字化检测技术的实现，需要构建包含 4 个层次的检测系统，从下到上分别是物联终端层、物联通道层、物联网平台层和业务应用层。

物联终端层指的是由物联网式的检测设备、各类物联网传感器和智能终端设备组成的硬件层，是数字化检测的硬件基础和物质基础。向数字化检测转型过程中，低值的检测设备，如通用类设备、低检测精度测量设备，可直接更换为联网式设备；具备通信接口条件的检测设备，可通过技术手段进行数字化改造，以达到联网的效果；大型、无法进行网络化的检测设备，可通过图像、声音等智能化识别，如智能手机、智能可穿戴眼镜等，获得检测数据，实现联网改造；自带软件测试系统的检测设备，可通过软件输出，采用二次采集等方式进行物联网化改造，如固定格式的检测报告、格式化数据和图像等，可采用软件接口、固定格式检测报告的转读等方式开展数字化改造。

物联通道层是终端设备与物联网平台层的连接通道，是一个标准化层，可利用的协议和连接方式有多种，如 Wi-Fi（无线网络通信技术）、LoRa、NB-IoT（窄带物联网）和蓝牙等，为数字化检测提供了丰富的数据传输手段，保证数据的实时性和准确性。

物联网平台层主要包括物联网服务器和数据网站，通过通道层与检测设备进行连接，收集检测数据，发布操作命令，同时对物联检测设备的检测数据进行持久化，物联网平台层目前技术成熟，但因设备的数据格式不同而需要定制化开发，也可使用成熟的商业云平台。

业务应用层主要针对检测方法的数字化，需要对检测方法的每个环节进行剖析，提取检测过程影响测试结果的关键点，在检测设备数字化的基础之上，开展检测设备的精准控制，数据记录，进而确保检测方法的正确实施，实现原始记录和报告的数字化；检测过程具备可追溯性，关键的过程量值能够得到有效控制。业务应用层的实现可采用数据库＋网站或数据库＋网站＋应用程序的方式开展，对于由检测人员直接产生的检测数据应留有接口。

物联终端层涉及测试设备的改造，业务应用层涉及检测方法和检测技术的数字化，是数字化检测的重点和难点。

总的来说，数字化检测技术作为一种新兴的技术手段，它的持续发展依赖于精密的传感器技术、稳定的数据传输方法和强大的数据处理能力。同时，安全可靠的软硬件系统也是保障整个检测流程高效顺畅运行的关键。随着相关技术的不断演进和成熟，燃气具产品数字化检测将会展现其无限的可能性，带来更多便利和价值，推动全行业数字化转型发展。

12.2.3 实现的功能

燃气具产品数字化检测技术实现的功能主要包括以下几个方面：

（1）实时数据收集与传输。数字化检测系统可以通过各种类型的传感器或采集设备，实时收集目标燃气具产品的数据信息，再通过网络技术将数据传输到检测机构端。这种实时性使得数据的分析和决策能够更加迅速和准确。

（2）数据分析与处理。数字化检测技术的核心在于对收集来的数据进行分析和处理。借助大数据和人工智能算法等技术，数字化检测系统可以自动识别数据规律和趋势，从而快速判断产品检测结果是否符合标准要求，给出产品检测结果判定。

（3）远程操作与控制。在某些应用场景中，数字化检测系统还可以支持远程操作和控制功能。例如，在检测机构端，检测专家可线上下达操作指令，通过中心平台远程调整检测设备试验参数与工况，以满足不同产品的检测需求。

（4）跨地域协作与共享。数字化检测技术支持跨地域的数据共享和协作。在不同地理位置的人员可以轻松访问同一套系统，共同参与数据分析和决策制定，极大提高团队协作效率。

（5）持续优化与学习。通过机器学习和深度学习算法，数字化检测系统可不断从新的数据中学习和进化，以提高其准确性和可靠性。这种自我优化的能力使得系统随时间的推移而变得更加智能。

（6）实时反馈与互动。在数字化检测系统中设置高效反馈机制，当发现数据异常或者性能下降时，可立即通知维护人员或自行执行恢复程序。这样的实时监控和响应机制确保系统的高可用性和最短的停机时间。

（7）安全性与隐私保护。在数字化检测系统的开发过程中，安全性和隐私保护始终是重中之重。系统需采用有力的加密技术和安全协议，确保所有传输数据都得到充分保护，防止未经授权的访问和数据泄露。

（8）云基础设施的灵活性。数字化检测系统基于云计算平台构建，提供了弹性的资源配置和伸缩能力。无论是处理少量的数据还是应对大规模的分析任务，系统都能动态地调整资源以满足需求，同时优化成本效益。

（9）客户定制与扩展性。数字化检测系统能提供高度定制选项。客户可以根据自己的特定需求来调整功能模块，甚至可以通过API（应用程序编程接口）集成其他工具和服务，以实现更广泛的自动化和优化流程。

数字化检测技术的实现不仅提供了一种全新的检测和分析手段，而且为各行业带来了深远的影响。它改变了传统的工作模式，推动了产业升级，同时也为生产生活带来了便利。值得注意的是，数字化检测技术在燃气具产品上的应用也面临着一些挑战，如数据安全保护、隐私问题、技术标准化等。这些问题的解决需要相关行业的共同努力和法律法规的完善。数字化检测技术的发展为燃气具产品质量管控开启了一个全新的时代，引领未来发展方向，值得深入探索和应用。

12.3 燃气具产品数字化检测技术案例

本节以基于工业互联网标识体系平台的燃气具产品数字化检测为例，详细介绍燃气具产品数字化检测技术的实施方案与软硬件要求情况。

12.3.1 实施方案

1. 顶层设计

（1）面向企业重点业务环节的质量管理数字化

以工业互联网标识为载体，建立核心数据管控点，使所有的来件检验、生产过程检验和成品入库等数据实现互通互联，降低人工干预、提升工作效率的同时，保证“不良品进不来、不合格品出不去”。

（2）面向产品全生命周期和产业链的质量协同

通过自动化生产、检测和品控，实现内部质量数字化，并从点到面，通过工业互联网标识体系平台的可信背书，结合终端物联板块，打通从配件到整机、从生产到终端使用的产品全生命周期质量数据闭环管理，实现产业链协同。

（3）面向社会化协作的质量生态建设与知识分享

通过对部分数据脱敏，将工业互联网标识服务应用延伸至消费端和市场监管部门，并引入可信电商销售模式，形成“以质量为中心、以标识为载体”的社会生态，实时更新产品质量信息与可信产品销售动态，为企业、行业、政府和消费者打造全新的燃气具产品行业可信制造服务平台。

（4）面向全球化竞争的综合跨界能力提升

建立跨区域的工业互联网标识解析服务体系，通过境内外数据互联，打造国内外质量管控双循环模式，最终实现国际可信制造服务体系的落地，提升综合跨界竞争能力。

2. 核心环节

燃气具产品数字化检测涵盖来件检验、来件入库、生产过程检测三大环节，覆盖了产品生产的全流程。

（1）来件检验

燃气具产品零部件在零部件出厂前完成质量可信测试，并通过工业互联网标识体系平台实现批次产品质量数据打包与存储，连同成品一同输出给下游燃气具产品整机企业，整机企业在零部件到达后，可通过工业互联网标识系统解析直接查看其质量数据报表，实现来件免检，大大提高来件检验效率。

（2）来件入库

燃气具产品零部件通过与工业互联网标识体系平台链接的WMS（仓储管理系统）等实现来件入库管理，自动生成入库单号，方便管理者进行实时监控和管理，了解零部件库存数量和品质情况，同时方便追踪物料的来源和使用项目。

（3）生产过程检测

合格零部件进入产线生产组装，在各项组装流程中，均设有智能化检测设备进行组装后的质量测试，测试合格则进入下一流程，不合格则在质量管控系统中登记后进入返修流程重新调配。

经过各流程测试后，进行燃气具产品整机组装，依托数字化质量管控系统，完成成品设备的性能测试、质量数据采集与输出、质量结果判定，并自动录入工业互联网标识体系平台，建立质量数据与产品“一物一码”的绑定，实现燃气具产品质量可追溯。

3. 落地路径

（1）硬件联网升级

通过完成燃气具产品企业内部的高精度检测仪器及自动化设备的部署，实现高质量产品输出，减少检测环节的人员介入，保证成品的一致性。另外，设备的可靠性、耐用性也是可信制造的重要环节，一旦检测设备出现问题，将导致检测结果的误报、虚报，极大影响可信制造系统的有效运行。

(2) 数据化升级

依托智能检测仪器与自动化生产设备的检测数据，在企业侧搭建边缘云服务器，部署品质生产管理系统，在燃气具产品企业内部形成智能化的品质管控，实现数据自动采集与汇总，依靠企业网络传输的升级建设（如5G)，形成行业的数据化升级。

(3) 产业链上下游质量数据互通

企业内部需要建立质量信息管理系统，整合分析采集的质量数据，同时打通产业链上下游数据通道，将自身生产质量数据跟随订单数据一并传输分享，在行业内及消费市场实现产品质量信息流。

(4) 工业互联网标识体系平台构建

构建涵盖生产检测设备、零部件、整机产品信息在内的燃气具产品工业互联网标识体系平台，通过工业互联网标识，溯源生产检测设备的信息，追溯其是否按时校正、按生命周期进行更换，确保产品检测可靠性；零部件和整机产品商业流通过程中已有的企业码、商品码、流通码等，可通过工业互联网标识体系平台接口，使产品工业互联网标识成为企业信息化、商品流通环节的信息载体，提升企业信息流通的时效性，降低企业信息化的成本投入，真正实现信息互联互通及数据流通规范化。

12.3.2 软硬件条件

1. 硬件条件

为构成数字化检测技术的运行模式，需要硬件设备（如自动化生产设备、智能化检测设备等）集成数据记录、传输等功能，满足对终端指令的自动处理要求，并满足数据采集、记录功能，数据信息需涵盖生产活动中的相关信息（如生产数量、测试项目等)。在产品生产流程中，实时记录相关数据信息，通过通信协议及网络端口等通道，完成数据信息的传输，方便后期数据的查看、管理。硬件设备主要涉及：

(1) 计算机相关硬件

数字化检测技术需要大量的计算机相关硬件支持，以保证数字化检测技术的正常运行。企业需要准备如下计算机相关硬件：

1）服务器：数字化检测技术的重要设备，需要选择高性能、高稳定的服务器，完成对企业内部计划执行、资源调度、数据收集、处理和分析等任务。

2）工作站：是工作人员执行操作的终端设备，需要性能良好、易于操作。

3）存储设备：用于存储数字化检测技术的数据和文件，需要具备高速处理、容量大的特性。

4）网络设施：数字化检测技术运行的基础，企业需要建立高速、稳定、安全的网络环境，以满足生产过程中数据传输、通信和监控的需求。网络设备包括路由器、交换机等；同时需要建立局域网，连接企业内各种设备、系统，实现信息共享和数据传输；连接互联网，以进行数据交换和远程监控等。

（2）具备数据采集、传输功能的生产检测设备

构成数字化检测技术的运行模式，必不可少的是具备数据采集、传输功能的生产检测设备，企业可根据生产需求，对已有生产设备进行必要的更新和改造。通过集成数据实时采集、记录、传输等功能，满足对终端指令的自动处理要求；数据信息需涵盖生产和检测活动中的相关信息。包括但不限于自动化生产线、传感器、检测机器人等。

2. 软件条件

（1）MES 系统

MES 系统，即制造执行系统，可实现生产模型化决策分析、过程量化管理、成本和质量动态跟踪以及从原材料到生产成品的一体化协同优化的生产经营数字化方式；企业根据自身业务需求来选择不同的 MES 软件，以更好地实现生产过程中的自动化控制和管理。

（2）数据库软件

MES 系统运行中会产生很多数据，需要一个稳定、可靠的数据库来存储数据，并进行对应的设置和管理，确保数据的安全性和可靠性。

（3）ERP 软件

ERP 软件，即企业资源计划，企业通过 ERP 软件建立与 MES

系统的集成，通过相互兼容的软件服务，简化流程，提高企业管理效率。同时，通过 MES 系统与企业 ERP 系统的信息端口对接，实现管理、生产、检验等各环节之间的全生命周期数据串联。

（4）LIMIS 软件

LIMIS 软件，即实验室信息管理系统。可以管理和跟踪实验室中的样品、实验、测试和结果等信息，以及其他相关的实验室活动，如质量控制、设备管理、人员管理等，有助于提高实验室效率、优化工作流程和保证数据质量。

（5）工业互联网标识体系平台（图 12-1）

工业互联网标识体系平台需涵盖燃气具整机产品及其零部件信息，以工业互联网标识为载体，建立核心数据控制点，实现企业内部质量数字化管控；以区块链技术，与各实验室、检测机构构建产品全生命周期数据闭环，实现产业链协同；将标识服务应用延伸至消费端和市场监管部门，引入可信电商销售模式，形成“以质量为中心、以标识为载体”的社会生态，构建可信制造服务平台；与 GS1（国际物品编码组织）共建工业互联网标识服务体系，实现境内外脱敏数据的互通互联，最终打造国际可信制造服务平台。

图 12-1　已构建的中国燃气具工业互联网标识体系平台

12.3.3　实现的功能

1. 质量计划在线管理

通过数字化检测，完成质量计划的在线管理，直接查看例如物料信息、检测设备信息、人员信息等生产要素信息。同时也可通过系统，完成质量管理计划的下发，包括检测内容的统一制定，产品检验计划、质量控制计划及返修处理计划等，高层管理者也可通过系统实现权限控制和信息查询。

2. 质量数据自动分析处理

通过将检测仪器的数据直接自动、实时地采集到联网的中央数据库中，实现数字化检测，减少人为干预，省去手动记录和输入电脑的繁琐过程，使质量检测过程更加精益。由数字化检测生成质量数据信息，再由质量数据驱动质量管理提升，通过对数字化信息的自动分析、处理，帮助管理者及时了解企业当前经营状态及质量管理工作的进展情况。

3. 检测过程数字化管理

通过数字化系统，完成对数字化检测任务的在线管理，实时获取的检测仪器的数据同其他数据源的数据进行快速整合、计算，实现对检测项目的发起、接受、执行、管理、结果传递等过程，提高生产效率与产品质量，减少因为操作失误和时间浪费而导致的成本，确保产品的安全性和可靠性。

4. 数字化质量报告生成

测量完成后，通过 MES 系统对将采集的质量数据上传至企业内部的数据中心，并基于数据中心的数据快速生成企业内部质量管理的检验报告，从而大幅减少人工对数据的分析及统计的时间。数据存储时，自动与其对应的人、机、料、法、环等信息相关联，确保数据完整并方便追溯；所有工作站的数据，都可存储在统一的中央数据库中，方便随时取用和分析；并与其他系统的数据自动实现同步，打通整个企业的数据流。通过闭环式、可视化的完整质量分析与改进解决方案，包括变异源分析、数据挖掘等，帮助企业实现数字化质量管理。

5. 质量检测过程实时监控

通过数字化检测，帮助企业对质量检测关键环节实时监控，质量问题实时预警，同时能帮助工程师对质量管理过程中出现的问题进行分析评估，从而达到工艺改善的目的。此外，通过数字化检测，实现从配件采购到产品生产、整机检测 100%合格率，实现“不良品进不来，不合格品出不去”的目标，同时以工业互联网标识为链接，通过合格产品的可信溯源标识码，监控产品流通与使用过程，实现市场监管的数字化管控，以及消费者使用过程的安全预警与售后质量管控服务，提升燃气具行业的整体质量水平与安全服务能力。

6. 打造可信服务体系

基于建设质量数字化服务平台，通过产业链数据流转，经过数据脱敏处理后形成可信要素数据集合，基于线上数字化检测认证，赋予企业产品质量“可信”，为企业赋能，实现企业间供应链管理系统与质量数据协同；帮助企业内部生产数据流与在用户层采集使用数据流的收集处理，把数据分享给需要供应链上下游，适时把数据化描述分享给网络，实现智能化监管追溯体系构建，将所有品质信息进行数据化分析、智能化管控、高效化使用，完成工业大数据汇聚，以打造可信服务体系。

本章参考文献

[1] 杨雪，姜咏栋，等．检验检测行业的数字化转型［J］. 中国认证认可，2022（3）：75-79.

[2] 陈雷，张茂帆，刘慧伟．检验检测行业数字化转型发展的若干思考［J］. 认证技术，2021（6）：50-52.

[3] 蔡永华，李镇，杜进，等．检验检测实验室数字化架构与实践探索［J］. 物联网技术，2023，13（8）：119-120.

[4] 刘烽杰．船舶远程检验的发展现状研究［J］. 低碳世界，2022，12（4）：187-189.

第 13 章 测试数据处理与误差分析

测试工作的全部内容应包括对测试结果做误差分析及数据处理。所谓误差分析，是根据测试的允许误差决定测试系统，选用精度适当的仪表，最后分析出测试结果的精度。测试数据处理则包括对测试得到的数据去粗取精、去伪存真、由此及彼、由表及里地分析，整理出各种参数间的综合关系，回归成曲线或公式。

13.1 概述

13.1.1 测量分类

所谓测量，就是为取得一个未知参数（未知量）而做的工作（包括计算工作在内）。测量可以分为直接测量、间接测量与综合测量三种。

1. 直接测量

用仪表直接测得未知数称为直接测量。例如，用 U 形管压力计直接读出压力值，用烟气分析仪直接测得烟气中的 CO_2 含量等。

2. 间接测量

未知量通过一定的函数关系根据一个或是几个其他量的测量值间接求得，这就是间接测量。例如，燃气发热量的测量就是根据水量、水温差及燃气量的直接测量值，通过计算来求得。

3. 综合测量

根据直接及间接测量值，经过解联立方程来求得被测的未知量，即为综合测量。这种测量在燃气燃烧及输配测试工作中很少遇见，故本章不讨论。

13.1.2 真值与平均值

当用测量仪表测量未知量时，由于仪表本身、测量方法、周围环境以及人的观察力等都不能做到完美无缺，所以得到的测量值并不完全等于未知量的真值，两者之间有一定误差。为了使测量值接近真值，可以增加测量次数，并取测量值的平均值。但是，实际上测量次数是有限的，故用有限次数测得的平均值只能是近似的真值。在测试工作中，常用的平均值有以下几种。

1. 算术平均值

这是一种最常用的平均值。如果测量值的分布呈正态分布，用最小二乘法原理可以证明，在一组等精度测量中，算术平均值最可信赖。设Y_1、Y_2、……、Y_n代表各次测量值，n代表测量次数，则算术平均值$\overline{Y}$为：

$$\overline{Y}=\frac{Y_1+Y_2+\cdots\cdots+Y_n}{n}=\frac{\sum_{i=1}^{n}Y_i}{n} \tag{13-1}$$

2. 均方根平均值

在计算平均值时，通常要用均方根平均值u，其计算式为：

$$u=\sqrt{\frac{u_1^2+u_2^2+\cdots\cdots+u_n^2}{n}}=\sqrt{\frac{\sum_{i=1}^{n}u_i^2}{n}} \tag{13-2}$$

式中 u_1、u_2、……、u_n——各测量值的对应平均值；

n——测量次数。

3. 加权平均值

用不同方法或不同条件去测量同一未知量时，应采用加权平均值。对比较可靠的测量值予以加重平均，故称为加权平均，加权平

均值 Y 为：

$$Y=\frac{W_1Y_1+W_2Y_2+\cdots\cdots+W_nY_n}{W_1+W_2+\cdots\cdots+W_n}=\frac{\sum_{i=1}^{n}W_iY_i}{\sum_{i=1}^{n}W_i} \tag{13-3}$$

式中　W_1、W_2、……、W_n——各测量值的对应权值。

各测量值的对应权值 W_i 需要根据实际情况决定。

4. 几何平均值

当对一组测量值取对数后，所得图形分布曲线更加对称时，常用几何平均值 Y_g，其计算公式为：

$$Y_g=\sqrt[n]{Y_1\cdot Y_2\cdots\cdots Y_n} \tag{13-4}$$

用对数表示时：

$$\lg Y_g=\frac{\sum_{i=1}^{n}\lg Y_i}{n} \tag{13-5}$$

以上都是想从一组测量值中找出最接近真值的那个值，要根据测量值的分布类型来选择确定采用哪种平均值。本章讨论的都是正态分布类型，平均值也以算术平均值为主。

13.1.3　误差分类

测量值与真值之差称为误差，测量值与平均值之差称为偏差。绝大部分误差是在各参变数的直接测量过程中产生的，直接测量的误差有随机误差、系统误差和过失误差三种类型。

1. 系统误差

系统误差是一个恒定值，其大小与符号在每次测量时完全相同，所以也称为恒定误差，产生系统误差的主要原因有：(1) 仪表本身的缺欠、刻度值不准确、温度计没有经过校正等；(2) 测量环境的变化，如外界温度、压力发生变化等；(3) 被测未知量在截面上分布不均匀，以及测量点选择不恰当、仪表安装上的欠缺等；(4) 测量者习惯也会引起误差，同一个量，不同人读数也不同。上述误差可根据具体情况预先求出，并可对测量值进行校正。

2. 随机误差

随机误差有时大，有时小；有时是正值，有时为负值。产生这种误差的原因一般无法控制。但是如果用同一精度仪器在同样条件下，对同一未知量做多次测量，并且测量的次数足够多时，这些误差将遵守统计规律。随机误差具有以下性质：(1) 绝对值小的误差出现的机会最多（出现的次数多）；(2) 误差的正值与负值出现的机会相等；(3) 误差的算术平均值趋近为零；(4) 误差的绝对值不超过某一固定值。

3. 过失误差

过失误差是试验人员粗心、操作不正确或环境突变引起的误差，没有规律性。

13.1.4 精度与准确度

随机误差决定测量的精度。随机误差小，说明逐次测量值都很接近平均值，但这并不说明测量很准确，因为平均值还可能远离真实值。准确度取决于测量值与真值之间的误差。当随机误差比较小时，准确度主要与系统误差有关。精度与准确度之间的差别是：测量值之间相符的程度为精度，测量均值与真值之间相符的程度为准确度。

13.1.5 测量仪表的技术性能

各种测量仪表的工作过程都是利用被测参数以某种能量形式进行传递或转换，并与相应的测量单位进行比较，最后显示出读数。测量仪表的技术性能分静态特性与动态特性两种。

1. 静态特性

静态特性包括：(1) 量程和刻度范围；(2) 准确度；(3) 灵敏度（分辨率）；(4) 线性；(5) 变差。

2. 动态特性

当被测参数随时间变化时，就要考虑仪表的动态特性。动态特性好的仪表，其输出信号随时间变化的曲线与被测参数随时间变化的曲线一致或比较接近。一般用频率响应与阶跃响应两个指标表示仪表的动态特性。

13.2　试验数据处理

13.2.1　试验数据的取舍

在测试工作中，经过不同次数、不同人员、不同实验室用同一种方法对同一被测参数进行测量，可得到大量的原始记录。首先要排除原始记录中异常大的或异常小的数据。如果是几个组或几个试验室的测试数据时，则需要舍去精度不符合要求的实测数据和置信概率低的数据，保留那些精度符合要求的数据，并进行分析从而得到确切的测量结果。取舍应该严格地遵从数理统计方法。

1. 可疑测量值的取舍

对同一被测参数进行测量时，得到一组数据。在这组数据中如发现有明显偏大或偏小的测量值时，必须首先从技术上弄清原因。如发现是人为失误则应舍去。如果查不到主观与客观原因，应用统计学上的检验方法决定取舍。检验方法有数种，应该根据具体情况选用。如果标准规定采用某种检验方法，则应严格执行。常用的检验准则有拉依达（Paŭta）检验准则、狄克逊（Dixon）检验准则、格鲁布斯（Grubbs）检验准则、T 检验准则。

2. 两组测量结果的对比

在燃气测试工作中，有时需要将一组测量结果与标准值或与另一组测量结果对比，以确定两者之间是否有显著差异。可采用两种方法，一是平均值与标准值的对比（T 检验），适用于已知一组测量值，要对比此组测量值的平均值与被测参数的标准值有无明显差异。另一种是 F 检验准则（精度检验）。

两个实验室（或组）同测一个被测参数，要求对比两组测量结果有无明显差异。首先对比两组测量结果的精度。只有在精度没有明显差异的条件下才能对比两者测量结果。当两组数据经过 F 检验其精度没有明显差异，这时可以用 T 检验。

3. 多个实验室测量的结果检验

有多个实验室用同样方法测同一试样，要判断精度比较差的测量结果。以便将其舍去。此时可用科克伦（Cochranc）检验准则。

13.2.2 有效数字与计算法则

在整理、计算测试数据过程中，决定用几位数字表示测量值和计算结果是一个很重要的问题。在确定位数时，经常有两个不正确的观点：(1) 小数点后面的位数越多越准确；(2) 保留的位数越多精度越高。正确决定位数的原则是；所有的位数除末位数字为可疑的不确切外，其他各位数字都是可信赖与确切的。通常认为末位数字可有一个单位的误差，或下一位的误差不超过±5。

1. 有效数字

在整理测试数据时，会遇到两类数字：(1) 无差数字，例如清点某物件的数量，除了因过失而数错以外，无论由谁来数，用什么方法数或在什么时间数，其结果都应该是同样的。除此以外，可以认为 π、$\sqrt{2}$ 等有效数字是没有限制的。(2) 有差数字，通常测量结果均为有差数字，这类数的末一位或末二位，往往是估计得来的。

还要指出，数字 0 可以是有效数字，也可以不是有效数字。例如，长度 90.7mm 与 0.0907m 的位数均为 3 位、而 0.0907 中 9 前面的 0 只与单位有关，与精确度无关，而 9 后面的 0 却是有效数字。

2. 数值修约规则

过去人们习惯用“四舍五入”的数字修约规则，其缺点为见五就进一，出现单向偏差。现在通用国家标准局推荐的“四舍六入五单双”的数字修约规则，其优点是进舍项数和进舍误差具有平衡性（表 13-1）。也就是说，进舍引起的误差可以自相抵消，取舍出现的偏差值接近于零。

进舍项数和进舍误差平衡表　　表 13-1

原数	00	01	02	03	04	05	06	07	08	09	10	11	12	13	14	15	16	17	18	19
修约数	0	00	00	00	00	00	10	10	10	10	10	10	10	10	10	20	20	20	20	20
误差	0	−1	−2	−3	−4	−5	+4	+3	+2	+1	0	−1	−2	−3	−4	−5	−6	−7	−8	−9

具体的修约规则如下

(1) 在拟舍去的数字中，若左边第 1 个数字小于 5（不包括 5）时，则舍去。如 14.2432 修约为 14.2。

(2) 在拟舍去的数字中，若左边第 1 个数字大于 5（不包括 5）时，则进一。如 14.2632 修约为 14.3。

(3) 在拟舍去的数字中，若左边第 1 个数字等于 5 时，其右边的数字并非全是 0 时，则进 1。如 14.25ll 修约为 14.3。

(4) 在拟舍去的数字中，若左边第 1 个数字等于 5，其右边数字皆为 0 时，如拟保留的末位数字为奇数时则进 1，为偶数时（包括“0”）则舍去。如，1.7500 修约为 1.8，1.8500 修约为 1.8，1.0500 修约为 1.0。

3. 计算法则

计算测试数字时，应按一定法则运算，可免去因计算的繁琐带来的错误，下面介绍一些常用的法则：

(1) 在记录有效数字时，只保留一位可疑数字。

(2) 当有效位数确定后，其余数字一概按修约规则舍去。

(3) 首位数超过 8 时，有效数字的位数多加一位。在计算有效数字位数时，若第一位数字等于或超过 8 时，有效数字的位数可多于一位。例如：8.34 表面上虽是三位有效数字，但计算时可作为四位考虑。

(4) 加减法时，以小数点位数少者为准。在做加减的数学运算时，应以小数点位数最少的为准，例如 8.7+1.03，应以 8.7 为主，一律取小数点后一位数，即 8.7+1.0=9.7。

(5) 乘法中应以位数最少的为准。在做乘法运算中，各数值保留的位数应以位数最少的为准。所得的积的精度不能大于精度最小的那个因子。

（6）对数时，对数与真数位数相等。在对数运算中，所取对数的有效数字位数应与真数的有效数字位数相等。

（7）4 个值以上的平均值加一位。计算 4 个或 4 个以上数值的平均值时，则平均值有效位数字位数可以增加一位。

（8）常数（π、e 等）位数不限。在计算时，对 π、e 等常数，有效数字的位数没有限制，可以根据需要几位就写几位。

（9）误差值有效数字只有一位。计算误差值时，一般只保留一位有效数，其数量级与最末一位有效数字相一致。

当重要而又非常精确的测量、所得误差数值尚需进一步计算、所取得的两位有效数字的字面上小于 30 等情况时，误差也可以保留两位或三位有效数字。在误差计算中最多取三位数字。算术平均值要根据误差的大小来调整其位数，使其最末一位有效数字的数量级与误差最末一位的数量级相等。例如：164.6±3.28 调整后得 164.6±3.3；1.23±0.026 调整后得 1.230±0.026；97654±378 调整后得（9765±38)×10。

13.2.3 数据分析和处理

1. 常用的数据分析和处理方法

（1）数据分析

统计学上的数据分析方法较多，包括描述统计、假设检验、信度分析、相关分析、方差分析、回归分析、聚类分析、主成分分析等，本节针对在检测技术中常用数据分析方法进行简单介绍。

1）描述统计

描述统计（Descriptive Statistics）是通过图表或数学方法，对数据资料进行整理、分析，并对数据的分布状态、数字特征和随机变量之间关系进行估计和描述的方法。描述统计分为集中趋势分析、离中趋势分析和相关分析三大部分。集中趋势分析主要靠平均数、中数、众数等统计指标来表示数据的集中趋势。离中趋势分析主要靠全距、四分差、平均差、方差、标准差等统计指标来研究数据的离中趋势。相关分析探讨数据之间是否具有统计学上的关联性，这种关系既包括两个数据之间的单一相关关系，也包括多个数据之间的多重相关关系，相关分析是一种常用的完整的统计研究方法，它贯穿于提出假设、数据研究、数据分析、数据研究的始终。

2）信度分析

信度（Reliability）即可靠性，它是指采用同样的方法对同一对象重复测量时所得结果的一致性程度。信度指标多以相关系数表示，大致可分为三类：稳定系数（跨时间的一致性），等值系数（跨形式的一致性）和内在一致性系数（跨项目的一致性）。信度分析的方法主要有以下四种：重测信度法、复本信度法、折半信度法、α 信度系数法。

3）方差分析

方差分析（Analysis of Variance）又称“变异数分析”或“F 检验”，方差分析作为一种常用的统计方法，能够分析不同因素对数据变异的影响，并确定哪些因素对数据的变异具有显著影响。通常分为单因素方差分析、多因素有交互方差分析、多因素无交互方差分析和协方差分析。

4）回归分析

回归分析（regression analysis）指的是确定两种或两种以上变量间相互依赖的定量关系的一种统计分析方法。回归分析按照涉及的变量的多少，分为一元回归分析和多元回归分析；按照因变量的多少，可分为简单回归分析和多重回归分析；按照自变量和因变量之间的关系类型，可分为线性回归分析和非线性回归分析。

（2）数据处理

数据处理是将收集的数据通过加工、整理和分析、使其转化为信息，通常有列表法和作图法；列表法是将数据按一定规律用列表方式表达出来，是记录和处理最常用的方法；作图法可以直观地表达各个物理量间的变化关系，从图线上可以简便求出实验需要的某些结果，还可以把某些复杂的函数关系，通过一定的变换用图形表示出来。图表和图形的生成方式主要有两种：手动制表和用程序自动生成制表，其中用程序自动生成制表是通过相应的软件制表，例如用 Excel、Origin、MATLAB 等软件。

2. 常用的数据分析和处理软件

（1）Excel

Excel 是一种常见的电子表格软件，主要用于数据的分类、统计、计算和展示。它内置了曲线拟合的功能。通过使用 Excel 的回归分析工具，可以进行线性、多项式和指数等常见曲线的拟合，并生成拟合曲线和相关统计信息；使用 Excel 自带的数据分析功能可以完成很多专业软件才有的数据统计、分析，其中包括：直方图、相关系数、协方差、各种概率分布、总体均值判断，均值推断、线性、非线性回归、多元回归分析等内容。

（2）Origin

Origin 是一款专业的数据分析和绘图软件，提供了完善的曲线拟合工具，尤其适合曲线、曲面的图。Origin 可以进行数据处理和分析、信号处理、曲线拟合以及峰值分析等，可以进行各种类型的数据处理，包括数据输入、编辑、清洗、转换、分析等，同时它支持各种统计分析和数据挖掘方法，包括非线性最小二乘法、波形拟合、方差分析、回归分析、聚类分析、主成分分析等，并提供了直观的界面和丰富的分析功能。

（3）Matlab

Matlab 是一种功能强大的科学计算软件，其中包含了丰富的曲线拟合函数和工具箱。它提供了多种拟合算法和函数，如 polyfit、fit、lsqcurvefit 等，能够灵活地进行曲线拟合和参数估计。

（4）Python（NumPy、SciPy）

Python 是一种流行的编程语言，NumPy 和 SciPy 是其常用的科学计算库。NumPy 提供了高性能的数值计算功能，SciPy 则包含了各种优化和拟合函数。利用这两个库，可以使用 polyfit、curve_fit 等函数进行曲线拟合。

13.2.4　数值拟合与相关系数

1. 线性回归

在很多直线中，回归直线是最接近测量点的直线。也可以说，直线与实测数据的总差值最小。因此回归直线是代表 g 与 f 两个变量之间线性关系的较为合理的直线，回归直线可用式(13-6)表示：

$$y=a+bx \tag{13-6}$$

当实测 x 的测量值分别为 X_1、X_2……、X_n 时：

$$Y_1=a+bX_1\text{；}Y_2=a+bX_2\text{；}Y_n=a+bX_n$$

各点偏离直线（图 13-1）的距离为 $d_i=Y_i-y_i=Y_i-(a+bX_i)$，则：

$$Q_E=\sum_{i=1}^{n}[Y_i-(a+bX_i)]^2 \tag{13-7}$$

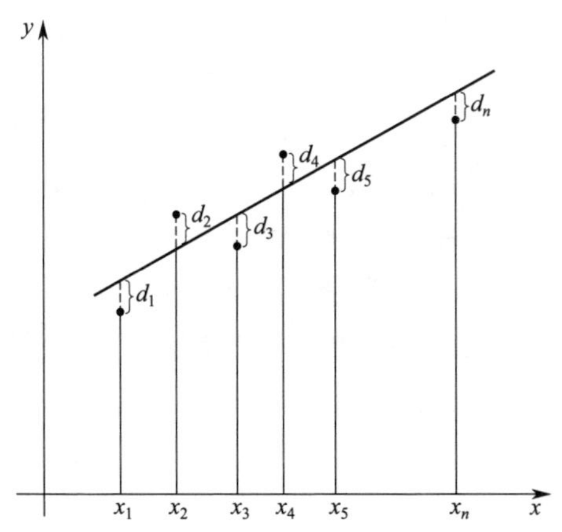

图 13-1　某测点与方程式的偏差

Q_E 亦称几个测点与回归直线的密合度。它随不同的 a 与 b 值变化而变化，为了找出回归直线的 a 与 b 值，可用最小二乘法，使 Q_E 达到最小的目标。

$$a=\frac{1}{n}\sum_{i=1}^{n}Y_i-\frac{1}{n}b\sum_{i=1}^{n}X_i \tag{13-8}$$

$$b=\frac{\sum_{i=1}^{n}X_iY_i-\frac{1}{n}\left(\sum_{i=1}^{n}X_i\right)\left(\sum_{i=1}^{n}Y_i\right)}{\sum_{i=1}^{n}X_i^2-\frac{1}{n}\left(\sum_{i=1}^{n}X_i\right)^2} \tag{13-9}$$

以上两式中　a、b——回归直线的系数；

X_i——各测点实测值对应的横坐标值；

Y_i——各测点实测值对应的纵坐标值；

n——测量次数。

2. 相关系数

$$\rho=\frac{\sum_{i=1}^{n}(X_i-\overline{X})(Y_i-\overline{Y})}{\sqrt{\sum_{i=1}^{n}(X_i-\overline{X})\sum_{i=1}^{n}(Y_i-\overline{Y})^2}} \tag{13-10}$$

$$m_\rho=\frac{1-\rho^2}{\sqrt{n-1}} \tag{13-11}$$

以上两式中　ρ——相关系数；

X_i——各测点实测值对应的横坐标值；

Y_i——各测点实测值对应的纵坐标值；

$\overline{X}$——横坐标的算术平均值；

$\overline{Y}$——纵坐标的算术平均值；

m_ρ——常系数；

n——测量次数。

关系密切指数：

$$\eta=|\rho|\sqrt{n-1} \tag{13-12}$$

式中　η——关系密切指数；

ρ——相关系数；

n——测量次数。

根据以上推导，相关系数 ρ 的特性如下：

（1）当 $\rho=\pm1$ 时，Y_i 与 X_i 全部落在回归线上，说明 y 与 x 存在严格的函数关系。

（2）当 $\rho=0.9\sim1.0$ 时及 $\eta\geqslant3$ 时，y 与 x 呈线性关系。

（3）当 $\rho=0.7\sim0.9$ 时及 $\eta\geqslant3$ 时，y 与 x 关系密切，可用直线表示其变化关系。

（4）当 $\rho=0.5\sim0.7$ 时及 $\eta\geqslant3$ 时，y 与 x 两因素间的关系切实存在。

（5）ρ 为正值时，y 与 x 为正相关。y 随 x 的增大而增大，反之为负相关。

（6）ρ 很小或为零时，y 与 x 为不存在任何关系。

3. 回归线的精度与置信范围

（1）回归线（回归方程）的精度

回归线的精度是指实测点对回归直线的离散程度，可用方差（偏差的平方和）表示，在不考虑回归直线本身稳定性时，回归方程的精度为：

$$S_E=\sqrt{\frac{\sum_{i=1}^{n}(Y_i-\overline{Y})(1-\rho)}{n-2}} \tag{13-13}$$

式中　S_E——回归方程的精度；

Y_i——各测点实测值对应的纵坐标值；

$\overline{Y}$——纵坐标的算术平均值；

ρ——相关系数；

n——测量次数。

（2）置信概率与置信区间

当测点足够多的时候，可以认为各测点落在 $y=a+bx\pm1.96S_E$，置信区间的置信概率为 95%，作两条平行于回归线的直线：

$$y_1=a+bx+1.96S_E$$
$$y_2=a+bx-1.96S_E$$

式中 a、b——回归直线的系数；

S_E——回归方程的精度。

实测点落在该区间范围的概率是 95%。

13.3 直接测量误差分析与间接测量误差传递

误差分析理论要解决误差存在的规律性，找出减少误差影响测量的方法，尽可能得到逼近真值的结果，并对结果给出正确的评价。此外，间接测量时还要考虑误差传递的影响。

13.3.1 随机误差的正态分布

任何测量都有随机误差。

服从正态分布的随机误差分布密度函数 $\hat{y}$：

$$\hat{y}=\frac{1}{\sqrt{2\pi}\cdot\sigma}e^{-d_i^2/2\sigma^2} \tag{13-14}$$

$$d_i=y_i-\mu$$

式中 d_i——某次测量的误差；

σ——一组测量值的均方根误差；

μ——被测参数的真值。

式中 σ 和 μ 是决定正态分布的两个特征参数。在数理统计中，μ 是随机变量的数学期望，σ^2 是随机变量的方差。μ 代表被测参数的真值，完全由被测参数本身决定，当测量次数 n 趋向无穷多时，有：

$$\mu=\lim_{n\to\infty}\frac{1}{n}\sum_{i=1}^{n}Y_i \tag{13-15}$$

σ 代表测量值在真值周围的散布程度，它是由测量条件决定的，σ 被称为均方根误差，其定义为：

$$\sigma=\lim_{n\to\infty}\sqrt{\frac{1}{n}\sum_{i=1}^{n}d_i^2}=\lim_{n\to\infty}\sqrt{\frac{1}{n}\sum_{i=1}^{n}(Y_i-\mu)^2} \tag{13-16}$$

σ 与 μ 确定后，正态分布就确定了。正态分布密度函数曲线如图 13-2 所示。从图上可清楚地反映出随机误差分布规律符合前文所述。

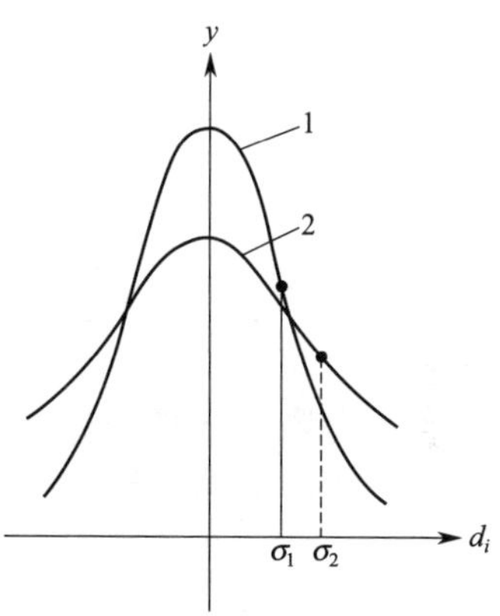

图 13-2 正态分布密度函数曲线

1—σ 值小的曲线；2—σ 值大的曲线

事实上并非所有随机误差都服从正态分布。例如仪器仪表度盘或其他传动机构偏差所产生的误差属均匀分布；圆形度盘由于偏心产生的读数误差属反正弦分布等。尽管如此，由于大多数误差服从正态分布，或者可由正态分布来代替，而且以正态分布为基础可使随机误差的分析大大简化，所以还是要着重讨论以正态分布为基础的测量误差的分析与处理。

由图 13-2 可见，某一 d_i 范围内误差出现的概率$\hat{y}$ 就是曲线下的面积：

$$P=\hat{y}\mathrm{d}d_i \tag{13-17}$$

式中，P 为测量误差值落在 d_i 到 $d_i+\mathrm{d}d_i$ 区间内的概率。同时还可以看出。值小（即离散度小）的测量值组的曲线陡，表示出现小误差值的概率高。也就是说，在同样的$\pm d_i$ 的区间内，σ 值小的曲线下面的面积大，即出现的概率高，说明该组测量值精度高。

由数学证明知道，正态分布曲线的转折点在 $d_i=\pm\sigma$ 处。同时还可以证明：在一组精度相同的测量值中，其算术平均值的误差平方和为最小，是最可信赖值。

13.3.2 误差出现概率

式(13-17) 可写成：

$$\hat{y}=\frac{P}{\mathrm{d}d_i}=\frac{1}{\sigma\sqrt{2\pi}}\mathrm{e}^{-d_i^2/2\sigma^2}$$

$$P=\frac{1}{\sigma\sqrt{2\pi}}\mathrm{e}^{-d_i^2/2\sigma^2}\mathrm{d}(d_i)$$

当误差值出现在$-\sigma$与$+\sigma$之间的概率为：

$$P(-\sigma,+\sigma)=\frac{1}{\sigma\sqrt{2\pi}}\int_{-\sigma}^{+\sigma}e^{\frac{-d_i^2}{2\sigma^2}}\mathrm{d}(d_i)=\frac{1}{\sigma\sqrt{2\pi}}\int_{-1}^{+1}e^{-\frac{1}{2}\left(\frac{d_i}{\sigma}\right)^2}\mathrm{d}\left(\frac{d_i}{\sigma}\right) \tag{13-18}$$

式中，$P(-\sigma,+\sigma)$代表误差落在$-\sigma$与$+\sigma$之间的概率，其余符号意义同前。

式(13-18)是概率积分一个特解，根据概率积分表可查得$P(-\sigma,+\sigma)\approx0.683=68.3\%$。这说明，当等精度测量次数足够多时，约有68.3%的次数出现在$\pm\sigma$范围内。也可以说有31.7%的次数出现在$\pm\sigma$范围以外。同理，还可以算出任意组等精度测量值的误差出现在$\pm k\sigma$之间的概率。

如果令：

$$b=\frac{d_i}{\sqrt{2\sigma}} \tag{13-19}$$

将$d_i=k\sigma$代入，得：

$$b=\frac{k\sigma}{\sqrt{2}\sigma}=\frac{k}{\sqrt{2}} \tag{13-20}$$

这样概率为：

$$P=\frac{1}{\sqrt{\pi}}\int_{-t}^{t}e^{-b^2}\mathrm{d}t=\frac{1}{\sqrt{\pi}}\left|b-\frac{b^3}{1!3}+\frac{b^5}{2!5}-\cdots\cdots\right|_{-t}^{t} \tag{13-21}$$

以上3式中符号意义同前。

将不同的k值代入式(13-20)及式(13-21)中，就可以算出k与P的关系。根据有关资料介绍，其结果如表13-2所示。

k与P的关系 **表13-2**

$k=d_i/\sigma$	0	0.32	0.67	1.00	1.15	1.96	2.00	2.50	2.58	3.00	∞
$P(-d_i,+d_i)$	0	0.250	0.500	0.683	0.750	0.950	0.955	0.987	0.990	0.997	1.000
$n_s=1/(1-P)$	0.001	1.1	2.0	3.2	4.0	20	22	78	100	370	∞

注：表中n_s表示当测量次数n_s次时，误差在$-d_i$与$+d_i$之外可能出现一次。

13.3.3　算术平均值的随机误差

当测量次数足够多时，算术平均值接近真值 μ，这时平均值 $\overline{Y}$ 及单值测量方差 σ^2 为：

$$\overline{Y}=\frac{1}{n}\sum_{i=1}^{n}Y_i\approx\mu \tag{13-22}$$

$$\sigma^2=\frac{1}{2}\sum_{i=1}^{n}(Y_i-\overline{Y})^2 \tag{13-23}$$

这样平均值 $\overline{Y}$ 的方差 $\sigma_{\overline{Y}}^2$ 及均方差 $\sigma_{\overline{Y}}$ 为：

$$\sigma_{\overline{Y}}^2=\frac{\frac{1}{n}\sum_{i=1}^{n}(Y_i-\overline{Y})^2}{n} \tag{13-24}$$

$$\sigma_{\overline{Y}}=\sqrt{\frac{\frac{1}{n}\sum_{i=1}^{n}(Y_i-\overline{Y})^2}{n}}=\frac{\sigma}{\sqrt{n}} \tag{13-25}$$

大多数测量值及其误差都服从正态分布。正态分布的特征参数 σ 与 μ，是当测量次数 n 为无穷大时的理论值。但是，实际测量的次数是有限的，并且不可能很多。如果认为研究对象全体称为母体，则实际测量是母体的一部分，被称为子样。当 n 值有限时，子样的平均值为 $\overline{Y}$，而反映离散度的参数用 S^2 代表，称为样本方差。其计算式为：

$$S^2=\frac{1}{n-1}\sum_{i=1}^{n}(Y_i-\overline{Y})^2 \tag{13-26}$$

唯当 $n\rightarrow\infty$ 时，$\overline{Y}\rightarrow\mu$，$S^2\rightarrow\sigma^2$。这时子样的均方根偏差 S（亦称样本的标准差）为：

$$S=\sqrt{\frac{1}{n-1}\sum_{i=1}^{n}(Y_i-\overline{Y})^2} \tag{13-27}$$

对算术平均值 Y 的均方根偏差 $S_{\overline{Y}}$ 为：

$$S_{\overline{Y}}\sqrt{\frac{1}{n(n-1)}\sum_{i=1}^{n}(Y_i-\overline{Y})^2}=\frac{S}{\sqrt{n}} \tag{13-28}$$

同理当 $n\to\infty$ 时，$S_{\overline{Y}}\to\sigma_{\overline{Y}}$。

13.3.4 测量结果的置信度

任何估计都有一定偏差，不附以某种偏差说明就失去科学的严格性。为此需要用数理统计中的参数区间估计，即用确切的数字表示某未知母体参数落在一定区间之内的肯定程度。

可以定义区间［$\overline{Y}-k\sigma$，$\overline{Y}+k\sigma$］为测量结果的置信区间。概率 $P(-\sigma,+\sigma)$ 为测量结果在置信区间［$\overline{Y}-k\sigma,\overline{Y}+k\sigma$］的置信概率。显然不同置信区间的置信概率是不相同的，由表 13-2 也可看出，置信区间越窄，置信概率越小。

如前所述，误差落在［$-\sigma,+\sigma$］之间的概率为 68.3%，这就表示被测参数真值落在 $\overline{Y}\pm\sigma$ 区间的置信概率为 68.3%。如果将置信概率提高到 95%时，由表 13-2 可得 $k=1.96$，即置信区间为 $\overline{Y}\pm1.96\sigma$。

同理，利用子样平均值估计母体参数时，其置信区间为 $\overline{Y}\pm kS_{\overline{Y}}$ 置信概率也可自表 13-2 查出。

13.3.5 测量结果误差评价方法

不同的资料提出不同种类的误差评价方法。这主要是由于置信概率的不同以及其他意义上的不同，使测量结果的误差有不同的表示方法。

1. 标准误差

将均方根误差定义为标准误差。它把单值测量的置信区间限制在 $Y_i\pm\sigma$ 之间。当用子样（或样本）测量值的平均值表示测量结果时，标准偏差要求的置信区间为 $\overline{Y}\pm S_{\overline{Y}}$。相应的，置信概率亦为 68.3%。

2. 平均误差

平均误差是全部测量值随机误差绝对值的算术平均值，即：

$$\delta=\frac{\sum_{i=1}^{n}|Y_i-\mu|}{n} \tag{13-29}$$

平均误差与标准差的关系：

$$\delta=\sqrt{\frac{2}{\pi}}\sigma\approx\frac{4}{5}\sigma \tag{13-30}$$

如果利用平均误差，其单值测量区间为 $Y_i\pm\frac{4}{5}\sigma$，置信概率为 57.5%。

若测量结果用于子样测量值平均值表示时，其置信区间为 $\overline{Y}\pm\frac{4}{5}S_{\overline{Y}}$，置信概率亦为 57.5%。

3. 或然误差

当把置信概率规定为 50%时，误差称为或然误差，即

$$r=0.67\sigma \tag{13-31}$$

同理可得，采用或然误差的置信范围为：单值测量时，$Y_i\pm0.67\sigma$，用于子样测量值平均值表示测量结果时，$\overline{Y}\pm0.67S_{\overline{Y}}$。置信概率均为 50%。

4. 极限误差

将标准误差的三倍定义为极限误差，用符号 Δ 表示，即 $\Delta=3\sigma$。对于服从正态分布的系列测量值，当置信范围为 $Y_i\pm3\sigma$，其置信概率由表 13-2 查得为 99.7%。也就是说落在置信范围以外的概率只有 0.3%，可以认为是不存在的。这也是规定极限误差的理由。

5. 规定置信概率求出误差范围

目前也有规定置信概率为 95%（或 99%），求在此条件下的允许的误差，从而决定置信区间。

13.3.6　间接测量的误差传递

1. 系统误差传递

这是以测量值 A、B、C 为基础，计算被测结果 X。设 ΔA、

ΔB、ΔC 为系统误差，AX 为 X 值的最大形成误差。算法如下。

（1）加减法

当 $X=A+B-C$ 时，

考虑最不利情况下所有误差相加，故：

$$\Delta X_{max}=\Delta A+\Delta B+\Delta C \tag{13-32}$$

式中，ΔX_{max} 为 X 的最大可能误差。

（2）乘除法

当 $X=AB/C$ 时：

$$X+\Delta X=\frac{(A+\Delta A)(B+\Delta B)}{C+\Delta C}=\frac{AB+A\Delta B+B\Delta A+\Delta A\Delta B}{C+\Delta C}$$

$$\Delta X=\frac{AB+A\Delta B+B\Delta A}{C+\Delta C}-\frac{AB}{C}$$

$$\frac{\Delta X}{X}=\frac{ABC+CA\Delta B+BC\Delta A-(ABC+AB\Delta C)}{C(C+\Delta C)}\times\frac{C}{AB}$$

$$\frac{\Delta X}{X}=\frac{\Delta A}{A}+\frac{\Delta B}{B}+\frac{\Delta C}{C}$$

$$\Delta X=\left(\frac{\Delta A}{A}+\frac{\Delta B}{B}+\frac{\Delta C}{C}\right)X \tag{13-33}$$

2. 随机误差的传递

（1）加减法

当 $X=A+B-C$ 时，各测量的方差（标准偏差的平方）之和等于总的方差：

$$S_X^2=S_A^2+S_B^2+S_C^2 \tag{13-34}$$

式中　S_X、S_A、S_B、S_C——测量值的方差。

（2）乘除法

当 $X=AB/C$，各项的相对标准偏差的平方和等于总的相对标准偏差的平方，即：

$$\left(\frac{S_X}{X}\right)^2=\left(\frac{S_A}{A}\right)^2+\left(\frac{S_B}{B}\right)^2+\left(\frac{S_C}{C}\right)^2 \tag{13-35}$$

13.4 试验重复性与再现性的确定

13.4.1 重复性与再现性相关定义

《测量方法与结果的准确度（正确度与精密度）第1部分：总则与定义》GB/T 6379.1—2004给出了有关重复性和再现性的定义：

（1）精密度：在规定条件下，独立测试结果之间的一致程度。

（2）重复性：在重复性条件下的精密度。

（3）重复性条件：在同一实验室，由同一操作员使用相同的设备，按相同的测试方法，在短时间内对同一被测对象相互独立进行测试条件。

（4）重复性标准差：在重复性条件下所得测试结果的标准差。

（5）再现性：在重复性条件下的精密度。

（6）再现性条件：在不同实验室，由不同操作员使用不同的设备，按相同的测试方法，对同一被测对象相互独立进行测试条件。

（7）再现性标准差：在再现性条件下所得测试结果的标准差。

（8）偏倚：测试结果的期望与接受参照值之差。与随机误差相反，偏倚是系统误差的总和。偏倚可能由一个或多个系统误差引起。系统误差与接受参照值之差越大，偏倚就越大。

（9）接受参照值：用作比较的经协商同意的标准值，它来自于：1）基于科学原理的理论值或确定值；2）基于一些国家或国际组织实验工作的指定值或认证值；3）基于科学或工作组织赞助下实验室工作中的同意值或认证值；4）当1）、2）、3）均不能获得时，则用（可测）量的期望，即规定测量总体的均值。

13.4.2 重复性与再现性的确定方法

1. 误差分量模型

为估计测量方法的准确度（正确性和精密度），假定对给定的被测物料，每个测试结果 y 是三个分量的和：

$$y=m+B+e \tag{13-36}$$

式中 m——总平均值（期望）；

B——重复性条件下偏差的实验室分量；

e——重复性条件下每次测量产生的随机误差。

（1）总平均值分析

总平均值 m 是测试水平；一种化学品或物料的不同成分的样品（例如不同类型的钢材）对应着不同的水平。总平均值 m 未必与真值 μ 相等。

在检查用相同测量方法获得的测试结果间的差异时，测量方法的偏倚不会对其产生影响，因此可以忽略。然而，当把测试结果和一个在合同中或标准中规定的值进行比较时，其中合同中或标准中指的值是真值 μ 而不是测试水平 m，或者比较不同的测量方法得到的结果时，需考虑测量方法的偏倚。如果存在一个真值，并且可以获得满意的参照物，那么就应该用 ISO 5725-4 中的方法确定测量的偏倚。

（2）实验室偏差分量分析

在重复条件下进行测试，分量 B 可认为是常数，但在其他条件下进行测试，分量 B 则会不同。当对不特别指定的两个实验室之间差异进行一般性描述，或对两个未确定其各自偏倚的实验室进行比较时，需考虑偏倚的实验室分量的分布，这就是引进再现性概念的理由。B 的方差称为实验室间方差的变异 $K_{\mathrm{var,B}}$ 可用下式表示：

$$K_{\mathrm{var,B}}=\sigma_{\mathrm{L}}^{2} \tag{13-37}$$

式中 σ_L^2——包含操作员间和设备间的变异。

（3）测量随机偏差分量分析

误差项表示每个测试结果都会发生的随机误差。在重复条件下单个实验室内的方差称为实验室内方差的变异 $K_{\mathrm{var,e}}$，用式表示：

$$K_{\mathrm{var,e}}=\sigma_{\mathrm{W}}^{2} \tag{13-38}$$

式中 σ_{W}^{2}——随机偏差的变异。

由于诸如操作员的技巧等方面的差异，不同实验室的 σ_W^2 值可能不同，但《测量方法与结果的准确度（正确度与精密度）第 1 部分：总则与定义》GB/T 6379.1—2004 中，假定对一般的标准化测量方法，实验室之间的这种差异很小的，可以对所有使用该测量方法的实验室设定一个对每个实验室都相等的实验室内方差。该方差称为重复性方差 σ_r^2，可以通过实验室内方差的算术平均值 $\overline{\sigma_W^2}$ 来进行估计，表达式如下：

$$\sigma_r^2=\overline{K_{var,e}}=\overline{\sigma_W^2} \tag{13-39}$$

上式中算术平均值是在剔除了离群值后对所有参加准确度试验的实验室计算得到的。

2. 误差模型

作为精密度度量的两个量，重复性方差可以直接作为误差项 e 的方差，再现性方差为重复性方差和实验室间方差之和。重复性标准差为：

$$\sigma_r=\sqrt{K_{var,e}} \tag{13-40}$$

再现性标准差为：

$$\sigma_R=\sqrt{\sigma_L^2+\sigma_r^2} \tag{13-41}$$

3. 基本模型中的参数估计

在统计实践中，如果标准差的真值未知，则以样本进行估计并替代，此时，符号 σ 用 s 代替，s 表示 σ 的估计值。下列估计值可以根据《测量方法与结果的准确度（正确度与精密度）第 1 部分：总则与定义》GB/T 6379.1—2004 由式(13-36)～式(13-41) 得出：

s_L^2——实验室间方差的估计值；

s_W^2——实验室内方差的估计值；

s_r^2——s_W^2 的算术平均值，并且是重复性方差的估计值，这个算术平均值是在剔除了离群值后对所有参与准确度试验的实验室计算得到的。

s_R^2——再现性方差的估计值；

$$s_R^2=s_L^2+s_r^2 \tag{13-42}$$

4. 精密度试验的统计分析

数据的分析包括以下三个步骤：

（1）对数据进行检查，以判断和处理离群值或其他不规则数据，并检验模型的合适性；

（2）对每个水平分别计算精密度和平均值的初始值；

（3）确定精密度和平均值的最终值，且在分析表明精密度和水平 m 之间可能存在某种关系时，建立他们之间的关系。

对每个水平，首先计算重复性标准差、实验室间方差、再现性方差、平均值。然后计算总平均值和各种方差，方法可见本章参考。

13.5 测量不确定度评定与分析

13.5.1 测量不确定度的概念

误差是被测量的测量值与真值的差值，由于被测量的真值通常是未知的，使误差表示法产生了定量的困难。

不确定度是以误差理论为基础建立起来的一个新概念，表示由于测量误差的存在而对被测量值不能确定的程度，它以参数的形式包含在测量结果中，用以表征合理赋予被测量值的分散性，表示被测量真值所处的量值范围的评定结果。不确定度的大小体现测量质量的高低，不确定度小，表示测量数据集中，测量结果的可信程度高；不确定度大，表示测量数据分散，测量结果的可信程度低。一个完整的测量结果，不仅要给出测量值的大小，而且要给出测量不确定度，以表明测量结果的可信程度，测量不确定度是对测量结果质量的定量评定。

测量结果的不确定度一般包含多个分量，按其数值评定方法的不同分为 A 类和 B 类。A 类用统计方法计算的标准偏差表征，常用的计算 A 类不确定度的方法可见本章参考文献［1］；B 类用非统计方法、经验、资料及假设的概率分布估计的标准偏差表征，常用的计算 B 类不确定度的方法可见本章参考文献［1］；合成不确定度及总不确定度计算也可见本章参考文献［1］计算。

13.5.2　测量不确定度的来源

测量过程中有许多引起测量不确定度的来源，主要来自以下几个方面：

（1）对被测量的定义不完整或不完善；

（2）对模拟仪器的读数存在人为偏差（偏移）；

（3）测量仪器的分辨力或鉴别力不够；

（4）测量标准和标准物质的参数值不准；

（5）数据计算用的物性参数和其他参数不准。

本章参考文献

［1］金志刚，王启．燃气测试技术手册［M］．北京：中国建筑工业出版社，2011.

［2］中华人民共和国国家质量监督检验检疫总局，中国国家标准化管理委员会．测量方法与结果的准确度（正确度与精密度）　第 1 部分：总则与定义：GB/T 6379.1—2004［S］．北京：中国标准出版社，2005.

［3］中华人民共和国国家质量监督检验检疫总局，中国国家标准化管理委员会．测量方法与结果的准确度（正确度与精密度）　第 2 部分：确定标准测量方法重复性与再现性的基本方法：GB/T 6379.2—2004［S］．北京：中国标准出版社，2005.

［4］中华人民共和国国家质量监督检验检疫总局．通用计量术语及定义：JJF 1001—2011［S］．北京：中国质检出版社，2012.

［5］中华人民共和国国家质量监督检验检疫总局．测量不确定度评定与表示：JJF 1059.1—2012［S］．北京：中国标准出版社，2013.

［6］国家市场监督管理总局．计量标准考核规范：JJF 1033—2023［S］．北京：中国标准出版社，2023.

［7］中国合格评定国家认可委员会．化学分析中不确定度的评估指南：CNAS-GL06［S］．北京：中国合格评定国家认可委员会，2006.

第14章 燃气具产品寿命评估

燃气具产品出厂时各项功能和性能符合制造验收规范要求的合格水平，在规定条件下合格水平保持的时间越长，说明产品越可靠。由于产品发生故障或失效是一个不确定的事件，且可靠性是消费者要求生产厂家的燃气具产品必须具备的特性之一。因此，为确保产品在既定条件下实现既定功能，对燃气具产品寿命进行评估至关重要。

14.1 概述

14.1.1 寿命评估的作用

燃气具产品寿命评估是指对燃气具产品在使用过程中的寿命进行评估，包括评估产品的使用寿命、维修周期、更换周期等。燃气具产品寿命评估对于保障人身和财产安全、降低经济成本、减少对环境的影响、提升产品的市场竞争力、避免法律风险等方面具有重要的作用，主要有以下两方面作用：

1. 安全性与质量控制

(1) 帮助发现产品设计或制造上的缺陷，为产品生产流程调整或设计改进提供优化配置方案，提高产品的质量；(2) 发现实际运行中常见的故障模式以及产品老化、损坏等潜在的安全隐患，从而采取相应的维修或更换措施，确保产品安全可靠运行，为用户提供更高水平的安全保障，保障用户的权益。

2. 经济和环保性优化

（1）通过评估燃气具产品的寿命，可以避免过早报废或不必要的更换，降低产品的总成本，提高资源利用效率，提高经济效益；（2）可以帮助企业或个人制定更加合理的燃气具产品选购方案，减少产品全寿命周期内的碳排放，促进绿色消费和可持续发展。

14.1.2　可靠度和失效函数

1. 可靠度

可靠度是在规定时间（设计寿命）内、规定条件（温度、负荷、电压等）下，产品正常运转或服务正常的概率；即可靠度可以用来衡量产品或系统在规定寿命内完成规定功能的能力。

假设有 n_0 个相同的组件，在某一个试验条件下进行测试。在时间（$t-\Delta t$，t）内，有 n_f 个组件失效、n_s 个组件正常工作 [$n_f+n_s=n_0$]。可靠度表示正常工作的累计概率函数，在时刻 t，可靠度 R（t）为

$$R(t)=\frac{n_s}{n_f+n_s}=\frac{n_s}{n_0} \tag{14-1}$$

2. 失效率

失效率函数，或失效率 h（t），表征了失效仅发生在时间段 $t\sim(t+\mathrm{d}t)$间的条件概率，在时刻 t 之前没有出现失效。

$$h(t)=\frac{f(t)}{R(t)} \tag{14-2}$$

式(14-2)显示失效率为时间的函数。一般来说，失效率函数是如图 14-1 所示的浴盆形函数。在工作初期，由于产品制造缺陷、设计错误或装配瑕疵，样本失效率很高。随着失效产品被剔除，失效率也开始下降，此阶段称为“早期失效区”。T_1 时刻表示早期失效阶段的结束。

在早期失效阶段末尾，失效率会逐渐趋于常数。在常值失效区

（T_1～T_2），失效一般是不确定的，且由于加在产品上负载的变化而随机失效。材料缺陷和制造缺陷的随机产生会导致在常值失效率区出现失效，故此区间也称为偶然失效区。

失效率函数的最后一个区域是耗损区，从时刻 T_2 开始。耗损区开始的标志是，失效率开始比常值失效区出现显著上升，并且失效的发生不再是随机的，而是与产品的使用时间和损耗程度有关。在这一阶段，失效率迅速上升直至使用寿命（设计寿命）结束。为了减少耗损区大量失效所造成的影响，使用者应该进行阶段性的维修保养或考虑更换产品。

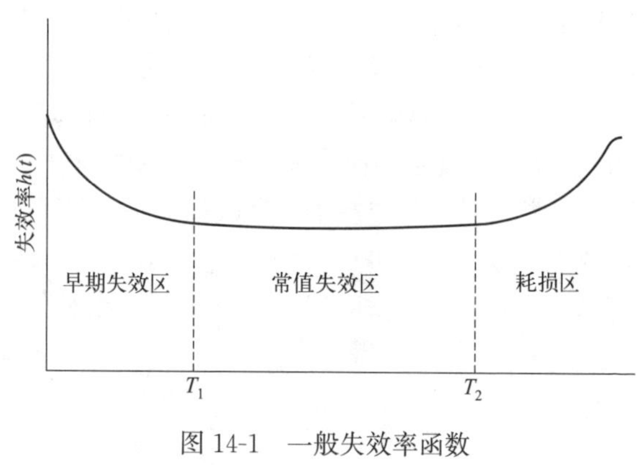

图 14-1　一般失效率函数

14.1.3　可靠性试验与模型

1. 可靠性试验分类

根据试验场所的不同，可靠性试验可分为现场寿命试验和实验室寿命试验。现场寿命试验，是产品在实际使用的工作和环境条件下所进行的寿命试验；实验室寿命试验，是在实验室模拟实际使用的工作和环境条件下所进行的寿命试验。

2. 可靠性试验方法

本节所描述试验为实验室寿命试验，并采用相应的工程经验法进行寿命评估，确定或验证产品寿命指标。

（1）适用对象

燃气具产品在使用中会发生磨损、腐蚀、疲劳或老化等耗损性故障模式，且一旦发生故障将会影响使用安全。实验室寿命试验适用的燃气具产品对象为新研产品、已投入使用的老产品，若要对其进行延寿或要评估其翻修后的寿命，也可进行实验室寿命试验。

（2）试验条件

为了使试验结果能够真实地反映在现场使用的情况，应考虑产品使用条件，分析影响产品寿命的主要工作应力和环境应力，如能证明产品寿命长短主要取决于使用条件中的工作应力，而与环境应力关系不大，则试验中可以只保留对产品寿命影响较大的工作应力。

（3）试验时间

产品可以根据其使用特点确定试验时间。当进行加速试验时，对于燃气设备的最短试验时间不低于 3 个月。

（4）故障判据

为了正确评估产品寿命与判断试验能否继续进行，需要对产品进行故障分析，并确定关联故障与非关联故障。对于可修复的产品，凡发生在耗损期内的，并导致产品翻修的耗损性故障为关联故障。对于不可修复产品，发生在耗损期内的，并导致产品出现的耗损性故障和偶然故障均为关联故障。

3. 可靠度模型

威布尔模型是一种非线性的模型，常用于失效率函数不随时间呈线性变化的情况，这种条件下的一种典型的失效率函数表达式为：

$$h(t)=\frac{\gamma}{\theta}\left(\frac{t}{\theta}\right)^{\gamma-1} \tag{14-3}$$

式中 θ——为特征寿命参数，为正数；

γ——为分布形状参数，是正数；

t——为运行时间。

威布尔模型的概率密度函数 $f(t)$ 为：

$$f(t)=\frac{\gamma}{\theta}\left(\frac{t}{\theta}\right)^{\gamma-1}e^{-\left(\frac{t}{\theta}\right)^{r}}\qquad t>0 \tag{14-4}$$

威布尔分布的分布函数 $F(t)$ 和可靠度函数 $R(t)$ 分别由式(14-5)和式(14-6)给出。

$$F(t)=1-\mathrm{e}^{-\left(\frac{t}{\theta}\right)^{r}}\qquad t>0 \tag{14-5}$$

$$R(t)=\mathrm{e}^{-\left(\frac{t}{\theta}\right)^{r}}\qquad t>0 \tag{14-6}$$

威布尔分布广泛用于可靠度建模，可以描述实际中的许多失效数据，当 $\gamma>1$ 时，失效率单调上升，且无上界，可以描述浴盆形曲线的耗损区；当 $\gamma=1$ 时，失效率变为常数（常值失效区）；$\gamma<1$ 时，失效率随时间递减（早期失效区）。

14.1.4 可靠度参数估计方法

预计可靠度需明确产品或组件的基本失效时间分布。另外，为了对加速寿命试验下产品或组件或系统的可靠度进行预计，需要估计描述试验样本失效时间概率分布参数，估计样本总体参数方法有最大似然估计法、贝叶斯法等。

1. 最大似然估计法

在计算概率分布参数时，常用的方法是最大似然估计法。

设总体 X 有分布律 P（$X=x$；θ）或密度函数 f（x；θ）（其中 θ 为一个未知参数或几个未知参数组成的向量 $\theta=$（θ_1，θ_2，……，θ_n,)），已知 $\theta\in\Theta$，Θ 是参数空间。（x_1，x_2，……，x_n）为取自总体 X 的一个样本（X_1，X_2，……，X_n）的观测值，将样本联合分布律或联合密度函数看成 θ 的函数，用 L（θ）表示，又称为 θ 的似然函数，则似然函数：

$$L(\theta)=\prod_{i=1}^{n}P(X_i=x_i;\theta)\text{，或 }L(\theta)=\prod_{i=1}^{n}f(x_i;\theta) \tag{14-7}$$

称满足关系式 $L(\hat{\theta})=\max\limits_{\theta\in\Theta}L(\theta)$ 的解 $\hat{\theta}$ 为 θ 的最大似然估计量。

当 $L(\theta)$ 是可微函数时，求导是求最大似然估计最常用的方法。此时又因 $L(\theta)$ 与 $\mathrm{In}L(\theta)$ 在同一个 θ 处取到极值，且对数似然函数

In$L(\theta)$求导更简单。常用对数似然方程，求 θ 的最大似然估计量。当似然函数不可微时，也可以直接寻求使得 $L(\theta)$达到最大的解来求得最大似然估计量。

2. 贝叶斯法

在很多情况下失效数据有限或不存在，就很难确定最佳分布，在这种情况下，贝叶斯法是估计分布参数的一种选择。

对于任何 $P(A)>0$，运用全概率公式计算：

$$P(A)=\sum_{j=1}^{r}P(A\mid B_j)P(B_j)$$

事件 B_j 相互独立且都包含事件 A。

令 $g(\theta)$作为参数 θ 的先验分布模型，并令 $g(\theta|t)$为观测值 t（以失效时间为例）为前提时 θ 的后验分布模型，同时令 $f(t|\theta)$为参数 θ 未知的前提下观测值 t 的概率。

$$g(\theta\mid t)=\frac{f(t\mid\theta)g(\theta)}{\int_0^{\infty}f(t\mid\theta)g(\theta)\mathrm{d}\theta} \tag{14-8}$$

概率模型 $f(t|\theta)$和先验分布 $g(\theta)$称为共轭分布，并且 $g(\theta)$是 $f(t|\theta)$的共轭先验分布。式(14-8)用来获得分布的推断和性质。

为了解决贝叶斯分析中参数估计问题，可采用马尔科夫链蒙特卡洛算法（MCMC），以目标函数为稳态分布来构造一条马尔科夫链，通过重复采样，运行直到马尔科夫链收敛到目标函数为止。

14.2　燃气燃烧器具寿命测评

燃气燃烧器具可靠性寿命测评对于确保用户安全、节能环保和设备性能至关重要。通过实验测试、模拟分析、历史数据分析等手段，针对燃气燃烧器具的可靠寿命进行评估，可以及时发现潜在的安全隐患和性能问题，有助于提升设备的使用寿命和性能效率，确保设备在长期使用过程中稳定可靠地运行，推动燃气燃烧技术的持续发展。本节以家用燃气灶具为例，描述其可靠性寿命测评的过程和方法。

14.2.1 可靠测评方法

1. 关键技术参数选择

（1）试验温度

由于灶具内的各零部件连接多采用〇形密封圈或密封垫方式密封，常用材质为丁腈橡胶、硅胶等高分子材料，此类材料对于温度应力较为敏感，当温度发生变化时，密封件的物理性能也相应发生变化。而且，当温度达到某一水平后，温度影响可能会导致密封性能出现快速退化现象，进而导致灶具的泄漏。

为了形成适用性较宽的试验方法，通过分析家用燃气灶具在生产运输、使用过程中所面临的极端环境，确定试验测试的温度范围。

参照《环境条件分类 环境参数组分类及其严酷程度分级 第2部分：运输和装卸》GB/T 4798.2—2021、《环境条件分类 自然环境条件 温度和湿度》GB/T 4797.1—2018 和《家用燃气灶具》GB 16410—2020 等标准的规定，按照预期的最不利条件考虑，确定最高试验温度不超过 110℃；最低试验温度不低于 50℃。

（2）试验时间确定

现行灶具及其相关零部件标准中对温度条件下的试验时间有不同的规定。参照《家用燃气器具旋塞阀总成》CJ/T 393—2012 和《热电式燃具熄火保护装置》CJ/T 30—2013 等标准的规定，试验中每个温度条件下灶具的试验时间为 48h。

2. 泄漏判定准则确定

参照《家用燃气灶具》GB 16410—2020 和《家用燃气器具旋塞阀总成》CJ/T 393—2012 等标准的规定。试验中当灶具在 15kPa 测试条件下，灶具的漏气量高于 20mL/h 时，判定为灶具泄漏。

3. 测评流程

（1）基准风险概率 $P(T)$确定

1）以气密性≥20mL/h 时作为泄漏判定准则，在 15kPa 条件下对样机进行初始气密性能测试，气密性合格的样机进行后续测试。

2）取 2 台气密性合格样机放入高低温试验箱中，在最高温度 110℃下进行耐温测试，48h 后取出样本，再按步骤 1）进行气密性测试，并记录测试结果 y_1。若气密性合格，记作 0；否则为不合格，记作 1。

3）按步骤 2），在[50℃，110℃]条件下进行其余耐温测试，并记录；温度低于 50℃时，结束测试。

4）设定 α、β 服从正态分布，且 $\alpha \sim N(0,\ 0.01)$，$\beta \sim N(0,\ 0.01)$，y_1 服从伯努利分布，$y_1 \sim \text{Bernoulli}(P(T))$，建立概率曲线 $P(T)=\dfrac{1}{1+e^{\beta\times T+\alpha}}$ 模型。

5）代入测试数据，采用贝叶斯统计中马尔科夫链蒙特卡洛算法（MCMC），估计最优的 α 和 β 系数，获得不同温度下的家用燃气灶具泄漏的基准风险概率曲线。

（2）长期生存概率 $S(t)$确定

1）按泄漏事故发生的基准风险概率 $P(T)$，将工作温度区划分为 3 个区域，分别为安全区域 $T_1(P\leqslant 0.2)$、过渡区域 $T_2(0.2<P\leqslant 0.5)$和危险区域 $T_3(P>0.5)$。

2）以 $P=0.5$ 对应的温度作为温度条件，进行不少于 20 台家用燃气具的长期测试，测试项目为长期温度测试后，测试气密性；当出现不合格时，记录测试时长 d 与不合格台数，计算对应时间下累积合格比例结果 y_2。测试合格，则将家用燃气灶具放入试验箱，继续测试，测试截止周期按不低于 3 个月，或所有家用燃气灶具气密性不合格的时间执行。

3）设定 γ 和 λ 服从正态分布，$\gamma \sim N(0,\ 5)$，$\lambda \sim N(0,\ 5)$，$y_2 \sim N(\gamma \times t + \lambda,\ \sigma)$，$\sigma \sim N(0,\ 10)$，建立威布尔概率曲线

$S(t)=\lambda[\exp(\gamma\times t)]$ 模型。

4）代入测试数据，采用 MCMC 算法，估计最优的 γ 和 λ 系数，确定概率曲线。

（3）工作风险 $L(t)$确定

以 $P(T)/S(t)$比值作为家用燃气灶具的工作风险概率 $L(t)$，以 $P(T)/S(t)>0.5$ 作为预警阈值，确定灶具寿命；同时，进行家用燃气灶具泄漏风险预警，指导家用燃气灶具旋塞阀关闭，且当家用燃气灶具在 T_3 温度区工作时，直接预警并关闭家用燃气灶具。

14.2.2 家用燃气灶具寿命分析

1. 基本风险概率确定

（1）试验结果

针对 20 台灶具样机进行不同温度的耐温试验，当气密泄漏量超过 20mL/h 时，判定灶具泄漏，试验结果如图 14-2 所示。

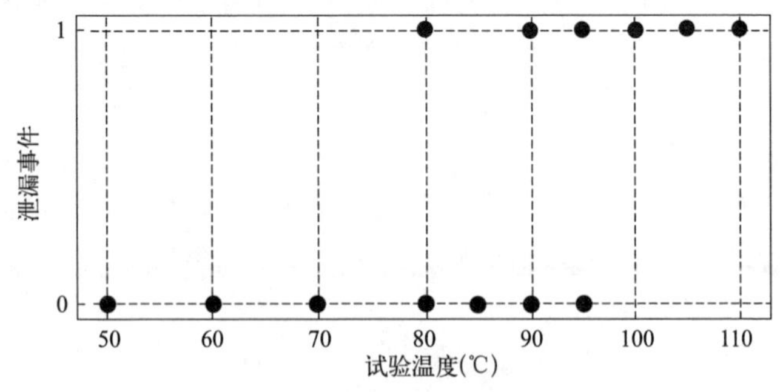

图 14-2 灶具泄漏试验结果

由图 14-2 可知，随着试验温度的升高，泄漏事故发生频次增多。按温度逐项统计，试验结果如下：

$T\leqslant70$℃时，灶具未出现泄漏情况，泄漏概率为 0；$T=80$℃时，2 台灶具中 1 台出现泄漏情况，泄漏概率为 0.5；$T=85$℃时，灶具未出现泄漏情况，泄漏概率为 0；$T=90$℃时，2 台灶具中 1

台出现泄漏情况，泄漏概率为 0.5；$T=95℃$时，2 台灶具中 1 台出现泄漏情况，泄漏概率为 0.5；$T=100℃$时，2 台灶具均出现泄漏情况，泄漏概率为 1；$T=105℃$时，2 台灶具均出现泄漏情况，泄漏概率为 1；$T=110℃$时，2 台灶具均出现泄漏情况，泄漏概率为 1。

采用此方式进行泄漏概率分析时，由于各温度点的样本量较少，不同温度下泄漏概率相对波动较大，泄漏概率趋势变化与试验结果整体趋势符合性较差。

(2) 模型构建

由于试验结果中温度和泄漏事故发生之间并没有严格的分界点，引入数值范围在 0 和 1 之间的逻辑函数，用于表征温度与泄漏事故发生关系。

结合试验数据，在逻辑函数 p 中增加一个偏差项，见式(14-9)：

$$p(T)=\frac{1}{1+e^{\beta\times T+\alpha}} \tag{14-9}$$

式中 p——逻辑函数，表示概率；

T——试验温度（℃）；

α、β——回归系统，其中 α 为偏差项。通过数据和 MCMC 法寻找最优的 α 和 β 系数估计。

为了能够抽取 α 和 β 的随机值，使用正态分布作为 2 个系数假设一个先验分布，其概率密度函数见式(14-10)：

$$f(x\mid\mu,\tau)=\sqrt{\frac{\tau}{2\pi}}\exp\left(-\frac{\tau}{2}(x-\mu)^2\right) \tag{14-10}$$

泄漏概率表达式，见式(14-11)：

$$D_i\sim\text{Bernouli}(p(T_i))i=1,2,\cdots\cdots,N \tag{14-11}$$

式中 Bernouli——伯努利函数；

D_i——不同温度点时的泄漏概率，其值为（0，1）。

采用 MCMC 法迭代抽样，对 α 和 β 进行分析，从而建立最近似原分布的函数，最终获得 α 和 β 值，将得到的 α 和 β 的分布函数代入式(14-9)，可得到灶具在不同温度下的泄漏均值概率，见式

(14-12)：

$$p(t)=\frac{1}{1+e^{-0.15t+13.56}} \tag{14-12}$$

（3）结果分析

图 14-3 展现了灶具在不同温度与泄漏概率的关联曲线，给出的结果不再是简单的“合格”或“不合格”，而是不同温度下泄漏概率连续曲线。图中虚线为泄漏概率均值曲线，阴影部分为均值曲线的 95%置信区间。

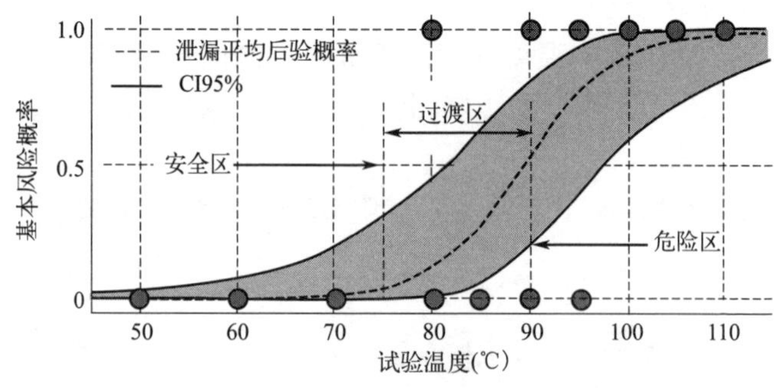

图 14-3　不同温度与泄漏概率的关联曲线

随着温度升高灶具泄漏概率连续升高，所得结果与前文所得泄漏概率存在明显不同。按温度逐项统计灶具泄漏概率结果为：$t=50$℃时，灶具泄漏概率均值为 0.01；$t=60$℃时，灶具泄漏概率均值为 0.03；$t=70$℃时，灶具泄漏概率均值为 0.06；$t=80$℃时，灶具泄漏概率均值为 0.20；$t=90$℃时，灶具泄漏概率均值为 0.53；$t=95$℃时，灶具泄漏概率均值为 0.71；$t\geqslant100$℃时，灶具泄漏概率均值大于 0.84。

按泄漏事故 p 发生的可能性，将工作温度区划分为 3 个区域，如图 14-3 所示。所得灶具工作温度区及其泄漏概率，一方面能够起到评估灶具的质量安全性作用；另一方面，在实际运行过程中，通过监控灶具的运行工作温度，能够对灶具的泄漏事故进行预警，从而降低因密封失效而引起的灶具泄漏事故发生，形成基于泄漏概率的灶具工作温度监控和预警技术。

2. 长期生存概率确定

基于燃气具新产品的基本风险试验结果，选择燃气灶具在过渡工作区的工作温度 90℃作为试验温度，进行长期可靠性试验。

主要测试项目包含两个方面：(1)测试灶具的气密性能；(2)进行周期温度试验后，对灶具旋塞进行 3000 次的启闭操作。

以旋塞耐久试验后的泄漏情况作为试验截止时，在 200 天的长期试验时，20 台灶具的失效时间并不一致。

如式(14-13) 所示，将协变量失效时间 t 纳入威布尔生存函数模型。

$$S(t)=\lambda(\exp(\gamma d)) \tag{14-13}$$

采用威布尔生存回归方法，对式(14-13) 进行回归分析，灶具生存概率曲线如图 14-4 所示。

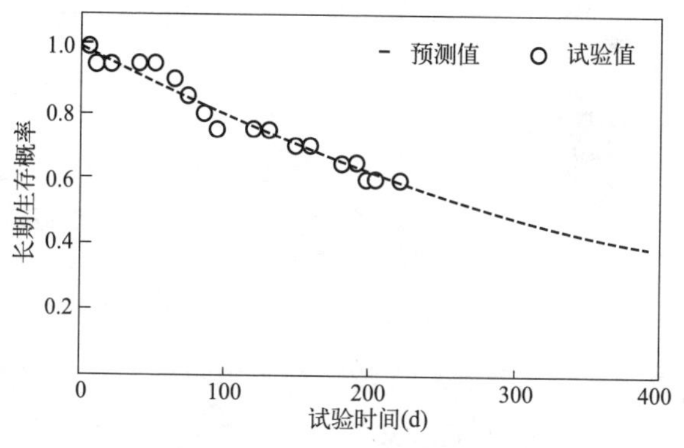

图 14-4　灶具生存概率曲线

由图 14-4 可知，灶具生存概率随着试验时间的增加，越来越低；当试验时间为 65d 时，灶具的生存概率为 0.92，失效概率为 0.08；当试验时间为 200d 时，灶具的生存概率降为 0.62，失效概率为 0.38。

3. 工作风险概率确定

若此型号灶具在 90℃下工作时，处于过渡区温度。随着使用时间的增加，其工作风险概率模型为：

$$L(t)=P(t)/S(t)$$

$$=\frac{1}{1.0149(\exp(-0.002d))(1+e^{-0.15t+13.56})}\quad(14\text{-}14)$$

由此可得灶具随工作时间的工作风险概率曲线，如图 14-5 所示。

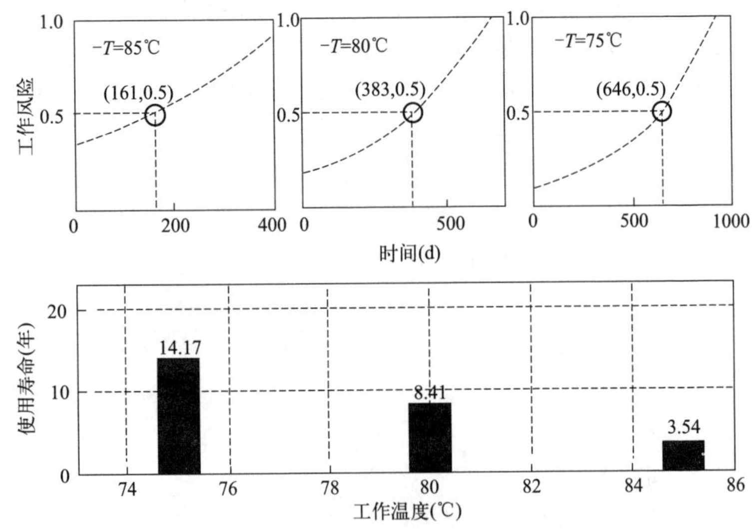

图 14-5　灶具随工作时间的工作风险概率曲线

按用户 3h/d 计，实验 1d 可近似为用户使用 8d，当灶具的工作温度分别在 75℃、80℃、85℃时，则按试验结果，可估算出灶具现场使用年限分别为 14.17 年、8.41 年和 3.54 年；在家庭使用中，灶具阀体表面工作温度应不超过 80℃，否则，会出现灶具使用低于标准判废年限的情况。

利用上述方法，以 $P(t)$、$P(t)/S(t)$ 比值等两个指标作为安全预警的判定指标，以 $P(t)\leqslant 0.5$，$P(t)/S(t)\leqslant 0.5$ 作为预警阈值，进行家用燃气灶具泄漏安全预警，能够有效地进行灶具产品的质量判废测试，指导家用燃气灶具电磁阀关闭，工作流程结束。

14.3　燃气调压器可靠寿命测评

燃气调压器作为城市燃气工程中的核心设施，是燃气输送与分配系统的关键环节，在燃气供应过程中，燃气调压器通过对压力工况进行精准调控，以满足用户对燃气的日常应用需求。在损伤状态下，燃气调压器的运行将对城市燃气输配系统的运行安全造成多重威胁，燃气调压器可靠寿命测评工作的实施将有助于改善燃气调压器服役状态不明的现状。

14.3.1　试验流程

1. 样本数据采集

（1）采集需测评的燃气调压器，对采集到的燃气调压器样本进行原始性能参数的收集，采集燃气调压器样本的在役运行年限分类不少于 5 个、相同在役运行年限内样本不少于 5 个。

（2）统计燃气调压器样本的原始性能参数声明值，并检测燃气调压器样本与原始性能参数一一对应的运行性能参数的实测值。

（3）对不同型号的燃气调压器样本数据进行详细分类，将同一型号、不同在役运行年限的燃气调压器归为一类，并统计数量。

2. 功能失效率确定

针对同一类燃气调压器样本，将燃气调压器运行后的运行性能参数的实测值与对应的原始性能参数的要求值比较，若燃气调压器运行后的运行性能参数的实测值超出要求值，则判定燃气调压器在该性能上功能失效，计算各项性能参数对应的功能失效率：

功能失效率计算公式：

$$h_i = \frac{N(\Delta t_i)}{N_f(t_{i-1})\Delta t_i} \tag{14-15}$$

式中　$N(\Delta t_i)$——时间间隔 Δt_i 内失效样本的数量；

$N_f(t_{i-1})$ ——在时间间隔 Δt_i 前仍未失效的数量；

Δt_i ——时间区间（t_{i-1}，t_i）的时间间隔（年）。

当 t_1 为采样中最小工作年限时，则（t_0，t_1）的时间间隔为 $\Delta t_1 = t_1$。

3. 初始失效年限修正

（1）初次失效的阈值确定

选择同款多个未使用的燃气调压器（通常不少于 30 个），将其放置在[80℃,100℃]温度内的任一温度条件下，进行长期加速试验，并且每间隔一段时间从高温条件下取出并测试不少于 3 个燃气调压器的关闭压力性能以及燃气调压器膜片的断裂强度，构建测试时间与关闭压力性能曲线以及测试时间与应力保持率曲线，记录关闭压力初次失效时的测试时间，并以此时间对应的燃气调压器膜片应力保持率作为燃气调压器初次失效的阈值，试验截止时间为至少出现关闭压力失效的时间。

（2）初始失效年限确定

在[80℃,100℃]温度范围内，选择一组温度，进行燃气调压器加速试验，根据燃气调压器膜片应力保持率随时间变化的关系，确定燃气调压器失效年限。

当应力保持率达到初次失效的应力保持率阈值时，作为燃气调压器达到初次失效时间，即为初始失效年限 t_s。

（3）失效率修正

将 14.3.1 节中 2 采样中最小在役运行年限时的时间间隔 $\Delta t_1 = t_1$，修正为 $\Delta t_1 = t_1 - t_s$，然后根据功能失效率计算公式修正最小采样年限的样本失效率。

4. 可靠寿命确定

（1）估计失效率模型的参数

将样本失效率及其对应在役运行年限代入模型 $h = \frac{\gamma}{\theta}\left(\frac{t}{\theta}\right)^{\gamma-1}$，通过回归计算得到参数 γ 和 θ，其中与在役运行最小采样年限对应的样本失效率以修正后最小采样年限的样本失效率替代计算。

(2) 估算可靠寿命

利用可靠寿命的期望式为 $E[t]=\theta\Gamma(1+\frac{1}{\gamma})$，其中 $\Gamma()$ 为伽马函数，代入确定的参数 γ 和 θ 值，得到燃气调压器的可靠寿命。

14.3.2　试验项目

1. 初始性能指标确定

(1) 膜片耐压与外密封

将膜片连接于对应燃气调压器中，进行耐压与外密封试验。燃气调压器经承压件液压强度试验合格后应进行外密封试验。

(2) 成品检验

膜片应和膜盘（或相应的工装）组合在一起在试验工装内进行试验，试验时应向膜片的高压侧缓慢增压至所规定的试验压力，保压时间不应小于 10min，试验压力为设计压力的 1.5 倍，保压期间不应漏气。

(3) 极限温度下的适应性

在极限温度下，进行外密封试验；将燃气调压器安装在恒温室内检查燃气调压器在极限温度（检查前试验介质应具有相应的温度）、进口压力分别在最大及最小值、出口压力在最小值时的关闭压力等级。

(4) 耐久性

燃气调压器在室温条件下，进行 30000 次的行程大于 50%全行程（不包括关闭和全开位置）和频率大于 5 次/min 的启闭动作后，进行外密封检查、静特性试验。

(5) 弹簧的压缩应力

采用弹簧试验机，对燃气调压器弹簧进行负荷测试，确定弹簧的应力情况。

2. 在役燃气调压器性能测试

(1) 整体外观检测

观察在役燃气调压器的外观、堵塞、杂质黏附情况。

（2）整体性能检测

按《城镇燃气调压器》GB 27790—2020 对在役燃气调压器进行耐压、外密封、静特性检测。

（3）膜片力学性能

采用拉伸试验机，对燃气调压器膜片进行拉伸性能测试，测试产品的性能退化趋势。

（4）弹簧的松弛应力

采用弹簧试验机，对燃气调压器弹簧进行负荷测试，测试产品的性能退化趋势。

3. 加速失效测试

针对燃气调压器进行高温加速失效测试，根据实际试验情况取出测试燃气调压器的静特性曲线，当燃气调压器的调压精度或关闭压力等级发生变化时，判定失效；同时，测试膜片拉伸性能和弹簧的松弛应力性能，确定阈值。

14.3.3 燃气调压器可靠性分析

1. 基于性能失效的可靠性分析

（1）试验结果

以表前燃气调压器为例，按年限对采样的 36 台燃气调压器进行分组，利用燃气调压器特性测试系统，对原始性能对应的运行性能进行测试，以关闭压力失效为判定项，统计失效个数，燃气调压器失效数如表 14-1 所示。

燃气调压器失效数　　表 14-1

在役运行年限(年)	失效数(个)
7	4
8	3
9	5
10	5
11	4

利用 $h=\dfrac{N(\Delta t_i)}{N_f(t_{i-1})\Delta t_i}$，对表 14-1 进行失效率计算，则不同工作年限下的燃气调压器失效率如表 14-2 所示。

燃气调压器失效率　　表 14-2

在役运行年限(年)	失效数 $N(\Delta t_i)$(个)	总数 $N_f(\Delta t_{i-1})$(个)	时间间隔(年)	失效率 h_i
7	4	36	7	0.0159
8	3	32	1	0.0938
9	5	29	1	0.1724
10	5	24	1	0.2083
11	4	19	1	0.2105

（2）可靠性模型

《可靠性试验 第 1 部分：试验条件和统计检验原理》GB/T 5080.1—2012/IEC 60300-3-5：2001 第 9.1 节中指出，已知不修理产品的失效前时间可用威布尔模型进行可靠性检验。失效率函数 $h(t)$和可靠度函数 $R(t)$见式(14-3)、式(14-6)。

（3）数据分析

针对不同使用时长时关闭压力性能超标的燃气调压器数量，计算不同时间段内燃气调压器的失效率，并根据失效率指数模型，进行燃气调压器使用时长可靠性分析，燃气调压器可靠性分析结果如图 14-6 所示。

图 14-6 显示了在役的燃气调压器的失效率和质量可靠度情况。当以关闭压力失效为约束条件，使用时长[7,11]的在役燃气调压器，其整体质量可靠度为[0.51,0.89]。

2. 失效率修正

（1）模型方法

1）动力学方程

《硫化橡胶或热塑性橡胶 应用阿累尼乌斯图推算寿命和最高使用温度》GB/T 20028—2005/ISO11346：1997 的引言中指出，在

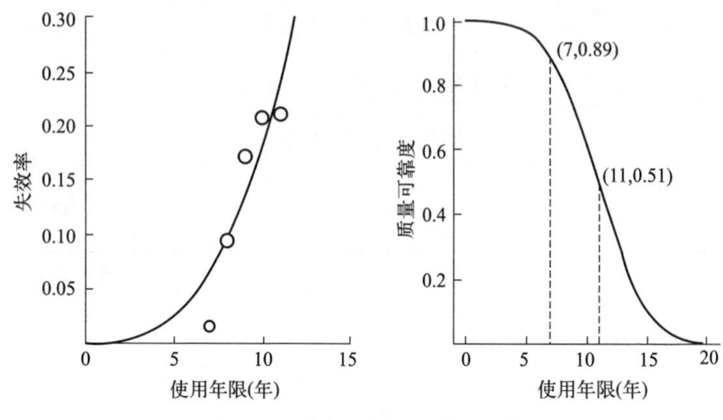

图 14-6 燃气调压器可靠性分析

不同反应温度下，不同的反应速率以不同的反应时间达到相同的临界值。根据反应转化率变化随时间变化的定温动力学方程，如式(14-16)所示：

$$\ln t_{\mathrm{T}} = a + \frac{E}{RT} \tag{14-16}$$

式中 t_{T}——老化试验时间（d）；

a——老化因子；

E——活化能（J/mol）；

R——摩尔气体常数[J/(mol·K)]，取 8.314J/(mol·K)；

T——老化试验温度（K）。

2）人工神经网络

人工神经网络（ANN），是一种模仿生物神经网络结构和功能的数学模型或计算模型，用于对函数进行估计或近似。典型 ANN 的一般包括输入层、隐藏层和输出层，如图 14-7 所示。

W_1、W_2 和 W_3 分别表示不同层神经元之间的权重。输入层为外部的输入数据，隐藏层中的神经元从输入层中的每个神经元接收信息，通过激活函数对其进行计算和转换，并将其传递到输出层。激活函数采用非饱和激活函数 ReLU。考虑该模型数据设计相对简

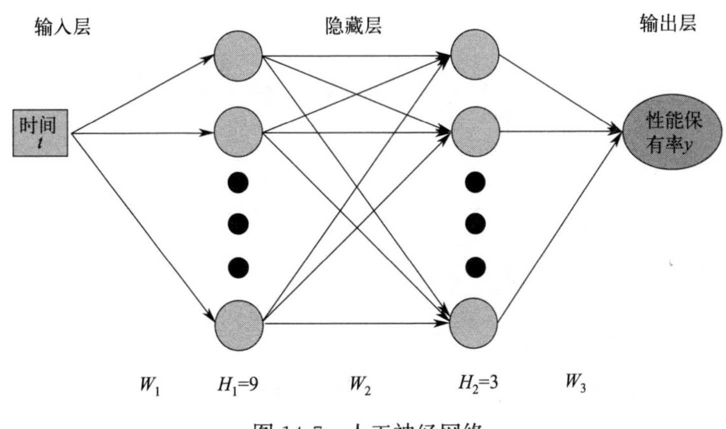

图 14-7　人工神经网络

单，采用一个四层的神经网络。输入参数为时间，输出参数是老化过程的反应深度。隐藏层数和隐藏层神经元的最佳数目在很大程度上对神经网络的性能有明显的影响，隐藏层中的神经元数目通过评估来自隐藏层的输出数据的 MSE 来优化。利用 ANN 模型对指定温度下的燃气膜片应力保持率进行预测。

（2）确定阈值

在 90℃条件下对未使用燃气调压器进行长期试验，如图 14-8 所示。

由图 14-8 可知，在 90℃条件下，运行 13 天后，出现了关闭压力超过参考值 2.7kPa 的现象；运行 26 天后，关闭压力均值超过参考值，此时膜片应力保持率为 0.74；膜片应力保持率随测试时长的增加而减小。

对燃气调压器进行了 3 万次、8 万次和 11 万次行程试验后，在长期循环试验过程中，燃气调压器的调压性能与弹簧性能关联关系不明显。

从安全性方面考虑，燃气调压器的关闭压力等级发生超标时，判定失效；结合测试数据，以膜片应力保持率为 0.85 作为预测初次失效年限阈值，以修正在役燃气调压器的可靠度；以膜片应力保

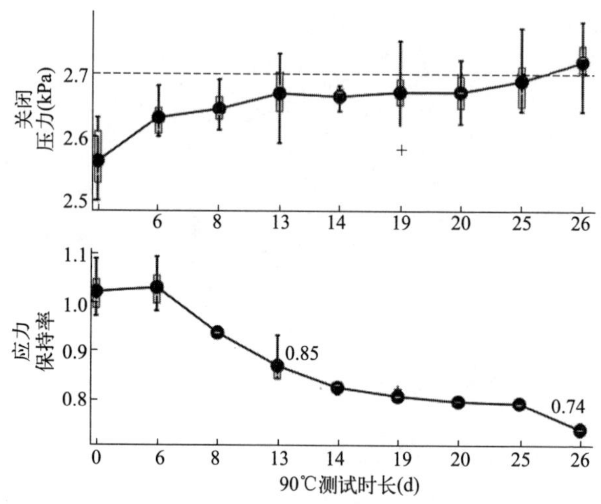

图 14-8　燃气调压器进行长期试验（90℃）

持率为 0.74 作为燃气调压器性能完全失效阈值，预测燃气调压器整体寿命。

（3）修正失效率

将试样在不同温度下的燃气调压器膜片的应力保持率与时间的变化情况数据代入式(14-16）可进行外推，得出燃气调压器的阈值情况下寿命分布情况，如图 14-9 所示。

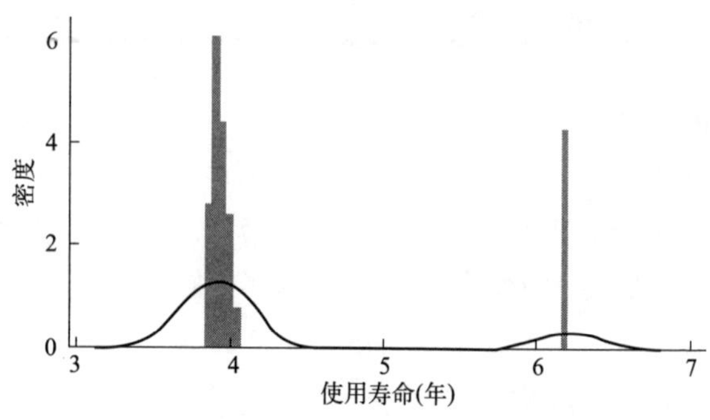

图 14-9　燃气调压器寿命分布

由图 14-9 可以看出，以应力保持率 0.85 为阈值，燃气调压器在使用 4 年时开始出现燃气调压器性能失效的情况。

燃气调压器失效率修正的具体结果如表 14-3 所示。

燃气调压器失效率修正　　表 14-3

在役运行年限(年)	失效数 $N(\Delta t_i)$(个)	总数 $N_f(\Delta t_{i-1})$(个)	时间间隔(年)	失效率 h_i
7	4	36	7(3)	0.0370
8	3	32	1	0.0938
9	5	29	1	0.1724
10	5	24	1	0.2083
11	4	19	1	0.2105

在计算失效率时，采样期第 1 个年度的使用时长是按 7 年考虑，经实验测试和理论分析，燃气调压器的初次失效年限为 4 年，则可以认为采样第 1 个年度的燃气调压器样品失效是在“7－4＝3”年内发生的，即采样第 1 个年度的时间可修正为 3 年。修正后的第 1 采样期失效率为 0.0370。

3. 燃气调压器可靠使用寿命分析

(1) 可靠度修正

利用可靠性分析模型，基于修正后的数据，可得燃气调压器可靠度曲线，如图 14-10 所示。

由图 14-10 可知，使用 7 年以上，燃气调压器的性能和安全可靠度已降低到 0.87、最低 0.49；根据数据分析可知，与采样期一致的在役燃气调压器失效率为 13%～51%。

(2) 整体寿命预测

将数据代入式(14-16)，结合燃气调压器的失效阈值，进行数据外推，可得燃气调压器整体寿命曲线。

由图 14-11 可得，以燃气调压器性能完全失效的应力保持率 0.74 为阈值，结合燃气调压器的长期试验数据，预期燃气调压器的整体寿命为 10.23 年。

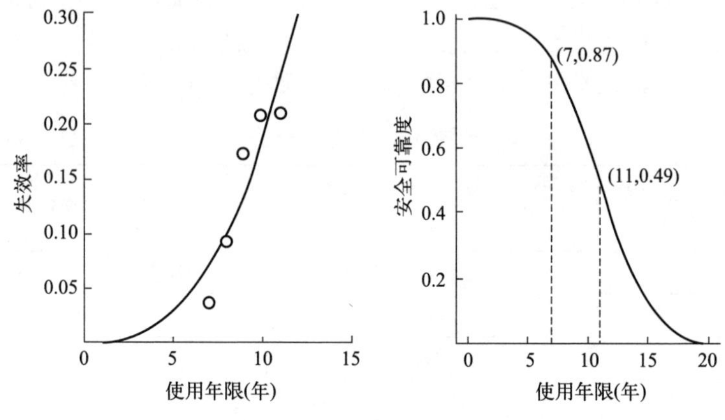

图 14-10 燃气调压器可靠曲线

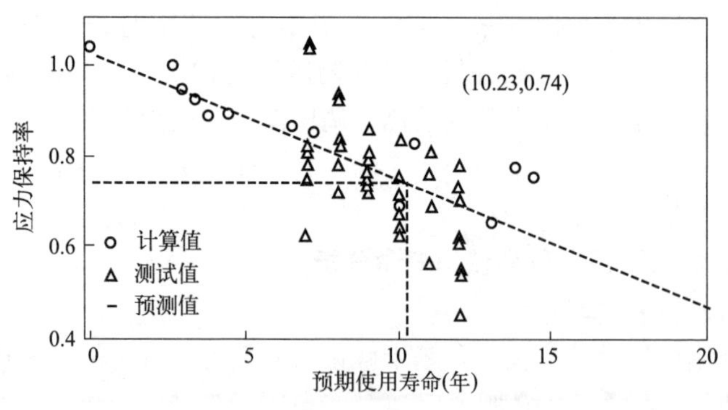

图 14-11 燃气调压器整体寿命预测

（3）剩余寿命预测

利用上述试验分析结果，所检测燃气调压器的剩余寿命低于3年。

本章参考文献

［1］ 赛义德．可靠性工程［M］．2版．杨舟译．北京：电子工业出版社，2013.

［2］ 王星，褚挺进．非参数统计［M］．2版．北京：清华大学出版社，2014.

[3] Yin X，Tao J，Chen G，et al. Prediction of high-density polyethylene pyrolysis using kinetic parameters based on thermogravimetric and artificial neural networks [J] . Frontiers of Environmental Science & Engineering，2023，17 (1)：6-10.

第 15 章 燃气具产品检验检测与管理

15.1 概述

燃气具产品检验检测的目的是保证产品质量，通过科学严谨的检验检测手段，对产品的各项性能指标进行检验检测，确保产品符合相关标准和规定，有助于提高企业产品质量意识，减少劣质产品的生产流通。产品监督检验能够保障用户权益和生命财产安全，维护企业的合法权益和市场地位，规范市场，促进市场竞争的公平性和透明度，维护市场的公平竞争环境，在促进企业进行技术创新、帮助企业提高生产和管理水平、促进企业间合作、推动产业链的协同发展等方面起到重要作用。

燃气具产品检验检测通常以某种形式通过检验检测机构或企业实验室贯彻实施。目前燃气具产品检验检测形式和机构较多，应根据不同的检验目的和需求，选择相应的检验检测形式和机构。此外，检验检测机构和企业实验室应做好检验检测的管理工作，保证结果的准确性，确保产品质量全面监控和持续改进，确保监督检验的有效性和公正性。

15.2 产品质量检验形式分类

产品质量检验形式多种多样，在不同行业和领域，不同的产品标准中表述方法也不一样，以下对产品的检验形式作一个归纳。

15.2.1　产品质量检验分类

1. 按检验数量分类

（1）全检：对于某些涉及人体健康和生命财产安全的重要产品或重要的项目，为了确保其合格，要进行逐台检验，也叫作全检，该类检验的成本较高。

（2）抽检：由于全检工作量大、成本高，有些产品不能实施全检，有的产品质量相对较稳定，抽样检验是一种较好的检验方法。

（3）免检：产品质量问题不会造成安全等问题的非重要产品，产品生产时间较长，产品质量经检验一直稳定，在一定条件下可以免检，该类检验不提倡采用。

2. 按生产过程的顺序分类

（1）进货检验：生产工厂为了控制产品质量，对原材料及采购用于生产的零部件的检验。

（2）过程检验：对生产过程中的工序进行检验，以期达到对生产全过程的质量监督控制，包含以下三种常见形式。

1）首件检验：对每批产品的第一件样品进行的检验，如果第一件样品合格则证明该产品的工艺正常，按此工艺生产的产品是合格的。

2）巡回检验：在正常的生产过程中由专门人员在流水线上进行检验，监督生产工艺是否有异常情况，确保生产过程运行正常。

3）末件检验：对最后一件样品进行的检验，验证之前的产品是否有系统性的不合格问题，如果有问题可及时发现，降低不合格产品的风险。

除上述三种形式外，过程检验也包括对生产线上的每个生产工序进行检验，确保每个工序的输出都符合预定的质量标准，有助于及时发现和纠正生产过程中的问题，防止不合格品流入下道工序。

（3）最终检验：也称为成品检验，根据检验工序的不同，分为如下两种：

1）通过流水线完成了产品的加工组装，在最后一道工序的检验，保证产品下线属于合格品。

2）在产品入库之前对产品进行的检验，可能是全检，也可能是抽检。

3. 按检验目的分类

（1）接收检验：产品的接收方为了保证所购买的产品属于合格品，对要接收的产品进行的检验。

（2）控制检验：产品的生产者为了保证自己的产品合格，对生产过程中的不同环节进行的检验。

（3）监督检验：由产品的接收方或第三方对生产方的产品进行的检验。接收方的监督检验是由接收方派人员到生产方对其生产过程进行监督或对最终产品进行监督检验，而第三方监督检验的情况比较复杂，有政府指令性监督，有企业或社会团体的委托监督检验。在企业内部，由企业的检验部门对生产车间的产品监督检验也属于监督检验的范畴。

（4）验证检验：对产品原来的检验结果进行核实验证的检验。

（5）仲裁检验：产品供需双方在产品质量发生纠纷需要仲裁时所进行的检验。仲裁检验一定是第三方检验，而且要求第三方的检验机构要具有相应的资质。

4. 按检验人员分类

（1）自检：生产过程中由各工序的生产操作人员在完成自己的工序后，对自己工序的结果进行检验。

（2）互检：工厂流水线上的下一道工序操作之前对上一道工序的结果进行检验。

（3）专检：工厂质检部门的专职检验人员对产品的检验，包括对生产过程的巡回检验、零部件的检验、产品的成品检验。

5. 按检验周期分类

（1）逐批检验：对于每一批产品根据批量大小抽取一定数量的样品进行检验，确定该批产品的合格程度，对于产品的批有一定的组批方式要求。

（2）周期检验：产品在正常生产过程中按一定的时间间隔周期性地进行抽样检验，其主要目的是考核生产工艺是否稳定正常运转。

6. 按检验单位地位分类

（1）第一方检验：产品的供货方的检验，也称生产检验；

（2）第二方检验：产品的接收方的检验，也称验收检验；

（3）第三方检验：除第一方检验和第二方检验之外的检验，一般是指政府或政府授权的检验机构、社会上的（民间的）检验机构等的检验。

15.2.2　检验的要求及注意事项

为了描述的系统性，方便大家理解，以上述 6. 按检验单位地位分类为主线进行描述。

1. 第一方检验（生产检验）

（1）生产检验的过程及要求

第一方检验指企业内部为了保证产品质量合格所进行的生产检验，包括自检、互检及专检等，按检验的顺序和检验人员的划分，做以下介绍：

1）自检可根据工艺要求的内容选择不同的检验方法，一般在工厂的生产工艺文件中有规定，采用目测、器具测量或仪器测量。

2）互检是下道工序对上道工序的产品检验，也包括工厂对进厂的外协加工件、配套件所进行的检验。检验项目比较简单时，可采用目测的方法完成。检验项目比较复杂时，按专检来处理，此时也适用于第二方检验（验收检验）。

3）专检的设置要根据生产产品的复杂性、安全性、可靠性要求的程度来确定，一般情况可设以下几个环节：

① 原材料、外购和外协加工的零配件的检验，要求有专门人员，专门的仪器设备，固定的地点，按照有关标准和工艺文件进行检验，并有完整的检验记录、检验报告。

② 过程检验，对于机加工件、冲压件、压铸件等可有首检、巡检和末检，以保证加工过程的稳定性。对于组装型流水线生产的产品可设工序检验，工序检验包含了生产过程中间和产品包装前的检验。

③ 最终检验，分为两种情况：一是通过流水线完成了产品的加工组装，在最后一道工序的检验，属于全检，保证产品下线属于合格品；二是在产品入库之前或产品出厂之前对产品进行的检验，一般采用抽检。检验的项目及检验方法在产品标准中都有规定。

第一方检验（生产检验）有时称为卖方检验，它是整个社会生产活动中保证产品质量的最基础环节。

（2）生产检验的抽样检验

检验主要采用抽检的方法，这不仅是因为抽检的优势，也是检验本身所需要的，原因如下：

1）质量检验还不完全等同于生产线质量控制。它是一种事后监督，不太可能监督所涉及的全部产品，所以不可能全检。

2）质量检验主要对生产的产品质量及管理效果起核查作用，着重查找质量是否存在重大问题。抽检是一种统计假设检验，其否定判决比较有力，可信度高，正好适合质量抽检的要求。

3）质量检验在某种意义上是一种重复性劳动，应尽可能减少其工作量，以减轻企业负担，节约资源。

4）质量检验有专门的抽检标准。

5）有的检验项目通过检验对产品本身有影响，甚至有一些属于破坏性项目不可能全检，只能采用抽检。

2. 第二方检验（验收检验）

第二方检验是由产品的买方或接收方进行的，目的是确保供应商或生产方提供的产品符合合同规定和双方商定的质量标准。该方式通常用于避免第一方检验中可能存在的放宽条件或偏差，通过独立于第一方的检验活动确保产品质量的可靠性和符合性。

第二方检验有以下两种情况：（1）产品的最终用户对所购买产

品的检验，这种检验往往由于最终用户不具备检验的能力，而无法检验；(2) 产品的经销部门的检验。这些部门往往也是不具备检验手段，但为了保证产品质量，减少自己的经销风险，可委托有检验能力的检验机构或其他有检验能力的单位进行检验。另外，生产企业对采购的零部件进行的检验，也可属于第二方检验，但从生产检验的角度看也属于第一方检验。

第二方检验一般都采用抽样检验方式检验。

3. 第三方检验

第三方检验较第一方检验和第二方检验具有局外的公正性，所检验的结果能使第一方和第二方信服，以便协调第一方和第二方的矛盾，同时也具有一定的权威性，使公众信服，以下是典型第三方检验。

(1) 仲裁检验

仲裁检验有以下两种情况：

1) 供需双方在业务活动中对产品质量存在争议；

2) 产品出现人身伤害、财产损失事故后，要求划分责任。

可以由处理该事件的机构委托检验机构进行仲裁检验，例如法院、工商管理部门、技术监督部门等，也可以由供需双方协商委托检验机构进行仲裁检验。

(2) 产品质量监督检验

产品质量监督检验是指国家授权的质量监督检验机构，根据有关产品质量的法律、法规、标准等，对生产、流通领域的产品质量实施监督的一种行政行为，目的是保障人民生命财产安全，维护消费者的合法权益，促进企业提高产品质量水平。检验机构的能力水平、检验技术的先进性、检验机构的不正当竞争等，是影响产品质量监督检验的公正性和权威性的重要因素。

(3) 生产许可证检验

根据《中华人民共和国工业产品生产许可证管理条例》及《中华人民共和国工业产品生产许可证管理条例实施办法》的规定，在对企业进行许可证的认证过程中要对产品进行抽样检验，验证企业的生产条件能否生产符合规定标准的产品。

(4) 认证检验

与生产许可证检验相类似，依照产品认证规则的有关规定对产品进行检验。由于认证分强制性认证和自愿性认证，如“CCC 认证”就属于强制性认证。对于强制性认证规定的检验属于强制性检验，而对于自愿性认证的就属于非强制性的检验。

(5) 型式检验

1) 型式检验的目的

型式检验是依据产品标准，对产品各项指标进行的全面检验。检验项目为技术要求中规定的所有项目。其目的是：①用于新产品开发，验证设计是否合理，并为设计改进提供试验数据，以便使新产品的设计开发不断完善；②新产品的鉴定；③企业为了保证连续稳定地生产出合格的产品，按照一定的规则进行型式检验，有的将其称为例行检验，这种检验属于第一方检验。

2) 型式检验的要求

在我国燃气行业的产品标准中对型式检验均有规定，有下列情况之一时应进行型式检验：①新产品或者产品转厂生产的试制定型鉴定；②正式生产后，如结构、材料、工艺有较大改变，可能影响产品性能时；③长期停产后恢复生产时；④正常生产，按周期进行型式检验；⑤出厂检验结果与上次型式检验有较大差异时；⑥国家质量监督机构提出进行型式检验要求时；⑦用户提出进行型式检验的要求时。

3) 型式检验的抽样

型式检验的抽样要求与其检验目的有关。用于新产品研发时，只有样品，不会有批量，所以只对样品检验。而对于许可证检验、认证检验以及国家强制的型式检验，一般都是按一定批量进行抽样检验，抽样的规则也按相关的要求执行。对于工厂的例行检验可以按《周期检验计数抽样程序及表(适用于对过程稳定性的检验)》GB/T 2829—2002 执行，也可以自己规定，只要能够达到控制产品质量的目的即可。抽样的具体方法各行业、各类产品都有所不同，但基本的原则是一致的，就是要使抽取的样品充分具有代表性。

15.3 燃气具产品认证和生产许可证制度

目前燃气具产品市场准入制度包括强制性产品认证制度和生产许可证制度，燃气具产品认证除强制性产品认证外，还有自愿性产品认证。

15.3.1 燃气具产品认证制度

1. 强制性产品认证介绍

中国强制性产品认证简称“CCC”认证，是为保护消费者人身健康和安全，保护环境和国家安全，依照法规实施的一种产品评价制度，要求产品必须符合国家标准和相关技术规范。凡列入强制性产品认证目录的产品，没有获得指定认证机构颁发的认证证书，没有按规定加施认证标志，一律不得出厂、销售、进口或者在其他经营活动中使用。目前燃气具产品中家用燃气灶具、家用燃气快速热水器、燃气采暖热水炉和商用燃气燃烧器具实行强制性认证。

强制性产品认证的发证主体是国家认证认可监督管理委员会指定的第三方认证机构，认证基本程序为申请→受理→产品检验→初始工厂检查→认证评价及批准→发证→证后监督，依据法规为《中华人民共和国认证认可条例》，主要关注点为生产企业生产条件、产品符合性、生产过程中的产品一致性，认证证书的有效期为 5 年，届满 3 个月前申请延续。证后监督检查是指获证后的跟踪检查、生产现场抽取样品检测或者检查、市场抽样检测或者检查三种方式之一或组合，由认证机构负责获证后监督。管理范围为境内销售的境内外企业生产的产品，按照产品单元发证，认证标志为 CCC 标志。

2. 强制性产品认证申请和工厂检查

认证委托人向认证机构提出认证委托并向认证机构提供认证所需材料。认证机构审核资料后制定检测方案并告知认证委托人。认证委托人在认证机构签约的、具有所检产品的指定资质的实验室范围内，自行选定承担产品检测的实验室。实验室根据检测方案对样品检测。

强制性产品认证的初始工厂检查内容为工厂质量保证能力检查和产品一致性检查。工厂质量保证能力要求包括职责和资源、文件和记录、采购与关键件控制、生产过程控制、例行检验/或确认检验、检验试验仪器设备（校准检定、功能检查）、不合格品的控制、内部质量审核、认证产品的变更及一致性控制、产品防护与交付、CCC 证书和标志。

工厂检查时，应在生产现场对申请认证的产品进行一致性检查。产品一致性检查应覆盖所申请认证的有代表性的、典型结构的、或量大面广的产品单元和规格型号产品。产品一致性检查的内容有：

（1）认证产品上的标识内容及必要的说明等与认证申报信息和/或产品检测报告一致；

（2）认证产品结构（影响产品与标准符合性的结构）与认证申报信息和/或产品检测报告一致；

（3）认证产品所用的关键元器件与认证申报信息和/或产品检测报告一致；

（4）工厂检查员在生产的合格品中随机抽取有代表性的样品，在生产企业现场，由生产企业人员、使用其自有检测仪器设备对样品进行《家用燃气器具强制性认证工厂质量控制要求》中确认检验中的部分或全部检测项目的检测，由工厂检查员进行数据记录和检测结果计算。对检测结果为“不合格”的样品，工厂检查员应向认证机构报告，并将样品封样、发送到认证机构指定的实验室进行家用燃气器具强制性产品认证安全检测项目中全部或部分项目的检测。

3. 自愿性产品认证

自愿性产品认证是企业可针对强制性产品认证制度管理范围之外的产品或产品技术要求自愿向认证机构提出认证申请的程序。相对于强制性产品认证，自愿性产品认证更为灵活，认证的标准也多样化，可以根据企业和消费者的需要，选择不同的认证标准进行认证。自愿性产品认证也更为注重产品的品质和信誉，有助于企业提供产品质量，提升品牌形象。

自愿性产品认证虽然不是强制性的，但在市场上拥有认证标识可以提高产品的竞争力和信誉度，有较多企业会自愿进行认证。消费者在购买产品时，也可以通过认证标识来判断产品的质量和安全性，提高消费者的购物体验。

15.3.2　生产许可证

1. 生产许可证介绍

生产许可证是国家对于具备某种产品的生产条件并能保证产品质量的企业，依法授予的许可生产该项产品的凭证。目前燃气具产品中瓶装液化石油气调压器实行生产许可证。

生产许可证的发证主体是市场监管部门，取证基本程序为申请→受理→企业实地核查→产品抽检→审定→发证（有的是后置现场审查），依据法规为《中华人民共和国工业产品生产许可证管理条例》和《中华人民共和国工业产品生产许可证管理条例实施办法》，主要关注点为生产企业生产条件的符合性，许可证书的有效期为 5 年，届满 6 个月前重新申请。证后监督检查是由全国工业产品生产许可证办公室组织省级质量技术监督局在证书有效期内对获证企业实施监督检查。管理范围为境内生产、销售、经营活动中使用列入生产许可证管理范围产品的企业，发证对象为按照生产企业发证，许可证标志为 QS 标志。

2. 生产许可证申请和现场审查

企业取得生产许可证必须具备以下基本条件：

（1）有营业执照；

（2）有与所生产产品相适应的专业技术人员；

（3）有与所生产产品相适应的生产条件和检验检疫手段；

（4）有与所生产产品相适应的技术文件和工艺文件；

（5）有健全、有效的质量管理制度和责任制度；

（6）产品符合有关国家标准、行业标准以及保障人体健康和人身、财产安全的要求；

（7）符合国家产业政策的规定，不存在国家明令淘汰和禁止投资建设的落后工艺、高耗能、污染环境、浪费资源的情况；

（8）法律、行政法规有其他规定的，还应当符合其规定。

生产许可证企业生产条件审查办法中主要包括质量管理职责（组织领导、方针目标、管理职责）、生产资源提供（生产设施、设备工装、测量设备、人员要求）、技术文件管理（技术标准、设计文件、工艺文件、文件管理）、采购质量控制（采购制度、供方评价、采购文件、采购控制）、过程质量管理（工艺管理、质量控制、产品标识）、产品质量检验（检验管理、过程检验、出厂检验）、文明安全生产（文明生产、安全生产）七个方面，具体可见生产许可证实施细则中的有关规定。

15.4 检验检测机构和企业实验室

15.4.1 检验机构实验室

我国燃气行业目前的检验体系比较复杂，有国家级、省级和部分市级的检验机构。国家级的检验机构，是由国家市场监督管理总局授权，承担全国范围内的国家监督抽查检验、生产许可证检验、仲裁检验及各种检验工作。省、市级的检验机构是由省、市质量技术监督局授权，承担本省、市范围内的产品监督抽查检验、仲裁检验及各种委托检验。近几年来，实验室市场化的趋势明显。

目前我国普遍执行的《检测和校准实验室能力认可准则》CNAS CL01：2018（内容等同采用 ISO/IEC 17025：2017）是检验机构应具备的基本条件，其对检验机构的机构设置、法律地位、人员素质、设备条件、管理制度、检验报告以及对外开展业务各个方面都有了详细的规定，这里仅对一些重要方面作介绍。

1. 检验机构和人员

检验机构应是独立机构，能够独立承担相应的法律责任，公正的立场，与生产方及用户方没有直接利益关系，不以营利为目的。

检验人员应具备相应的能力，满足对应的行为要求，具体见15.5 检验检测人员。

2. 仪器设备和环境条件

（1）应具有与检验项目相匹配的检验仪器设备，在燃气行业的产品标准中对检验用的仪器设备都有明确的规定。

（2）所有的仪器应保持完好，并备有合格证；主要仪器设备应建立档案，仪器应分类存放，并应由专人管理。

（3）所有计量器具应按规定的校准周期由法定计量部门检定，合格后方可使用。

（4）凡属非标的检验仪器设备应经过鉴定认可，并且应经常校准。

（5）燃气检验非常重要的一点，就是应具备相应的试验用燃气，所以要求机构应具有良好的配气设备。这也是目前一些检验机构不能具备的条件，应当给予重视。

（6）机构应具有保证正常检验的工作的场地和环境。除了产品检验对环境的具体要求外，应在环境温度、湿度、粉尘、烟雾、振动、噪声、电磁辐射等方面达到产品检验的要求，同时还要满足安全防火要求。

3. 工作制度

检验机构应建立以下工作制度并严格执行：

（1）工作计划、检查和总结制度；

（2）各类检验的操作规程、技术和岗位责任制；

（3）检验产品的抽样、保证和处理制度；

（4）检验用仪器、设备的采购、验收、领用、校准、使用、管理、维修和报废制度；

（5）检验事故的分析报告和处理制度；

（6）检验数据及检验报告出具的程序制度；

（7）被检单位对检验结果有争议时的申报程序和处理制度；

（8）实验室的安全工作条例和消防制度；

（9）应备有管理手册，其内容包括：①检验机构的组织机构、人员构成表；②实验室分布图、业务分工；③检验方法及依据标准、检验项目；④主要仪器设备目录，及其购置、调试、验收及更新的记录；⑤检验工作质量保证体系。

4. 检验报告

（1）检验人员必须对所检验产品作出明确判断，并负责编写检验报告，经技术负责人审核后才可有效。

（2）编写报告时必须语言准确，数据、术语必须准确无误，报告内容包括：①检验报告题目、页号及总页号；②产品的名称及被测内容，委托及生产单位的名称；③被测样品的说明（如型号规格、生产编号、生产日期、产品实物照片等）；④检验用燃气的类别、性能参数；⑤检验依据的标准；⑥标准数据与检验的结果；⑦检验结论；⑧检验人员、审核人员及负责人签字，加盖检验机构公章或检验专用章。

（3）报告使用的各种标志、图章要按照有关标志使用规定执行，切勿越权使用。

15.4.2 检测机构和企业实验室

随着燃气用具产品生产水平的不断提高，检测机构和各企业也对自身的检验水平越来越重视，一些好的检测机构和企业不惜投入相当可观的资金建立自己的实验室，以保证企业的产品质量万无一失，这是一种非常好的现象。然而，还有很多企业只注重生产设施、设备，认为检验仪器可有可无，还有的企业不知道如何配置检测仪器，购买的仪器用途、规格型号、精度等都无法满足燃气用具的检测要求，既浪费了资金，又耽误了使用。燃气用具标准规定的仪器设备如表 15-1 所示。

燃气用具标准规定的仪器设备　　表 15-1

序号	燃气用具	仪器设备
1	《家用燃气灶具》	GB 16410—2020 中表 12 和表 13
2	《商用燃气燃烧器具》	GB 35848—2024 中表 7
3	《家用燃气快速热水器》	GB 6932—2015 中表 9 和表 10
4	《燃气容积式热水器》	GB 18111—2021 中表 10
5	《燃气采暖热水炉》	GB 25034—2020 中表 10
6	《瓶装液化石油气调压器》	GB 35844—2018 中表 2
7	《城镇燃气调压器》	GB 27790—2020 中 7.1.3
8	《城镇燃气调压箱》	GB 27791—2020 中 7.1

标准规定的仪器设备是最基本的要求，除了以上必备的设备以外，企业还要根据自己的实际情况，考虑企业的发展及产品开发的需要，应不断地增加检验设备，提高检验水平，完善产品的质量体系。

对于企业实验室，除了仪器设备比较重要以外，在管理方面也要逐步规范，尽量参照检验检测机构的规定执行。在机构的设置上也要尽量相对独立，至少实验室一定要独立于生产部门，以保证试验结果的可信度。

近几年，有一些企业的实验室也进行了实验室认证，取得了中国合格评定国家认可委员会（CNAS）的认证资格，这对企业的实验室无疑是一个提升，同时也是对企业整体水平的提升，希望有能力的企业重视此项工作。

15.5 检验检测人员

检验检测机构和企业的检验检测人员主要包括最高管理者、技术负责人、质量负责人、授权签字人、检验检测员、内审员、质量监督员等。

15.5.1 检验检测人员能力确认和行为要求

1. 最高管理者

最高管理者是在最高层指挥和控制检验检测机构的一个人或一组人。

最高管理者能高效配置合规运行所需的各类资源，以保证实验室管理的有效性、行为的公正性和数据的准确性。

最高管理者应了解国家或部门的法律法规，并能向全体工作人员强调和传达。掌握实验室安全管理要求，能落实安全生产和确认工作人员人身安全。了解实验室管理评审的意义，熟悉实验室管理评审流程，能顺利主持召开管理评审工作会议，并落实管理评审输出的改进措施。

最高管理者的主要行为要求：

（1）按规定的途径和程序取得资质认定证书；

（2）不得转让、出租、出借资质认定证书或者标志，不得伪造、变造、冒用资质认定证书或者标志，不得使用已经过期或者被撤销、注销的资质认定证书或者标志；

（3）不得伪造、抄袭管理评审资料，不得干预检验检测数据和结果。

2. 技术负责人

技术负责人是经检验检测机构授权，全面负责实验室技术运作活动的一个人或一组人（多专业时需要各专业的技术负责人组成技术管理层），对检验检测机构的数据和结果形成过程全面负责，对从合同评审、识别客户需求到发出报告的全过程进行控制，确保出具正确可靠的检验检测数据、结果。

技术负责人应熟悉所涉及领域内相关法律法规和技术规范的要求，掌握所涉及技术领域内设备设施的原理、性能参数及安装要求，掌握所涉及技术领域场地布局、装修及环境要求，掌握计量溯源、数据处理、报告审核和出具、方法选择和验证，能够开展相关技能和知识的培训和考核工作。

技术负责人的主要行为要求：

(1) 不得默许出具超出资质认定证书规定的检验检测能力范围的检验检测报告；

(2) 不得违规批准非标准方法的使用，不得违规分包；

(3) 不得在能力验证或比对活动中，有默许伪造数据、串通结果等行为。

3. 质量负责人

质量负责人是经检验检测机构授权，全面负责实验室质量管理工作的一个人，负责组织建立、实施和保持管理体系，策划内部审核、外部审核、管理评审、质量监督、人员培训、质量控制活动，改进优化实验室工作流程，不断提高实验室工作效率和工作质量。

质量负责人应掌握资质认定或实验室认可的相关法规、规则、准则、应用说明的要求，具有建立、实施和保持质量管理体系的能力，具备策划内部审核、配合外部审核、协作管理评审、开展质量监督、质量控制、组织对已发现或潜在问题/不符合项进行整改/预防等活动持续改进、优化实验室工作流程的能力。

质量负责人的主要行为要求：

(1) 应按计划组织实施内部审核；

(2) 不得编造虚假体系运行记录。

4. 授权签字人

授权签字人是经检验检测机构授权，并经检验检测机构资质认定/或实验室认可评审组考核合格，在其授权的能力范围内签发检验检测报告或证书的人员。

授权签字人应熟悉实验室资质认定或实验室认可的相关法律法规要求，熟悉实验室的管理体系，熟悉所承担领域的标准，熟悉检测报告审核签发程序，具备对检测结果做出相应评价的判断能力。熟悉资质认定相关法律法规要求，或实验室认可相关文件的要求。

授权签字人的主要行为要求：

(1) 不得超出其技术能力范围签发检验检测报告；

(2) 不得委托他人代签。

5. 检验检测员

检验检测员是经检验检测机构授权，在授权范围内按照相关检测标准，执行样品前处理、操作和维护检测仪器、原始记录填写和检测数据处理的人员。

检验检测员应熟悉相关检测标准，能够正确理解规定要求并按照标准实施检测。规范填写检测原始记录。掌握授权范围内检测仪器设备的使用和维护，能够解决一般性故障问题。掌握实验室安全知识，能识别危险源并正确使用安全防护用品。

检验检测员的主要行为要求：

（1）未经检验检测不得出具检验检测报告；

（2）不得伪造、变造原始数据、记录，应按照标准等规定采用原始数据、记录；

（3）不得调换检验检测样品或者改变其原有状态进行检验检测；

（4）不得随意销毁、遗弃或隐匿原始记录；应按照标准等规定传输、保存原始数据和报告。

6. 内审员

内审员是经检验检测机构授权，并经培训获得内审员资格，执行编制内部审核检查表，按计划实施内部审核，开具不符合项，参与编制内部审核报告的人员。

内审员应能够正确理解资质认定或实验室认可关于标识使用的规定，熟悉内部审核工作程序，掌握内审的技巧和方法，并具备编制内部审核检查表、出具不符合项报告的能力。

内审员的主要行为要求：

（1）不得伪造、抄袭内部审核资料；

（2）不得出具虚假或者不实的审核结论。

7. 质量监督员

质量监督员是经检验检测机构授权，在授权范围内对在岗人员，特别是临时聘用人员、新上岗人员，转岗人员等在检验检测全过程如采样、制样、检测、数据处理、报告出具等环节进行符合性和规范性监督的人员。

质量监督员应掌握监督的方式和方法，熟悉授权监督范围内的各项法规、标准或程序，熟悉检测的全过程。

质量监督员的主要行为要求：

（1）按计划实施人员监督，如实填写监督记录；

（2）发现不符合时，应当场纠正，并向质量负责人或技术负责人报告。

15.5.2　检验检测人员能力持续保持

1. 人员监督

人员监督特指对待授权人员的能力监督。对于在培人员、新进人员和转岗人员，这些尚未授权独立上岗的人员，应在具有相应能力的监督人员的监督和指导下工作，只有监督结论合格后，确认相关人员具有胜任特定岗位的能力，实验室才能给其授权。

人员监督的重点是人员在检测过程中的技术行为。监督内容应包含检测全过程，包括覆盖方法的选用、样品的制备、仪器设备操作、环境条件控制、结果数据处理、不确定度评定、结论报告出具等对实验室活动结果有影响的所有行为。在监督过程中尤其要注意对检验检测结果影响较大的关键环节、薄弱环节的监督。

2. 人员监控

人员监控是指人员独立上岗后，实验室在风险分析的基础上，选择适当的方式对其能力进行监控，以确认其能力能够持续保持。

监控的内容是上岗后的人员持续能力，即工作能力保持情况。检验检测机构应根据技术复杂性、方法稳定性、岗位性质、人员素质、人员经验、专业教育、工作量、各种变动等，特别是管理体系质量保证要求、检验前中后过程风险及检测数据、结果有效性管理的结果，重点关注新标准、新项目、新设备、新设施、经历少的项目，使用风险分析方法，建立监控方案。通过实施方案对人员能力进行全方位、有效的监控，验证检验检测人员持续能力的维持状况，对发现的问题提出有效的改进，预防或减少检测过程不利影响和可能的失败，确保检测结果准确、可靠。

《CNAS-CL01<检测和校准实验室能力认可准则>应用要求》CNAS-CL01-G001 第 6.2.5 f）实验室可以通过质量控制结果（见 CNAS-CL01 中 7.7 条款），包括盲样测试、实验室内比对、能力验证和实验室间比对、现场监督实际操作过程、核查记录等方式对人员能力实施监控，做好监控记录并进行评价。

检验检测机构可根据自身实际情况自行选用，最好做到因人施策，计划性和随机性并重，采取合适的监控方式，并对监控时间、监控项目、监控方法、监控结果等进行详细记录，最终确认被监控人员是否持续保持独立上岗检测或操作设备的能力。

15.6 检验检测工作的管理与安全

15.6.1 检验检测工作的管理重点

检验检测工作的管理是确保产品质量的重要环节，需要引起足够的重视，通过科学的管理和有效的实施，保证检验检测工作的有效性和公正性，提高产品质量和安全性。检验检测工作的管理重点有如下几方面：

（1）制定检验检测计划和标准：企业应根据产品的特点制定合理的检验检测计划和依据标准，明确检验检测项目、方法、合格标准、频次等。

（2）实验室环境和仪器设备的管理：实验室环境参数应满足标准要求。具有与检验检测项目相匹配的仪器设备，使用时应在计量有效期内。

（3）检验检测过程的控制：检验检测机构和企业实验室应确保检验检测人员具备相应的资质和技能，按照规定的检验检测方法和程序进行操作，确保结果的准确性和可靠性。

（4）检验检测结果的处理：企业实验室应对检验检测结果进行分析和评价，对于不合格产品进行追溯和处理，防止问题产品流入市场。检验检测机构实验室应将检验检测结果及时反馈生产企业或上级有关部门。

（5）记录和报告的编制：检验检测机构和企业实验室应建立完善的记录和报告制度，对检验检测的过程和结果进行详细记录，并及时编制检验检测报告，为产品质量控制和改进提供依据。

（6）检验检测人员的培训和管理：检验检测机构和企业实验室应加强检验检测人员的培训和管理，提高专业技能和素质，确保检验检测工作的有效性和公正性。

（7）与相关部门有效沟通：企业实验室应加强与生产、采购、销售等部门有效沟通，及时反馈产品质量问题，促进产品质量持续改进。检验检测机构实验室也应及时与企业或上级有关部门进行沟通，反馈检验检测结果，确保检验检测过程顺利进行。

15.6.2　质量体系中检验检测工作的重点

检验检测机构或企业应编写相应的程序文件对产品质量或检验进行控制，程序文件中关键的控制程序有如下几种：

1. 检验检测记录和报告的控制

程序文件应规定检验检测记录的标识、填写、更改、收集、归档、保存、销毁等内容，应规定检验检测报告的内容、修改、保存等内容。其中保存应包括纸质版/电子版检验记录、检验报告、仪器设备的采购使用维修保养等记录、仪器设备的计量证书等存储年限。

2. 不符合与纠正措施的控制

程序文件应规定不符合的来源、分析处置、纠正措施及其验证，并做好相应的记录。

3. 仪器设备的控制

程序文件应规定仪器设备的验收、标识建档、测量溯源、使用存放、维护保养、故障维修、报废，仪器设备的校准周期、溯源证书的确认、溯源结果不合格等，以及仪器设备的期间检查内容。

4. 检验检测过程和结果的控制

程序文件应规定仪器设备状态、环境条件、检验检测人员、检验检测原始数据、检验检测原始记录和报告等内容的监督组织、重点和频次，对监督结果进行记录评价，对存在的问题进行纠正和预防。

15.6.3 检验检测工作中的安全问题

1. 安全事故

燃气具产品使用的燃气为易燃易爆气体，可能引发爆炸；燃烧产物中的 CO 和 NO_X 为有毒气体，会引发中毒；燃气灶燃烧火焰暴露在空气中，燃气具燃烧时的高温火焰或产生的高温热水存在烧伤烫伤风险；燃气器具作为家用电器，进行电气试验时存在触电的风险。

（1）爆炸

当燃气管道、阀门与设备漏气，或操作不当，或自动灭火安全装置失灵时，就可能发生火灾与爆炸事故。如果危险品管理不善，也可能发生火灾与爆炸事故。高压气瓶管理不善，温度骤然上升也会引起爆炸事故。

（2）中毒

燃气具产品中燃气不完全燃烧时会产生大量的 CO 和 NO_X。CO 和 NO_X 均有不同程度的毒性。CO 比空气轻，木身无色无臭无味，不易被人察觉。吸入人体后，它会取代血液中氧血红素中的氧，使之成为碳氧血红素，导致人体缺氧，尤其是中枢神经系统缺氧而造成死亡。NO_X 与血红蛋白的结合能力比 CO 还强，吸入后更容易造成人体缺氧。NO_X 会对呼吸系统、心血管系统和免疫系统造成伤害。

（3）烧伤烫伤

燃气灶具在燃烧时，火焰直接暴露在空气中，检验检测人员操作时应注意避免被火焰烧伤。燃气具运行过程中表面温度较高，产生的高温热水等，检验检测人员均应注意避免被烫伤。

（4）触电

燃气用具在进行电气试验时，要做好安全防护，如佩戴绝缘橡胶手套等。实验室有各种电气设备，应注意维护，使用时注意安全，防止发生事故。

2. 安全急救

发生事故时，不可慌乱。先切断气源和电源，如关闭燃气总阀门，拉开总电闸等，并及时抢救受伤人员和国家财产。

（1）炸伤急救

被炸伤人员可能要大量出血，这时应及时扎紧血管止血。如有虚脱、昏迷或休克时，可以给些氧气或进行人工呼吸，并且立即送医院治疗。

（2）呼吸系统中毒急救

应迅速将中毒者转移到通风良好的地方，解开衣领、皮带，头也不要后仰，肚子不宜弯曲，以靠背式坐下，垫好衣、褥，使中毒者保暖、血液流通。同时清除其口腔黏液及呕吐物。如有条件，给氧气，或给中毒者喝些浓茶、咖啡等兴奋剂，并及时请医务人员治疗。

（3）烧、烫伤急救

烧、烫伤皆称灼伤，根据程度不同可分三级。一级灼伤，皮肤红肿，可用药棉浸浓酒精（90%～95%）轻涂，或者用冷水疗法止痛，也可敷烫伤药。二级灼伤，皮肤起泡，可用酒精在伤口处消毒，切不要把水泡弄破防止感染，应及时请医务人员治疗。三级灼伤，皮肤组织被破坏，呈棕色或黑色，有时呈白色，应用干燥无菌纱布轻轻包扎伤口，严防感染，及时送医院治疗。如果衣服粘着伤口，千万不要脱剥衣服，以防撕下皮肤。应用剪刀剪下未与伤处粘接的衣服，再轻轻包扎伤口。

（4）触电急救

立刻切断电源，关掉电闸，拔掉电源插头，在切断电源的时候，不要直接用手，可以使用不导电的物品，比如木棍。患者触电之后，如果意识比较清醒，尽量让患者平躺，对神志不清的患者，脱掉患者衣服，保持呼吸道通畅。患者发生心脏停止时，在 3min 之内进行心肺复苏，做心肺复苏时，可以使用人工呼吸。1min 内进行 30 次胸外按压，力度不要太大。医护人员没有来到时，不要随便移动伤员，心肺复苏、胸外按压、人工呼吸，抢救间隔时间不要超过 30s。

3. 安全措施

检验检测工作需制定一整套安全工作条例，有些内容在以前章节已经论述，下面再综述一些原则性要求。

（1）建筑物及管道设备

1）对建筑要求。一般要求能够防震、防火及隔热；对可能发生爆炸的房间，应有足够的泄压面积（如向外开的门窗、轻质屋顶等）；危险品库、高压瓶间、储气罐、压气机间等应单独布置，并与一般房间保持一定的安全距离（参考有关规范）。此外，应备有灭火设备。

2）对管道设备要求。对可燃、有毒气体的管道、阀门及设备，必须经过强度与气密性试验合格后方可使用，并应定期检查、维修，防止漏气；对有燃气、水、电的房间，应安装燃气、水总阀门及总电闸。此外，要定期检查所有安全装置。

3）对使用燃气的房间及实验室应设有燃气报警器、烟雾报警器等。

（2）管理制度及安全操作规程

明确各种高压气瓶等的管理制度，制定各项测试工作及重要的仪器设备的安全操作规程。必要时建立安全员值班制度，经常督促检查。

本章参考文献

［1］ 金志刚，王启. 燃气检测技术手册［M］. 北京：中国建筑工业出版社，2011.

第 16 章 燃气具合格产品简易判断方法

16.1 概述

城市燃气事业经过几十年的高速发展，已经成为国民经济的重要组成部分，给人民生活水平带来了质的提高，燃气具也成为人们生活不可缺少的重要日常用品。但由于燃气的安全问题，对燃气具产品应有更严格的要求，目前我国燃气具产品市场琳琅满目，总体质量水平较高。但同时由于我国幅员辽阔，地域经济水平差异较大，生产企业的水平参差不齐，也存在一些低质甚至假冒伪劣的燃气具产品，对于市场监管和消费者的选用都增加了难度或成本，也为燃气具产品的安全性埋下隐患。

为此，本章编写了一些常用的市场流通燃气具产品的简易快捷的判断方法，为市场监管人员提供在市场上快速甄别的简易方法，为用户选择产品时减少购买到假冒伪劣产品的风险，同时也可作为燃气具产品基本常识的科普内容。

16.2 合格产品简易判断方法

16.2.1 家用燃气灶具

1. 包装

产品标准中有明确规定，在包装箱上应标明以下信息：执行标准，产品名称和型号，使用燃气类别代号或适用地区，制造厂名称及商标，制造年、月或出厂编号，嵌装开孔尺寸（嵌入式灶），质量，包装箱外形尺寸，包装储运图示标志，厂址及联系事项。

包装箱内应有家用燃气灶具、产品附件清单及附件（例如锅支架、管箍等）、合格证、保修单和说明书。

在检查时一是要查看信息是否齐全；二是要核实信息的真实性。

2. 执行标准

家用燃气灶具的现行国家标准为《家用燃气灶具》GB 16410—2020，能效现行国家标准为《家用燃气灶具能效限定值及能效等级》GB 30720—2014。但随着标准的修订，一般会有年号变化，需要随时确认。

3. 标志

（1）认证标志和能效标识

目前家用燃气灶具实行强制性产品认证制度，在产品上应有CCC认证标志和“中国能效标识”标签。用户可登录“全国认证认可信息公共服务平台”网站，查询CCC认证信息，可通过扫描“中国能效标识”上的二维码，查看产品的详细信息。没有认证标志和能效标识或不正确的都属于不合格产品。

（2）铭牌

每台灶具均应在适当位置贴附铭牌，其内容应包括：产品名称和型号，使用燃气类别代号或适用地区，额定燃气供气压力，额定热负荷，制造厂名称及商标，制造年、月或出厂编号，额定电压（适用于使用交流电源的灶具，V），额定输入功率（适用于使用交流电源的灶具，kW或W），额定频率（适用于使用交流电源的灶具，Hz），Ⅱ类结构的符号（仅在Ⅱ类灶具上标出），嵌装开孔尺寸（嵌入式灶），集成灶还应增加其他组合器具相关标准铭牌明示需标识的内容。

检查时，首先要看灶具是否有铭牌，对于嵌入式灶，铭牌一般贴在机身底壳前侧，对于台式灶和集成灶，铭牌一般贴在机身的侧板上，其次检查铭牌内容是否齐全、真实、正确，与包装箱上的信息是否一致。

（3）警示标识

气电两用灶具应有高温禁止触摸、加热时和加热刚结束时请勿合上盖板等警示内容。

4. 结构

（1）产品类型及特征

家用燃气灶具按照结构可分为台式灶、嵌入式灶和集成灶。台式灶有灶脚，可直接放在烹调台面上使用，一般无底壳，可从底部看到内部布线，旋钮一般在前面的侧板上；嵌入式灶嵌入在烹调台面上使用，其底壳封闭，旋钮在面板上面，有的嵌入式灶具也可以放在台面上使用；集成灶是将燃气灶具与吸排油烟装置组合在一起的器具，或在此基础上增加消毒柜、烤箱、蒸箱等功能。

（2）燃气导管结构

家用燃气灶具可以使用硬管连接，也可使用软管连接。如果使用软管连接，接头槽部应涂红，且应符合“宝塔头”结构（具体可见图 6-3 所示的结构，直径 ϕ11.5mm），不应使用光管，且软管和软管接头的连接应使用紧固措施。

（3）集成灶结构

1）在使用状态下，集成灶应具有唯一的燃气进口和电源输入接口，其余备用口应有效封闭，并且进气管接口应使用管螺纹。

2）集成灶内不应放置燃气钢瓶。

3）集成灶应有烟道防火装置，检查时可观察在排烟口处是否有温度传感器等装置。

（4）熄火保护装置

家用燃气灶具必须装有熄火保护装置。从外观看，家用燃气灶具应装有热电偶或者离子感应针，如果是台式灶，可从底部观察其相关接线是否连接完好，即热电偶应有接线连接到燃气阀门，离子感应针应有接线连接到点火控制装置，点火控制装置应有接线连接到燃气阀门；嵌入式灶和集成灶则无法通过外部观察确认熄火保护装置是否接线完好。

5. 说明书

每台灶具出厂时应有安装使用说明，其内容应包括：

（1）产品的外形尺寸及安装说明。

（2）点火、熄火操作、火力调节方法，有风门调节功能的注明风门调节的方法。

（3）安全注意事项，例如提示用户使用前检查是否有燃气泄漏，灶具应安装在通风的位置，灶面上不应放置刀叉等金属物件以防烫伤，儿童不宜自行操作等。

（4）清扫维修等注意事项。

（5）对于嵌入式灶具，应有安装要求的开孔尺寸和固定方法，其安装的橱柜应有与大气相通的通风孔，并标明所需通风孔的开孔尺寸。

（6）铭牌上的全部信息。

（7）集成灶还应增加其他组合器具相关使用说明书明示需要说明的内容。

16.2.2 燃气快速热水器

1. 包装

产品标准中有明确规定，包装箱上应至少包括下列信息：产品名称及型号、商标、质量（毛质量、净质量）、外形尺寸、生产日期、制造商名称、生产地址、邮政编码、储运标志（向上、易碎物品、怕雨等标志）。包装箱内通常包括燃气快速热水器、安装使用说明书、配件包、合格证、保修卡等。

在检查时一是要看信息是否齐全；二是要核实信息的真实性。

2. 执行标准

燃气快速热水器的现行国家标准为《家用燃气快速热水器》GB 6932—2015，能效现行国家标准为《家用燃气快速热水器和燃气采暖热水炉能效限定值及能效等级》GB 20665—2015。但随着标准的修订，一般会有年代号变化，需要随时确认。

3. 标志

（1）能效标识和认证标志

目前燃气快速热水器实行强制性产品认证制度，在产品上应有CCC认证标志和“中国能效标识”标签。用户可登录“全国认证认可信息公共服务平台”网站，查询CCC认证信息，可通过扫描“中国能效标识”上的二维码，查看产品的详细信息。没有认证标志和能效标识或不正确的都属于不合格产品。

（2）铭牌

燃气快速热水器应有牢固耐用且醒目的铭牌，铭牌通常粘贴在燃气快速热水器的左右侧板上。可通过用手拿沾水的布擦拭铭牌15s，再用沾汽油的布擦拭15s，标志仍应清晰易读，不易揭下且不应卷边。

铭牌应至少包含下列信息：制造商名称、产品名称及型号、燃气类别或代号、额定燃气压力、额定热负荷、适用水压、额定产热水能力、额定电压及电源性质的符号、额定电功率或额定电流。

（3）警示牌

燃气快速热水器上应有醒目的专用警示牌，警示牌通常粘贴在燃气快速热水器的左右侧板和前盖上。牢固耐用的检查方式与铭牌一致。

警示牌上应至少包括下列内容：不得使用规定以外其他燃气的警示；应将燃气快速热水器安装在通风良好的环境中；使用交流电源的热水器应有良好的接地；用户使用前应详细阅读使用说明；在冬季长期停机时，为了避免管路冻坏，应将水路系统内的水排空。检查时应逐条核对。

4. 材质与结构

燃气管路应为金属材质；热水器应配置熄火保护、防干烧和泄压安全装置；所有连接件和接口应牢固无腐蚀；热水器外壳、控制面板和接口没有裂纹。

5. 说明书

每台燃气快速热水器均应配有使用说明书和专门用于安装的安

装说明书。

安装说明书中应包含：（1）热水器的安装环境和位置说明；（2）电气安装说明；（3）燃气系统的安装和调节说明；（4）烟管的安装说明；（5）冷凝水管的安装方法和位置说明；（6）燃气快速热水器维护方法和维护时间间隔说明等。

使用说明书中应包含：（1）产品技术参数；（2）外形结构尺寸和主要零部件；（3）产品操作使用方法；（4）产品使用注意事项；（5）故障排除与保养；（6）排水防冻的操作方法；（7）冷凝水的排放要求等。

16.2.3 燃气采暖热水炉

1. 包装

产品标准中有明确规定，包装箱上应至少包括下列信息：产品名称及型号、质量及外形尺寸、燃气类别及额定压力、制造商名称、生产地址、生产编号或日期、储运标志（向上、易碎物品、怕雨等标志）。包装箱内通常包括燃气采暖热水炉、安装使用说明书、配件包、合格证、保修卡等。

在检查时一是要看信息是否齐全；二是要核实信息的真实性。

2. 执行标准

燃气采暖热水炉的现行国家标准为《燃气采暖热水炉》GB 25034—2020，能效现行国家标准为《家用燃气快速热水器和燃气采暖热水炉能效限定值及能效等级》GB 20665—2015。但随着标准的修订，一般会有年代号变化，需要随时确认。

3. 标志

（1）能效标识和认证标志

目前燃气采暖热水炉实行强制性产品认证制度，在产品上应有CCC认证标志和“中国能效标识”标签。用户可登录“全国认证认可信息公共服务平台”网站，查询CCC认证信息，可通过扫描“中国能效标识”上的二维码，查看产品的详细信息。没有认证标志和能效标识或不正确的都属于不合格产品。

（2）铭牌

燃气采暖热水炉上应有牢固耐用且醒目的铭牌，铭牌通常粘贴在燃气采暖热水炉的左右侧板上。可通过用手拿沾水的布擦拭铭牌15s，再用沾汽油的布擦拭 15s，铭牌仍应清晰易读，不易揭下且不应卷边。

铭牌应至少包含下列信息：制造商名称、生产编号或日期、产品名称及型号、燃气类别及额定压力、采暖额定热负荷、采暖额定热输出、采暖额定冷凝热输出（不适用于非冷凝炉）、生活热水额定热负荷、采暖系统最高工作水压、生活热水系统适用水压（不适用于单采暖型）、电击防护类型、电源性质、额定电功率、外壳防护等级的 IP 代码。检查时应注意核实铭牌和能效标识上产品型号、采暖额定热负荷、生活热水热负荷的一致性。

（3）警示牌

燃气采暖热水炉上应有牢固耐用且醒目的专用警示牌，警示牌通常粘贴在燃气采暖热水炉的左右侧板和前盖上。牢固耐用的检查方式与铭牌一致。

室内安装的燃气采暖热水炉警示牌上应至少包括下列内容：不应使用规定外的其他燃气，通风要求和安装环境，使用交流电的燃气采暖热水炉接地措施应安全可靠（不适用于Ⅱ类器具），安装前应仔细阅读安装说明书，用户使用前应仔细阅读使用说明书。检查时应逐条核对。

4. 结构

对于国外进口的燃气采暖热水炉，如果底板上供回水管路接口和燃气接口有文字提示，则应有中文。

5. 说明书

每台燃气采暖热水炉均应配有专门用于安装的安装说明书和使用说明书。

安装说明书中应包含误使用风险警示，除强制排气式全预混冷凝炉要求外，燃气采暖热水炉的误使用风险警示共 17 条，检查时应按照产品标准逐条核对。

使用说明书中至少应包含：(1) 用户应遵守警示事项；(2) 燃气采暖热水炉的启动和停机操作方法；(3) 采暖系统和生活热水系统的温度设定范围；(4) 燃气采暖热水炉正常使用、维护清洁所需进行的操作；(5) 应采取的防冻措施；(6) 锁定装置不应随意调节等。

16.2.4 家用可燃气体探测器

1. 包装

探测器应有完整包装，包装中应包含质量检验合格标志和使用说明书。

2. 执行标准

家用可燃气体探测器执行的现行国家标准为《可燃气体探测器 第2部分：家用可燃气体探测器》GB15322.2—2019，随着标准的修订，一般会有年号变化，需要随时确认。

3. 标志

产品应有清晰、耐久的中文产品标志。产品铭牌应包括：产品名称和型号、产品执行的标准编号、制造商名称、生产地址、制造日期和产品编号、产品主要技术参数（供电方式及参数、探测气体种类、量程及报警设定值等）。

4. 外观

产品表面应无腐蚀、涂层脱落和起泡，无明显划伤、裂痕、毛刺等机械损伤，接线处无松动。产品应具有工作状态指示灯和气体传感器寿命状态指示灯。

16.2.5 手动燃气阀门

1. 执行标准

现行行业标准为《建筑用手动燃气阀门》CJ/T 180—2024。随着标准的修订，一般会有年号变化，需要随时确认。

2. 外观检查

所有的阀门部件应无毛刺、砂眼、裂纹等缺陷；应清洁无金属屑或芯砂等杂物；应无导致零部件损伤、人身伤害或误操作的锋利边缘和棱角。

3. 标志

阀门明显位置应至少牢固标注以下信息：生产商名称或识别标记或商标、型号、阀体材料代号、燃气流动方向（有燃气流动方向要求的阀门）、连接尺寸代号（如螺纹特征代号 G1/2、Rc1/2 等和法兰特征代号等）、生产日期（至少有年份）、有过流切断装置的阀门应有过流切断标识、有高温切断装置的阀门应有高温切断标识。

4. 结构

（1）《建筑用手动燃气阀门》CJ/T 180—2024 中已取消胶管接头连接方式。

（2）使用螺纹连接的阀门应有两个及以上扳手接触面。

（3）阀门处在全关位置时，手柄应与燃气流动方向呈直角，此时，手柄与燃气流动方向平行的阀门一般为非燃气用阀门；处在全开位置时，手柄应与燃气流动方向平行。

（4）阀门在全开和全关位置应有限位；阀门手柄旋转角度大于 90°的阀门一般为非燃气用阀门。

5. 气密性

阀门大多以关闭状态出厂，球体内保存出厂气密试验时的高压空气，开启阀门能听到气体泄放的声音说明阀门气密性良好。

6. 壁厚和重量

相同规格尺寸的阀门，壁厚更厚、重量更重的质量相对更好。

7. 开关操作

阀门从开启到关闭应是顺时针旋转；开关扭力应适中，户内使用的燃气阀门一般不借助工具可以完成开关操作。

16.2.6　燃气用具连接用不锈钢波纹软管

1. 包装

（1）每根波纹软管应单件包装。

（2）包装袋上面应标明制造商名称、生产地址、产品名称、注册商标或企业标记，普通型燃气用具连接用不锈钢波纹软管应标明严禁用于连接瓶装液化石油气调压器、可移动式燃气燃烧器具或燃烧设备。

（3）包装袋内应有合格证和安装使用说明书，安装使用说明书中应包括执行标准、软管结构、使用条件、紧固件的使用方法、安装要求以及注意事项相关内容。

（4）包装内应有产品可追溯的二维码，其内容至少应包含产品名称、产品型号、生产批号、制造商名称、地址和联系方式。

2. 执行标准

现行国家标准为《燃气用具连接用不锈钢波纹软管》GB 41317—2024，但随着标准的修订，一般会有年代号变化，需要随时确认。

3. 标志

（1）产品被覆层表面应至少有以下标志信息：

1）制造商名称和商标；

2）型号；

3）标准号；

4）产品名称（普通型燃气用具连接用不锈钢波纹软管或超柔型燃气用具连接用不锈钢波纹软管）；

5）波纹管不锈钢材料代号或牌号；

6）生产批号（含日期）或生产日期；

7）制造商声明的使用年限，制造商声明的使用年限不应低于8年。其中使用年限的起始计算时间为声明的生产日期。

长度不超过1m的波纹软管，管体被覆层上应有完整的标志信息；长度1m以上的波纹软管，管体两端的被覆层上应分别有完整的标志信息。

（2）产品接头表面应标识制造商商标、材料代号或牌号及连接尺寸（如G1/2、ϕ9.5等）。

4. 外观

燃气用具连接用不锈钢波纹软管应有被覆层且为黄色，表面不应有伤痕、色斑和裂纹。接头的内外表面不应有裂纹、砂眼。密封垫片外观应规则，无裂纹、无飞边。

5. 弯曲操作

手感相对柔软的不锈钢波纹软管可弯曲次数更多，质量更好。

6. 认证要求

燃气用具连接用不锈钢波纹软管实施 CCC 认证管理，应有 CCC 认证标志。

7. 长度要求

燃气用具连接用不锈钢波纹软管长度不应超过 2m。

16.2.7　燃气用具连接用金属包覆软管

1. 包装

（1）每根波纹软管应单件包装。

（2）包装袋上需标明制造商名称、生产地址、产品名称、注册商标或企业标记，给出“不应用于输送含二甲醚的介质”的警示标志。

（3）包装袋内应有合格证和安装使用说明书，安装使用说明书中应包括包覆管结构、使用条件、紧固件的使用方法、安装要求以及注意事项等相关内容。

（4）包装内应有产品可追溯二维码，其内容至少应包含产品名称、产品型号、生产批号、制造商名称、地址和联系方式。

2. 执行标准

现行国家标准为《燃气用具连接用金属包覆软管》GB 44017—2024，但随着标准的修订，一般会有年代号变化，需要随时确认。

3. 标志

产品被覆层表面上应至少有以下标志信息：

（1）制造商名称、商标；

（2）型号；

（3）标准号；

(4) 产品名称;

(5) 适用的燃气类别;

(6) 生产批号(含日期)或生产日期;

(7) 声明的使用年限,声明的使用年限不应低于8年。其中使用年限的起始计算时间为声明的生产日期。

对于产品金属接头,表面应标识制造商商标、材料代号(或牌号)及连接尺寸(如G1/2等)。

检查产品被覆层上的标志信息完整性:

(1) 长度不超过1m的包覆管,管体被覆层上应有完整的前述规定的标志信息;

(2) 长度1m以上的包覆管,管体两端的被覆层上应分别有完整的前述规定的标志信息。

4. 外观检查

燃气用具连接用金属包覆软管应有被覆层且为黄色,表面不应有伤痕、色斑、裂纹。螺母、管芯和压套不应有裂纹、砂眼。密封垫片外观应规则、无裂纹、无飞边。

5. 认证要求

燃气用具连接用金属包覆软管实施CCC认证管理,应有CCC认证标志。

6. 长度要求

燃气用具连接用金属包覆软管的长度不应超过2m。

16.2.8 瓶装液化石油气调压器

1. 包装

调压器应单件包装,在包装盒内应附有出厂合格证和使用说明书,包装盒上应标明生产许可证号码、执行标准、商标、制造厂名称和厂址及联系事项等,暴露在外的螺纹应采取保护措施。

2. 执行标准

现行国家标准为《瓶装液化石油气调压器》GB 35844—2018,但随着标准的修订,一般会有年代号变化,需要随时确认。

3. 标志

应在调压器壳体明显的位置以不易磨灭的形式标有标志或铭牌，其内容包括：制造厂名称、商标、型号、生产许可证编号、生产日期、使用年限、燃气流动方向、带有压力或流量安全装置的调压器还应有相应标识。

4. 结构

（1）瓶装液化石油气调压器应为出口压力不可调结构。

（2）瓶装液化石油气调压器均应带有过流安全切断装置。

（3）商用瓶装液化石油气调压器的出气口应为螺纹结构。

（4）中压阀因出口压力超高存在极大安全隐患，2023 年国家市场监督管理总局已经明令禁止使用中压阀为家用和商用燃气具供气。

（5）双出气口的瓶装液化石油气调压器应谨慎购买和使用。

（6）进、出气口应外观整洁、尺寸规范、螺纹平滑完整，胶管接头为三节结构且根部带有一道凹槽的产品连接更可靠。

5. 分类和适用范围

瓶装液化石油气调压器分为家用和商用两类：家用型号以 JYT 开头，额定出口压力为 2.8kPa；商用型号以 SYT 开头，额定出口压力有 2.8kPa 和 5.0kPa 两种且颜色为橘红色，调压器的类型应与燃具类型相匹配。

6. 尺寸和重量

质量较差的瓶装液化石油气调压器往往尺寸较小、重量较轻，瓶装液化石油气调压器内腔直径低于 60mm 和重量低于 200g 的瓶装液化石油气调压器往往质量较差。

7. 行政许可

（1）国家对瓶装液化石油气调压器产品实行“全国工业产品生产许可证”管理，瓶装液化石油气调压器阀体应有全国工业产品生产许可证编号。

（2）根据瓶装液化石油气调压器生产许可证细则要求，瓶装液化石油气调压器应有追溯标识。